"十三五"职业教育国家规划教材
高等职业教育农业农村部"十三五"规划教材

动物外科与产科

第二版

吴敏秋　主编

中国农业出版社
北　京

· 内容简介 ·

　　《动物外科与产科》是一本任务为导向的项目化教材,共分4个项目、33个实施任务。重点介绍了外科手术基本操作技术、外科保健技术、常见外科病的诊断与处置技术及产科疾病的诊断与治疗技术等内容。本教材中介绍的各个任务都是兽医临床工作中必备的技能,在详细介绍任务实施方法的基础上,对操作过程中可能出现的问题进行技术提示,并将相关知识作为知识链接。

　　本教材既可作为动物医学、畜牧兽医等专业的教学用书,也可作为全国执业兽医考试的参考书。

第二版编审人员名单

主　编　吴敏秋

副主编（以姓氏笔画为序）

向金梅　周启扉

顾宪锐　鲁兆宁

编　者（以姓氏笔画为序）

向金梅　孙亚东

吴敏秋　邱世华

何　强　周启扉

段龙川　顾宪锐

鲁兆宁

审　稿　侯加法

第一版编审人员名单

主　编　吴敏秋（江苏畜牧兽医职业技术学院）

　　　　李国江（吉林农业科技学院）

副主编　陈鸿雁（黑龙江畜牧兽医职业学院）

参　编（按姓氏笔画为序）

　　　　侯引绪（北京农业职业学院）

　　　　董永森（青海畜牧兽医职业技术学院）

　　　　薛增迪（杨凌职业技术学院）

审　稿　侯加法（南京农业大学）

第二版前言

　　教育、科技、人才是全面建设社会主义现代化国家的基础性、战略性支撑。近年来我国高等职业教育的发展已由规模扩充进入了内涵建设阶段，课程建设是高等职业教育内涵建设的突破口与抓手，而教材建设则是课程建设的基本体现。教育部公布了《高等职业学校专业目录》和《高等职业学校专业教学标准（试行）》，重新分析专业要素，重构专业培养计划和课程体系，改革传统的授课方法，进行项目化情境设计，项目化课程实施成为教改的突破点。为推动更多农业科技的"火花"变成创新发展的"引擎"，培养更多具有工匠精神和服务"三农"的技术技能人才，《动物外科与产科》第二版改变了第一版的结构，紧密结合兽医相应岗位实际，以能力培养为目标，以项目过程的需求为要点，将"教、学、做"融为一体，而编写成以"项目为导向"的教材。

　　本教材可供高等职业院校动物医学、畜牧兽医、动物防疫与检疫等专业使用。教材内容紧紧围绕兽医临床工作实际，引导学生在学习基本技能的基础上，能进行兽医临床上常见外科疾病和产科疾病的诊断与治疗。本教材将外科与产科诊疗岗位内容分成4个项目，即外科手术基本操作技术、外科保健技术、常见外科病的诊断与处置技术和产科疾病的诊断与治疗技术。为贯彻中央精神，坚持立德树人，在每个项目学习目标中明确了思政育人要求，追求专业课程教学与课程思政相结合的润物无声育人效果。每个项目分成若干个任务，各任务均提出任务目标，为了方便教学和利于学生掌握，对较大的任务又分解为若干技能。每个项目内容包括项目引言、学习目标、任务分析、任务目标、任务情境、任务实施、技术提示、知识链接、操作训练和项目测试等。其中的必要知识和岗位技能都是围绕着具体工作操作过程以"任务实施"的形式进行编写，而围绕工作过程相关的拓展知识、发展动态和新的理念则在"技术提示"和"知识链接"中体现。完成项目学习后，我们参照全国执业兽医考试题型，编写了一定题量的测试题，方便学生对所学内容掌握情况进行自我测试。大多数测试题的答案可以在教材中找到，少数测试题还需查阅相关资料并认真思考后才能完成，为培养学生分析问题、解决问题的能力，同时为毕业后参加全国执业兽医考试打下基础。

　　本教材汲取了当前兽医临床研究与应用中的最新成果，增加了新技术，删繁就简，是为提高高等职业教育教学质量和学生的综合专业素质进行的一种探索和创新。

　　考虑到我国不同地区高等职业教育的实际情况和学生就业岗位的差异，各学校可根据学生就业岗位不同，对教学内容进行取舍，但对外科手术基本操作技术必须要求学生反复练习、熟练掌握。

　　本教材由江苏农牧科技职业学院吴敏秋主编，具体编写分工如下：湖北生物科技职业学院向金梅编写了项目一的任务一、项目三的任务三至任务六；温州科技职业学院段龙川编写了项目一的任务二和任务三；黑龙江农业职业技术学院鲁兆宁编写了项目一的任务四和项目二的任务二至任务六；吴敏秋单独编写了项目一的任务五和项目三的任务一、任务二、任务九、任务十、任务十三，并与何强共同编写了项目四的任务六和任务七；江苏农牧科技职业学院邱世华编写了项目二的任务一、项目三的任务七和任务八；辽宁水利职业学院孙亚东与吴敏秋共同编写了项目四的任务一和任务二；黑龙江农业工程职业学院周启扉编写了项目三的任务十一、任务十二、任务十四和任务十五；保定职业技术学院顾宪锐编写了项目四的任务三至任务五。本教材的编写得到有关高等职业院校专家、教授和行业专家的热情帮助和大力支持，特别是中国畜牧兽医学会兽医外科学分会理事长、南京农业大学侯加法教授，对全书进行了审稿并提出宝贵意见，在此表示衷心的感谢。由于篇幅和编者水平所限，书中定有不妥与疏漏之处，恳请广大师生、同行批评指正。

编　者

2018 年 1 月

第一版前言

根据教育部《关于加强高职高专教育人才培养工作的意见》和《关于高职高专教育教材建设的若干意见》的精神，在全国农业职业院校教学工作指导委员会的指导下，我们根据兽医专业的教学需要和各高等职业院校的实际情况，编写了《动物外科与产科》。教材主要面对农业高等职业院校兽医专业和相关畜牧兽医类专业学生，以培养面向基层和生产一线的动物疫病防治人员为主要目标，以职业技能的培养为根本，满足学科需要、教学需要、社会需要，力求体现高等职业技术教育的特色。

本教材以应用为目的，始终坚持"三基四性"原则："三基"是指基本理论、基本知识和基本技能，其中基本理论和基本知识以"必须、够用"为度，以讲清概念、注重应用为重点，强调基本技能的培养。"四性"包括科学性、先进性、启发性和实用性，其中特别强调实用性和先进性，并注意处理基本内容与新技术、新方法之间的关系。内容深入浅出、删繁就简，力求文字简练、层次清晰、重点突出、上下贯通，便于学生掌握。每章末列出若干复习思考题，以便学生学习和巩固。

为了编好这本教材，全体编写人员对《动物外科与产科》编写提纲进行审议、讨论、修订。本书的第一、二章及相关实训指导由吴敏秋编写；第三章及相关实训指导由李国江编写；第四、五、六章及相关实训指导由陈鸿雁编写；第七、八、九、十章及相关实训指导由董永森编写；第十一、十二、十四、十八章及相关实训指导由侯引绪编写；第十三、十五、十六、十七章及相关实训指导由薛增迪编写。初稿完成后，全体编写人员对整个教材内容逐章逐节地进行讨论和审定。在此基础上，最后由吴敏秋修改定稿。南京农业大学侯加法教授对本教材进行了认真审定，并提出宝贵的意见，在此表示衷心感谢。

编写这本教材的教师都是长期从事动物外科与产科教学和临床兽医的专家，深谙取舍与深度，但由于学时数与篇幅的限制，加之时间仓促、水平有限，虽已尽心尽力，但书中不足之处在所难免，恳请同行专家和师生批评指正。

编　者

2006 年 1 月

目　录

绪 论

一、动物外科与产科的概念和任务

外科一词源于古希腊，意为手的操作。在古代，外科学的范畴仅仅限于一些体表的疾病和外伤，随着医学的发展，外科学在基础理论和临床实践上都有了极大的提高，加之诊断方法和手术技术不断改进，现代外科的范畴已包括了许多内科病的防治措施。

动物外科与产科是兽医专业中一门实践性很强的综合性职业技术课。它是研究动物外科手术基本操作和外科病、产科病的发生、发展规律，采用手术及其他医疗手段来防治外科及产科疾病，从而保障及促进畜牧业发展的一门课程。本课程包括动物外科手术、动物外科病及动物产科。

动物外科手术：主要研究外科手术的基本理论、基本操作技术、各部位及器官的局部解剖以及在动物体的器官、组织上进行手术的科学。这一学科不仅是兽医专业课的基础，而且还为畜牧兽医基础学科、生物学科提供研究手段。因此，它是不可缺少的一门学科，是进行外科治疗和诊断的技术，是外科学的重要组成部分。动物外科手术的任务是借助于手术和器械进行动物疾病的治疗；也可作为动物疾病的诊断手段，如剖腹探查术等；选用手术的方法提高使用能力和保护人畜安全，如截角术；也可用以改善和提高肉品的质量、数量和限制劣种繁殖，如去势术；给宠物进行整容手术以及作为医学和生物学的实验手段。

动物外科：主要是研究动物外科疾病的发生与发展规律、症状及防治措施的科学。

动物产科：主要是研究动物产科生理、妊娠期疾病、分娩期疾病及产后疾病的发生、发展规律、症状、诊断及防治措施的科学。

动物外科与产科的主要任务是使兽医人员能够学到现代兽医临诊工作中所需要的基本知识、基本技能和新技术，能够有效地防治动物外科和产科疾病，从而保证动物的正常生长，提高经济效益。其中外科手术是兽医临床工作的重要基础，在学习过程中，一定要深入了解国内外的最新进展，以及其他与本课程相关的基础理论的重要进展，以适应现代畜牧业发展的需要。

二、动物外科与产科的由来与发展

石器时代，人类用燧石、骨片、兽齿、海贝等作为切开脓肿、放血的医疗工具。后来，逐渐出现了比较精巧的石刀、石针和石锯等。古希腊的医学鼻祖希波克拉底（Hippocrates）曾说："药治不了的，要用铁；铁治不了的，要用火。"动用铁和火，才是外科诞生的真正序幕。我国是世界文明古国之一，随着人类开始饲养家畜，就有了关于动物外科及产科方面的研究工作，这在我国古籍中有许多文字记载。例如，早在周秦时期，《周礼·天官篇》记载了"兽医掌疗兽病，疗兽疡。"外科疗法、去势及配种等内容在《周礼》中就有记载。《内经》成了祖国医学的基础，提出了预防为主的指导思想。秦汉时期，《神农本草经》中提到"桐叶治猪疮"的疗法。汉代已用草制马鞋护蹄。三国时期著名外科学家华佗改进了去势术，又经历代人的更新，使我国母猪卵巢摘除术享誉全球。晋代葛洪著《肘后备急方》、北魏贾思勰著《齐民要术》记载了动物外科病疗法、掏结术及马流产的病因。唐、宋时期李石著《司牧安骥集》、王愈著《蕃牧篡验方》及《安骥集》收集了丰富的外科临床经验和复杂的手术方法。《使疗录》记有当时用醇作为麻醉剂，做马肺切除术。元、明时期卞宝（卞管勾）著《痊骥通玄论》、杨时乔等著《马书》、喻本元及喻本亨著《元亨疗马集》，都阐述了外科病防治法，如十二巧治术、开喉术、划鼻术及四肢病、风湿病、浑睛虫病等的诊治方法。清代及中华民国时代，我国兽医外科学发展极为缓慢。北洋军阀开办了北洋马医学堂，开始传播西兽医及兽医外科学知识和技术。不少院校设立了畜牧兽医系，但兽医外科学的发展只处于起步状态。中华人民共和国成立后，动物外科及产科同其他学科一样，获得了突飞猛进地发展。我国各级农牧院校、研究机构内相继建立了动物外科及产科教研室或研究室，成立了全国兽医外科、产科学及小动物疾病方面的学术团体，各地有关部门、院校也设立了相应的学术组织或机构。在科研、生产及培养人才方面都取得了丰硕成果。

20世纪中后期，动物外科及产科发展迅速，手术达到无痛、安全、疗效高，手术操作细致精确，新的手术不断创立。特别是近年来，科学技术进一步迅猛发展，现代化工业、新型材料、电子技术等与医学紧密渗透，研制出许多精密新颖的医疗诊断仪器和高效药物，如X射线诊断、治疗机，CT，核磁共振成像，超声，激光，手术显微镜，内窥镜，辅助呼吸机，麻醉机，无创伤止血钳，人造血管，各种医用导管，组织器官贮存方法等，生态黏合剂、免疫去势及高频电刀、微波手术、胃肠道吻合器及射频消融等技术推陈出新。这些成果都为动物外科及产科病的预防与治疗提供了技术支持，使各种疾病的诊断和治疗方法提高到新的水平。

三、动物外科与产科和其他课程的关系

动物外科及产科是以动物解剖、动物生理、动物病理、动物药理、兽医微生物及兽医临床诊断为基础的职业技术课。只有熟练掌握解剖生理学知识，才能准确地实施外科手术。本课程与兽医微生物、动物病理、动物药理及兽医临床诊断等课程关系密切，如防腐与无菌、麻醉技术、分析外科及产科疾病的病理发生、识别病理变化与各种治疗方法实施等内容，都离不开这些职业技术课程的学习。

动物外科与产科与其他兽医临床课程的关系甚为密切，特别是与兽医内科学联系更为广泛。现在人们不仅用手术的方法去诊治动物外科和产科疾病，而且还广泛用于内科疾病的诊断和治疗。如严重的肠阻塞、肠变位、皱胃变位等疾病，有时必须用手术的方法才能挽救患病动物的生命。本课程与动物传染病的联系也比较密切，如厌气性细菌、腐败菌、坏死杆菌及破伤风梭菌感染等内容，是传染病学与本学科共同关注的问题。又如布鲁氏菌病、沙门氏菌病等，都直接危害胎儿，引起动物流产、子宫内膜炎及不育症等疾病。另外，传染病学的不少诊断和治疗方法，在诊治动物外科与产疾病中发挥了重要的作用。某些寄生虫病如浑睛虫病、脑包虫病等，也必须采用外科学的方法进行治疗。

既然动物外科与产科与其他职业技术课有着密切的关系，我们就应当努力学习与掌握这些课程的专业技能与相关知识，以便更好地诊治动物外科及产科疾病，这不仅有利于动物外科及产科的学科发展，而且本学科的新技术、新成果，也丰富了其他兽医学科的内容。因此，本学科与其他兽医学科是一个相互依存、互相促进、共同发展的有机整体。

四、学习动物外科与产科的方法

高等职业教育的目的是培养直接为生产服务、在生产第一线的高级技术应用型人才。在学习中应当注意以下几个问题：

学习本课程时，我们必须应用辩证唯物主义和历史唯物主义的观点阐明动物外科及产科疾病的发生、发展及转归规律，以便正确地认识动物外科及产科疾病的本质，提出防治动物外科与产科疾病的措施，把本学科的学术水平提高到新的水平。

学习本课程时，我们必须树立全心全意为人民服务的思想，具备良好的职业道德，刻苦钻研技术，精益求精，防止责任事故的发生。在工作中充分发挥个人的主观能动性，克服困难，创造条件，很好地完成本职工作。同时我们还要树立谦虚谨慎、团结协作、不断进取及认真负责的工作作风，不断创新。

学习本课程时我们必须贯彻理论联系实际的原则。本课程具有较高的理论性和较强的实践性，是前人实践经验和理论的总结，是一门实践性极强的课程，只看书本不易真正掌握技术。所以要求学习者多接触兽医临床，不断参加临床和生产实践，严格要求，规范操作，反复训练方能有所收获。但在实践时决不要靠单纯"经验"，如简单地参加实践，仅能成为一名熟练的技匠，而在遇到特殊情况时就不能综合分析、研究，缺乏相应的应变能力。正确的学习方法，是结合实际学习书本知识，使理论与实践紧密结合，在理论的指导下去实践，在实践中总结、升华。另外，人们的认识来源于实践，这种认识还要在实践中受到检验和提高。因此，我们除了学习本课程以外，更重要的是在实践中有所发展、有所创新，使本课程的内容更加充实，并对兽医临床的发展做出贡献。

学习本课程时，必须树立整体观念，即在诊治动物外科与产科疾病时，不仅注意局部病变，而且要观察动物全身的反应。要做到局部与全身治疗相结合，提高动物外科疾病与产科疾病的治愈率。相反，假如缺乏整体观念，只从单一的器官或因素出发，主观片面的诊治疾病，就会贻误病情，严重时还会危及动物的生命。

在学习本课程时，还必须注意外科手术基本功的训练。因此，应牢固掌握本课程的基本理论、基本知识和基本技能。只有具备了坚实而又系统的理论基础，才能在复杂的临床工作中独立思考，抓住主要矛盾，解决动物外科与产科中的疑难问题。同时还要确立防重于治的指导思想，平时要加强动物的饲养管理，预防外科和产科疾病的发生。

当前医学科学技术发展迅速，学习过程中除要刻苦学习课本知识，结合兽医临床实践，还要注重阅读本专业、本学科的有关参考书和期刊，掌握新知识、新技术、新方法和发展动态，开阔知识面，以适应生产实践的需要。

项目一
外科手术基本操作技术

项目引言

动物外科手术的主要任务是借助于手术器械进行动物疾病的治疗，也可作为动物疾病的诊断手段，如剖腹探查术等；外科手术基本操作技术是外科手术的基本技能，离开这些技能，就无法进行外科手术。外科手术基本操作技术包括消毒、无菌处理、麻醉、切开、止血、结扎、缝合和包扎固定等操作技术。尽管医学发展已进入"分子生物学"时代，但是对于外科医生来说，这些基本操作技术仍然是非常重要的，是任何先进的现代化仪器都不能代替的。每个外科医生必须具备娴熟的外科手术基本操作技能，才能完成各种复杂的外科手术操作。

学习目标

1. 能对常用手术器械进行识别，并可正确、熟练使用。
2. 能做好动物术前相应准备工作。
3. 能对动物进行全身麻醉和局部麻醉。
4. 能熟练对手术动物进行组织分离与止血。
5. 能正确、熟练地对手术创口进行组织缝合与拆线。
6. 能对手术动物进行合理包扎。
7. 能进行手术组织和制订手术计划。
8. 培养团队协作精神，巩固局部与整体协调统一的思想，养成良好的职业素养。

任务一 无菌技术

任务分析

无菌技术即无菌术，是指在医疗护理操作过程中，保持无菌物品和无菌区域不被污染、防止病原微生物侵入动物机体的一系列操作技术，是在外科范围内防止创口（包括手术创）感染的一种综合技术措施。无菌技术作为预防感染的一项重要而基础的技术，医护人员必须正确、熟练地掌握，在技术操作中严守操作规程，以确保患病动物安全，防止感染的发生。无菌术主要包括手术器械的准备与消毒、手术动物的准备与消毒、手术人员的准备与消毒和手术室及手术场地的准备与消毒等。

🎯 任务目标

1. 能识别手术器械，并能熟练地正确使用常用手术器械。
2. 能熟练地准备手术器械，并能采用正确的方法对其进行消毒。
3. 能熟练地对手术动物进行术前准备和术部常规处理。
4. 能熟练进行手术人员的无菌准备与操作。
5. 熟知手术室的要求及无菌处理方法，能熟练进行手术室及手术场地的准备与消毒。

技能 1　常用手术器械的识别与使用

·技能描述·

无论手术大小或者难易，都离不开手术器械，而手术的成功与否，又离不开术者正确、熟练地使用手术器械。虽然手术器械的种类、式样和名称繁多，而且还有许多在不断地改进、设计的新的器械及为某些特定目的而设计的专用手术器械，但其中有一些是各类手术都必须使用的常用器械。熟练地掌握这些常用器械的使用方法，对于保证手术基本操作的正确性关系很大，它是外科手术的基本功。常用的基本手术器械有手术刀、手术剪、手术镊、止血钳、持针钳、缝针、创巾钳、肠钳、牵开器、有钩探针等。

·技能情境·

动物医院或外科手术实训室（亦可在动物养殖场）；常用的手术器械。

·技能实施·

一、手 术 刀

手术刀主要用于切开和分离组织，有活动刀柄和固定刀柄两种。前者由刀柄和刀片两部分构成，可以随时更换刀片；后者的刀片部分与刀柄为一整体，目前已少使用。

为了适应不同部位和性质的手术，刀片有不同大小和外形；刀柄也有不同的规格，常用的刀柄规格为4、6、8号，用于安装较大刀片，这三种型号的刀柄只能安装19、20、21、22、23、24号大刀片，3、5、7号刀柄用于安装10、11、12、15号小型刀片。按刀刃的形状可分为圆刃手术刀、尖刃手术刀和弯形尖刃手术刀等（图1-1）。

22号大圆刃刀适用于皮肤的切割，应用此刀可做必要长度、任何形状切开；10号及15号小圆刃刀则适用于做细小的分割；23号圆形大尖刀适用于由内部向外表的切开，亦用于做脓肿的切开；11号角形尖刃刀及12号弯形尖刃刀通常用于切开腱、腹膜和脓肿。

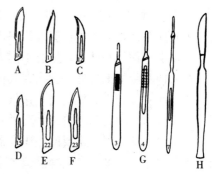

图 1-1　不同类型的手术刀片及刀柄
A. 10 号小圆刃　B. 11 号角形尖刃
C. 12 号弯形尖刃　D. 15 号小圆刃
E. 22 号大圆刃　F. 23 号圆形大尖刃
G. 刀柄　H. 固定刀柄圆刃

（一）安装与更换刀片

安装新刀片时，左手握持刀柄，右手用止血钳或持针钳夹持刀片，先使刀柄顶端两侧浅槽与刀片中孔上端狭窄部分衔接，向后轻压刀片，使刀片落于刀柄前端的槽缝内（图1-2A）。更换刀片时，与上述动作相反，右手用止血钳或持针钳夹持刀片近侧端，轻轻抬起并向前推，使刀片与刀柄脱离（图1-2B）。

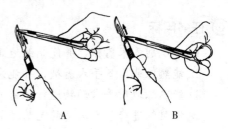

图1-2　手术刀片装、取法
A. 装刀片法　B. 取刀片法

（二）执刀法

在手术过程中，不论选用何种大小和外形的刀片，都必须有锐利的刀刃，才能迅速而顺利地切开组织，而不引起组织过多损伤。为此，必须十分注意保护刀刃，避免碰撞，消毒前宜用纱布包裹。使用手术刀的关键在于锻炼稳重而精确的动作，执刀的方法必须正确，动作的力量要适当。执刀的姿势和动作的力量根据不同的需要有下列几种（图1-3）。

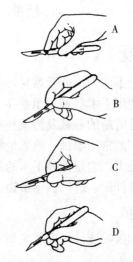

图1-3　执手术刀的姿势
A. 指压式　B. 执笔式
C. 全握式　D. 反挑式

1. 指压式（餐刀式）　为常用的一种执刀法。以拇指与中指、无名指捏住刀柄的刻痕处，食指按刀背缘上。用刀片的圆突部分（刀片的最锐利部）切割，运用手腕与手指力量切割。此法运用灵活，动作范围大，切开平稳有力，适用于较长的皮肤切口、切断钳夹组织。

2. 执笔式　即执刀方法与执笔姿势相同，用刀尖部进行切割。动作涉及腕部，力量主要在手指，需用小力量短距离精细操作，用于做短小切口，分离血管、神经等重要的组织或器官。此法动作轻巧、精细。

3. 全握式（抓持式）　全手握持刀柄，拇指与食指紧捏刀柄的刻痕处。力量在手腕，用于切割范围广或较坚韧的组织，如切开筋膜、慢性增生组织等。

4. 反挑式（挑起式）　即刀刃向上，刀尖刺入组织后向上或由内向外面挑开。此法多用于小脓肿切开，以免损伤深部组织，也常用于腹膜切开。

根据手术种类和性质，虽有不同的执刀方式，但不论采用何种执刀方式，拇指与中指均应放在刀柄两侧的刻痕处，食指在其他指的近刀片端协助稳住刀柄，以控制刀片的方向和力量。握刀柄的位置高低要适当，过低会妨碍视线，影响操作，过高会控制不稳。在应用手术刀切开或分离组织时，除特殊情况外，一般要用刀刃突出的部分，避免用刀尖插入深层看不见的组织内，从而误伤重要的组织和器官。在手术操作时，要根据不同部位的解剖特点，适当地控制力量和深度，否则容易造成意外的组织损伤。

手术刀的使用范围，除了刀刃用于切割组织外，还可以用刀柄进行组织的钝性分离，或代替骨膜分离器剥离骨膜。在手术器械数量不足的情况下，可代替手术剪切开腹膜、切断缝线等。

二、手　术　剪

依据用途不同，可将手术剪分为两种，一种用以沿组织间隙分离和剪断组织，称为组织剪（图1-4）；另一种用于剪断缝线，称为剪线剪（图1-5）。由于二者的作用不同，所以其结构和要求标准也有所不同。组织剪的尖端较薄，剪刃要求锐利而精细。为了适应不同性质和部位的手术，将组织剪分为直剪和弯剪，直剪用于浅部手术操作，弯剪用于深部组织分离，使手和剪柄不妨碍视线，从而达到安全操作的目的。组织剪除用于剪开组织外，有时也用于分离组织扩大组织间隙，以便剪开。剪线剪头钝而直，在质量和形式上的要求不如组织剪严格，但也应足够锋利，这种剪有时也用于剪断较硬或较厚的组织。

　　执剪的方法是以拇指和无名指插入剪柄的两侧环内，但不宜插入过深；食指轻压在剪柄和剪刃交界的关节处，中指放在无名指一侧指环的前外方柄上，准确地控制剪的方向和剪开的长度（图1-6）。

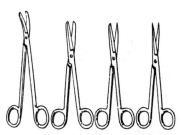

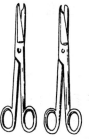
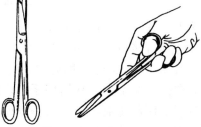

图1-4　手术剪（组织剪）　　　图1-5　剪线剪　　　图1-6　执手术剪的姿势

　　在一般情况下使用剪刀刃部的远侧部分进行剪切。若遇坚韧组织需要剪开时，要用剪刀刃的根部剪开，以防损伤剪刀刃的前部。为了避免误伤重要组织结构，必须在能清楚地看到两个尖端时再闭合剪刀。在伤口或胸、腹腔等深部位置剪线有可能发生误伤其他组织结构时，不得使用前端尖锐的剪刀。

三、手　术　镊

　　手术镊用于夹持、稳定或提起组织，以便于剥离、剪开或缝合。手术镊的种类较多，名称亦不统一，有不同的长度。镊的尖端分为有齿（外科镊）及无齿（平镊），又有短形、长形和尖头与钝头之别（图1-7），可按需要选择。有齿镊损伤性大，用于夹持坚硬组织。无齿镊损伤小，用于夹持纤弱或脆弱的组织及器官。精细的尖头平镊对组织损伤较轻，用于血管、神经、黏膜手术或夹持嵌入组织内的异物碎片。

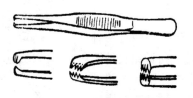
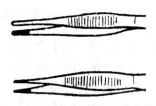

图1-7　手术镊

　　执镊方法是用拇指对食指和中指执拿镊子的中部（图1-8），左、右手均可使用。在手术过程中常用左手持镊夹住组织，右手持手术刀或剪刀进行操作，或持针进行缝合。持镊时执夹力量应适中。

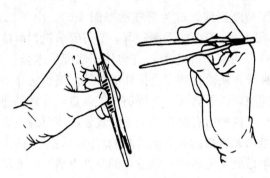

图 1-8 执手术镊姿势

四、止 血 钳

止血钳又称为血管钳，主要用于夹住出血部位的血管或出血点，以达到直接钳夹止血的目的，有时也用于分离组织、牵引缝线。止血钳一般有弯、直两类，并分大、中、小等规格（图 1-9）。直钳用于浅表组织和皮下止血，弯钳用于深部止血。最小的一种蚊式止血钳用于血管手术的止血，齿槽的齿较细、较浅，弹力较好，对组织压榨作用和对血管壁及其内膜的损伤亦较轻，故称"无损伤血管钳"。止血钳尖端带齿者，称为有齿止血钳，多用于夹持较厚的坚韧组织或拟行切除的病变组织以防滑脱。在使用止血钳时，应尽可能少夹组织，以避免不必要的组织损伤，也不要用止血钳夹持坚硬的组织，以免损坏止血钳。任何止血钳对组织都有压榨作用，只是程度不同，所以不宜用于夹持皮肤、脏器及脆弱组织。

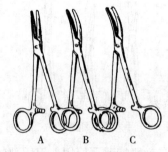

图 1-9 各种类型止血钳
A. 直止血钳 B. 弯止血钳 C. 有齿止血钳

执止血钳法与持剪法基本相同，拇指及无名指分别插入止血钳的两环内，食指放在轴上起稳定止血钳的作用，特别是使用长止血钳时，可避免钳端摆动。

松钳方法是用右手时，将拇指及无名指插入柄环内捏紧使扣分开，再将拇指内旋即可；用左手时，拇指及食指持一柄环，拇指向下压（内收），中指、无名指向上顶推（外推）另一柄环，二者相对用力，即可松开（图 1-10）。

五、持 针 钳

持针钳也称为持针器，用于夹持缝针缝合组织。一般有两种形式，即握式持针钳和钳式持针钳（图 1-11）。使用持针钳夹持缝针时，应将缝针夹在靠近持针钳的尖端，尽量用持针钳喙部前端1/4 部夹针，若夹在齿槽床中间，则易将针折断。一般持针钳应夹住缝针针体中、后 1/3 交界处，缝线应重叠 1/3，以便操作。

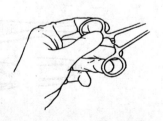

图 1-10 右手及左手松钳法

持钳法有两种，一种是手掌把握持针钳后部（图 1-12），各手指均在环外，食指放在近钳轴处。用此种握持法进行缝合时穿透组织准确有力，且不易断针，故应用较多。另一种方法同执剪法，拇指及无名指分别置于钳环内，用于缝合纤细组织或在术野狭窄的腔穴内进行的缝合。用持针钳钳夹弯针进行缝合时,缝针应垂直或接近垂直于所缝合部位组织,针尖刺入组织后,术者循针之弯度旋转腕部将针送出。拔针时也应循针的弯弧拔针。

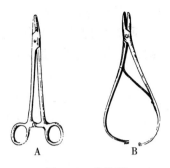

图 1-11 持针钳
A. 钳式持针钳 B. 握式持针钳

图 1-12 执持针钳法

六、缝 合 针

缝合针简称缝针,由不锈钢丝制成,主要用于闭合组织或贯穿结扎。缝针分为两种类型,一种是带线缝针或称为无眼缝针,即缝线已包在针尾部,针尾较细,仅单股缝线穿过组织,缝合孔道小,因此对组织损伤小,又称为"无损伤缝针"。这种缝针有特定包装,保证无菌,可以直接利用,多用于血管、肠管缝合。另一种是有眼缝针,这种缝针能多次再利用,比带线缝针便宜。有眼缝针根据针孔不同分为两种。一种为穿线孔缝针,缝线由针孔穿进;另一种为弹隙孔缝针,针孔有裂槽,缝线由裂槽压入针孔内,穿线方便、快速,因缝线挤过裂隙而磨损易断且对组织损伤较严重,目前已很少使用。缝针的长度和直径是缝针规格的重要部分,缝针长度需要能穿过切口两侧,缝针直径较大,对组织损伤严重。根据形状,缝针可分为弯针和直针两种。弯针有 1/2 弧型、3/8 弧型和半弯型(图 1-13)。弯针可用于缝合较深组织,并可在深部腔穴内操作,应用范围较广。使用时需用持针器钳住缝针。直针用于操作空间较宽阔的浅表组织缝合,应用范围不如弯针广泛,由于使用时不需持针器,故操作较弯针简便。

根据缝针尖端横断面形状,可将缝针分为圆形和三角形。断面为圆形者称为圆针,一般用于软组织的缝合。断面为三角形者称为三棱针,有锐利的刃缘,能穿过较致密组织,一般限于缝合皮肤,有时也用于缝合软骨及粗壮的韧带等坚韧组织。

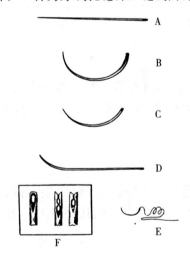

图 1-13 缝合针的种类
A. 直针 B. 1/2 弧型 C. 3/8 弧型
D. 半弯型 E. 无损伤缝针 F. 弹机孔针尾构造

七、牵 开 器

牵开器又称为拉钩或扩创钩,用于牵开术部浅在组织或器官,以充分显露深部组织,从而便于手术操作。根据需要有各种不同的类型，总的可以分为手持式牵开器和固定牵开器两种。手持式牵开器，由牵开片和手柄两部分组成，按手术部位和深度的需要，牵开片有不同的形状、长短和宽窄。目前使用较多的手持牵开器，其牵开片为平滑钩状（图1-14），对组织损伤较小。也有齿状或爪状牵开片，有两齿（爪）或多齿（爪）。手持式牵开器的优点是，可随手术操作的需要灵活地改变牵引的部位、方向和力量。缺点是需要助手协助，如手术持续时间较久时助手容易疲劳。

固定牵开器（图1-15）也有不同类型，用于牵开力量大、手术人员不足、或显露不需要改变的手术区。使用牵开器时，拉力应均匀，不能突然用力或用力过大，以免损伤组织。必要时可用纱布垫将拉钩与组织隔开，以减少不必要的损伤。

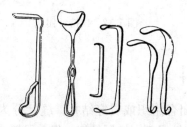

图1-14　手持式牵开器

图1-15　固定式牵开器

八、巾　钳

巾钳又称为创巾钳，其前端有二尖锐弓形钩齿（图1-16），用以固定手术巾。使用方法是连同手术巾一起夹住皮肤，防止手术巾移动，以及避免手或器械与术部以外的被毛接触。

九、肠　钳

肠钳用于肠管手术，以阻断肠内容物的移动、溢出或肠壁出血。肠钳结构上的特点是齿槽薄，弹性好，对组织损伤小，使用时两钳页上必须外套乳胶管，以减少对组织的损伤（图1-17）。

十、探　针

探针分为普通探针和有钩探针两种（图1-18）。用于探查窦道，借以引导进行窦道及瘘管的切除或切开。在腹腔手术中，常用有钩探针引导切开腹膜。

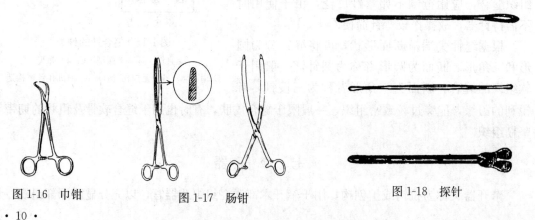

图1-16　巾钳　　　　　图1-17　肠钳　　　　　图1-18　探针

十一、骨科器械

骨科器械一般指专门用于骨科手术的医疗器械。根据适用部位及动物种类的不同，有不同的规模和型号，常用的骨科器械有骨钻、骨凿、骨锯、持骨器、骨锤、接骨板、骨匙、骨螺钉、骨剪、骨钳、骨膜剥离器及髓内针等（图1-19）。

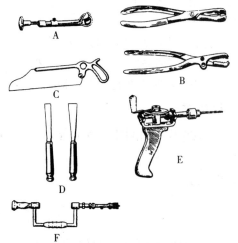

图1-19　骨科常用手术器械

A. 三爪持骨器　B. 狮牙持骨钳
C. 骨锯　D. 骨凿　E. 骨钻　F. 圆锯

·技术提示·

（1）在施行手术时，所需要的器械较多，为了避免刀、剪、缝针等器械误伤手术操作人员和争取手术时间，手术器械必须按一定的方法传递。

（2）器械的整理和传递由器械助手负责。器械助手在手术前应将所用的器械分门别类依次放在器械台的一定位置上。传递时器械助手必须将器械的握持部递交在术者或第一助手的手掌中。例如，传递手术刀时，器械助手应握住刀柄与刀片衔接处的背部，将刀柄端送至术者手中，切不可将刀刃传递给术者，以免误伤。传递剪刀、止血钳、手术镊、肠钳、持针钳等时，器械助手应握住钳、剪的中部，将柄端递给术者。在传递直针时，应先穿好缝线，拿住缝针前部递给术者，术者取针时应握住针尾部，切不可将针尖传给操作人员（图1-20）。

·知识链接·

爱护手术器械是外科工作者必备的素养之一，器械保养方法如下：

（1）利刃和精密器械要与普通器械分开存放，以免相互碰撞而损坏。

（2）使用和洗刷器械时不可用力过猛或投掷。在洗刷止血钳时要特别注意洗净齿床内的凝血块和组织碎片，不允许用止血钳夹持坚硬、厚的物

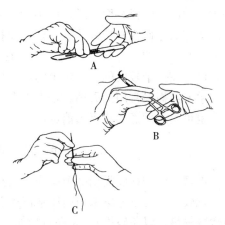

图1-20　手术器械的传递

A. 手术刀的传递　B. 持针钳的传递
C. 直针的传递

品，更不允许用止血钳夹持碘酊棉球等消毒药棉。刀、剪、注射针头等应专物专用，以免影响锐利度。

（3）手术后要及时将所用器械用清水洗净，擦干、涂油保存，不常用或库存器械要放在干燥处，并放入干燥剂，定期检查涂油。橡胶制品应晾干，敷以适量滑石粉，妥善保存。

（4）如非紧急情况，金属器械禁止用火焰灭菌。

技能2 手术器械的准备与消毒

·技能描述·

手术中所用的器械和其他物品种类繁多、性质各异，有金属制品、玻璃制品或搪瓷制品，以及棉花织物、塑料、尼龙、橡胶制品等。而灭菌和消毒的方法也很多，且各种方法都各有其特点。所以在施术时可根据消毒的对象、器械、物品的种类及用途来选用。

·技能情境·

动物医院或外科手术实训室、手术器械、灭菌盒、手术包布、高压蒸汽灭菌器及消毒剂等。

·技能实施·

一、手术器械的准备与消毒

手术时所使用的手术器械（主要指常规金属手术器械）都应该清洁，不得沾有污物或灰尘等。首先，所准备的器械要有足够的数量，以保证整个手术过程的需要。其次，注意每件器械的性能，以保障正常的使用。不常用的器械或新启用的器械，要用温热的清洁剂除去其表面的保护性油类或其他保护剂，然后用大量清水冲去残存的清洁剂后消毒备用。为了保护手术刀片应有的锋利度，最好用小纱布包好，用化学药液浸泡消毒（不宜高压灭菌）。对有弹性锁扣的止血钳和持针器等，要将锁扣松开，以免影响弹性。注射针头或缝针等小物品，最好放在一定的小容器内，或是整齐有序地插在纱布块上，防止散落。每次所用的手术器械，可包在一个较大的布质包单内，这样更便于灭菌和使用。

手术器械最常用的灭菌方法是高压蒸汽灭菌法和化学药物浸泡消毒法。若无上述条件时，也可以采用煮沸法灭菌消毒。

二、玻璃、瓷和搪瓷类器皿的准备与灭菌

玻璃、瓷和搪瓷类用品都应充分清洗干净，为保护易损、易碎物品要用纱布适当包裹。若体积较小，可以考虑采用高压蒸汽灭菌法、煮沸法或是化学药物浸泡消毒法（玻璃器皿切勿骤冷骤热，以免破损）。大件器物如大方盘、搪瓷盆等，可以考虑使用酒精火焰烧灼灭菌法。注意酒精的量要适当，如太少则不能充分燃烧，达不到消毒目的；太多则燃烧过久，会造成搪瓷的崩裂。关于注射器的灭菌：现已普遍使用一次性注射器，使用时甚为方便，并保证了灭菌的要求；如果需要消毒玻璃注射器时，事先应将注射器洗刷干净，把内栓和外管按标码用纱布包好，再将针头别在纱布外表处。临床上多用高压蒸汽灭菌法，没有条件时也可采用煮沸灭菌法。

三、橡胶、尼龙和塑料类用品的准备与消毒

临床常用的各种插管和导管、手套、橡胶布、围裙及各种塑料制品，有些不耐高压，有些更不能耐受高热（高热会使其熔化变形而损坏），这些用品都应在消毒前洗刷干净，并用净水充分漂洗后备用。橡胶制品可以选用高压蒸汽灭菌（很易老化、发黏、失去弹性）或煮

沸灭菌，也可以采用化学药液浸泡消毒。在消毒灭菌时，应该用纱布将物品包好，防止橡胶制品直接接触金属容器而造成局部损坏，有些专用的插管和导管等，也可以在小的密闭容器内（如干燥器）用甲醛熏蒸法来消毒。目前这类用品很多都是一次性的，这就减少了消毒工作中的许多繁琐环节，但其成本增加了。有些医疗单位有使用环氧乙烷气体灭菌装置的条件，可使很多手术用品的消毒灭菌变得既方便又简单。

四、敷料、手术创巾、手术衣帽和口罩等物品的准备与灭菌

目前一次性使用的止血纱布、手术创巾、手术衣帽及口罩等均已问世。多次重复使用的这类用品都是用纯棉材料制成，临床使用之后可以回收。回收的上述用品均需经过洗涤处理，不得黏附有被毛或其他污物，然后按不同规格分类整理、折叠，再经灭菌后应用。

1. 棉球　把脱脂棉展开，将其撕成 3～4cm 的小块，逐个塞入拳内压紧或团揉成球后，放入广口瓶或搪瓷缸内，倒入 2%～5% 碘酊或 75% 酒精，即分别成为碘酊棉球和酒精棉球。

2. 止血纱布　系医用脱脂纱布制成，止血纱布的大小依使用需求而定，没有特殊的规定，制作者可以自行决定（大的 40cm×40cm，小的 15cm×20cm）。先将纱布裁制成大小不同的方形纱布块，然后以对折方法折叠，达到最后将剪断缘的毛边完全折在内部为止。再将若干块这种止血纱布用纯棉的小方巾包成小包，这样便于灭菌，使用上也方便。

3. 手术巾（创巾）　即用白色或淡蓝色布制成的大于手术区域的布块，中间开有适当长度的窗洞，主要用于隔离术野。

4. 手术衣帽和口罩　手术衣应事先洗净晒干叠好，并将其与口罩和手术帽一起用消毒巾包起来，放入高压蒸汽灭菌器内灭菌 30min 即可。

·技术提示·

（1）手术器械及相关物品一般均采用高压蒸汽灭菌。

（2）在没有高压蒸汽灭菌器的时候，也可以使用普通的蒸锅，这种容器不能密闭，压力较小，内部温度也难以提高，温度的渗透力又较差，所以消毒所需的时间应适当延长，可以从水沸腾时开始计算时间，维持 1～2h 即可。

（3）消毒的物品可用手术包布包好，小而零散的则可装入贮槽（用金属材料制成的特殊容器），如无贮槽可将敷料分别装入小布袋内灭菌。灭菌前，将贮槽的底窗和侧窗完全打开。在灭菌后从高压锅内取出时，立刻将底窗和侧窗关闭。

（4）贮槽在封闭的情况下，可以保证 1 周内是无菌的。如果超过 1 周时间，则应考虑重新高压灭菌。

·知识链接·

一、物理性灭菌法

1. 煮沸灭菌法　可广泛地应用于手术器械和常用物品的简单灭菌。一般用清洁的常水加热，水沸腾后将金属器械放到沸水中，待第二次水沸腾时计算时间，维持 30min（急用时也不能少于 10min），可将一般的细菌杀死，但不能杀灭芽孢。因此对怀疑污染细菌芽孢的器械或物品，必须煮沸 60min，而有的甚至需数小时才能将其杀死。而用 2% 碳酸氢钠或 0.25% 氢氧化钠的碱性溶液煮沸灭菌，可以提高水的沸点到 102～105℃，消毒时间可缩短

到 10min，还可以防止金属器械生锈（但不能用于橡胶制品的灭菌）。如果消毒玻璃注射器，应将注射器在冷水中逐渐加热至沸腾，以防玻璃骤然遇热而破裂。

煮沸灭菌时，应注意严守操作规程。物品在消毒前应刷洗干净，去除油垢；打开器械关节，排除容器内气体；将器械全部浸没在水面以下，盖严；应避免中途加入物品。如必须加入，则应从再次煮沸后开始计算时间。

2. 高压蒸汽灭菌法 高压蒸汽灭菌法是常用而最可靠的灭菌方法，可杀灭一切细菌和芽孢。高压蒸汽灭菌需用特制的灭菌器，如手提式、立式、卧式和箱式高压蒸汽灭菌器。根据其智能化程度有人工调节、半自动或全自动之分。灭菌的原理都是利用蒸汽在容器内的积聚而产生压力，蒸汽的压强增高，温度也随之升高（表 1-1）。通常使用蒸气压强为 $0.1\sim0.137\mathrm{MPa}$，温度可达 $121.6\sim126.6℃$，一般维持 30min 左右。但不同的物品所需的压力、温度与时间不同（表 1-2）。

表 1-1　高压蒸汽灭菌器内蒸汽压强与温度的比例关系

高压蒸汽灭菌器内的蒸汽压强			高压蒸汽灭菌器内的温度/℃
MPa	kg/cm²	lb/in²	
0.034 3	0.35	5	108.4
0.068 6	0.70	10	115.2
0.102 9	1.05	15	121.6
0.137 2	1.40	20	126.6
0.172 5	1.76	25	130.4
0.205 9	2.10	30	134.5

注：表中所列压强单位中 MPa 为兆帕，而 kg/cm² 和 lb/in² 是过去使用的非法定计量单位，仅供参考。

表 1-2　不同物品灭菌所需的压强、温度与时间

物品种类	压强/MPa	温度/℃	时间/min
布类、敷料	0.137 2	126	30
	0.102 9	121	45
金属器械、搪瓷器皿	0.102 9	121	30
玻璃器皿	0.102 9	121	20
乳胶、橡胶物品、药液	0.102 9	121	15～20

使用手提式高压蒸汽灭菌器时，首先要了解灭菌器的结构。盖上有排气阀、减压阀（安全阀）、压力表和温度刻度。打开盖，可看到排气阀在盖的内部连接一根金属排气管，可排出锅内底部的冷空气；锅内有一个套桶（内桶），拿出套桶，锅底面是加热管，在消毒前应向锅内加水，水应浸没加热管，然后放入套桶和装入待消毒的物品。金属手术器械应分门别类，清点后装入布袋内。金属注射器应松开螺旋，玻璃注射器应抽出针栓后装入布袋内，各种敷料、缝合材料清点后用布袋包好。将手术所需器械、敷料、创巾、手术衣、手套等分别放入布包内或用包布包裹，并按一定顺序放于内桶中，再盖上内盖，拧紧锅盖上的螺旋，通电加热。待锅内水沸腾，压强上升时，打开排气阀，放出锅内冷空气后，关闭排气阀，继续加热，待压力表指示达到 $0.1\sim0.137\mathrm{MPa}$ 或温度达到 $121.6\sim126.6℃$ 时，维持 30min。在加热过程中，如果锅内压力过大，安全阀会自动放气。消毒完毕，打开排气阀缓慢放出蒸汽，待气压表指示至"0"处。如灭菌物品为敷料包、器械、金属用具等，可采用快速排气

法。如果消毒液态试剂时，则应自然降温，不可放气，否则液体会猛然溢出。旋开锅盖及时取出锅内物品，不能待其自然降温冷却后再取出，否则物品变湿，会妨碍使用。打开锅盖，取出手术包，放入干燥箱内烘干备用。

高压蒸汽灭菌法的注意事项：

（1）灭菌时需排尽灭菌器和物品包内的冷空气，如未被完全排除会影响灭菌效果。

（2）消毒物品包不宜过大（每件小于 50cm×30cm×30cm），摆放不宜过紧，各包间要有间隙，以利于蒸汽流通。为检查灭菌效果，可在物品的中心放一玻璃管硫黄粉，消毒完毕启用时，如硫黄已熔化（硫黄熔点 120℃），则表明灭菌效果可靠。

（3）消毒物品应合理放置，不可放置过多，一般安放体积应低于灭菌器的 85%。

（4）包扎的消毒物品存放 1 周后，特别是布类，需重新消毒使用。

（5）灭菌器内加水不宜过多，以免沸腾后水向内桶溢流，使消毒物品被水浸泡。

（6）放气阀门下连接的金属软管不得折损，否则放气不充分，冷空气滞留在桶内会影响温度上升，进而影响灭菌效果。

（7）灭菌前应检查并保证灭菌器性能完好，设专人操作、看管，对压力表要定期进行检验，以确保安全。

3. 电离辐射灭菌　是一种利用 γ 射线、X 射线或电子辐射能穿透物品，杀灭其中微生物的特点进行灭菌的低温灭菌方法。手术缝线、纱布、脱脂棉、外科手术器械、手术敷料及塑料制品、尼龙制品等均可用此法消毒。

4. 火焰灭菌法　此种灭菌方法常不够彻底，只是在紧急情况下用于消毒搪瓷或金属类器皿。一般不用于消毒器械，特别是精细的血管钳、剪、刀及缝针等，以防变钝。方法是将95% 酒精倒入器皿内，慢慢转动容器，使酒精分布均匀，点燃，直至酒精燃尽 1～2min。大型器械则用镊子夹取酒精棉球于器械下方点燃灭菌。待冷却后再使用。

5. 干热灭菌法　由于干热穿透力低，且温度过高易损坏物品，一般少用。多用于玻璃器皿和注射器及针头的灭菌。温度为 160℃，时间 2h。

另外，人工紫外线灯照射消毒可用于空气的消毒，能明显减少空气中细菌的数量，同时也可杀灭物体表面上附着的微生物。市售的紫外线灯有 15W 和 30W，有悬吊式、挂壁和移动式等多种类型，使用比较方便。一般在手术室内开灯 2h，有明显的杀菌作用，但对光线照射不到之处则无杀菌作用，照射有效区域为灯管周围直径 1.5～2.0m 以内。

二、化学药品消毒法

作为灭菌的手段，化学药品消毒法并不理想，尤其对细菌的芽孢往往难以杀灭。化学药品消毒的效果受到药物的种类、浓度、温度、作用时间等因素的影响。但是化学药品消毒法不需要特殊设备，使用方便，尤其对于不宜用热力灭菌的物品的消毒，仍是一种有效的补充手段，特别是在紧急手术情况下更为方便。常用化学药品的水溶液浸泡医疗器械，一般浸泡30min，可达到消毒效果。

用化学药品消毒法进行医疗器械的消毒，要考虑众多因素。首先是消毒剂对医疗器械上微生物的灭活能力；其次是消毒剂必须对器械无损害作用，或不影响其化学与物理性状及功能；而且消毒后器械上的消毒剂要易于清除；最后还需考虑对动物体的刺激性等。兽医临诊上常用的化学消毒药有下列几种：

1. 新洁尔灭 别名为苯扎溴铵、溴化苄烷铵。本品毒性低，刺激性小，而消毒能力强，使用方便。市售的为 5% 或 3% 的水溶液，使用时配成 0.1% 的溶液，常用于消毒术者手臂、金属器械和其他可以浸湿的用品。使用时注意以下几点：浸泡器械消毒 30min，可不用灭菌水冲洗，而直接应用；稀释后的水溶液可以长时间贮存，但贮存一般不超过 4 个月；可以长期浸泡器械，但浸泡器械时必须按比例加入 0.5% 亚硝酸钠，即 1 000mL0.1% 新洁尔灭溶液中加入医用亚硝酸钠 5g，配成防锈新洁尔灭溶液，能防止金属生锈；环境中的有机物会使新洁尔灭的消毒能力显著下降，故需注意待消毒物品不可带有血污或其他有机物；不可与肥皂、碘酊、升汞、高锰酸钾和碱类药物混合应用；应用过程中溶液颜色变黄后即应更换，不可继续再用。这一类的药物还有灭菌王、洗必泰、杜米芬和消毒净，其用法基本相同。

2. 酒精 一般采用浓度为 70%～75%，可用于浸泡器械，特别是有刃的器械，浸泡不应少于 30min，可达理想的消毒效果。70%～75% 酒精也可用于手臂的消毒，浸泡 5min。但消毒后需用灭菌生理盐水冲洗干净。

3. 来苏儿溶液 又称煤酚皂，一般采用浓度为 5%，用于消毒器械时浸泡时间为 30min，使用前需用灭菌生理盐水冲洗干净。该药在手术消毒方面并不是理想的，多用于环境的消毒。

4. 甲醛溶液 10% 甲醛溶液用于金属器械、塑料薄膜、橡胶制品及各种导管的消毒，一般浸泡 30min。40% 甲醛溶液称为福尔马林，一般作为熏蒸消毒剂。在任何抗腐蚀的密闭大容器里都可以进行熏蒸消毒。由于甲醛有一定的毒性，熏蒸过的消毒器物，在使用前必须用灭菌生理盐水充分清洗后方可使用。

5. 过氧乙酸 又称为过醋酸。一般用 0.1%～0.2% 溶液浸泡 20～30min。本品不稳定，溶液应置于有盖的容器内，每周更换新液 2～3 次。本品浓溶液（市售商品为 20%～40%）有毒性，有腐蚀性，易燃易爆，应避火（着火时可用水扑灭），并存放于阴凉处。

6. 碘伏 又称络合碘，含碘 0.5%～1%，是碘与聚维酮（聚乙烯吡咯酮）的结合物，杀菌能力强，毒性和刺激性小。可用于术者手臂及动物术部的消毒，杀菌作用可保持 2～4h，若用生理盐水稀释 10 倍，可用以冲洗伤口及深部组织。

应用化学药品消毒时，应注意如下事项：①物品在灭菌前应将油垢擦净，松开关节，内外套分开；②浸泡时，物品应浸没在溶液之中，盖紧容器；③浸泡溶液应定期检查更换，放入的物品不能带水，防止影响药液浓度；④使用经化学药品消毒过的器械前要用灭菌蒸馏水或生理盐水冲洗干净。

三、器械、物品使用前的准备

器械、物品应有数量清单，按清单准备好，先刷洗干净，进行消毒或灭菌。

器械方盘、器械和物品经不同方法消毒灭菌后，在严格的无菌操作下，先在器械台或器械方盘上铺好两层灭菌白布单，再放上灭菌的器械和物品包，由器械助手按器械、敷料类分别排列待用。

四、器械、物品使用后的处理

（1）手术结束后，对器械、敷料应清点，如有缺少应查明原因，特别是进行胸、腹腔手术时，要防止器械、敷料误遗落在体内。

（2）金属器械用后应及时刷洗血凝块，特别注意止血钳、手术剪的活动轴及其齿槽。用指刷在凉水内刷洗干净，然后把器械放在干燥箱内烘干；或经煮沸后，立即用干纱布擦干，保存待用。若为不常用器械，应涂油保管。

（3）被血液浸污的敷料，应放入0.5%氨水内浸洗，或直接用肥皂在凉水内洗净。经灭菌后，仍可作手术用。

（4）被碘酊沾染的敷料，可放入沸水中煮或放到2%硫代硫酸钠溶液中浸泡1h，脱碘后洗净。

（5）金属器械、玻璃和搪瓷类器皿、橡胶类物品和手术巾等，如接触过脓液或胃肠内容物，必须在应用后置入2%来苏儿溶液中浸泡1h，进行初步消毒，然后用清水洗刷，再煮沸15min，晾干或擦干后保存。如果接触过破伤风或气性坏疽病例的，则应置入2%来苏儿溶液中浸泡数小时，然后洗刷并煮沸1h，擦干或晾干后保存。凡接触过脓液或带芽孢细菌的敷料应即予以焚毁。

技能3　手术动物的准备

技能描述

手术动物的准备包括术前检查与准备、保定和术部常规处理三方面。动物的术前检查与准备是对手术动物进行评估，提高手术成功率，减少手术中或手术后的并发症。保定则是对手术动物进行控制，以方便手术的进行，同时确保人和动物的安全。术部常规处理包括术部除毛、术部消毒和术部隔离三个步骤，主要目的是防止动物被毛上的灰尘或皮屑落入手术创口。

技能情境

动物医院手术室或外科手术实训室，手术台，剪毛剪、剃刀、电动剃毛器、巾钳和镊子等，灭菌纱布、有孔手术巾、肥皂、酒精棉球、碘酊棉球、碘伏、硫化钠等，实验动物（牛、羊或犬）及保定用具等。

技术实施

一、施术动物的术前准备

手术前准备的时间根据疾病情况而分为紧急手术、择期手术和限期手术3种。紧急手术如大创伤、大出血、胃肠穿孔和肠胃阻塞等。手术前准备要求迅速和及时，绝不能因为准备而延误手术时机。择期手术是指手术时间的早与晚可以选择，又不致影响治疗效果，如十二指肠溃疡的切除手术和慢性食滞的胃切开手术等，有充分时间进行准备。限期手术如恶性肿瘤的摘除，当确诊之后应积极做好术前准备，又不得拖延。通常患病动物的术前准备包括以下内容：

1. 术前对患病动物的检查　术前对患病动物进行全面检查，可提供诊断资料，并能决定保定及麻醉方法，是否可以施行手术，如何进行手术并做出预后判定等。

2. 术前给药　根据病情及手术的种类决定术前是否采取治疗措施。术前给予抗菌药物预防手术创感染；给予止血剂以防手术中出血过多；给予制酵剂，防止术中胃肠臌气；也可强心补液以加强机体抵抗力。当创伤严重污染、创道狭长及四肢部手术时，为预防破伤风，在非紧急手术之前2周给施术动物注射破伤风类毒素，在紧急手术时可注射破伤风抗毒素。

3. 禁食 有许多手术要求动物术前禁食，如开腹术，充满腹腔的肠管会形成机械障碍，影响手术操作。另外饱腹会增加动物麻醉后的呕吐概率。禁食时间不是一成不变的，要根据动物患病的性质和动物身体状况而定。小动物消化管比较短，禁食一般不要超过12h，大动物禁食不超过24h，过长的禁食是不适宜的。禁食期间一般不禁止饮水。临床上有时为了缩短禁食时间而采用缓泻剂，应注意激烈的泻剂能造成动物脱水。

4. 动物体准备 术前刷拭动物体表，小动物可施行全身洗浴，以清除体表污物，然后向被毛喷洒1％煤酚皂溶液或0.1％新洁尔灭溶液。在动物的腹部、后躯、肛门或会阴部手术时，术前应包扎尾绷带。会阴部的手术，术前应灌肠、导尿，以免术中动物排粪尿，污染术部。

二、手术动物的保定

手术动物保定是指根据手术需要利用人力或药物对动物的防卫行为进行限制，以保证手术的进行，确保人和动物的安全所采取的措施。其方法包括用缰绳牵引动物、对动物捆绑、倒卧等机械方法。利用药物对动物进行控制的方法称为化学保定，是传统机械保定的发展，特别适用于犬、猫及野生动物等攻击性强的动物。动物保定的内容在兽医临床诊疗技术课程中已经学习，在此不作重复介绍。对手术动物的保定应考虑到以下几点：

1. 充分显露手术部位 所选择的保定方法要使得手术区域充分显露，同时要兼顾手术过程中可能的体位变化和体肢的转位等。

2. 防止动物自我损伤 动物在非麻醉状态下可能出现咬、舔和抓等自我损伤动作，容易破坏机体组织和医疗措施，如咬断缝线、撕碎绷带等，使得手术复杂化。

3. 减少手术人员的疲劳程度 手术时间长短不一，选择保定方法要考虑手术人员的体位和操作，尽量避免容易引起手术人员疲劳的保定方法。

三、术部常规处理

1. 术部除毛 动物的被毛浓密，容易沾染污物，并藏有大量的微生物。因此手术前必须先用剪毛剪逆毛流依次剪除术部的被毛，并用温肥皂水反复擦洗，去除油脂。再用剃刀顺着毛流方向剃毛。除毛的范围一般为手术区的2～3倍。剃完毛后，用肥皂反复擦刷并用清水冲净，最后用灭菌纱布拭干。对于剃毛困难的部位，可使用脱毛剂（6％～8％硫化钠水溶液，为减少其刺激性可在每100mL溶液中加入甘油10g）涂于术部，待被毛呈糊状时（10min左右），用纱布轻轻擦去，再用清水洗净即可。为了减少对术部皮肤的刺激，术部除毛最好在手术前进行。

2. 术部消毒 术部除毛并清洗后，通常由助手在手、臂消毒后尚未穿戴手术衣和手套前执行。助手用镊子夹取纱布球或棉球蘸化学消毒溶液涂擦手术区，消毒的范围要相当于剃毛区。一般无菌手术，应先由拟定手术区中心部向四周涂擦；如是已感染的创口，则应由较清洁处向患处涂擦（图1-21）。

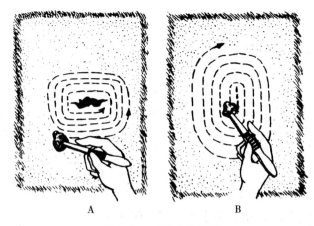

图 1-21　术部皮肤消毒

A. 感染创口的皮肤消毒　B. 清洁手术的皮肤消毒

（中国农业大学，1999. 家畜外科手术学．3 版）

术部皮肤消毒，最常用的药物是 5％碘酊和 70％酒精。碘酊涂擦两遍，待完全干后，再以 70％酒精涂擦两遍进行脱碘，以免碘酊沾染手和器械，带入创内造成不必要的刺激。消毒时，注意操作者的手不要触及动物皮肤。

3. 术部隔离　即采用大块有孔手术巾覆盖于手术区，仅在中间露出切口部位（图 1-22），使术部与周围完全隔离。也可用四块小手术巾依次围在切口周围，只露出切口部位的方法隔离术部。手术区一般应铺盖两层手术巾，其他部位至少有一层大无菌手术巾。手术巾一般用巾钳固定在动物体上，也可用数针缝合代替巾钳。手术巾要有足够的大小遮蔽非手术区。在铺手术巾前，应先认定部位，一旦放下，不要移动，如需移动只许自手术区向区外移动，不宜向手术区内移动。第一层铺毕，助手应将双手臂浸入消毒液中再泡 2～3min，然后穿手术衣及戴手套，再铺盖第二层手术巾。

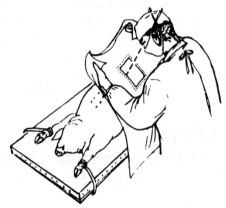

图 1-22　手术巾的敷设

（中国农业大学，1999. 家畜外科手术学．3 版）

技术提示

（1）除紧急手术外，动物的术部除毛应在术前 1d 进行。

（2）术前首先应对待手术动物进行全面的检查，在确定实施手术之后，则需采取进一步的术前措施。非紧急手术时，应根据患病动物的具体病情，给予术前的治疗，如抗休克、纠正水盐代谢的失调和酸碱平衡的紊乱以及抗菌治疗等，以使病情缓和稳定，给手术创造一个较好的基础条件。

（3）手术前应对动物体进行清洁、擦拭或洗刷，以减少切口感染的机会。四肢末端或蹄部手术时，应充分冲洗局部，必要时施行局部药浴。

（4）术部消毒后，应尽快进行手术，如果暴露时间过长，术前需再次消毒。

（5）患病动物准备是外科手术的重要组成部分。患病动物术前准备工作的任务，是尽可能使手术动物处于正常生理状态，各项生理指标接近于正常，从而提高动物对手术的耐受力。因此可以认为，术前准备得如何，直接或间接影响手术的效果和并发症的发生率。

·知识链接·

（1）有少数动物的皮肤对碘酊敏感，往往涂碘酊后，皮肤变厚，不便手术操作，可改用其他皮肤消毒药，如1%碘伏、0.1%新洁尔灭溶液、0.05%洗必泰溶液等。注意在使用新洁尔灭之前，皮肤上的肥皂必须冲洗干净，否则会影响新洁尔灭的消毒功效。

（2）对口腔、鼻腔、阴道、肛门等处黏膜的消毒不可使用碘酊，可用刺激性较小的0.05%~0.1%新洁尔灭、0.1%依沙吖啶（利凡诺）等溶液，涂擦2~3遍。重复涂擦时，必须待前次药品干后再涂；眼结膜多用2%~4%硼酸溶液消毒；四肢末端手术用2%来苏儿溶液浸浴消毒。

（3）动物术前应禁食12~24h。若手术在臀部、肛门、外生殖器、会阴以及尾部等后躯部位，为防止施术时粪尿污染术部，对某些动物术前要进行导尿，而有些病例，则需考虑膀胱穿刺。但要注意绝不可在手术前进行灌肠，否则动物将会在手术过程中频频排便，反而造成污染。有些易继发胃肠臌气的疾病，可先内服制酵剂，或采取胃肠减压措施。口腔、食管的疾病有时会导致大量分泌物产生，可应用抗胆碱药。若预测手术中出血较多，可采用一些预防性止血药物。对破伤风发病率较高的一些农场或养殖场，手术动物术前应做相应的免疫注射。

技能4 手术人员的准备

·技能描述·

手术人员是实施动物手术的关键因素，是否准备充分直接影响手术过程及手术质量。手术人员的准备主要包括体能、更衣、手臂皮肤的消毒以及穿戴无菌手术衣和手套。

·技能情境·

动物医院手术室或手术实训室、手术人员、手术帽、手术衣、手套、肥皂和消毒剂等。

·技能实施·

一、更 衣

手术人员在准备室脱去外部的衣裤、鞋帽，换上手术室专用的清洁衣裤和鞋。上衣最好是短袖衫以充分裸露手臂，没有清洁鞋，应穿上一次性鞋套，并戴好手术帽和口罩，目前多用一次性手术帽和口罩。手术帽应把头发全部遮住，其帽的下缘应到达眉毛之上和耳根顶端。手术口罩应完全遮住口和鼻，可防止手术创发生飞沫感染和滴入感染。如戴的是纱布制口罩，为避免戴眼镜的手术人员因呼吸水气使镜片模糊，可将口罩的上缘用胶布贴在面部，或是在镜片上涂抹薄层肥皂（用干布擦干净）。估计手术时出血或渗出液较多时，可加穿橡皮围裙，以免湿透衣裤。

二、手臂皮肤的准备

手臂皮肤的准备即所谓洗手法。范围包括双手、前臂和肘关节以上 10cm 的皮肤。主要有两个步骤，即机械刷洗和化学药品浸泡。

机械刷洗是用肥皂、流动水刷洗，除去污垢、脱落的表皮及附着的细菌，同时脱去皮脂。此法虽难以达到彻底灭菌的目的，但操作得当，可去掉皮肤表面 95％以上的细菌，而且油污除去后，可使下一步的化学药品浸泡发挥更好的作用。

未刷洗前，应用肥皂和温水洗净双手和前臂。然后用软硬适度的消毒毛刷（指刷），沾 10％～20％肥皂水（最好用低碱或中性肥皂）刷洗，从手指开始逐步向上直至肘上 10cm。双手刷洗完后，用流动清水将肥皂冲洗干净。如此反复刷洗 2～3 遍，通常历时 5～10min。刷洗完毕，双手向上，滴干余水，取无菌小毛巾从手开始向上顺序将肘关节以下范围的皮肤擦干后，进行化学药品浸泡消毒。

手臂的化学药品消毒最好是用浸泡法，将双手及前臂置于新洁尔灭或酒精等化学药品消毒溶液中浸泡，范围应超过肘关节，以保证化学药品均匀而有足够的时间作用于手臂的各部分。专用的泡手桶可节省药液和保证浸泡的高度。如果用普通脸盆浸泡则必须不时地用纱布块浸蘸消毒液，轻轻擦洗，使整个手臂都保持湿润。

三、穿手术衣和戴手套

穿手术衣和戴手套，能使术者手臂的接触感染控制在最低限度。根据动物外科手术的特点，手术衣有长、短袖之分。如胸、腹腔手术时，经常整个手臂进入腹腔，以短袖为好；体表手术时，以长袖手术衣为宜。手术衣一般为白色，有人主张为蓝色，因为蓝色可被患病动物所接受。

穿无菌手术衣时，要离开其他人员和器具、物品。由器械助手打开手术衣包，术者提起衣领的两侧，抖开手术衣，在将手术衣轻抛向上的同时，顺势将两手臂迅速伸进衣袖中，并向前上伸展，由身后巡回助手牵拉手术衣后襟；然后术者交叉两臂，提起腰部衣带，以便巡回助手在身后系紧（图 1-23）。

过去兽医外科临床并不严格要求戴无菌手套，但考虑到术者手部的皮肤不可能达到绝对无菌，所以现在一般都应戴灭菌手套。手术人员应按手的大小，选择尺寸合适的手套。戴手套有干戴（经高压灭菌或由工厂生产已经消毒处理并包装好的灭菌手套）和湿戴（用化学药液浸泡消毒，如用 0.1％新洁尔灭溶液浸泡 30min）两种方法。干戴手套时，先穿好手术衣，后戴上手套。干戴手套时双手可沾灭菌的滑石粉少许，按图 1-24 所示戴上手套。戴好后，将敷于手套外面的滑

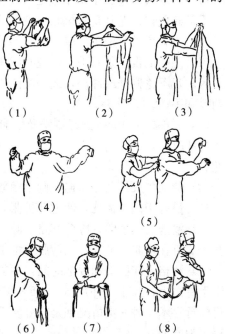

（1） （2） （3）

（4）

（5）

（6） （7） （8）

图 1-23 穿手术衣步骤

（甘肃省畜牧学校，2003. 家畜外科及产科学）

石粉用盐水冲净。操作时，未戴手套的手不可触及手套外面，只能提手套翻折部分的内面；已戴手套的手不可触及手套的内面。湿戴手套时，先戴手套，后穿手术衣。手套内盛些无菌水，并将双手沾湿，按图1-25所示戴好手套，并抬手使手套内积的水顺腕部流出。最后，将手术衣袖口套入手套袖口内。

手术人员准备结束后，如手术尚不能立即开始，应将双手抬举置于胸前，并用灭菌纱布遮盖，不可垂放。

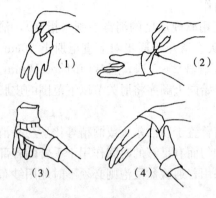

图1-24　戴干手套步骤

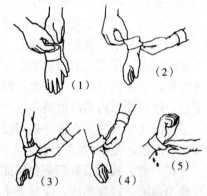

图1-25　戴湿手套步骤

·技术提示·

（1）手术人员进入手术室前必须剪短指甲，剔除甲缘下的污垢，有逆刺的也应事先剪除。手部有创口，尤其是有化脓感染创的不能参加手术。手部有小的新鲜伤口如果必须参加手术时，应先用碘酊消毒伤口，暂时用胶布封闭，再进行消毒，手术时最好戴上手套。

（2）洗手的重点是双手，刷洗时应稍用力，特别注意甲沟、指蹼、肘后和其他皮肤皱褶处。因此，不论刷洗或冲洗，或是浸泡以后，手始终应保持向上位置，防止水从肘部以上流向前臂和手。

（3）肘部以上10cm虽经刷洗及浸泡，但仍应视为不清洁区域，故刷洗后用无菌小毛巾擦干皮肤时，如触及肘部以上部分就应更换，也不允许用已消毒的手抚摸另侧肘部以上的皮肤。

（4）新洁尔灭等药品，遇碱则杀菌效果降低，因此在浸泡前，必须将肥皂冲洗干净。

（5）最好用温水清洗，使毛孔扩张，以增强刷洗的效果。

（6）浸泡后的手臂，应令其自然晾干，不要用无菌巾擦干，特别是新洁尔灭类药物，自然晾干后可在皮肤上形成一层薄膜，增加灭菌效果。

（7）严格遵守刷洗和浸泡时间，不得随意缩短。如果情况紧急，必要时用肥皂及水初步清洗手臂污垢，擦干，并用3%～5%碘酊充分涂布手臂，待干后，用大量酒精洗去碘酊，即可施行手术。另一类情况则是充分洗手后，再戴上灭菌的手套施术，这在较小的手术时，显得更为方便。

（8）手臂皮肤经消毒，细菌数量虽大大减少，但仍不能认为绝对无菌，在未戴灭菌手套以前，不可直接接触已灭菌的手术器械或物品。

（9）术中手套发生破裂，或接触胃肠内容物或脓液而被污染，在转入无菌手术时，要重新更换灭菌手套。更换手套前，用消毒液重新洗刷手臂。

·知识链接·

用于手、臂消毒的化学药品有多种，可以选用如下任一种方法。

1. 酒精浸泡法 用 70% 的酒精溶液浸泡和拭洗 5min，浸泡前应将手、臂上的水分拭干，以免降低酒精的浓度，影响酒精的消毒能力。

2. 新洁尔灭浸泡法 用 0.1% 新洁尔灭溶液浸泡和拭洗 5min，这种方法在临床上使用最为广泛。也可采用 0.02% 洗必泰溶液进行手、臂的消毒。

3. 聚乙烯酮涂刷法 有皮肤消毒液和消毒刷（其消毒液吸附在消毒刷背面的海绵内）两种。用 7.5% 聚乙烯酮消毒液拭擦皮肤或用消毒刷刷拭手、臂，先刷拭手臂 5min，、冲洗擦干后，再擦拭或刷拭 3min。

技能 5　手术室及手术场地的准备与消毒

·技能描述·

手术室的条件对预防手术创的空气尘埃感染十分重要，良好的手术室有利于手术人员完成手术任务，应因地制宜，尽可能创造一个比较完善的手术环境。

·技能情境·

动物医院手术室或手术实训室、消毒剂等。

·技能实施·

一、手术室及其消毒

手术室应有一定的面积和空间，一般大动物手术室不小于 40m²，小动物手术室不小于 25m²，房间高度在 2.8～3m 较为合适。天花板和墙壁应平整光滑，以便于清洁和消毒。地面应防滑，并有利于排水。

手术室内采光要良好，并配备无影灯或其他照明设施。室内要有良好的给排水系统，尤其是排水系统，管道应较粗，便于疏通。手术室既要有良好的通风系统，又要能保持适当的温度（一般以 20～25℃为宜）。在设计上要合理，要考虑自然通风或是强制通风，门窗装置要紧密。有条件的通气最好有过滤装置，保暖或防暑可安装空调机。

有条件的手术室还需设立相应的清洗间、器械物品消毒间、更衣间及仪器设备存贮间。手术室内只允许放置必要的器具、物品，如手术台、保定栏、器械台、无影灯、手术反光灯、输液架及保定用具，其他陈设不要繁杂。

手术室消毒的最简单方法是使用 5% 苯酚或 3% 来苏儿溶液进行喷洒消毒。另外，紫外光灯照射消毒、化学药物熏蒸消毒（如甲醛熏蒸法、乳酸熏蒸法）等方法也常用于手术室空间、设施的消毒。

二、临时性手术场所的选择及其消毒

由于客观条件的限制及兽医工作的特殊性，手术人员往往不得不在没有手术室的情况下施行外科手术。为此，兽医工作者必须积极创造条件，选择一个合适临时性手术场地。

在房舍内进行手术,可以避风雨、烈日,尤其是减少空气污染的机会,这是应该争取做到的条件,尤其是在北方严寒的冬季,更是必要的。在普通房舍进行手术时,也要尽可能创造手术室应备的条件。例如,首先腾出足够的空间,最好没有杂物。地面、墙壁能洗刷的进行洗刷,不能刷洗的应用消毒药液充分喷洒,避免尘土飞扬。为了防止屋顶灰尘跌落,必要时可在适当高度张挂布单、油布或塑料薄膜等,一般能遮蔽患病动物及器械即可。在刮风的天气,还应注意严闭门窗。

在晴朗无风的天气,手术也可在室外进行。场地的选择原则上应远离大路,避免尘土飞扬,也应远离畜舍和积肥地点等蚊、蝇较易滋生、土壤中细菌芽孢含量较多的场地。最好选择能避风而平坦的空地,事先打扫并清除地面上杂物,并在地面上洒水或消毒药液。需要侧卧保定的手术,应设简易的垫褥或铺柔软的干草,在其上盖以油布或塑料布。

在无自来水供应的地点,可利用河水或井水。事先在每 100kg 水中加明矾 2g 及漂白粉 2g,充分搅拌,待澄清后使用。此外,最简便易行的办法是将水煮沸,既可以消毒,又可除去很多杂质。

·技术提示·

(1) 在经济条件允许时,最好分别设置无菌手术室和感染手术室。如果没有条件设置两种手术室,则化脓感染手术最好安排在其他地方进行,以防交叉感染。如果在室内做过化脓感染手术,手术室必须在术后及时严格消毒。

(2) 在消毒手术室之前,应先对手术室进行清洁卫生,再进行消毒。

·知识链接·

手术室常用消毒方法及注意事项

1. 药物喷洒消毒法   即用 5% 苯酚或 3% 来苏儿溶液喷洒手术台面、地面以及室内空气,可以收到一定的消毒效果。因这些药液具有刺激性,故消毒后必须通风换气。

2. 紫外灯照射法   通过紫外灯照射,可以有效地净化空气,明显减少空气中细菌的数量,同时也可以杀灭物体表面附着的微生物。紫外灯的杀菌范围广,可以杀死一切微生物(细菌、病毒、芽孢和真菌)。市售的紫外灯有 15W、30W 和 40W 三种,既可以悬吊,也可以安装在可移动的落地灯架上,使用起来很方便。一般在非手术时间开灯照射 2h,有明显的杀菌作用,单管线照射不到之处则无杀菌作用。紫外灯照射距离以 1m 以内最好,超过 1m 则效果减弱。活动支架的消毒灯有很大的优越性,它可以改变照射的方位和照射距离,能发挥最好的杀菌效果。

3. 化学药物熏蒸消毒法   这类方法效果可靠,消毒彻底。手术室清洁后门窗紧闭,做到较好的密封,然后再用消毒蒸汽熏蒸。应用较为普遍的是福尔马林熏蒸法和乳酸熏蒸法。

·操作训练·

利用课余时间或节假日参与动物医院外科手术,进行无菌技术操作训练。

任务二　麻醉技术

任务分析

麻醉是外科手术中不可缺少的一个组成部分,其主要目的在于安全有效地消除手术动物的疼痛感觉，防止剧烈疼痛引起休克；避免人或动物发生意外损伤；保持动物安静，有利于安全、细致地进行手术操作；减少动物骚动，便于无菌操作。根据麻醉剂对机体的作用范围不同，麻醉可分为局部麻醉和全身麻醉两类。

任务目标

1. 能正确进行动物全身麻醉、局部麻醉操作。
2. 识记动物常用麻醉药物及用药注意事项。
3. 会进行常见动物（如猪、牛、羊、犬等）传导麻醉。
4. 识记动物麻醉时的注意事项。
5. 能根据动物全身麻醉的临床表现，判定麻醉的深度。

技能1 全身麻醉

·技能描述·

动物在全身麻醉时会形成特有的麻醉状态，表现为镇静、无痛、肌肉松弛、意识消失等。在全身麻醉状态下，对动物可以进行比较复杂和难度较大的手术。全身麻醉是可以控制的，也是可逆的，当麻醉药从体内排出或在体内代谢后，动物将逐渐恢复意识，不会对中枢神经系统有残留作用或留下任何后遗症。根据全身麻醉药物进入动物体内的途径不同，可将全身麻醉分为吸入麻醉和非吸入麻醉两类。

·技能情境·

动物医院或外科手术实训室、麻醉药品、注射器、呼吸麻醉机、相应的动物等。

·技能实施·

一、吸入麻醉

吸入麻醉是指采用气态或挥发性液体麻醉药，使药物经呼吸由肺泡毛细血管进入血液循环，并到达神经中枢，使中枢神经系统抑制而产生全身麻醉效应。用于吸入麻醉的药物称为吸入麻醉药。吸入麻醉的优点是能迅速、准确地控制麻醉深度，能较快终止麻醉，复苏快。缺点是操作比较复杂，麻醉装置价格昂贵。

常用的吸入麻醉药有氟烷、甲氧氟烷、安氟醚（恩氟烷）、异氟醚、氧化亚氮（笑气）、七氟醚等。

临床应用时，应先将动物进行基础麻醉、气管插管后，再进行吸入麻醉。吸入麻醉开始时，以2%～4%的浓度快速吸入，3～5min后再以1.5%～2.0%的浓度尝试维持所需麻醉深度。

吸入性全身麻醉需要一定的麻醉设备，常用的麻醉装置（麻醉机）可以供动物氧气、麻醉气体和进行人工呼吸，是临床麻醉和急救时不可缺少的设备。麻醉机根据其呼吸环路系统不同分为开放式、半开放式或半紧闭式和紧闭式3种。性能良好的麻醉机和正确熟练的操作技能，对于保证手术动物的安全是十分重要的。

二、非吸入麻醉

非吸入性麻醉是指麻醉药不经吸入方式而进入动物体内并产生麻醉效应的方法。实际应用中常采用非吸入性全身麻醉，该种麻醉方法操作简便，不需特殊的设备，不出现兴奋期，比较安全。缺点是需要严格掌握用药剂量，麻醉深度和麻醉持续时间不易灵活掌握。给药途径有多种，如静脉内注射、皮下注射、肌内注射、腹腔内注射、内服及直肠内灌注等。常用的非吸入性全身麻醉药有以下几种：

1. 隆朋 商品名为麻保静，化学名称为2，6-二甲苯胺噻嗪，具有中枢性镇静、镇痛和肌肉松弛作用。本品的安全范围较大，毒性低，无蓄积作用。此药对反刍动物，特别是牛很敏感，用量小，作用迅速。该药现已广泛用于羊、犬、猫等小动物，同时也有效地用于各种野生动物。临床上常以其盐酸盐配成2%～10%水溶液供肌内注射、皮下注射或静脉注射用。一般肌内注射后10～15min，静脉注射后3～5min出现作用，镇静可维持1～2h，镇痛延缓时间15～30min。1%苯噁唑溶液（回苏3号）可逆转其药效。

剂量（以每千克体重计）：马肌内注射量为1.5～2.5mg；牛肌内注射量为0.11～0.22mg，静脉注射量减半；水牛肌内注射量1～2mg；羊肌内注射量为0.1mg；犬、猫皮下注射量为2.2mg，静脉注射量减半；灵长类动物肌内注射量为2～5mg；狮、虎、熊等肌内注射量为5～8mg。

2. 静松灵 化学名称为2，4-二甲苯胺噻唑，其药理特性、应用与隆朋基本相同，是目前国内在草食动物中应用最广泛的麻醉药。

剂量（以每千克体重计）：马肌内注射量为0.5～1.2mg，静脉注射量为0.3～0.8mg；牛肌内注射量为0.2～0.6mg；水牛肌内注射量为0.4～1.0mg；羊、驴、梅花鹿等肌内注射量为1～3mg。

3. 氯胺酮 本品是一种作用快速的麻醉药，可对大脑中枢的丘脑-皮质系统产生抑制，镇痛作用较强，但对中枢的某些部位产生兴奋。麻醉后显示镇静作用，但受惊扰仍能醒觉并表现有意识反应（这种特殊的意识和感觉分离的麻醉状态称为"分离麻醉"）。本品在兽医临床上用于马、牛、猪、羊、犬、猫及多种野生动物的化学保定、基础麻醉和全身麻醉。肌内、腹腔或静脉注射皆可，剂量为每千克体重10～30mg。由于氯胺酮使用后会出现流涎，所以多在用药前15min皮下注射阿托品。兽医临床上又常将氯胺酮与氯丙嗪、隆朋、安定等神经安定药混合应用，以改善麻醉状况。

4. 水合氯醛 是马属动物全身麻醉的首选药物，临床上常用5%～10%水合氯醛注射液静脉注射，剂量为每千克体重0.1g。内服及直肠给药也都容易吸收。对于小动物使用较少，一般用于安乐死。

5. 巴比妥类麻醉药 临床所用巴比妥类药物根据其作用时限不同，可以分成四大类别，即长、中、短和超短时作用4种，而作为临床麻醉使用的为短时或超短时作用型药物。该类药可以少量多次给药作为维持麻醉之用。因其有较强的抑制呼吸中枢和心肌功能的作用，在临床应用时应严格计算用量，严防过量使用导致动物死亡。常用的药物有硫喷妥钠、戊巴比妥钠、异戊巴比妥钠、环己丙烯硫巴比妥钠及硫戊巴比妥钠等。

6. 速眠新合剂（846合剂） 该药具有广泛的镇痛、制动确实、诱导和苏醒平稳等特点。广泛应用于犬科动物、猫科动物。肌内注射量为（以每千克体重计）：马0.01～

0.015mL，牛 0.005～0.015mL，羊 0.05～0.1mL，犬、猴 0.1～0.15mL，猫、兔 0.2～0.3mL。在犬科动物给药后 4～7min 内有呕吐表现（特别是当胃内充满的情况下），但当胃内空虚时则不表现呕吐，而表现安静，全身肌肉逐渐松弛，后来卧地，表明已进入麻醉状态，一般维持 1h 以上。注意本品与氯胺酮、巴比妥类药物有明显的协同作用，复合应用时要特别注意。为了减少唾液腺及支气管腺体的分泌，可在麻醉前 10～15min 皮下注射阿托品 0.05mg（以每千克体重计）。如果手术时间较长，可用速眠新追加麻醉。手术结束后需要让动物苏醒时，可用速眠新的拮抗剂——苏醒灵 4 号静脉注射，注射剂量与速眠新的麻醉剂量比例一般为（1～1.5）∶1，注射后 1～5min 动物苏醒。

7. 舒泰　该药是仅供动物使用的一种新型麻醉剂，属于分离型麻醉剂，也是目前临床常用的麻醉剂，它含镇静剂替来他明和肌松剂唑拉西泮。在经肌内和静脉途径注射时，舒泰具有良好的局部受耐性，是一种非常安全的动物保定药品。在全身麻醉时，舒泰具有诱导时间短、极小的副作用和最大的安全性。舒泰常用于犬、猫和野生动物的保定及全身麻醉。

麻醉时，注射舒泰前 15min 先皮下注射硫酸阿托品，剂量为（以每千克体重计）：犬 0.1mg、猫 0.05mg。

诱导麻醉剂剂量（以每千克体重计）：犬肌内注射 7～25mg、静脉注射 5～10mg；猫肌内注射 10～15mg、静脉注射 5～7.5mg。根据剂量不同，麻醉维持时间从 20～60min 不等。维持麻醉剂量为（以每千克体重计）：灵长类动物肌内注射 4～6mg；猫科动物肌内注射 4～7.5mg；犬科动物肌内注射 5～11mg；熊科动物肌内注射 3.5～8mg；牛科动物肌内注射 3.5～33mg；灵猫科动物肌内注射 2.5～6mg。

应用舒泰时应注意：实施麻醉前动物应禁食 12h；注意麻醉动物的保温；术后要让动物在安静和光线稍暗的环境下苏醒。不要与酚噻嗪（乙酰丙嗪、氯丙嗪）和氯霉素等药物同时使用。

三、不同动物的全身麻醉

1. 牛的全身麻醉　牛需要深麻醉的情况不多，在实施全身麻醉时不可麻醉过深，最好采用配合麻醉，麻醉前停食停水，给予阿托品等减少唾液腺和支气管腺体的分泌。另外，牛在全麻状态下气管内插管是非常必要的。

（1）静松灵（或隆朋）麻醉法。牛对静松灵敏感，在较小剂量下可引起较深度的镇静与镇痛，其剂量因品种及个体差异而有不同，一般是每千克体重 0.2～0.4mg，肌内注射后 20min 内出现明显的镇静和麻醉现象，一般麻醉可持续 1h 以上。水牛的剂量可增至每千克体重 1～3mg。在整个麻醉过程中牛的意识一直不会消失，手术时仍应加以适当保定。

（2）速眠新合剂麻醉法。按每千克体重 0.005mL 的剂量肌内注射，5～10min 动物即平稳进入麻醉状态，持续 40～80min；剂量稍有增加时，除麻醉时间延长外，无明显的不良反应。

2. 羊的全身麻醉　羊的解剖结构、生理特点与牛相似，所以很多麻醉特点以及全身麻醉的危险性也相似。麻醉的注意点及所采取的措施基本相同。

（1）隆朋（或静松灵）麻醉法。肌内注射量为每千克体重 1～2mg。隆朋与氯胺酮复合应用有较好的效果。若剂量超过每千克体重 7mg，易发生中毒死亡。

（2）速眠新合剂麻醉法。按每千克体重 0.05～0.1mL 的剂量肌内注射，经 3～10min 动物进入麻醉状态，持续 2～3h。麻醉期内，羊的唾液分泌稍多。

3. 猪的全身麻醉

（1）戊巴比妥钠麻醉法。静脉内注射剂量为每千克体重 10～25mg，麻醉时间 30～60min，苏醒时间为 4～6h，此剂量也可采用腹腔内注射。一般 50kg 以上的猪用小剂量，20kg 以下的猪采用大剂量。

（2）硫贲妥钠麻醉法。静脉注射量为每千克体重 10～25mg（小猪用高剂量）。麻醉时间 10～25min，苏醒时间 0.5～2h。腹腔注射量为每千克体重 20mg，麻醉时间 15min，苏醒时间约 3h。限于短小手术，或作吸入麻醉的诱导。

（3）噻胺酮（复方氯胺酮）麻醉法。其有效成分包括氯胺酮、隆朋和苯乙哌酯（类阿托品药），一般小型猪或体重 50kg 以下的猪，肌内注射剂量为每千克体重 10～15mg；如果体重大于 50kg 或成年种猪应采用静脉注射给药，剂量为每千克体重 5～7mg，注射速度不宜过快。麻醉持续时间 60～90min 不等。

单独给予氯胺酮每千克体重 10～30mg，肌内注射也能使猪安定，可持续 10～20min。

4. 犬、猫的全身麻醉

（1）速眠新合剂麻醉法。本法是目前临床应用较为广泛的麻醉方法，用量及效果可参看前述内容。

（2）氯胺酮麻醉法。用药前常规注射阿托品，防止流涎。注射阿托品后 15min，肌内注射氯胺酮，犬每千克体重 10～15mg、猫每千克体重 10～30mg，5min 后产生药效，一般可持续 30min，适当增加用量可相应延长麻醉持续时间。如果因过多出现全身性强直性痉挛，而不能自行消失时，可静脉注射安定，剂量为每千克体重 1～2mg。临床上又常常将氯胺酮与其他神经安定药混合应用以改善麻醉状况。常用的有以下几种：

氯丙嗪＋氯胺酮麻醉法：麻醉前给予阿托品，肌内注射氯丙嗪，剂量为犬每千克体重 3～4mg、猫每千克体重 1mg，15min 后现给予氯胺酮，剂量为犬每千克体重 5～9mg、猫每千克体重 15～20mg，肌内注射，麻醉平稳，持续 30min。

隆朋＋氯胺酮麻醉法：先给予阿托品，再肌内注射隆朋，剂量为每千克体重 1～2mg，15min 后肌内注射氯胺酮，剂量为每千克体重 5～15mg，持续 20～30min。

安定＋氯胺酮麻醉法：肌内注射安定，剂量为每千克体重 1～2mg，之后约经 15min 再肌内注射氯胺酮，也能产生平稳的全身麻醉。

（3）硫喷妥钠麻醉法。将硫喷妥钠稀释成 2.5% 的溶液，按每千克体重 25mg 的剂量计算总药量进行静脉注射，其前 1/2 或是 2/3 以较快的速度静脉注射（约 1mL/s）。当动物呈现全身肌肉松弛、眼睑反射减弱、呼吸平稳、瞳孔缩小时，改为缓慢注射。通常如上述一次麻醉给药可以麻醉 15～25min。如在临床具体应用时为了延长麻醉时间，当动物有所觉醒、骚动或有叫声时，再从静脉适量推入药液，以延长所需的麻醉时间。

（4）舒泰麻醉法。用法用量同前。

舒泰＋速眠新合剂（846 合剂）法：在麻醉前 10～15min 常规皮下注射阿托品，剂量为犬 0.1mg、猫 0.05mg（以每千克体重计）。舒泰麻醉剂量为（以每千克体重计）：犬肌内注射 3.5～12.5mg，静脉注射 2.5～5mg；猫肌内注射 5～7.5mg，静脉注射 2.5～3.25mg。

同时，注射速眠新合剂，剂量为（以每千克体重计）：犬肌内注射 $0.05\sim0.075$ mL，静脉注射 $0.03\sim0.05$ mL；猫肌内注射 $0.1\sim0.15$ mL，猫静脉注射 $0.05\sim0.075$ mL。

·技术提示·

（1）麻醉前，应进行健康检查，了解整体状态，以便选择适宜的麻醉方法。全身麻醉前要停止饲喂，牛应禁食 $24\sim36$ h，停止饮水 12h，以防止麻醉后发生瘤胃臌气；小动物要禁食 12h，停止饮水 $4\sim8$ h，以防止腹压过大，甚至食物反流或呕吐。

（2）选用麻醉方法时，应考虑麻醉的安全性，动物的种类、神经类型、性情好坏、动物机体各种不同的组织对疼痛刺激的敏感度及手术的繁简等因素，局部麻醉能达到目的者，无需施行全身麻醉。

（3）吸入麻醉操作要正确，严格控制剂量。麻醉过程中注意观察动物的状态，特别要监测动物呼吸、循环、反射功能及脉搏、体温变化等，如发生不良反应，要立即停药，以防中毒。

（4）麻醉过程中，药量过大，出现呼吸、循环系统功能紊乱，如呼吸浅表、间歇，脉搏细弱而节律不齐，瞳孔散大等症状时，要及时抢救。可注射安钠咖、樟脑磺酸钠或苏醒灵等中枢兴奋剂。

（5）全身麻醉后，要注意护理。动物开始苏醒时，其头部常先抬起，护理员应注意保护，以防摔伤或致脑震荡。动物开始挣扎站立时，应及时扶持其头颈并提尾抬起后躯，至动物能自行保持站立为止，以免发生骨折等损伤。寒冷季节，当麻醉伴有出汗或体温下降时，应注意保温，防止动物发生感冒。

（6）全身麻醉的并发症与处理。

呕吐：动物麻醉初期，反刍动物深麻醉时，易发生呕吐或胃内容物反流。处理方法是：将动物头颈稍抬高，口朝下，舌拉至口腔外并用湿纱布包裹。呕吐后，将口腔清理干净。

舌缩回：小动物多见，舌阻塞喉部，引起呼吸困难，应立即用镊子将舌拉至口腔外。

呼吸停止：表现为麻醉过深，瞳孔散大，创内出血呈暗红色。处理方法是立即停止麻醉，拉出舌头，并辅助呼吸。同时，注射尼可刹米、安钠咖、樟脑油等。

心搏停止：表现为深麻醉，瞳孔散大，创内出血停止。处理方法为心脏按压，静脉注射 0.1% 肾上腺素，剂量为马、牛 $3\sim5$ mL，犬、猫 $0.1\sim0.3$ mL。

·知识链接·

一、麻醉的概念与分类

麻醉是在施行外科手术时，利用化学药物或其他手段，使动物的知觉或意识消失，或局部痛觉暂时迟钝或消失，以便顺利进行手术的方法。现代的兽医外科麻醉方法种类繁多，如药物麻醉、电针麻醉、激光麻醉等，但仍以药物麻醉应用最为广泛。

全身麻醉是指利用某些药物对动物中枢神经系统产生广泛的抑制作用，从而暂时地使机体的意识、感觉、反射和肌肉张力部分或全部丧失，但仍保持生命中枢功能的一种麻醉方法。

全身麻醉时，如果仅单纯采用一种全身麻醉剂施行麻醉的，称为单纯麻醉。如果为了增强麻醉药的作用,降低其毒性和副作用,扩大麻醉药的应用范围而选用几种麻醉药联合使用的则称为复合麻醉。在复合麻醉中,如果同时注入两种或数种麻醉剂的混合物以达到麻醉的方法,称为混合麻醉(如水合氯醛-硫酸镁、水合氯醛-酒精等);在采用全身麻醉的同时配合应用局部麻醉,称为配合麻醉法;间隔一定时间,先后应用两种或两种以上麻醉剂的麻醉方法,称为合并麻醉。在进行合并麻醉时,于使用麻醉剂之前,先用一种中枢神经抑制药达到浅麻醉,再用麻醉剂以维持麻醉深度,前者即称为基础麻醉。如为了减少水合氯醛的有害作用并增强其麻醉强度,可在注入之前先用氯丙嗪作基础麻醉,其后注入水合氯醛作为维持麻醉或强化麻醉以达到所需麻醉深度。

根据麻醉强度,又可将全身麻醉分为浅麻醉和深麻醉;前者是给予较少量的麻醉剂使动物处于欲睡状态、反射活动降低或部分消失,肌肉轻微松弛;后者使动物出现反射消失和肌肉松弛的深睡状态。

二、全身麻醉前给药

麻醉前给药可以提高麻醉的安全性,减少麻醉的副作用,消除麻醉和手术中的一些不良反应,使麻醉过程平稳;也可增强麻醉药的作用,使诱导平稳,并可以减少麻醉药的用量。常用的麻醉前给药有以下4类:

1. 神经安定剂

(1)氯丙嗪。氯丙嗪可使动物安静,加强麻醉效果,减少麻醉药的用量。马静脉注射用量为每千克体重0.8~1mg,肌内注射用量为每千克体重1.5~2mg,通常在麻醉前30min给药。牛的用量与马相似;猪的用量为每千克体重2~4mg,但猪的用量个体差异明显;羊的用量为每千克体重2~6mg,犬的用量为每千克体重1~2mg,猫的用量为每千克体重2~4mg,熊的用量为每千克体重2.5mg,恒河猴的用量为每千克体重2mg,均为肌内注射(禁止在食品动物上使用该药)。

(2)乙酰丙嗪。给药后可以产生轻度至中等程度的镇静作用,但其作用有时会不稳定。肌内注射剂量,马每100kg体重5~10mg,牛、猪、羊每千克体重0.5~1mg,犬每千克体重1~3mg,猫每千克体重1~2mg。

(3)安定。用药后产生镇静、催眠和肌松作用。牛、羊、猪、犬、猫,肌内注射用量为每千克体重0.5~1mg,马肌内注射用量为每千克体重0.1~0.6mg。

2. 镇痛剂　在我国单独给动物应用镇痛药还不普遍,因为许多镇痛药都有成瘾性,属于严格控制药品。例如,吗啡小剂量时抑制,大剂量时可能兴奋。它作用于中枢神经系统的吗啡受体,镇痛作用很强,对手术中的切割痛、钝痛以及内脏的牵拉痛都有明显的镇痛作用。但在剖腹取胎术和助产时不用,因其可以抑制新生仔畜的呼吸。

哌替啶(杜冷丁、盐酸唛啶)是人工合成的吗啡样药物。镇痛作用不如吗啡强,作用类似吗啡,具有镇静、镇痛和解痉作用。作为麻醉前用药,犬肌内注射剂量为每千克体重5~10mg,马肌内注射剂量为每千克体重1mg,猫肌内注射剂量为每千克体重3mg。

3. 抗胆碱药　常用阿托品,可松弛平滑肌,抑制腺体分泌,减少呼吸道黏液和唾液腺的分泌,有利于保持呼吸道通畅。此外,这类药物还有抑制迷走神经反射的作用,可使心率增快。在麻醉前15~20min,将阿托品或神经安定药等一并注射。马、牛、羊、猪、犬、猫的一次注射量为每千克体重0.02~0.05mg。

4. 肌肉松弛剂 如氯化琥珀胆碱可以使骨骼肌失去原有的张力，有利于手术操作。肌肉松弛剂也有利于气管内插管的操作。此外，它还可作为化学保定药，用于保定、捕捉、运输野生动物。

本类药的肌松剂量和致死量比较接近，所以要精确计算用量。在用药过程中应该有专人对动物观测，注意肌松状况、呼吸、循环和瞳孔等的变化，若有过量中毒现象，应立即采取措施。本品用于马较安全，牛则较差。在使用本品前最好先给予适量阿托品，以防因呼吸道腺体分泌和唾液腺分泌过多而影响呼吸。

本类药品的肌松作用快，消失也快，给药后首先是头、眼部肌肉抽搐，进而影响喉部和胸腹部肌肉，再次是四肢肌肉，最后影响膈肌。由于本品在体内很快被水解，所以多次反复应用并无积蓄中毒和耐药现象。

本品静脉注射用量为（以每千克体重计）：马 0.1～0.15mg，牛、羊 0.016～0.02mg，猪 2mg，犬 0.06～0.15mg，猴 1～2mg，在马、牛、羊、猪等动物其肌内注射量同静脉注射量。马鹿、梅花鹿为每千克体重 0.08～0.15mg。

用药过量的最大危险是呼吸肌麻痹导致呼吸停止而窒息死亡，一旦发生严重呼吸抑制或呼吸停止，应立即将舌拉出，进行人工呼吸或适当给氧。同时静脉或肌内注射呼吸兴奋剂（如尼可刹米、吗苯酪酮）。心脏衰弱时可静脉注射安钠咖，或者是采用肾上腺素静脉注射或心内直接注射，但关键的措施还是人工呼吸，如果能采用人工呼吸机效果更佳。禁用毒扁豆碱和新斯的明。

三、动物麻醉深度

1. 浅麻期 麻醉逐渐向皮层下中枢扩散。表现为骨骼肌张力和运动反射逐渐退弱，动物站立不稳，皮肤反射尚存，眼睑反射消失，眼球震颤，角膜反射明显，呼吸深而规律，呈胸腹式呼吸，脉搏加快，瞳孔无变化。

2. 中麻期 皮肤反射减弱并逐渐消失，骨骼肌松弛，肛门反射消失，尾无力，阴茎脱出或松弛，舌拉出不能自回，瞳孔开始扩大，角膜反射仍存在，呼吸无明显变化，眼球固定。

3. 深麻期 角膜反射消失，腹部肌肉开始松弛，肋间肌开始出现麻痹，说明脊髓胸段已被抑制，胸壁的起伏落后于腹壁，血压下降，脉搏次数增加，瞳孔散大，眼球固定中央不动，体温明显下降。

技能 2　局部麻醉

·技能描述·

利用某些药物有选择性地暂时阻断神经末梢、神经纤维以及神经干的冲动传导，从而使其分布或支配的相应局部组织暂时丧失痛觉的一种麻醉方法，称为局部麻醉。常用的局部麻醉方法包括：表面麻醉、局部浸润麻醉、传导麻醉和麻醉硬膜外腔麻醉。局部麻醉适用于较浅表的小手术。局部麻醉的优点：动物保持清醒，对重要器官功能干扰轻微，并发症少，简便易行。

动物医院或外科手术实训室（亦可在动物养殖场）及相应的动物。

一、表面麻醉

眼结膜及角膜用 0.5% 丁卡因或 2% 利多卡因；鼻、口、直肠黏膜用 1%～2% 丁卡因或 2%～4% 利多卡因，一般每隔 5min 用药一次，共用 2～3 次。使用方法是将该药滴入术部或填塞、喷雾于术部。

二、浸润麻醉

麻醉方法是将针头插至皮下，边注药边推进针头至所需的深度及长度，亦可先将针插入到所需深度及长度，然后边退针边注入药液（图 1-26）。常用浓度为 0.5%～1% 盐酸普鲁卡因。

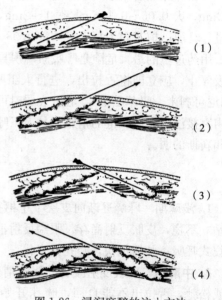

图 1-26 浸润麻醉的注入方法

1. 直线麻醉 施行直线麻醉时，根据切口长度，在切口一端将针头刺入皮下，然后将针头沿切口方向向前刺入所需部位，边退针边注入药液，拨出针头，再以同法由切口另一端进行注射，用药量根据切口长度而定。适用于体表手术或切开皮肤时（图 1-27）。

2. 菱形麻醉法 用于术野较小的手术，如圆锯术、食道切开术等。先在切口两侧的中间各确定一个刺针点 A、B，然后确定切口两端 C、D，便构成一个菱形区。麻醉时先由 A 点刺入至 C 点，边退针边注入药液。针头拨至皮下后，再刺向 D 点，边退针边注药液。然后再以同样的方法由 B 点刺入针头至 C 点，注入药液后再刺向 D 点注入药液（图 1-28）。

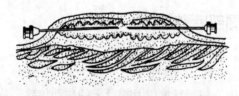

图 1-27 直线浸润麻醉法

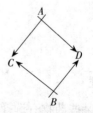

图 1-28 菱形麻醉法

3. 扇形麻醉 用于术野较大、切口较长的手术，如开腹术等。在切口两侧各选一刺点，针头刺向切口一端，边退针边注入药液，针头拨至皮下转变角度刺入创口边缘，再边退针边注入药液，如此进行完毕，再以同法麻醉另侧。麻醉针数根据切口长度而定，一般需 4～6

针不等（图 1-29）。

4. 多角形麻醉法 适用于横径较宽的术野。在病灶周围选择数个刺针点，使针头刺入后能达病灶基部，然后以扇形麻醉的方法进行注射，将药液按上述方法注入切口周围皮下组织内。使区域形成一个环形封锁区，故也称封锁浸润麻醉法（图 1-30）。

5. 深部组织麻醉法 在深部组织施行手术时，如创伤、弹片伤、开腹术等，需要使皮下、肌肉、筋膜及其间的结缔组织达到麻醉，可采取锥形或分层将药液注入各层组织之间，其方法同上述几种麻醉方法（图 1-31）。

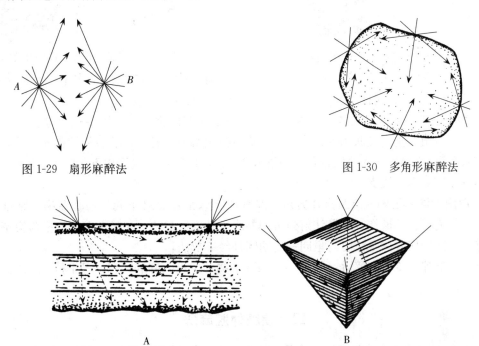

图 1-29 扇形麻醉法　　　　　　　　　　　　图 1-30 多角形麻醉法

图 1-31 深部组织麻醉法
A. 分层麻醉　B. 锥形麻醉

按照上述麻醉方法注射麻醉药后 10min 左右，检查麻醉效果。检查的方法可采用针刺、刀尖刺、止血钳钳夹麻醉区域的皮肤，观察动物有无疼痛反应，无反应则表示方法正确。

三、传导麻醉（神经阻滞）

马、牛腹腔手术的主要术部都在髂部。此部的前界是最后肋骨，后界为髋结节前缘，上界是腰椎横突。该区域主要有三条较大的神经分布，即最后肋间神经（最后胸神经的腹侧支）、髂腹下神经（第 1 腰神经的腹支）、髂腹股沟神经（第 2 腰神经的腹支）。马、牛的腰旁神经传导麻醉就是麻醉上述三条神经（图 1-32、图 1-33）。

1. 麻醉前准备 首先将动物适当保定，以站立保定为好。然后对麻醉刺入部位进行剪毛、消毒，用 20mL 注射器吸取 2%～3% 盐酸普鲁卡因溶液 20mL。

2. 最后肋间神经刺入点及操作方法 马、牛刺入部位相同。先用手触摸第 1 腰椎横突游离端的前角（最后肋骨后缘 2～3cm，距脊柱中线 12cm 左右），垂直皮肤刺入针头，深达腰椎横突游离端前角的骨面，然后将针提离骨面稍向前移，沿骨缘再刺入 0.5～1cm，注入

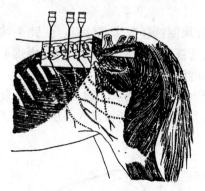

图 1-32 马腰旁神经干传导麻醉法

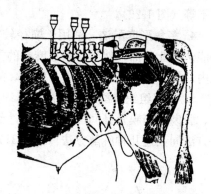

图 1-33 牛腰旁神经干传导麻醉法

盐酸普鲁卡因溶液 10mL，注射时应略向左右摆动针头。再使针退至皮下，再注入药液 10mL，以麻醉最后肋间神经的浅支。用酒精棉球按压注射部，拔出针头。

3. 髂腹下神经刺入点及操作方法 马、牛的刺入部位相同。先用手触摸寻找第 2 腰椎横突游离端后角，垂直皮肤刺入针头，直达横突游离端后角骨面，然后将针稍向后移，沿骨缘再刺入 0.5～1cm，注入盐酸普鲁卡因溶液 10mL，最后将针退至皮下再注射 10mL 药液，以麻醉第 1 腰神经的浅支。

4. 髂腹股沟神经刺入点及操作方法 马和牛刺入部位有所不同，马是在第 3 腰椎横突游离端后角进针。其操作方法及注射药量同髂腹下神经麻醉法。牛是在第 4 腰椎横突游离端前角进针，其操作方法及注射药量同最后肋间神经麻醉法。

以上三条神经传导麻醉后，经 10～15min 动物开始进入麻醉状态，可维持 1～2h。适用于剖腹术。

四、硬膜外腔麻醉

1. 腰荐间隙硬脊膜外腔麻醉 多用于动物的后躯、臀部、阴道、直肠、后肢以及剖腹取胎、胎位异常、乳房切除与膀胱切开等手术。

部位：注射点位于腰荐间隙（L_7～S_1）间，即百会穴处（在两髂骨内角连线与背中线的交点）（图 1-34、图 1-35）（其中，L 表示腰椎，S 表示荐椎，Cy 表示尾椎）。

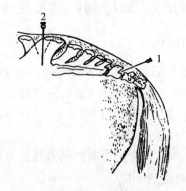

图 1-34 马的硬膜外腔麻醉部位
1. 硬膜外腔麻醉的第 1、2 尾椎间隙刺入点
2. 硬膜外腔麻醉的腰荐间隙刺入点

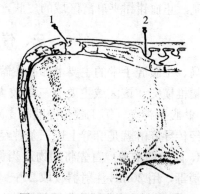

图 1-35 牛的硬膜外腔麻醉部位
1. 硬膜外腔麻醉的第 1、2 尾椎间隙刺入点
2. 硬膜外腔麻醉的腰荐间隙刺入点

操作方法：将大动物保定于柱栏内，严格限制其运动。犬、猫等中小动物可使其伏卧于检查台上，将动物两后肢向前伸曲并被一助手固定，使其背腰弓起。局部剪毛消毒，将16～18号注射针头或封闭针头垂直刺入皮肤（牛皮厚，可先用短的注射针头扎个小孔，然后再换上长针头），经过皮下组织、棘上韧带、棘间韧带，继续向下，当穿破弓间韧带后则阻力骤减，注射药液时用力也小，说明针已进入硬膜外腔。如进针之前，在注射针尾端置液一滴，因硬膜内的负压关系，可将液滴吸入，以此可证明穿刺针已进了硬膜外腔。此种试验，称为悬滴试验。穿刺深度因动物个体大小与肥瘦不同而有区别，一般牛为4～7cm，马为5～7cm，羊为3～4cm，犬、猫为2～5cm。

2. 荐尾间隙硬脊膜外腔麻醉 多用于马、驴、牛、羊的阴道脱、子宫脱、直肠脱整复术和人工助产等手术。

部位：马和牛注射点常在第1、2尾椎间隙（Cy_1～Cy_2），因为荐尾间隙往往因脊椎愈合而消失。牛、羊在尾中线与两坐骨结节前端连线的交叉点上；马、驴在尾中线与两个髋关节边线的交叉点上或者抬举动物尾根，屈曲的背侧出现一条横沟，此横沟与尾中线的交点即为注射入针位置。犬、猫则在荐椎与第1尾椎（S_3～Cy_1）间进行。

操作方法：局部剪毛消毒，术者位于动物后方（牛）或侧后方（马），稍抬举尾根，将针头垂直插入皮肤后以45°～65°角向前下方沿椎间隙刺入（马为2～5cm，牛为2～4cm，中小动物为1～1.5cm），即可刺入硬膜外腔（图1-34、图1-35）。当针尖刺入时可感到刺穿弓间韧带，再深入即可触及坚硬的尾椎骨体，此时可稍退针头并接上注射器，如回抽时无血即可注入药液。如果位置正确，药液注入应无过大阻力。

麻醉剂量：牛、马用3％普鲁卡因10～15mL；羊用3％普鲁卡因5～10mL；猫、犬用2％利多卡因溶液1～6mL。动物10min后进入麻醉，可维持1～3h。

·技术提示·

（1）麻醉时注射器、针头及麻醉部位，应严格消毒，以免引起感染。

（2）腰荐神经传导麻醉时，注射部位要准确无误，否则会影响麻醉效果。

（3）硬膜外腔麻醉要严格控制针刺深度，部位要准确，严防伤及脊髓。

（4）硬膜外腔麻醉前，要使动物身体前部稍高于后部，防止药物向前扩散，阻滞膈神经和交感神经，引起呼吸困难，心动过缓，血压下降，严重者会发生死亡。侧卧保定的动物，其下侧的麻醉效果往往较上侧为好。

·知识链接·

1. 局部麻醉的种类 局部麻醉分为表面麻醉、浸润麻醉、传导麻醉和脊髓麻醉4种。

（1）表面麻醉。是利用麻醉药的渗透作用，使其透过黏膜而阻滞浅在的神经末梢。

（2）浸润麻醉。是将局部麻醉药沿手术切口注射于手术区的组织内，阻滞神经末梢感觉与传导功能，达到局部麻醉的目的。

（3）传导麻醉。在神经干周围注射局部麻醉药，使其所支配的区域失去痛觉。优点是使用少量麻醉药即可产生较大区域的麻醉。使用浓度为2％盐酸利多卡因或2％～3％盐酸普鲁卡因，所用浓度及用量与所麻醉的神经大小成正比。传导麻醉种类很多，要求掌握被麻醉神经干的位置、外部投影等局部解剖知识和熟悉操作的技术，才能正确做好传导麻醉。

（4）硬膜外腔麻醉。属于脊髓麻醉，是将局部麻醉药注入脊髓硬膜外腔，阻滞某一部分脊神经，使躯干的某一节段得到麻醉。常用于腹腔、乳房及生殖器官等手术的麻醉。根据不同手术的需要可选择腰荐间隙或荐尾间隙硬膜外腔麻醉。

2. 常用的局部麻醉药

（1）盐酸普鲁卡因。注入组织后 1～3min 出现麻醉，一次量可维持 0.5～1h。本品穿透黏膜力量弱，不宜用于表面麻醉。本品可使血管轻度舒张，容易被吸收入血而失去药效。为了延长其作用时间，常在溶液中加入少量肾上腺素（每 100mL 加入 0.1% 肾上腺素 0.2～0.5mL）能使局麻时间延长到 1～2h。临床上应用 0.5%～1% 本品进行局部浸润麻醉，2%～5% 本品进行传导麻醉，2%～3% 本品进行脊髓麻醉，4%～5% 本品进行关节内麻醉。

（2）盐酸利多卡因。本品局部麻醉强度和毒性在 1% 浓度以下时，与普鲁卡因相似，在 2% 浓度以上时，其麻醉强度可增强 1 倍，并有较强的穿透力和扩散性，作用出现的时间快，能持久，一次给药量可维持 1h 以上。所用浓度：局部浸润麻醉 0.25%～0.5%，神经传导麻醉 2%，表面麻醉 2%～5%，硬膜外麻醉为 2%。

（3）盐酸丁卡因。本品麻醉作用强、作用迅速，并具有较强的穿透力，最常用于表面麻醉。本品毒性比普鲁卡因大 12～15 倍、麻醉强度大 10 倍，表面麻醉强度比利多卡因大 10 倍。本品点眼时不散大瞳孔，不妨碍角膜愈合，因此，该药常用于表面麻醉，可用 1%～2% 溶液。

> **操作训练**

利用课余时间或节假日参与门诊，进行动物的麻醉操作技术。

任务三　组织分离与止血技术

任务分析

尽管动物外科手术种类繁多，手术的范围、大小和复杂程度不同，但就手术基本操作来说，如组织分离、止血等操作方法是相同的，只是由于手术部位不同，病理变化不一，在处理细节上有所差异而已。组织分离是手术必需的方法，而出血也是手术中必然发生的现象，正确选择组织分离和止血方法是手术中关键技术。

任务目标

1. 能正确选择手术器械和恰当的分离方法进行组织分离。
2. 能识别出血的类型。
3. 能正确进行手术前的预防出血，手术过程中能选择正确方法止血。

技能 1　组织分离

> **技能描述**

组织分离是用机械的方法将原来完整的组织分离开来，以便顺利完成手术。组织分离的操作方法，分为锐性分离和钝性分离 2 种。

动物医院或外科手术实训室、动物（或模型）、组织剪、手术刀、麻醉药品、镊子、酒精（碘伏）棉球、保定用具等。

一、组织的分离方法

1. 锐性分离 即用手术刀或剪切开或剪开，对组织损伤小，术后反应也少，愈合较快。适用于比较致密的组织。用刀分离时，以刀刃沿组织间隙做垂直的、轻巧的、短距离的切开。用剪刀时将剪刀尖端伸入组织间隙内，不宜过深，然后张开剪柄，分离组织，在确定没有重要的血管、神经后，再予以剪断。为了避免发生副损伤，必须熟悉解剖结构，需在直视下辨明组织结构后进行。

2. 钝性分离 用刀柄、止血钳、剥离器或手指等插入组织间隙内，用适当的力量分离周围组织。适用于组织间隙或疏松组织间的分离，如正常肌肉、筋膜和良性肿瘤等的分离。钝性分离时，组织损伤较重，往往残留许多失去活性的组织细胞，因此，术后组织反应较重，愈合较慢。钝性分离切忌粗暴，避免重要组织结构被撕裂或损伤。

二、不同组织的分离方法

根据组织性质不同，组织切开分为软组织（皮肤、筋膜、肌肉、腱）切开和硬组织（软骨、骨、角质）切开。下面分别叙述不同组织的切开和分离方法。

1. 皮肤切开法

（1）紧张切开。由于皮肤的活动性比较大，切皮时易造成皮肤和皮下组织切口不一致，为了防止上述现象的发生，较大的皮肤切口应由术者与助手用手在切口两旁或上、下将皮肤展开固定（图 1-36），或由术者用拇指及食指在切口两旁将皮肤撑紧并固定，术者再将刀柄向上，用刀刃尖部切开皮肤全层后，逐渐将手术刀放平至与皮肤间成 30°～40°角，用刀刃圆突部分切开。至计划切开的全长时，应将刀柄抬高，用刀刃部结束皮肤切口（图 1-37）。切开时用力要均匀、适中，要求能一

图 1-36 皮肤紧张切开法

次将皮肤全层整齐、深浅均匀地切开。但要避免多次切割，以免切口边缘参差不齐，出现锯齿状切口，影响创缘对合和愈合。

（2）皱襞切开。如果在切口的下面有大血管、大神经、分泌管或其他重要器官，而皮下组织甚为疏松，为了使皮肤切口位置正确且不误伤其下层组织，术者和助手应在预定切线的两侧，用手指或镊子提拉皮肤形垂直皱襞，并进行垂直切开（图 1-38）。

在施行手术时，皮肤切开最常用的是直线切口，既方便操作，又利于愈合，但根据手术的具体需要，也可做下列几种形状的切口：

梭形切开：主要用于切除病变组织（如肿瘤、瘘管、放线菌病灶）和过多的皮肤。

Ⅱ形或 U 形切开：多用于脑部与鼻旁窦手术中的圆锯术。

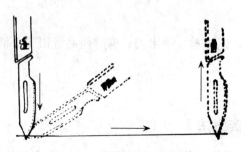

图 1-37　皮肤切开运刀方法

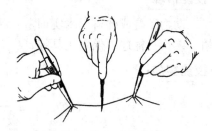

图 1-38　皮肤皱襞切开法

T 形及"十"字形切开：多用于需要将深部组织充分显露或摘除等情况。

2. 皮下组织及其他软组织的分离　切开皮肤后，组织的分割宜用逐层分离，保持视野干净、清楚，以便识别组织，避免或减少对大血管、大神经的损伤。原则上以钝性分离为主，必要时可使用刀、剪分离。只有当切开浅层脓肿时，才采用一次切开的方法。

（1）皮下疏松结缔组织的分离。皮下结缔组织内分布有许多小血管，故多采用钝性分离。方法是先将组织刺破，再用手术刀柄、止血钳或手指进行剥离。

（2）筋膜和腱膜的分离。用刀在其中央做一小切口，然后用弯止血钳在此切口上、下将筋膜下组织与筋膜分开，沿分开线剪开筋膜。筋膜的切口应与皮肤切口等长。对薄层筋膜，在确认没有血管时可使用刀或剪锐性分离。若筋膜下层有神经血管，则用手术镊将筋膜提起，用反挑式执刀法做一小孔，插入有钩探针，沿针沟外向切开。

（3）肌肉的分离。一般是沿肌纤维方向做钝性分离。方法是先用手术刀或手术剪顺肌纤维方向做一小切口，然后用刀柄、止血钳或手指将切口扩大到所需要的长度（图 1-39），但在紧急情况下或肌肉较厚并含有大量腱质时，为了使手术通路广阔和排液方便也可横断切开。对于横过切口的较小血管可用止血钳钳夹，或用缝线双重结扎后，从中间将血管切断（图 1-40）。

图 1-39　肌肉的钝性分离

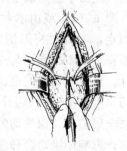

图 1-40　切断横过切口的血管

（4）腹膜的分离。切开腹膜时，为了避免伤及内脏，一般由术者用有齿镊子或止血钳提起切口一侧的腹膜，助手用镊子或止血钳在距术者所夹腹膜对侧约 1cm 处将另一侧腹膜提起，然后从中间做一小切口，术者利用食指和中指或有钩探针引导，再用手术刀或手术剪分割（图 1-41）。

（5）肠管的切开。肠管侧壁切开时，一般于肠管纵带上或肠系膜缘对侧肠壁上纵行切开，并应避免损伤另侧肠壁（图 1-42）。

（6）索状组织的分离。索状组织（如精索）的分割，除了可应用手术刀（剪）做锐性切割外，还可用刮断、拧断等方法，以减少出血。

（7）良性肿瘤、放线菌病灶、囊肿及内脏粘连部分离。宜用钝性分离。其方法是：对未机化的粘连可用手指或刀柄直接剥离；对已机化的致密组织可先用手术刀切一小口，再行钝性剥离。剥离时手的主要动作应是前后方向或略施加压力于一侧，使较疏松或粘连最小部分自行分离，然后将手指伸入组织间隙，再逐步深入。在深部非直视情况下，为了避免组织及脏器的严重撕裂或大出血，应尽可能少用或慎用手指左右大幅度摆动的剥离动作。对某些不易钝性分离的组织，可将钝性分离与锐性分割结合使用，一般是用弯剪伸入组织间隙，用推剪法，即将剪尖微张，轻轻向前推进，进行剥离，应避免做剪切动作。

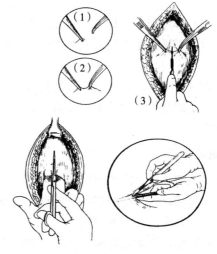

图 1-41 腹膜切开法

3. 骨组织的分割 分离骨组织常用的器械有圆锯、线锯、骨钻、骨凿、骨钳、骨剪、骨匙及骨膜剥离器等。

图 1-42 肠管的侧壁切开

分离骨组织时首先应分离骨膜，然后再分离骨组织。分离骨膜时，先用手术刀切开骨膜（切成"十"字形或"工"字形），然后用骨膜分离器分离骨膜。分离骨膜时，应尽可能完整的保存健康部分，以利骨组织愈合。

骨组织的分离一般是用骨剪剪断或骨锯锯断。当锯（剪）断骨组织时，不应损伤骨膜。为了防止骨的断端损伤软部组织，应使用骨锉锉平断端锐缘，并清除骨片，以免遗留在手术创内引起不良反应和影响愈合。

技术提示

（1）切口大小必须适当。切口过小，不能充分显露术野；做不必要的大切口，会损伤过多组织。

（2）切开时，必须按解剖层次分层进行，并注意保持切口从外到内的大小相同，或缩小，绝不能里面大外面小。切口两侧要用无菌巾覆盖、固定，以免操作过程中把皮肤表面细菌带入切口，造成污染。

（3）切开组织必须整齐，力求一次切开。手术刀与皮肤、肌肉垂直，防止斜切或多次在同一平面上切割，造成不必要的组织损伤。

（4）切开深部筋膜时，为了预防深层血管和神经损伤，可先切一小口，用止血钳分离张开，然后再剪开。

（5）切开肌肉时，要沿肌纤维方向用刀柄或手指分离，少做切断，以减少损伤，影响愈合。

（6）切开腹膜、胸膜时，要防止损伤内脏。

（7）切割骨组织时，先要切割分离骨膜，尽可能地保存其健康部分，以利于骨组织愈合。

在进行手术时，还需要借助拉钩帮助显露术野。负责牵拉的助手要随时注意手术过程，并按需要调整拉钩的位置、方向和力量。并可以利用大纱布垫将其他脏器从术野推开，以增加显露。

·知识链接·

组织切开是显露术野的重要步骤。浅表部位手术，切口可直接位于病变部位上或其附近。深部切口，根据局部解剖特点，既要有利于显露术野，又不能造成过多的组织损伤。组织分离一般应遵循下列原则：

（1）切口必须接近病变部位，最好能直接到达手术区，并能根据手术需要，进行延长扩大。

（2）切口在体侧、颈侧时，以垂直于地面或斜行的切口为好，切口在体背、颈背和腹下沿正中线或靠近正中线的以纵行切口比较合理。

（3）做切口时，应避免损伤大血管、神经和腺体的输出管，以免影响术部组织或器官的功能。

（4）切口应该有利于创液的排出，特别是脓汁的排出。

（5）二次手术时，应该避免在瘢痕组织上切开，因为瘢痕组织再生力弱，易发生弥漫性出血。

技能 2　止　　血

·技能描述·

止血是手术过程中经常遇到而且必须立即处理的基本操作技术。手术中完善的止血，可以保持术野清晰，便于操作，还可以减少失血量，有助于术后的恢复，有利于争取手术时间，避免误伤重要器官，预防并发症的发生。因此，要求手术中的止血必须迅速而可靠，并在手术前采取积极有效的预防性止血措施，以减少手术中出血。

·技能情境·

动物医院或外科手术实训室、动物（或模型）、止血钳、缝合针、缝合线、镊子、麻醉药品、纱布、常用的止血药物、保定用具等。

·技能实施·

一、术前出血的预防

1. 全身预防性止血法　一般是在手术前给动物注射提高血液凝固性的药物和同类型血液，借以提高机体抗出血的能力，减少手术过程中的出血。常用下列几种方法。

（1）输血。目的在于提高动物血液的凝固性，刺激血管运动中枢反射性地引起血管的痉挛性收缩，以减少手术中的出血。在术前 30～60min 输入同种同型血液，大动物 500～1 000mL，中、小动物 100～300mL。

（2）注射提高血液凝固性以及血管收缩的药物。可肌内注射 0.3% 凝血质注射液，以促进血液凝固；或肌内注射维生素 K_3 注射液，以促进血液凝固，增加凝血酶原；肌内注射安络血注射液，以增强毛细血管的收缩力，降低毛细血管渗透性；或肌内注射止血敏注射液，以增强血小板功能及黏合力，减少毛细血管渗透性；或肌内注射（或静脉注射）对羧基苄胺（抗血纤溶芳酸），以减少纤维蛋白的溶解而发挥止血作用，对于手术中的出血及渗血、尿血、消化道出血有较好的止血效果。

2. 局部预防性止血法

（1）肾上腺素止血。应用肾上腺素作局部预防性止血常配合局部麻醉进行。一般是在每1 000mL 普鲁卡因溶液中加入 0.1% 肾上腺素溶液 2mL，利用肾上腺素收缩血管的作用，达到减少手术局部出血的目的。另外，肾上腺素还可增强普鲁卡因的麻醉作用，其作用可维持20min 至 2h。但手术局部有炎症病灶时，因高度的酸性反应，会减弱肾上腺素的作用。此外，在肾上腺素作用消失后，小动脉管扩张，如血管内血栓形成不牢固，可能发生二次出血。

（2）止血带止血。适用于四肢、阴茎和尾部手术。可暂时阻断血流，减少手术中的失血，有利于手术操作。用橡皮管止血带或其代用品——绳索、绷带时，局部应垫以纱布或手术巾，以防损伤软组织、血管及神经。

橡皮管止血带的装置方法是用足够的压力（以止血带远侧端的脉搏刚好消失为度），于手术部位上 1/3 处缠绕数周固定之，其保留时间为 2～3h，冬季为 40～60min，在此时间内如手术尚未完成，可将止血带临时松开 10～30s，然后重新缠扎。松开止血带时，宜多次按照"松、紧、松、紧"的办法，严禁一次松开。

二、手术过程中止血法

1. 压迫止血　用纱布压迫出血的部位，可使血管破口缩小、闭合，促使血小板、纤维蛋白和红细胞迅速形成血栓而止血。在毛细血管渗血和小血管出血时，如机体凝血功能正常，压迫片刻，出血即可自行停止。对于较大范围的渗血，利用温生理盐水、1%～2% 麻黄碱、0.1% 肾上腺素等溶液浸湿再拧干的纱布块压迫，有助于止血。术中用纱布压迫，还可以清除术部的血液，辨清组织和出血径路及出血点，以便于采取其他止血措施。

2. 钳夹止血　利用止血钳最前端垂直夹住血管的断端，然后扣紧止血钳压迫，扭转止血钳 1～2 周，能使血管断端闭合，或用止血钳夹住片刻，轻轻去钳，而达到止血的目的。此法适用于小血管出血。

3. 结扎止血法　此法是常用而可靠的基本止血法，多用于明显而较大血管出血的止血。结扎止血法有单纯结扎止血和贯穿结扎止血两种。

（1）单纯结扎止血法。是先以止血钳尖端钳夹住出血点，助手将止血钳轻轻提起，使尖端向下，术者用丝线绕过止血钳所夹住的血管及少量组织，助手将止血钳放平，将尖端稍挑起并将止血钳侧立，术者在钳端的深面打结（图 1-43）。在打完第一个单结后，由助手松开并撤去止血钳，再打第二个单结。结扎时所用的力量也应大小适中，结扎处不宜离血管断端过近，所留结扎线尾也不宜过短，以防线结滑脱。

（2）贯穿结扎止血法。又称缝合结扎止血法，即用止血钳将血管及其周围组织横行钳夹，用带有缝针的丝线穿过断端一侧，绕过一侧，再穿过血管或组织的另一侧打结，也称为"8"字缝合结扎。两次进针处应尽量靠近，以免将血管遗漏在结扎之外（图1-44A）。如将结扎线用缝针穿过所钳夹组织（勿穿透血管）后先结扎打一结，再绕过另一侧打结，撤去止血钳后继续拉紧线再打结，即为单纯贯穿结扎止血法（图1-44B）。

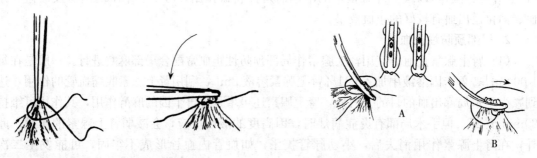

图1-43　单纯性结扎止血法　　　　　图1-44　贯穿结扎止血法
A."8"字缝合结扎法　B.单纯贯穿结扎法

贯穿结扎止血的优点是结扎线不易脱落，适用于大血管或重要部分的止血。在不易用止血钳夹住的出血点，不可以用单纯结扎止血，而宜采用贯穿结扎止血的方法。

4. 填塞止血　在深部大血管出血一时找不到血管断端，钳夹或结扎止血困难时，带采用灭菌纱布紧塞于出血的创腔或解剖腔内，压迫血管断端以达到止血目的。在填入纱布时，必须将创腔填满，以便有足够的压力压迫血管断端。填塞止血留置的敷料通常是在12～24h后取出。

5. 烧烙止血法　烧烙止血是用电烧烙器或烙铁烧烙使血管断端收缩封闭而止血。其缺点是损伤组织较多，兽医临诊上多用于弥漫性出血的止血。使用烧烙止血时，应将电阻丝或烙铁烧得微红，才能达到止血的目的，但也不宜过热，以免组织炭化过多，使血管断端不能牢固堵塞。烧烙时，烙铁在出血处稍加按压后应迅速移开，否则组织黏附在烙铁上，当烙铁移开时会将组织扯离。

6. 缝合止血法　是利用缝合使创缘、创壁紧密接触产生压力而止血的方法。常用于弥漫性出血和实质器官出血的止血。

7. 电凝止血　利用高频电流通过电刀与组织接触电产热，使组织凝固，达到止血目的。操作方法是用止血钳夹住血管断端，向上轻轻提起，擦干血液，将电凝器与止血钳接触，待局部发烟即可。电凝时间不宜过长，否则烧伤范围过大，影响切口愈合。在空腔脏器、大血管附近及皮肤等处不可用电凝止血，以免组织坏死，发生并发症。

电凝止血的优点是止血迅速，不留线结于组织内，但止血效果不完全可靠，凝固的组织易于脱落而再次出血，所以对较大的血管仍应以结扎止血为宜，以免发生继发性出血。

8. 其他止血法

（1）药物止血。用1%～2%麻黄素溶液或0.1%肾上腺素溶液浸湿的纱布进行压迫止血（见压迫止血）。临床上也常用上述药品浸湿系有棉线绳的棉包，用其作鼻出血、拔牙后齿槽出血的填塞止血，待止血后拉出棉包。

（2）明胶海绵止血。明胶海绵止血多用于一般方法难以止血的创面出血，实质器官、骨松质及海绵质出血。使用时将止血海绵铺在出血面上或填塞在出血的伤口内，即能达到止血的目的，如果在填塞后再加以组织缝合，更能发挥优良的止血效果。止血明胶海绵的种类很多，如纤维蛋白海绵、氧化纤维素、白明胶海绵及淀粉海绵等。它们止血的基本原理是促进血液凝固和提供凝血时所需要的支架结构。止血海绵能被组织吸收，使受伤血管日后保持贯通。

（3）活组织填塞止血。是用自体组织（如网膜）填塞于出血部位。通常用于实质器官的止血，如肝损伤时可用网膜填塞止血，或用取自腹部切口的带蒂腹膜、筋膜和肌肉瓣，牢固地缝在损伤的肝上。

（4）骨蜡止血。外科临床上常用市售骨蜡制止骨质渗血，用于骨的手术和断角术。

三、急性出血的急救

1. 输血疗法　输血疗法是给患病动物静脉输入保持正常生理功能的同种属动物血液的一种治疗方法。给患病动物输入血液可部分或全部补偿机体所损失的血液，扩大血容量，同时补充了血液的细胞成分和某些营养物质。输血有止血作用，输入血液能激化肝、脾、骨髓等组织的功能，并能促血小板、钙盐和凝血活酶进入血流中。这些，对促进血液凝固有重要作用。输血对患病动物具有刺激、解毒、补偿以及增强生物学免疫功能等作用。

输血疗法适用于大失血、外伤性休克、营养性贫血、严重烧伤、大手术的预防性止血等。严重的心血管系统疾病、肾疾病和肝病等忌用。

2. 补充血容量　失血量较少时，一般情况下可得到机体代偿，并且因此时骨髓造血功能增强，失去的血便可获得补足。中等量的失血可用补液代替输血。可静脉注射生理盐水或 5％葡萄糖氯化钠注射液。动物体质差的需补以全血或把全血和晶体溶液（如生理盐水、复方氯化钠等）以 1∶1 的比例混合后输入。大量失血时单纯补入生理盐水等晶体溶液，由于无法维持血中的胶体渗透压，晶体溶液很快经肾排出，仍然无法保持必要的血容量，一般都必须输入全血、血浆等。血源困难时可用右旋糖酐和平衡液来代替血浆。

3. 应用止血药

（1）局部止血药。常用的局部止血药有 3％三氯化铁、3％明矾、0.1％肾上腺素、3％醋酸铅等溶液，这些药物有促进血液凝固和使局部血管收缩的作用，用纱布浸透上述某一种药液后填塞于创腔即可。

（2）全身止血药。常用 10％枸橼酸钠、10％氯化钙等药液静脉注射，也可用凝血质、维生素 K_3 等药液肌内注射，能增强血液的凝固性，促进血管收缩而止血。

·技术提示·

（1）手术前出血的预防要根据不同手术和术部特点，选择适宜的预防措施。

（2）术中的止血方法应根据出血的种类正确选用。

（3）为了提高压迫止血的效果，在止血时，必须是按压，不能擦拭，以免损伤组织或使血栓脱落。

（4）钳夹止血时，钳夹方向应尽量与血管垂直，钳住的组织要少，切不可大面积钳夹。较大的血管断端钳夹时间应稍加延长或予以结扎。

一、出血的概念与种类

血液自血管中流出的现象，称为出血。在手术过程中或意外损伤血管时，即伴随着出血的发生，按照受伤血管的不同，将出血分为以下 4 种。

1. 动脉出血 由于动脉压力大，血液含氧量丰富，所以动脉出血的特征为：血液鲜红，呈喷射状流出，喷射线出现规律性起伏并与心脏搏动一致。动脉出血一般自血管断端的近心端流出，指压动脉管断端的近心端，则搏动性血流立即停止，反之则出血状况无改变。具有吻合支的小动脉管破裂时，近心端及远心端均能出血。大动脉的出血必须立即采取有效止血措施，否则可导致出血性休克，甚至引起动物死亡。

2. 静脉出血 静脉出血时血液以较缓慢的速度从血管中均匀不断地呈泉涌状流出，颜色为暗红色或紫红色。一般血管远心端的出血较近心端多，指压出血静脉管的远心端则出血停止。

静脉出血的转归不同，小静脉出血一般能自行停止，或经压迫、堵塞后而停止，但若深部大静脉受损，如腔静脉、股静脉、髂静脉、门静脉等出血，则常由于迅速大量失血而引起动物死亡。体表大静脉受损，动物可因大失血或空气栓塞而死亡。

3. 毛细血管出血 毛细血管出血的血液色泽介于动、静脉血液之间，多呈渗出性点状出血。一般可自行止血或稍加压迫即可止血。

4. 实质出血 实质出血见于实质器官、骨松质及海绵组织的损伤，为混合性出血，即血液自小动脉与小静脉内流出，血液颜色和静脉血相似。由于实质器官中含有丰富的血窦，而血管的断端又不能自行缩入组织内，因此不易形成断端的血栓，而易产生大失血威胁动物的生命，故应予以高度重视。

二、高频电刀

高频电刀是一个取代器械手术刀进行组织切割的电动外科器械，既能切割组织，还能使小血管凝固。高频电刀通过高频电的热作用切割组织和产生微凝固蛋白作用。根据其功能主要分为电切和电凝两种，亦有同时存在两种不同程度特性的混合型。

1. 高频电刀的组成 高频电刀是由主机以及电刀柄、极板、双极镊、脚踏开关等附件组成。

2. 高频电刀的使用方法

（1）电极选择。切割组织选择针电极，刀刃锐利。凝血作用选择小球形电极。

（2）切割组织。应用针电极在切割点上几毫米处，由电火花达到组织，保持垂直于组织，在切割时一个组织面一次性通过，避免多次重复切割。高频只能用于切割浅表组织，不能做深层组织切割，因为深层组织切割时，电极易造成周围组织损伤。皮肤、筋膜应用高频电刀切割比较容易，而脂肪组织、皮下组织最好选择器械手术刀分离。切割肌肉组织时，避免应用低频电流，因为切割时容易造成肌肉收缩，出现不规则切口。

（3）凝固血管。应用小球形电极，直接触及小血管断端，直径大于 1mm 的血管电凝效果不佳，应结扎止血。

高频电刀主机必须有良好的接地装置，应用时一定使电极接触组织面积小，触及组织后立即离开。

操作训练

利用课余时间或节假日参与动物医院手术操作，观摩或练习动物的组织分离与止血操作。

任务四　缝合与包扎技术

任务分析

缝合是将已经切开、切断或因外伤而分离的组织、器官进行对合或重建其通道，是外科手术的基本操作技术，也是创口能否良好愈合、外科治疗能否成功的关键因素。缝合可通过用缝线手工缝接、吻合器或钉合器等方法来完成，兽医临床上主要采用手工缝合进行组织对合。包扎是利用绷带等材料固定在受伤部位以达到加压止血、保护创面、防止自我损伤、吸收创液、限制活动，使创缘接近，促进受伤组织愈合的治疗方法。

任务目标

1. 熟练掌握徒手和器械打结的方法。
2. 学会常用的缝合方法，并能正确地应用于临床。
3. 学会卷轴绷带、结系绷带、固定绷带的包扎技术。
4. 识记缝合与包扎的理论知识，掌握其操作中的注意事项。

技能1　缝合与拆线

技能描述

缝合的目的在于使分离的组织或器官对接，给组织的再生和愈合创造良好条件；保护无菌创免受感染；加速肉芽创的愈合；促进止血。具体内容包括缝合材料、结的种类及打结的方法、缝合的种类与缝合技术。拆线是指拆除皮肤缝合线。

技能情境

动物医院门诊手术室或外科手术实训室（亦可在动物养殖场）及相应的动物或缝合模型、常规缝合器材与缝线等。

技能实施

一、结的种类及打结的方法

打结是外科手术最基本的操作之一，正确而牢固地打结是结扎止血和缝合的重要环节。熟练地打结，不仅可以防止结扎线松脱造成的创口裂开和继发性出血，而且可以缩短手术时间。

正确的结有方结、三叠结和外科结3种。如若操作不正确，可以出现假结或滑结，这两种结在外科手术应避免出现。

打结的方法有3种，即单手打结法、双手打结法和器械打结法。

1. 单手打结 为最常用的一种打结方法，操作简便迅速。虽各人打结的习惯常有不同，但基本动作相似，左、右手均可打结。一手持线端打结时，需要另一手持另一线端进行配合，否则，会因用力不均或紧线方向错误而出现滑结。图1-45是右手单手打结法操作过程。右手持线端，左手持较长线端或线轴。若结扎线的游离端短线头在结扎右侧［图1-45（1）］，可依次先打第一个单结，然后再打第二个单结。若游离的短线头在结扎的左侧，则应先打第二个单结，然后再打第一个单结。若短端在结扎点的左侧，也可用左手照正常顺序打结。

2. 双手打结法 打第一个单结的方法与单手打结法相同，打第二个单结时，换另一只手以同样方法打结（图1-46）。结扎较为方便可靠，不易出现滑结。适用于深部、较大血管的结扎或组织器官的缝合。左、右手均可为打结之主手，第一、第二两个单结的顺序可以颠倒。

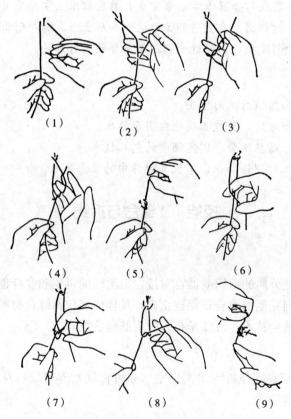

（1）　　　　（2）　　　　（3）

（4）　　　　（5）　　　　（6）

（7）　　　　（8）　　　　（9）

图1-45　单手打结

（周荣祥等，2002. 外科学总论实习指导）

3. 器械打结法 用持针钳或止血钳打结。适用于结扎线过短、创伤深而狭窄的术部和某些精细手术的打结。方法是把持针钳或止血钳放在缝线的较长端与结扎物之间，用长线头端缝线环绕持针钳一圈后，用持针钳夹住短线头，交叉拉紧即可完成第一单结；打第二个结时将长线头用相反方向环绕持针钳一圈后，再用持针钳夹住短线头拉紧，成为方结（图1-47）。

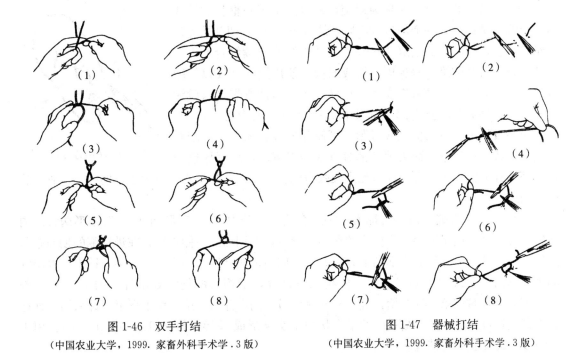

图 1-46 双手打结

（中国农业大学，1999. 家畜外科手术学 . 3 版）

图 1-47 器械打结

（中国农业大学，1999. 家畜外科手术学 . 3 版）

二、缝合的种类与缝合技术

（一）缝合的种类

外科手术中软组织缝合的种类甚多，可依缝合后两侧组织边缘的位置状况将常用的缝合方法归纳为单纯缝合法、内翻缝合法及外翻缝合法。各种缝合又可依据缝合时一根线在缝合过程中是否打结和剪断分为间断缝合和连续缝合。一根线仅缝一针或两针，单独一次打结，称为间断缝合。以一根缝线在缝合中不剪断缝线打结，仅在缝合开始和创口闭合缝合结束时打结的缝合方法称为连续缝合。

1. 单纯缝合法 缝合后切口两侧组织彼此平齐靠拢。常用的单纯缝合法有：

（1）结节缝合。又称为单纯间断缝合，是最常用的缝合方式。缝合时，将缝针引入 15～25cm 缝线，于创缘一侧垂直刺入，于对侧相应的部位穿出打结。每缝一针，打一次结（图 1-48）。缝合时要求创缘要密切对合。缝线距创缘距离，根据缝合的皮肤厚度来决定，一般小动物 0.3～0.5cm，大动物 0.8～1.5cm。缝线间距要根据创缘张力来决定，使创缘彼此对合，一般间距 0.5～1.5cm。结打在切口同一侧，防止压迫切口。用于皮肤、皮下组织、筋膜、黏膜、血管、神经、胃肠的缝合。

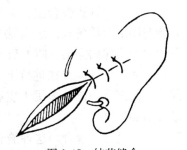

图 1-48 结节缝合

结节缝合的优点是操作相对容易、迅速。在愈合过程中，即使个别缝线断裂，其他邻近缝线不受影响，不致整个创口裂开。能够根据各种创缘的伸延张力正确调整每个缝线张力。如果创口有感染可能，可将少数缝线拆除排液。对切口创缘血液循环影响较小，有利于创伤的愈合。其缺点是缝合需要较长时间，使用缝线较多。

（2）单纯连续缝合。又称为螺旋形缝合，是用一根长的缝线自始至终连续地缝合一个创口，最后打结（图1-49）。即开始先作一结节缝合，打结后剪去缝线短头，用其长线头连续缝合，以后每缝一针，对合创缘，避免创口形成皱褶，使用同一缝线以等距离缝合，拉紧缝线，最后将线尾留在穿入侧与缝针所带之双股缝线打结。此种缝合法具有缝合速度快、打结少、创缘对合严密、止血效果较佳等优点。但抽线过紧，可使环形缝合缩小，且若有一处断裂或因伤口感染而需剪开部分缝线做引流时，均可导致伤

图1-49　单纯连续缝合

口全部裂开。常用于具有弹性、无太大张力的较长创口，如用于皮下组织、筋膜、血管、胃肠道的缝合。

（3）"8"字形缝合法。又称为十字缝合法，可分内"8"字形和外"8"字形两种。内"8"字形缝合多用于数层组织构成的深创的缝合，在创缘的一侧进针，在进针侧的创面中部出针，第二针于对侧创面中部稍下方进针，方向向创底，通过创底再穿向第一针出针处出针的稍下方出针，最后于第二进针点的稍上方进针，于相对的创缘处出针（图1-50A）。外"8"字形缝合时，第一针开始，缝针从一侧到另一侧出针后，第二针平行第一针从第一针进针侧穿过切口到另一侧，缝线的两端在切口上交叉形成X形，拉紧打结（图1-50B）。用于张力较大的皮肤和腱的缝合。

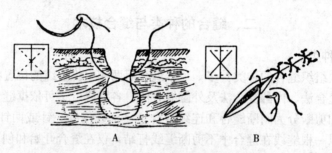

图1-50　"8"字形缝合

A. 内"8"字形　B. 外"8"字形

（4）连续锁边缝合法。又称锁扣缝合，这种缝合方法开始与结束与单纯连续缝合法相同，只是每一针要从缝合所形成的线襻内穿出（图1-51）。此种缝合能使创缘对合良好，并使每一针缝线在进行下一次缝合前就得以固定，缝线均压在创缘一侧。多用于皮肤直线形切口及薄而活动性较大的部位缝合。

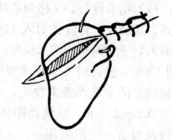

图1-51　连续锁边缝合

（5）表皮下缝合。这种缝合是应用连续水平褥式缝合平行切口。缝合从切口一端开始，缝针刺入真皮下，再翻转缝针刺入另一侧真皮，在组织深处打结。最后缝针翻转刺向对侧真皮下打结，埋置在深部组织内（图1-52）。一般选择可吸收性缝合材料，适用于小动物表皮下缝合。这种缝合法的优点是能消除表皮缝针孔所致的小瘢痕，操作快，节省缝线。其缺点是同样具有连续缝合的缺点且这种缝合方法张力强度较差。

（6）减张缝合。适用于张力大的组织缝合，可减少组织张力，以免缝线勒断针孔之间

的组织或将缝线拉断。减张缝合常与结节缝合一起应用。操作时，先在距创缘比较远处（2～4cm）做几针等距离的结节缝合（减张缝合）（图1-53）；缝线两端可系缚纱布卷或橡胶管等（这种方法也称为圆枕缝合），借以支持其张力，其间再做几针结节缝合即可（图1-54）。

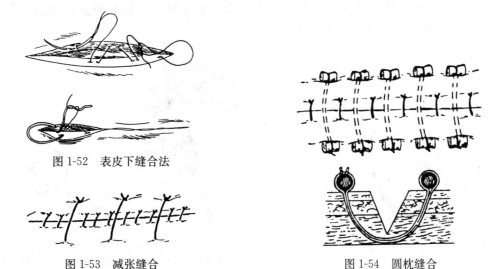

图 1-52　表皮下缝合法

图 1-53　减张缝合

图 1-54　圆枕缝合

2. 内翻缝合　要求缝合后两侧组织边缘内翻，使吻合口周围浆膜层互相粘连，外表光滑，以减少污染，促进愈合。主要用于胃肠、子宫、膀胱等空腔器官的缝合。

（1）伦勃特（Lembert）氏缝合法。又称为垂直褥式内翻缝合法，是胃肠手术的传统缝合方法，分为间断与连续两种，常用的为间断伦勃特氏缝合法。在胃或肠吻合时，用以缝合浆膜肌层。

①间断伦勃特氏缝合法。是胃肠手术中最常用、最基本的浆膜肌层内翻缝合法（图1-55）。于距吻合口边缘外侧约3mm处横向进针，穿经浆膜肌层后于吻合口边缘附近穿出；越过吻合口于对侧相应位置做方向相反的缝合。每两针间距3～5mm。结扎不宜过紧，以防缝线勒断肠壁浆膜肌层。

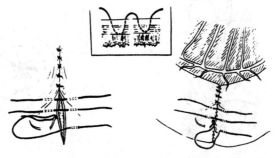

图 1-55　间断伦勃特氏缝合

②连续伦勃特氏缝合法。于切口一端开始，先做一浆膜肌层内翻缝合并打结，再用同一缝线做浆膜肌层连续缝合至切口另一端，结束时再打结（图1-56）。其用途与间断内翻缝合相同。

（2）库兴（Cushing）氏缝合法。又称为连续水平褥式内翻缝合法，这种缝合法是从伦勃特氏连续缝合法演变来的。缝合方法是于切口一端开始先做一浆膜肌层间断垂直内翻缝合，再用同一缝线于距切口边缘 2～3mm 处刺入一侧肠壁的浆膜肌层，缝针在黏膜下层内沿与切口边缘平行方向行针 3～5mm；穿出浆膜肌层，垂直横过切口，在与出针直接对应的位置穿透对侧浆膜肌层做缝合（图 1-57）。结束时，拉紧缝线再做间断垂直内翻缝合后打结。适用于胃、肠及子宫浆膜、肌层缝合。

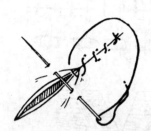

图 1-56　连续伦勃特氏缝合

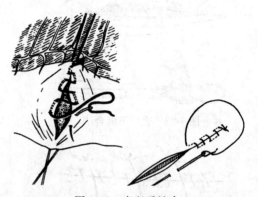

图 1-57　库兴氏缝合

（中国农业大学，1999.家畜外科手术学.3 版）

（3）康奈尔（Connel）氏缝合法。又称为连续全层内翻缝合法，其缝合法与连续水平褥式内翻缝合基本相同，仅在缝合时缝针要贯穿全层组织，随时拉紧缝线，使两侧边缘内翻（图 1-58）。多用于胃、肠壁的缝合。

（4）荷包缝合。又称为袋口缝合（图 1-59），即在距缝合孔边缘 3～8mm 处沿其周围做环状浆膜肌层连续缝合，缝合完毕后，先打一单结，并轻轻向上牵拉，同时将缝合孔边缘组织内翻包埋，然后拉紧缝线，完成结扎。主要用于胃、肠壁上小范围的内翻缝合，如缝合小的胃、肠穿孔。此外还用于胃、肠、膀胱插管引流固定的缝合方法及肛门、阴门暂时缝合以防脱出。

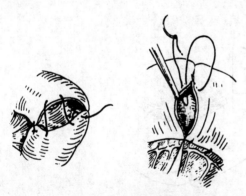

图 1-58　康奈尔氏缝合

（中国农业大学，1999.家畜外科手术学.3 版）

图 1-59　荷包缝合

3. 外翻缝合　缝合后切口两侧边缘外翻，里面光滑。常用于松弛皮肤的缝合、减张缝合及血管吻合等。

（1）间断垂直褥式缝合。缝合方法见图1-60。间断垂直褥式缝合是一种减张缝合。缝合时，缝针先于距离创缘8～10mm处刺入皮肤，经皮下组织垂直横过切口，到对侧相应处刺出皮肤。然后将缝针翻转在穿出侧距切口缘2～4mm处刺入皮肤，越过切口到相应对侧距切口2～4mm处刺出皮肤，与另一端缝线打结。该缝合要求缝针刺入皮肤时，只能刺入真皮下，切口两侧的刺入点要求接近切口，这样皮肤创

图1-60　间断垂直褥式缝合

缘对合良好，又不使皮肤过度外翻。缝线间距为5mm。该缝合方法具有较强的抗张力强度，对创缘的血液供应影响较小，但缝合时，需要较多时间和缝线。

（2）间断水平褥式缝合。这种缝合见图1-61，特别适用牛、马和犬的皮肤缝合。将缝针刺入皮肤，距创缘2～3mm，将创缘相互对合，越过切口到对侧相应部位刺出皮肤，然后缝线与切口平行向前约8mm，再刺入皮肤，越过切口到相应对侧刺出皮肤，与另一端缝线打结。该缝合要求缝针刺入皮肤时，要刺在真皮下，不能刺入皮下组织，这样皮肤创缘对合才能良好。根据缝合组织的张力，每个水平褥式缝合间距为4mm左右。该缝合具有一定抗张力条件，对于张力较大的皮肤，可在缝线上放置胶管或纽扣，以增加抗张力强度。

（3）连续外翻缝合。多用于腹膜缝合和血管吻合。若胃肠胀气、张力较大或炎症导致腹膜水肿时，均需用连续外翻法缝合，以避免腹膜撕裂。缝合时自腔（血管）外开始刺入腔（血管）内，再由对侧穿出，于距1～5mm处再向相反方向进针。两端可分别打结或与其他缝线头打结（图1-62）。

图1-61　间断水平褥式缝合

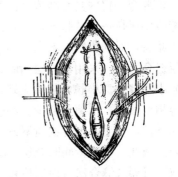

图1-62　连续外翻缝合

（二）各种软组织的缝合技术

1. 皮肤的缝合　一般常用单纯间断缝合法，每侧边距为0.5～1cm，针距1.0～1.5cm。可根据皮下脂肪厚度及皮肤的弛张度而略有增减。皮下脂肪厚者，边距及针距均可适当增加；皮肤松弛者，应适当减小。缝合皮肤时必须用断面为三棱形的弯针或直针。缝合材料一般选用丝线。缝合结束时在创缘侧面打结，打结不能过紧。皮肤缝合完毕后，必须再次将创缘对好。

宠物的皮肤缝合也常用表皮下缝合法、组织黏合剂黏合和订书机式皮肤吻合器吻合。

2. 皮下组织的缝合　缝合时要使创缘两侧皮下组织相互靠拢，消除组织的空隙，可减小皮肤缝合的张力。使用可吸收性缝线或丝线做单纯间断缝合，打结应埋置在组织内。选用圆弯针进行缝合。

3. 肌肉的缝合　肌肉缝合要求将纵行纤维紧密连接，瘢痕组织生成后，不能影响肌肉收缩功能。缝合时，应用结节缝合法分别缝合各层肌肉。当小动物手术时，肌肉一般是纵行分离而不切断，因此，肌肉组织经手术细微整复后，可不缝合。对于横断肌肉，因其张力大，应该在麻醉或使用肌松剂的情况下连同筋膜一起进行结节缝合或水平褥式缝合。

4. 腹膜的缝合　一般用 0 号或 1 号缝线、圆弯针行单纯连续缝合。如腹膜张力较大，缝合容易撕破时，可用连续水平褥式缝合或连续锁边缝合。若腹膜对合不齐或个别针距较大时，可加补 1～2 针单纯间断缝合。腹膜缝合必须完全闭合，不能使网膜或肠管漏出或篏闭在缝合切口处形成疝。

5. 血管的缝合　血管缝合常见的并发症是出血和血栓形成。血管吻合要严格执行无菌操作，防止感染。血管内膜紧密相对，因此，血管的边缘必须外翻（图 1-63），让内膜接触，外膜不得进入血管腔。缝合处不宜有张力，血管不能有扭转。血管吻合时，应该用弹力较低的无损伤的血管夹阻断血流。缝合处要有软组织覆盖。

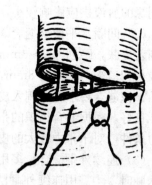

图 1-63　水平褥式外翻缝合

6. 空腔器官缝合　空腔器官（胃、肠、子宫、膀胱）缝合，应根据空腔器官的生理解剖学和组织学特点进行。缝合时要求良好的密闭性，防止内容物泄漏；保持空腔器官的正常解剖组织学结构和蠕动收缩功能。因此，对于不同器官，缝合要求是不同的。

（1）胃缝合。胃内具有高浓度的酸性内容物和消化酶。缝合时要求良好的密闭性，防止污染，缝线要保持一定的张力强度，因为术后动物呕吐或胃扩张对切口产生较强压力；术后胃腔容积减少，对动物影响不大。因此，胃缝合第一层采用连续水平内翻缝合，第二层缝合在第一层缝合上面，采用浆肌层间断或连续垂直褥式内翻缝合。

（2）小肠缝合。小肠血液供应好，肌肉层发达，其解剖特点是低压力导管，而不是蓄水囊。内容物呈液态，细菌含量少。小肠缝合后 3～4h，纤维蛋白覆盖密封在缝线上，产生良好的密闭条件，术后肠内容物泄漏发生机会较少。由于小肠肠腔较小，缝合时防止肠腔狭窄非常重要。因此，可先行间断全层内翻缝合法，再行浆肌层内翻缝合。较小的胃肠道穿孔可用间断或平行褥式缝合法将内层掩盖。

（3）大肠缝合。大肠内容物呈固态，细菌含量多。大肠缝合并发症是内容物泄漏和感染。内翻缝合是唯一安全的方法。缝合时，将浆膜与浆膜对合，防止肠内容物泄漏，并能保持足够的缝合张力强度。内翻缝合采用第一层连续全层或连续水平内翻缝合，第二层间断垂直褥式内翻缝合浆膜肌层。内翻缝合部位血管受到压迫，血流阻断，术后第 3 天黏膜水肿、坏死，第 5 天内翻组织脱落。黏膜下层、肌层和浆膜保持接合强度。术后 14d 左右瘢痕形成，炎症反应消失。

（4）子宫缝合。剖宫取胎术实行子宫缝合有其特殊意义，因为子宫缝合不良会导致母畜不孕，术后出血和腹腔内粘连。缝合时最好是做两层浆膜肌层内翻缝合，使线结既不露于子宫内膜，也不使子宫表面暴露。

空腔器官缝合时，要求使用无损伤性缝针，如圆体针，以减少组织损伤。

临床上许多执业兽医师缝合空腔脏器时使用大网膜覆盖术，省时省力，效果很好。

三、拆　线

拆线是指拆除皮肤缝线。缝线拆除的时间，一般是在手术后 7~8d，凡营养不良、贫血、老龄动物、缝合部位活动性较大、创缘呈紧张状态等情况，应适当延长拆线时间（10~14d），但创伤已化脓或创伤缘已被线撕断时，可根据创伤治疗需要随时拆除全部或部分缝线。拆线方法如下：

（1）先用生理盐水洗净创围，尤其是线结周围；再用 5%碘酊消毒创口、缝线及创口周围皮肤。将线结用镊子轻轻提起，剪刀插入线结下，紧贴针眼并轻压线结侧皮肤，露出原来埋在皮下的部分缝线，将线剪断（图 1-64）。

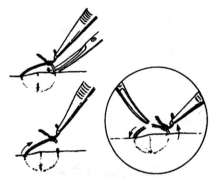

图 1-64　拆线法（圈内为错误拆线法）
（成勇，2000. 家畜外产科学）

（2）用镊子将缝线拉出，拉线方向应向拆线的一侧，动作要轻巧，如强行向对侧硬拉，则可能将伤口拉开。注意不能将原来露在皮肤外面的缝线拉入针孔。

（3）再次用碘酊消毒创口及周围皮肤。

·技术提示·

一、缝合的原则

在愈合能力正常的情况下，愈合是否完善与缝合的方法及操作技术有一定的关系。为了确保愈合，缝合时要遵守下列各项原则。

（1）严格遵守无菌操作原则。缝合时尽量局限在术区，防止和有菌物件接触，以防止感染。被污染的器材均应弃去或重新消毒后再用。

（2）缝合前必须彻底止血，清除创内凝血块、异物及无生机的组织。

（3）为了使创缘均匀接近，在两针孔之间要有相当距离，以防拉穿组织。

（4）缝针刺入和穿出部位应彼此相对，针距相等，否则易使创伤形成皱襞或裂隙。

（5）凡无菌手术创或非污染的新鲜创经外科常规处理后，可做对合密闭缝合。具有化脓腐败过程以及具有深创囊的创伤可不缝合，必要时做部分缝合。

（6）在组织缝合时，一般是同层组织相缝合，除非特殊需要，不允许把不同类的组织缝合在一起。缝合、打结应有利于创伤愈合，如打结时既要适当收紧，又要防止拉穿组织，缝合时不宜过紧，否则将造成组织缺血。

（7）合理应用缝针、缝线，正确地选用缝合方法。按照组织张力的大小，选用不同粗细的缝针和缝线。细小的组织应用细线、小针。应用圆针缝合皮肤比较困难，需改用三棱针，而内脏器官不能应用三棱针。张力比较大的创口需采用减张缝合。所有内脏器官均应采用内翻缝合，以使浆膜贴紧，利于愈合。皮肤、肌肉多采用间断缝合，以保证血液供应，术后即使有 1~2 针发生断裂，也不至于使创口全部裂开。腹膜则用连续缝合，保证密闭。

（8）松紧适宜。过松，创缘易裂开，而且运动时创缘不时发生摩擦，不利于愈合；过紧，缝合部血液循环受阻，组织反应重，易导致水肿，反而使缝线环更趋紧张，缝线嵌入组织，以致局部发生缺血性坏死或缝线断裂、创口裂开。

（9）创缘、创壁应互相均匀对合。皮肤创缘不得内翻，创伤深部不应留有死腔、积血和积液。缝合的深浅要适宜，缝线应正好穿过创底。过深会造成皮肤内陷，过浅则在皮肤下造成死腔。缝合后的皮肤应稍微外翻，以利愈合。在条件允许时，可做多层缝合，正确与不正确的缝合见图1-65。

（10）创伤缝合后，若在手术后出现感染症状，应迅速拆除部分缝线，以便排出创液。

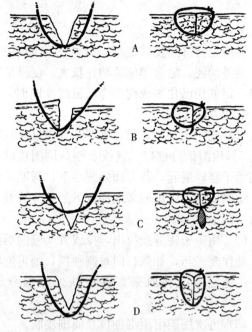

图1-65　正确与不正确的切口缝合

A. 正确的缝合　B. 两皮肤创缘不在同一平面，边缘错位
C. 缝合太浅，形成死腔　D. 缝合太紧，皮肤内陷
（中国农业大学，1999. 家畜外科手术学. 3版）

二、打结注意事项

（1）打结收紧时要求三点成一直线，即左、右手的用力点与结扎点成一直线，不可成小于180°角向上提起，否则结扎点容易撕脱或结松脱。

（2）无论用何种方法打结，第一结和第二结的方向不能相同（即两手需交叉），否则即成假结。如果两手用力不均，可成滑结。

（3）用力均匀。两手的距离不宜离线太远，特别是深部打结时，最好用两手食指伸到结旁，以指尖顶住双线，两手握住线端，徐徐拉紧，否则易松脱。埋在组织内的结扎线头，在不引起结扎松脱的原则下，应剪短以减少组织内异物。重要部位的结扎线和肠线头可留长些，缝合皮下的细丝线可留短些。丝线、棉线一般留3～5mm，较大血管的结扎应略长，以防滑脱，肠线留4～6mm，不锈钢丝留5～10mm，并应将钢丝头扭转埋入组织中。

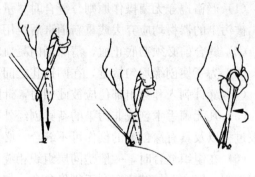

图1-66　剪线法
（中国农业大学，1999. 家畜外科手术学. 3版）

（4）正确的剪线方法是术者结扎完毕后，将双线尾提起略偏术者的左侧，助手用稍张开的剪刀尖沿着拉紧的结扎线滑至结扣处，再将剪刀稍向上倾斜，倾斜的角度取决于要留线头的长短，然后剪断（图1-66）。倾斜度越大，所留线头越长。如此操作比较迅速准确。

三、组织缝合的注意事项

（1）目前外科临床上所用的缝线（可吸收或不吸收缝线）对机体来讲均为异物，因此，在缝合过程中要尽可能地减少缝线的用量。

（2）缝线在缝合后的张力与缝合的密度（即针数）成正比，但是为了减少伤口内异物，缝合的针数不宜过多，一般间隔为 1～1.5cm，使每针所加于组织的张力相近，以便均匀地分担组织张力。缝合时不可过紧或过松，过紧引起组织缺氧，过松引起对合不良，影响组织愈合。皮肤缝合后应将积存的液体排出，以免造成皮下感染。

（3）不同组织缝合要选用相应的针和线。一般将三棱针限于缝合皮肤或瘢痕及软骨等坚韧组织。其他组织缝合均用不同规格的圆针。缝线的粗细要求以能抗组织张力为准。缝线太粗，不易扎紧，且存留异物多，组织反应明显。

（4）组织应按层次进行缝合，较大的创伤要由深而浅逐层缝合，以免影响愈合或裂开。浅而小的伤口，一般只做单层缝合，但缝合必须通过各层组织，缝合时应使缝针与组织垂直刺入，拔针时要按针的弧度和方向拔出。

（5）根据腔性器官的生理解剖和组织学的特点，缝合时应注意以下问题：缝合时要求闭合性好，不漏气不透水，更不能让内容物溢出；保持原有的收缩功能。为此，缝合时应尽量采用小针、细线，缝合组织要少，对于肠管，除第一道做单纯连续缝合外，第二道一般不宜做一周性的连续缝合，以免形成缺乏弹性的瘢痕环，导致肠腔狭窄，影响功能。腔性器官缝合的基本原则是使切开的浆膜向腔体内翻，浆膜面相对。浆膜在受损后析出的纤维蛋白原，在酶的作用下很快凝固为纤维蛋白黏附在缝合部，修补创伤，所以，在第二道缝合时均应采用浆膜对浆膜的内翻缝合。

·知识链接·

一、缝合材料与组织黏合剂

兽医外科临床上所应用的缝合材料种类很多。选择适宜的缝合材料是很重要的，选择缝线应根据缝线的生物学和物理学特性、创伤局部的状态以及各种组织创伤的愈合速度来决定。

理想型的缝线应该满足如下要求：①在活组织内具有足够的缝合创伤的张力强度；②对组织刺激性很小；③应该是非电解质、非毛细管性质、非变态反应和非致癌物质；④打结应该确实，不易滑脱；⑤容易灭菌，灭菌时不变性；⑥无毒性，不隐藏细菌；⑦理想的可吸收缝线应该在创伤愈合后 30～60d 内被吸收，被包埋的缝线没有术后并发症。目前没有完全理想的缝合材料，但是当前所使用的缝合材料，各自都具有其本身的优良特性。

按照缝合材料在动物体内能否被吸收分为两类：吸收性缝合材料和非吸收性缝合材料。缝合材料在动物体内 60d 内发生变性，其张力强度很快丧失的为吸收性缝合材料。缝合材料植入动物体内 60d 以后仍然保持其张力强度者为非吸收性缝合材料。

缝合材料按照其材料来源分为天然缝合材料和人造缝合材料。

（一）可吸收缝线

可吸收缝线分动物源缝线和合成缝线两类。前者是胶原异性蛋白，包括肠线、胶原线和筋膜条等；后者为聚乙醇酸线，是近年来应用较为广泛的一种可吸收缝合材料。其型号从 0/6 到 1 号。

1. 肠线 肠线是由羊小肠的黏膜下组织或牛的小肠浆膜组织制成，主要为结缔组织和少量弹力纤维。肠线分普通肠线（素肠线）和铬制肠线两类。普通肠线在组织中数日（一般为72h）被吸收而失去张力，仅用于愈合迅速的组织。普通肠线主要用于浆膜、黏膜面等组织，或用于小血管的结扎和感染创中使用。铬制肠线是肠线经过铬盐处理，减少被胶原吸收的液体，其张力强度增加，变性速度减小。所以，铬制肠线吸收时间延长（一般为10～25d），减少软组织对肠线的反应性。铬制肠线是手术常用的肠线，一般用于尿道黏膜、胃肠黏膜、膀胱、子宫及眼科手术，被感染的皮肤、肌肉等的缝合也用铬制肠线。

肠线一般均经灭菌后密封在安瓿或塑料袋中保存，使用时将安瓿打破或撕开袋口，用生理盐水浸泡后应用。使用肠线时应注意下列几个问题：

（1）刚从玻管贮存液内取出的肠线质地较硬，必须在温生理盐水中浸泡片刻，待其柔软后再用，但浸泡时间不宜过长，以免肠线膨胀、易断，影响质量。

（2）不可用持针钳、止血钳夹持肠线，也不要将肠线扭折，以致皱裂而易断。

（3）肠线经浸泡吸水后发生膨胀，较滑，结扎时结扎处易松脱，所以必须用三叠结，剪断后留的线头应较长，以免滑脱。

（4）由于肠线是异体蛋白，在吸收过程中可引起较大的组织炎症反应，所以一般多用连续缝合，以免线结太多致使手术后异物反应显著。

（5）在不影响手术效果的前提下，尽量选用细肠线。

2. 人造吸收性缝合材料　目前动物临床已经较少使用肠线缝合，而是越来越多地使用高性能的人工合成材料，如聚乙醇酸（PGA）缝合线、聚乙交酯缝合线（PGLA）、聚乳酸缝合线（PLA）、聚对二氧环己酮缝合线（PDS）和聚对二氧环乙酮缝合线（PDO）等。

（1）聚乙醇酸缝线（PGA）。该缝线是一种非成胶质人造吸收性缝线，是羟基乙酸的聚合物。聚乙醇酸缝线的吸收方式是通过脂酶作用被水解而吸收，在碱性环境中水解作用很快，吸收过程、炎性反应很轻微。聚乙醇酸水解产物是很有效的抗菌物质，在尿液里过早被吸收。聚乙醇酸缝线的张力比铬制肠线约强25%，在活体上第6天其张力不变，但组织反应与肠线相比明显减小，完全吸收需40～60d，但打结时易滑脱，必须打三叠结或多叠结。其他特点与肠线相似。

聚乙醇酸缝线适用于清净创和感染创缝合。不应该缝合愈合较慢的组织（韧带、腱），因为该缝线张力强度丧失较快。

（2）聚乙交酯缝合线（PGLA）。该缝合线强度和手感比普通合成纤维好，具有良好的抗张强度、生物相容性及生物可降解性，在动物体内可保持强度3～4周，吸收周期为2～3个月，且无毒、无积累，不留任何痕迹，特别适用于体内伤口的缝合。例如：肝、脾、肠胃吻合手术、筋膜缝合及整形外科、眼科、黏膜表层手术和脉管缝合手术等。

（3）聚乳酸缝合线（PLA）。该缝线由乳酸或乳酸二聚体（丙交酯）聚合而成，其在体内先代谢为乳酸中间产物，最终产物为水和二氧化碳。聚乳酸缝合线拉伸强度高、缝合打结方便、柔软，具有良好的生物相容性，因此，是一类理想的可降解缝合线。聚乳酸缝合线适合治疗闭合且愈合时间较长的伤口。

（4）聚对二氧环己酮缝合线（PDS）。该缝线是以有机金属化合物二乙基锌或乙酰丙酮锆为催化剂，用对二氧环己酯聚合成的高分子聚合物。常用于单股缝合线，有单一的物理结构、均匀一致的外表面和横截面，不含隐匿的微生物，细菌不易栖身，缝合线摩擦系数低，打结方便牢固，平滑穿过组织，组织拖曳低。而且这种缝合线柔韧性、吸收性良好，组织反应轻微，且拉伸强度大，保留率大，能维持伤口拉伸强度 40d 以上，特别适合愈合时间较长的伤口，具有最高的生物力学稳定性。

（5）聚对二氧环乙酮缝合线（PDO）。该缝合线是一种具有良好的物理机械强度、化学稳定性、生物相容性和安全性的单丝结构可吸收缝合线。单丝结构表面光滑圆顺，克服了编织结构可吸收缝合线因表面摩擦系数大而导致缝合时易损伤组织的缺点；穿透性强，能顺滑穿透组织，使组织准确对合，不造成损伤。最适宜采用连续缝合技术的手术。同时避免了细菌的栖身，消除了因缝线而引起的感染机会，分解代谢产物具有抑菌作用，使伤口愈合平滑柔软。

该缝合线具有优良的强度和韧性，抗拉强度大，对伤口的支持时间长，在组织中保持的强度比其他可吸收缝合线大一倍，手术后 4 周仍保持原强度的 50% 以上，安全有效。这一特性使它最适用于愈合较慢组织的缝合，如筋膜闭合、骨科、腹部缝合以及糖尿病、癌症、肥胖病例的手术。

（二）不可吸收缝线

1. 丝线　丝线是蚕茧的连续性蛋白质纤维，是传统的、广泛应用的非吸收性缝线。它的优点是有柔韧性，组织反应小，质软不滑，打结方便，来源容易，价格低廉，拉力较好。缺点是不能被吸收，在组织内为永久性异物。

缝线的型号表示缝合线的直径，以数字表示，有 12-0（或 0/12）到 3 号。0 号以上，数码越大，表示缝线越粗，而 0 号开始，0 越多，表示缝线越细。不同粗细的缝线用于缝合不同的组织。丝线的规格、用途和特点见表 1-3。

表 1-3　丝线的规格、用途和特点

规　　格	一般用途	特　　点
细（6-0、4-0 号）	用于肠管缝合、小血管结扎、尿道黏膜缝合等张力不大的精细手术	1. 组织反应轻，愈合快，术后瘢痕小 2. 不能被吸收，日久被包埋，因此不能用于污染创，否则容易形成窦道 3. 柔软、张力好，易于消毒，不易滑脱 4. 价廉易得
中（2-0 号）	用于肌膜、腹膜的缝合，中等血管的结扎，中、小动物的胃、皮肤等的缝合和精索结扎等	
粗（1 号）	用于大动物的皮肤缝合，疝修补术，牛、马去势时精索的结扎	
特粗（3 号）	用于张力大的皮肤缝合，特别是减张缝合时	

丝线灭菌不当（如高压蒸汽灭菌时间过长、温度及压力过高或重复灭菌等）易使丝线变脆、拉力减小。一般要求条件是 6.67×10^5 Pa 压强下维持 20min。煮沸灭菌对丝线影响较小，但重复煮沸或时间过长，丝线易膨胀，拉力减弱。因此，在第一次消毒后，未用完的丝线应及时浸泡在 95% 酒精内保存，下次手术时直接取出使用。

2. 棉线　棉线的组织反应轻微，也便于打结，价格也较丝线便宜，但拉力较差。除心脏、血管手术外，几乎所有使用丝线的场合均可用棉线代替。使用棉线的注意事项与丝线基本相同。

3. 金属缝线　目前使用金属缝线为不锈钢丝，为铬镍不锈钢。金属缝线消毒简便，刺激性小，拉力大，在污染伤口应用可减少感染的发生。其缺点是不易打结，并有割断或嵌入组织的可能性，且价格较贵。适用于骨的固定，筋膜、肌腱的缝合，亦可用于皮肤减张缝合。缝合张力大的组织，应垫橡皮管，以防钢丝割裂皮肤。

4. 尼龙缝线 尼龙是由六次甲基二胺和脂肪酸制成。尼龙缝线分为单丝和多丝两种，其生物学特性为惰性，植入组织内时组织反应很小，张力强度较强。单丝尼龙缝线无毛细管现象，在污染的组织内感染率较低。单丝尼龙缝线可用于血管缝合，多丝尼龙缝线适用于皮肤缝合，但不能用于浆膜腔和滑膜腔缝合，因为埋植的锐利断端能引起局部摩擦刺激而产生炎症或坏死。缺点为操作使用较困难，打结不确实，要打三叠结。

（三）组织黏合剂

组织黏合剂（tissue adhesives）可替代外科手术的缝合，将分离的活组织接合。组织黏合剂按其材料性质可分为化学黏合剂和生物黏合剂。化学黏合剂包括：氰基丙烯酸酯类黏合剂、聚氨酯类黏合剂、有机硅系黏合剂等，其中氰基丙烯酸酯类黏合剂（cyanoacrylates，CA）是发现最早、应用最广泛的化学黏合剂。生物黏合剂包括：纤维蛋白黏合剂（fibrin sealant，FS）、贻贝黏蛋白黏合剂（mussel adhesive protein，MAP）等，其中纤维蛋白黏合剂是应用最早、最广泛的生物黏合剂，贻贝黏蛋白黏合剂已在进行基因工程研究和生产。

理想的组织黏合剂应具备的性质：①安全、可靠、无毒性、无"三致"（致癌、致畸、致突变）作用；②具有良好的生物相容性，不妨碍组织的自身愈合；③无菌，且可在一定时期内保持无菌；④在有血液和组织液的条件下可以使用；⑤在常温、常压下可以实现快速黏合；⑥具有良好的黏合强度及持久性，黏合部分具有一定的弹性和韧性；⑦达到使用效果后能够逐渐降解、吸收、代谢；⑧具有良好的使用状态并易于保存。

1. 氰基丙烯酸酯类黏合剂 氰基丙烯酸酯在弱盐极性物质（如水、醇等）存在下，迅速发生阴离子聚合，能在瞬间发挥其强黏结作用。

本类黏合剂特点：使用方便，是单组分，呈液态，在室温下快速固化，黏合力强；使用量少；有良好的生物相容性；有止血作用和抑菌作用，本身无菌，对金黄色和白色葡萄球菌、四联球菌、枯草杆菌均有高度抑菌作用。

2. 纤维蛋白黏合剂（FS） 主要由3种成分组成：纤维蛋白原（是纤维蛋白黏合剂的主要成分）、活性溶液（包括凝血酶、钙离子、Ⅷ因子）、抗纤溶剂（主要为抑肽酶，用以抑制或减缓纤维蛋白溶酶原对凝块的降解作用）。在使用过程中这些组分一经混合，在钙离子存在下会发生血凝的最后阶段反应，以凝血酶激活纤维蛋白原形成不溶性纤维蛋白凝块。该凝块可以把创口牢固地黏合在一起，起到防水、止血和促进愈合的作用。

本类黏合剂特点：是利用两次止血原理的止血剂；黏合效果不受血小板减少等血液凝固障碍的影响；是液体，适用于凹凸不平或部位较深的伤口；能止血和黏合组织，促进创伤部位的愈合；组织亲和性好；无毒、无"三致"危险。

3. 贻贝黏蛋白黏合剂（MAP） 海洋中蓝贻贝含有一种被称为多元酚蛋白的特殊黏性蛋白物质，黏合强度很高，能在水中发挥作用，具有优良的防水性能。

二、结的种类

正确的结有方结、三叠结和外科结，但如若操作不正确，可以出现假结或滑结，但这两种结在手术过程中应避免发生。

1. 方结 又称为平结，由两个方向相反的单结组成（图1-67A）。此结比较牢固，不易滑脱，是手术中最常用的结，用于结扎较小的血管和各种缝合时打结。

2. 三叠结 又称为加强结、三重结，是在方结的基础上再加一个与第二单结方向相反

（与第一单结相同）的单结，共 3 个单结（图 1-67B）。此结的缺点是遗留于组织中的结扎线较多。三叠结常用于有张力部位的缝合，大血管和肠线的结扎。

3. 外科结　打第一个单结时绕 2 次，使摩擦面增大（图 1-67C），故打第二个结时第一单结不易滑脱和松动。此结牢固可靠，多用于大血管、张力较大的组织和皮肤缝合。

4. 假结　又称为斜结或十字结。是打方结时，因打第二个单结的动作与第一个单结相同，使两个单结方向一致而形成（图 1-67D）。此结易松脱，不应采用。

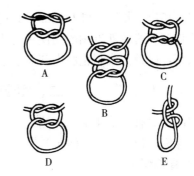

图 1-67　结的种类

A. 方结　B. 三叠结　C. 外科结　D. 假结　E. 滑结

（周荣祥等，2002. 外科学总论实习指导）

5. 滑结　此结是在打方结时，虽则两手交叉打结，但两手用力不均，只拉紧一根线而形成（图 1-67E）。滑结极易滑脱，应注意避免发生。

技能 2　包　　扎

·技能描述·

包扎法是将绷带等材料固定在受伤部位以达到加压止血、保护创面、防止自我损伤、吸收创液、限制活动、使创缘接近、促进受伤组织的愈合等目的的治疗方法。包扎通常使用两层包扎材料进行，内层为吸收层，外层为固定层。

·技能情境·

动物医院或外科手术实训室、动物养殖场，相应的动物或模型，绷带等材料。

·技能实施·

一、包扎法类型

根据敷料、绷带性质及其不同用法，将包扎方法分为以下几类：

1. 干绷带法　又称为干敷法，是临床上最常用的包扎法。凡敷料不与其下层组织粘连的均可用此法包扎。本法有利于减轻局部肿胀，吸收创液，保持创缘对合，提供干净的环境，促进愈合。

2. 湿敷法　对于严重感染、脓汁多和组织水肿的创伤，可用湿敷法。此法有助于去除内湿性组织坏死，降低分泌物黏性，促进引流等。根据局部炎症的性质，可采用冷、热敷包扎。

3. 生物学敷法　指皮肤移植，即将健康的动物皮肤移植到缺损处，以消除创伤面，加速愈合，减少瘢痕的形成。现有多种替代皮肤的生物敷料广泛应用于临床。

4. 硬绷带法　指夹板和石膏绷带等。这类绷带可限制动物活动，减轻疼痛，降低创伤应激，缓解缝线张力，防止创口裂开和术后肿胀等。

通常根据绷带使用的目的不同，对其进行命名。例如，局部加压借以阻断或减轻出血及制止淋巴液渗出，预防水肿和创面肉芽过剩为目的而使用的绷带，称为压迫绷带；为防止微生物侵入伤口和避免外界刺激而使用的绷带，称为创伤绷带；当骨折或脱臼时，为固定肢体或体躯某部，以减少或制止肌肉和关节不必要的活动而使用的绷带，称为制动绷带等。

二、绷带的种类与操作技术

绷带的种类有卷轴绷带、复绷带、结系绷带、夹板绷带、石膏绷带。基本包扎法有环形包扎法、螺旋形包扎法、折转包扎法、蛇形包扎、交叉包扎法。

（一）卷轴绷带

卷轴绷带通常称为绷带或卷轴带，是将布剪成狭长的带条，用卷绷带机或手卷成圆筒状。

1. 卷轴绷带种类　按其制作材料可分纱布绷带、棉布绷带、弹力绷带和胶带4种。

（1）纱布绷带。是临床需要选用的绷带，有多种规格。长度一般6m，宽度有3cm、5cm、7cm、10cm和15cm不等。根据临床需要选用不同规格。纱布绷带质柔软，压力均匀，价格便宜，但在使用时易起皱、滑脱。

（2）棉布绷带。用本色棉布按上述规格制作。因其原料厚、坚固耐洗、施加压力不变形或断裂，常用以固定夹板、肢体等。

（3）弹力绷带。是一种弹性网状织品，质地柔软，包扎后有伸缩力，故常用于烧伤、关节损伤等。此绷带不与皮肤、被毛粘连，故拆除时动物无不适感。

（4）胶带。目前多数胶带是多孔制胶带，也称为胶布或橡皮膏。胶带使用时难撕开，需用剪刀剪断。胶带是包扎不可缺少的材料。通常局部剪、剃被毛，盖上敷料后，多用胶布条粘贴在敷料及皮肤上将其固定。也可在使用纱布或棉布绷带后，再用胶带缠缚固定。

2. 基本包扎法　卷轴带多用动物四肢游离部、尾部、角头部、胸部和腹部等。包扎时，一般左手持绷带的起始端，右手持绷带卷，以绷带的背面紧贴肢体表面，由左向右缠绕。当第一圈缠好之后，将绷带的游离端反转盖在第一圈绷带上，再缠第二圈，压在第一圈绷带上。然后根据需要进行不同形式的包扎法缠绕。无论用何种包扎法，均应以环形开始并以环形终止。包扎结束后将绷带末端剪成两条打个单结，以防撕裂。最后打结于肢体外侧，或以胶布将末端加以固定。卷轴绷带的基本包扎法如下：

（1）环形包扎法。用于其他形式包扎的起始和结尾，以及用于系部、掌部、跗部等较小创口的包扎。方法是在患部把卷轴带呈环形缠数周，每周盖住前一周，最后，将绷带端剪开打结或以胶布加以固定（图1-68A）。

（2）螺旋形包扎法。以螺旋形由下向上缠绕，每后一圈遮盖前一圈的1/3～1/2。用于掌部、跗部及尾部等的包扎（图1-68B）。

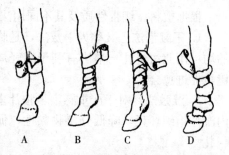

图1-68　卷轴绷带包扎法
A. 环形带　B. 螺旋带　C. 折转带　D. 蛇形带

（3）折转包扎法。又称为螺旋回反包扎。用于上粗下细径圈不一致的部位，如前臂和小腿部。方法是由下向上做螺旋形包扎，每一圈均应向下回折，逐圈遮盖上圈的1/3～1/2（图1-68C）。

（4）蛇形包扎法。或称为蔓延包扎。斜持向上延伸，各圈互不遮盖。用于固定夹板绷带的衬垫材料（图1-68D）。

（5）交叉包扎法。又称"8"字形包扎。用于腕、跗、球关节等部位，方便关节屈曲。包扎方法是在关节下方做一环形带，然后在关节前面斜向关节上方，做一周环形带后再斜行经过关节前面至关节下方。如上述操作至患部完全被包扎住，最后以环形带结束（图1-69）。

3. 各部位包扎法

（1）尾包扎法。用于尾部创伤或用于后躯，以及在肛门、会阴部施术前、后用于固定尾部。先在尾根做环形包扎，然后将部分尾毛折转向上做尾的环形包扎后，将折转的尾毛放下，做环形包扎，目的是防止包扎滑脱。如此反复多次，用绷带做螺旋形缠绕至尾尖时，将尾毛全部折转做数周环形包扎后，将绷带末端通过尾毛折转形成的圈内（图1-70）。

（2）耳包扎法。

①垂耳包扎法。先在患耳背侧安置棉垫，将患耳及棉垫反折使其贴在头顶部，并在患耳耳郭内侧填塞纱布。然后将绷带从耳内侧基部向上延伸到健耳后方，并向下绕过颈上方到患耳，再绕到健耳前方。如此缠绕3～4圈将耳包扎（图1-71A、B）。

②竖耳包扎法。多用于耳成形术。先用纱布或材料做成的圆柱形支撑物填塞于两耳郭内，再分别用短胶布条从耳根背侧内缠绕，每条胶布断端相交于耳内侧支撑上，依次向上贴紧。最后用胶带"8"字包扎将两耳拉紧竖直（1-71C）。

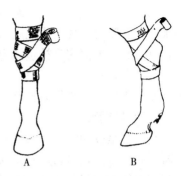

图1-69 交叉包扎法
A. 腕关节 B. 跗关节

图1-70 尾包扎法

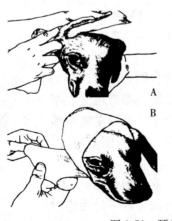

图1-71 耳包扎法
A、B. 垂耳包扎法 C. 竖耳包扎法

（3）蹄包扎法。方法是将绷带的起始部留出约20cm作为缠绕的支点，在系部做环形包扎数圈后，将绷带由一侧斜经蹄前壁向下，折过蹄尖经过蹄底至踵壁时与游离部分扭缠，以反方向由一侧斜经蹄前壁做经过蹄底的缠绕。同样操作至整个蹄底被包扎，最后与游离部打结，固定于系部。为防止绷带被污染，可在外部加上帆布套。

（4）蹄冠包扎法。包扎蹄冠时，将绷带两个游离端分别卷起，并以两头之间背部覆盖于患部，包扎蹄冠，使两头在患部对侧相遇，彼此扭缠，以反方向继续包扎。每次相遇均行相互扭缠，直至蹄冠完全被包扎为止。最后打结于蹄冠创伤的对侧。

（5）角包扎法。用于角壳脱落和角折。包扎时先用一块纱布盖在断角上，用环形包扎固定纱布，再以另一角作为支点，以"8"字形缠绕，最后在健康角根处做环形包扎打结。

（二）复绷带

复绷带是按动物一定部位的形状而缝制，具有一定结构、大小的双层盖布，在盖布上缝合若干布条以便打结固定。复绷带虽然形式多样，但都要求装置简便、固定确实。常用的复绷带有眼绷带、背腰绷带、前胸绷带、腹绷带和鬐甲绷带等（图1-72）。

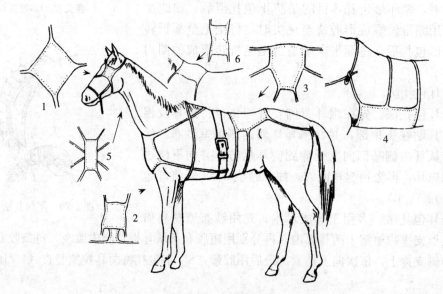

图 1-72　各种复绷带

1.眼绷带　2.前胸绷带　3.背腰绷带　4.腹绷带　5.喉绷带　6.鬐甲绷带

（三）结系绷带

结系绷带或称为缝合包扎，是用缝线代替绷带固定敷料的一种保护手术创口或减轻伤口张力的绷带。结系绷带可装在畜体的任何部位，其方法是在圆枕缝合的基础上，利用游离的线尾，将若干层灭菌纱布固定在圆枕之间和创口之上（图1-73）。

（四）夹板绷带

夹板绷带是借助于夹板保持患部安静，避免损伤加重、移位和使伤部进一步复杂化的，起制动作用的绷带，可分为临时夹板绷带和预制夹板绷带2种。前者通常用于骨折、关节脱位时紧急救治，后者可作为较长时期的制动。

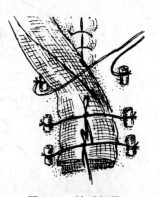

图 1-73　结系绷带

临时夹板绷带可用胶合板、普通薄板、竹板、树枝等作为夹板材料。小动物亦选用压舌板、硬纸壳、竹筷子作为夹板材料。预制夹板绷带常用金属丝、薄铁板、木料、塑料板等制成适合四肢解剖形状的各种夹板。另外，在小动物，厚层棉花绷带的包扎也可起到夹板作用。无论临时夹板绷带或预制夹板绷带，皆由衬垫的内层、夹板和各种固定材料构成。

夹板绷带的包扎方法是：先将患部皮肤刷净，包上较厚的棉花、纱布棉花垫或毡片等衬垫，并用蛇形或螺旋形包扎法加以固定，而后再装置夹板。夹板的宽度视需要而定，长度既应包括骨折部上、下两个关节，使上、下两个关节同时得到固定，又要

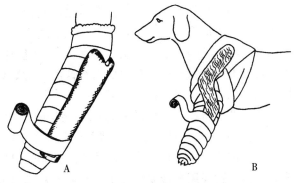

图 1-74　夹板绷带（犬）
A. 塑料夹板绷带　B. 纤维板夹板绷带

短于衬垫材料，避免夹板两端损伤皮肤。最后用绷带螺旋包扎或用结实的细绳加以捆绑固定（图 1-74）。

（五）支架绷带

支架绷带是在绷带内作为固定敷料的支持装置。这种绷带应用于固定动物的四肢，是用套有橡皮管的软金属或细绳构成的支架，作用是牢靠地固定敷料，不因动物走动失去其作用。在小动物四肢常用改良托马斯（Thomas）氏支架绷带，其支架多用铝棒根据动物肢体长短和肢体上部粗细自制。运用在鬐甲、腰背部的支架绷带为被纱布包住的弓形金属支架，使用时可用布条或细软绳将金属架固定于患部。

支架绷带具有防止摩擦、保护创伤、保持创伤安静和通气作用，因此，可为创伤的愈合提供良好的条件。

（六）硬绷带

1. 石膏绷带　石膏绷带是在淀粉液浆制过的大网眼纱布上加上煅制石膏粉制成的。这种绷带用水浸后质地柔软，可塑制成任何形状敷于伤肢，一般十几分钟后开始硬化，干燥后成为坚固的石膏夹。根据这一特性，石膏绷带应用于整复后的骨折、脱位的外固定或矫形都可收到满意的效果。

（1）石膏绷带的制备。医用石膏是将自然界中的生石膏，即含水硫酸钙（$CaSO_4 \cdot 2H_2O$），加热烘焙，使其失去 1/2 水分而制成的煅石膏（$CaSO_4 \cdot H_2O$）。煅石膏及石膏绷带市场上均有出售。自制煅石膏绷带，是将生石膏研碎、加热（100～120℃），煅成洁白细腻的石膏粉，手拭粉时略带黏性发涩，或手握粉能从指缝漏出，为煅制成功的标志。将干燥的上过浆的纱布卷轴带，放在堆有石膏粉的搪瓷盘中，打开卷轴带的一端，从石膏堆上轻拉过，再用木板刮匀，使石膏粉进入纱布网孔，然后轻轻卷起。根据动物大小，制成长 2～4m、宽 5～10cm（四肢用）或 15cm（躯干用）的石膏绷带卷，置密封箱内贮存备用。

（2）石膏绷带的装置方法。应用石膏绷带治疗骨折时，可分为无衬垫和有衬垫两种，一般为无衬垫石膏绷带疗效较好。骨折整复后，消除皮肤上泥灰等污物，涂布滑石粉。而后于肢体上、下端各绕一圈薄纱布棉垫，其范围应超出装置石膏绷带卷的预定范围。根据操作时的速度逐个将石膏绷带卷轻轻地横放盛有 30～35℃ 的温水中，使整个绷带卷被淹没。待没有气泡逸出后，两手握住石膏绷带圈的两端将其取出，用两手掌轻轻对挤，除去多余水分。从病肢的下端开始，先做环形包扎，后做螺旋包扎向上缠绕，直至预定的部位。每缠一圈绷

带，都必须均匀地涂抹石膏泥，使绷带紧密结合。骨的突起部，应放置棉花垫加以保护。石膏绷带上下端不能超过衬垫物，并且松紧要适宜。根据伤肢重力和肌肉牵引力的不同，可缠绕6～8层（大动物）或2～4层（小动物）。在包扎最后一层时，必须将上下衬垫向外翻转，包住石膏绷带的边缘，最后在表面涂石膏泥，待数分钟后即可成型。为了加速绷带的硬化，可用电吹风机吹干。犬、猫石膏绷带应从第2、4指（趾）近端开始。

当开放性骨折或有创伤的其他四肢疾病时，为了观察和处理创伤，常应用有窗石膏绷带。"开窗"的方法，是在创口上覆盖灭菌的布巾，将大于创口的杯子或其他器皿放于布巾上，杯子固定后，绕过杯子按前法缠绕石膏绷带。在石膏未硬固之前用刀做窗，取下杯子即成窗口，窗口边缘用石膏泥涂抹平。有窗石膏绷带虽然有便于观察和处理创伤的优点，但其缺点是可引起静脉淤血和创伤肿胀。若窗孔过大，往往影响绷带的坚固性，可采用桥形石膏绷带。其制作方法是用5～6层卷轴石膏绷带缠绕于创伤的上、下部，作为窗孔的基础，待石膏硬化后于无石膏绷带部分的前后左右各放置一条弓形金属板（即"桥"），代替一段石膏绷带的支持作用，将金属板的两端入置在患部上下方绷带上，然后再缠绕3～4层卷轴石膏绷带加以固定。

为了便于固定和拆除，外科临床上也有长压布石膏绷带。其制作和使用方法是：取纱布宽度为要固定部位圆周长的1/2，长度视需要而定。将纱布均匀地布满煅石膏粉后，逐层重叠，再浸以温水，挤去多余的水分后放在患肢前面。同法做成另一半长压布，放在患肢后面。待干燥之后再用卷轴绷带将两页固定于患部。

在兽医临床上有时为了加强石膏绷带的硬度和固定作用，可在卷轴石膏绷带缠绕后的第1层、第2层（小动物）暂停缠绕，修整平滑并置入夹板材料，使之成为石膏夹板绷带。

（3）石膏绷带的拆除。石膏绷带拆除的时间，应根据不同的患病动物和病理过程而定，一般3～8周。但遇下列情况，应提前拆除或拆开另行处理：如石膏夹内有大出血或严重感染；或患病动物出现原因不明的高热；或肢体萎缩，石膏夹过大或严重损坏失去作用；或包扎过紧，肢体受压，影响血液循环；患病动物表现不安、食欲减少、末梢部肿胀，蹄（指）温变冷等。

由于石膏绷带干燥后十分坚硬，拆除时多用专门工具，包括锯、刀、剪、石膏分开器等。

拆除的方法是：先用热醋、过氧化氢或饱和食盐水在石膏夹表面画好拆除线，使之软化，然后沿拆除线用石膏刀切开、石膏锯锯开或石膏剪逐层剪开。为了减少拆除时可能发生的组织损伤，拆除线应选择在较平整和软组织较多处。外科临床上也常直接用长柄石膏剪沿石膏绷带近端外侧缘纵行剪开，而后用石膏分开器将其分开，石膏剪向前推进时，剪的两页应与肢体的长轴平行，以免损伤皮肤。

有的厂家生产的石膏绷带带有配套的金属线锯，放在专用的塑料套管中，使用石膏绷带包扎时预置于患肢与绷带之间，拆除石膏绷带时比较便捷。

2. 其他硬绷带

（1）Vet-Lite绷带。是一种热熔可塑型的塑料，浸满在网孔的纺织物上。如将其放在水中加热至71～72℃则变得很软，并可产生黏性。然后置室温冷却，几分钟后可硬化。Vet-Lite绷带多用作小动物的硬化夹板。

（2）纤维玻璃绷带。是一种树脂黏合材料。绷带浸泡于冷水中10～15s就发生化学反应，随后在室温条件下几分钟则开始热化和硬固。纤维玻璃绷带主要用于四肢的圆筒铸型，也可用作夹板，与传统的石膏绷带相比，具有质量轻、硬度强、多孔透气、防水及 X 射线可透过等特性。

·技术提示·

（1）包扎时要按包扎部位的大小、形状选择宽度适宜的绷带。过宽使用不便，包扎不平；过窄难以固定，包扎不牢固。

（2）包扎要求迅速、确实，用力均匀，松紧适宜，避免一圈松一圈紧。压力不可过大，以免发生循环障碍，但也不宜过松，以防脱落或固定不牢。在操作时绷带不得脱落污染。

（3）湿绷带包扎临床使用较少，因为湿布不仅刺激皮肤，而且容易造成感染。

（4）对四肢部的包扎必须按静脉血流方向，从四肢的下部开始向上包扎，以免静脉淤血。

（5）包扎至最后端应妥善固定以免松脱，一般用胶布粘贴比打结更为光滑、平整、舒适。如果使用末端撕开系结，则结扣不可置于隆突处或创面上。结的位置也应注意选择，避免动物啃咬而使结松脱。

（6）包扎应美观，绷带应平整无皱，以免发生不均匀压迫。交叉或折转应成一线，每圈遮盖多少要一致，并除去绷带边上活动的线头。

（7）装置复绷带时盖布的大小、形状应适合患部解剖形状和大小，防止外物进入患部。

（8）包扎石膏绷带时应先将一切物品备齐，然后开始操作，以免临时出现问题延误时间。由于水的温度直接影响着石膏硬化时间（水温降低会延缓硬化过程），应予注意。

（9）装置石膏绷带前必须整复到解剖位置，使病肢的主要力线和肢轴尽量一致，为此，在装置前最好应用 X 射线摄片检查。

（10）长骨骨折时，为了达到制动的目的，一般应固定上、下两个关节，才能达到制动的作用。

（11）骨折发生后，使用石膏绷带做外固定时，必须尽早进行。若在局部出现肿胀后包扎，则在肿胀消退后，皮肤与绷带间出现空隙，达不到固定作用。此时，可施以临时石膏绷带，待炎性肿胀消退后将其拆除，重新包扎石膏绷带。

（12）缠绕时要松紧适宜，过紧会影响血流循环，过松会失去固定作用。一般在石膏绷带两端以插入一手指为宜。

（13）未硬化的石膏绷带不要指压，以免向下凹陷压迫组织，影响血液循环或发生溃疡、坏死。

（14）石膏绷带敷缠完毕后，为了使石膏绷带表面光滑美观，可用干石膏粉少许加水调成糊，涂在表面，使之光滑整齐。石膏夹两端的边缘，应修理光滑并将石膏绷带两端的衬垫翻到外面，以免摩擦皮肤。

（15）解除绷带时，先将末端的固定结松开，再朝缠绕反方向以双手相互传递松解。解下的部分应握在手中，不要拉得很长或拖在地上。紧急时可以用剪刀剪开。

（16）对破伤风梭菌等厌气菌感染的创口，尽管做过一定的外科处理，也不宜用绷带包扎。

·知识链接·

一、绷带材料及其应用

1. 吸收层（敷料）　常用敷料有纱布、海绵纱布及棉花等。

（1）纱布。纱布要求质软、吸水性强，多选用医用脱脂纱布。根据需要剪叠成大小不同的纱布块。纱布块四边要光滑、没有脱落棉纱，并用双层纱布包好，高压蒸汽灭菌后备用。用以覆盖创口、止血、填充创腔和吸液等。

（2）海绵纱布。是一种多孔皱褶的纺织品（一般是棉制的）。质地柔软，吸水性比纱布好，其用法同纱布。

（3）棉花。选用脱脂棉花。棉花不能直接与创面接触，应先放纱布块，棉花则放在纱布上。为此，常可预制棉垫，即在两层纱布间铺一层脱脂棉，再将纱布四周毛边向棉花折转使其成方形或长方形棉垫。其大小按需要制作。棉花也是四肢骨折外固定的重要敷料。使用前应高压灭菌。

2. 固定层　多用卷轴带，也可用其他绷带固定。绷带多由纱布、棉布等制作成圆筒状，故称为卷轴绷带，用途最广。另根据绷带的临床用途及制作材料不同，还有其他绷带命名，如复绷带、夹板绷带、支架绷带、石膏绷带等。

二、小动物临床常用的绷带技术

1. 胸腹绷带（手术衣）　大动物临床常用胸腹绷带和结系绷带进行腹部创口包扎；小动物临床以自制手术衣包扎，根据需要可将手术衣结打至背侧、腹侧和外侧。

2. 头绷带（耳包扎）　主要用于外耳道切开或切除手术后的包扎，根据是否暴露耳郭，综合运用环形包扎法、螺旋形包扎法、折转包扎法和交叉包扎法对双眼后的头部区域进行包扎。

3. 足绷带　用于前后肢掌指部和趾趾部创伤的包扎。综合运用环形包扎法、螺旋形包扎法和折转包扎法对肢体远端进行包扎。

4. 悬吊绷带　常用于动物四肢损伤后的悬吊减负。

·操作训练·

利用课余时间或节假日参与门诊，进行患病动物的包扎和缝合练习。

任务五　手术组织与术后护理

任务分析

术前准备常包括施术动物的准备、手术计划的拟订及施术人员组织等一系列具体工作。手术计划的拟订是术前的必备工作，根据全身检查的结果，制订出手术实施方案。手术计划是外科医生判断力的综合体现，也是检查判断力的依据。外科手术是一项集体活动，手术顺利完成，是集体智慧和劳动的结果，决非一个人能完成的。为了手术顺利进行，要求参加手术的成员要有科学分工。术后护理是手术的重要组成部分，也是兽医人员必备的基本技能。

任务目标

1. 能根据手术目的制订完整的手术计划。

2. 合理进行手术工作的组织与分工。

3. 会进行手术记录。

4. 能进行动物手术后的护理。

·任务情境·

实训室或动物医院门诊室；门诊用手术计划单、手术记录簿；手术后的动物及相应药品等。

·任务实施·

一、手术计划的制订

在手术进行中，有计划和有秩序地工作，可以减少手术中失误，即使出现某些意外，也能设法应付，不致出现忙乱，造成贻误，这对初学者尤为重要。但遇到紧急情况，不可能有时间拟订完整的计划。在这种情况下，如果能争取由术者召集有关人员进行简短而必要的交换意见，进行手术人员分工，对于顺利进行手术也是很有帮助的。手术计划可根据每个人的习惯制订，不强求一律，但一般应包括如下内容：

（1）手术人员的分工。

（2）保定方法和麻醉方法及麻醉药物的选择（包括麻醉前给药）。

（3）手术通路及手术进程。

（4）术前应完成的事项，如术前给药、禁食、导尿、胃肠减压等。

（5）手术方法及术中的注意事项。

（6）可能发生的手术并发症、预防和急救措施，如虚脱、休克、窒息、大出血等。

（7）手术所需器材和特殊药品的准备。

（8）术后护理、治疗和饲养管理。

手术人员都要参与手术计划的制订，明确手术中各自的责任，以保证手术顺利进行。手术结束后管理器械的助手要清点器械。全体手术人员都要认真总结手术的经验教训，以提高手术水平及治愈率。

二、手术工作的组织

充分理解手术计划，既要明确分工，又要互相配合。以便于在手术期间各尽其职，有条不紊地工作。术者和助手在手术时要了解每个人的职责，切实做好准备工作。一般可如下分工：

1. 术者 又称为主刀手，是手术治疗的组织者，是手术的核心。负责术前对患病动物确诊，提出手术方案并组织有关人员讨论，确定分工及术前准备工作。术者应将手术计划详细告知畜主，取得畜主同意和支持。术者是手术的主持者，对手术应承担主要责任。术后负责撰写手术病历、制定术后治疗和护理方案。

2. 手术助手 按手术大小和种类，视具体情况可设1~3人。第1助手主要协助术者进行术前准备、手术操作和术后处理等各项工作。术者在术中因故不能完成手术时，第1助手必须负责将手术完成。第2、第3助手主要协助显露术部，参加止血、传递、更换器械与敷料以及剪线等工作。在术者的指导下做一些切开、结扎、缝合等基本技术操作。

3. 麻醉助手 要全面掌握患病动物的体质状况，对手术和不同麻醉方法的耐受性，做出较客观评估，使麻醉既可靠又安全。在手术过程中，密切监护患病动物全身状况，定时记录体温、脉搏、呼吸、血压等指数。患病动物全身情况发生突然变化，应及时报告术者，并负责采取抢救措施。术中输液、输血等工作，也由麻醉助手负责。

4. 保定助手 负责患病动物的保定。根据手术计划和术者的要求，对患病动物采取合理的体位姿势进行保定或解除保定。必要时，可要求畜主协助进行。做好手术场所的消毒工作。术后协助清理器械、敷料。

5. 器械助手 为手术准备器械，在术中及时给术者传递器械者。具体要求如下：

（1）器械助手要有高度的责任心，严格执行无菌操作，并应熟悉各种手术步骤。根据手术进行情况，随时准备好即将需用的器械，操作要迅速、敏捷。

（2）器械助手应比其他手术人员提前 30min 洗手。铺好器械台，并将手术器械分类放在台面灭菌布上。常用器械置于近身处，方便拿取。与巡回助手共同核点纱布、纱布垫与缝针数量。手术开始前，将局部麻醉药吸入注射器内，药液量备足待用。手术中止血结扎用的针线宜先穿好数针，这样术中可节省时间。手术巾、巾钳随时准备好待用。

（3）传递器械时必须将柄端递给术者。暂时不用的器械切忌留置在动物身上或手术台上，应迅速取回归还原处。

（4）切皮后，应立即将用过的手术刀与拭过皮肤的小纱布收回，另放置于冷水盆内，更换手术刀及纱布做肌层分离。切开腹膜或胸膜后，用温盐水纱布或纱布垫保护内脏。被血液沾污的器械，及时用生理盐水洗净或用灭菌纱布擦拭干净待用。

（5）注意保护缝针及缝线，勿使受污染或脱落。剪断的缝线残端不要留在器械或手术巾上，以免误入伤口内。

（6）手术台面要保持整齐、清洁。在缝合手术前，应与巡回助手仔细清点纱布、纱布垫和缝针数目，以防遗留在伤口内。手术结束后，将器械、手术巾与纱布泡在冷水内，以便清洗。

6. 巡回助手 主要任务是在手术过程对每一个手术环节进行监视和评估，同时协调各位手术台人员之间的工作。具体工作内容包括以下几方面：

（1）准备及检查手术前后各种需要的药品及医疗设备。如无影灯、配电盘、电动手术台、电动吸引器等，以免在使用时发生故障。

（2）准备洗手与泡手药液，检查酒精棉、碘酊棉等。

（3）协助麻醉助手静脉给药，测量各种临床检查数据，协助输液。

（4）负责参加手术人员的衣服穿着，主动供应器械助手一切急需物品，注意施术人员情况，夏天应特别注意擦汗。

（5）除特殊情况外，不得离开手术室。随时注意室内整洁，调节灯光。

（6）熟悉各种药械放置位置，术中一旦急需特殊药械，应迅速供应。术中负责补充各种灭菌器械与

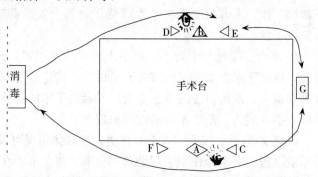

图 1-75 手术时工作人员的位置

A. 术者 B. 第 1 助手 C. 第 2 助手 D. 第 3 助手

E. 保定人员 F. 巡回助手 G. 器械助手

（甘肃省畜牧学校，2003. 家畜外科及产科学）

敷料。

7. 记录员 主要职责是记录手术过程中动物的生理指标，如呼吸频率、心率、麻醉指标；清点并记录器械的数量、纱布使用的数量和手术后回收数量；记录手术过程使用药物的种类和剂量等。记录员的工作在人员较少的情况下可由保定助手或巡回助手代替完成。

上述的分工，对不同的手术不是相同的，要根据手术的大小和繁简、患病动物的种类、疾病的程度等决定。原则是既不浪费人力，又要有利于手术的进行。如小的手术只要术者 1 人即可完成，一般的手术需 2～3 人，只有在做大手术时才需要配套齐全的手术人员。

三、手术记录

完整的手术记录可以用于总结手术经验，提高手术的技术水平，为临床、教学及科研的重要资料。因此，术者或助手在手术过程中或手术后应详细填写手术记录。

手术记录的主要内容包括：患病动物登记、病史、病症摘要及诊断，手术名称、日期，保定及麻醉的方法；手术部位、术式、手术用药的种类及数量；患病动物病灶的病理变化与手术前的诊断是否相符合；术后患病动物的症状、饲养、护理及治疗措施等（表1-4）。

表 1-4 手术记录

手术号						手术日期：		年 月 日
畜主姓名		住 址					电 话	
畜 别		性 别		年 龄			体 重	
初诊日期				术前诊断				
病史摘要								
术前检查								
手术名称			手术时间		时 分～ 时 分		术后诊断	
手术者		助 手						

保定方法：

麻醉方法及效果：

手术过程：

术后处理：

医 嘱：

兽医师：

四、术后措施

术前准备、手术治疗和术后管理是手术医疗的三个环节，缺一不可。俗话说"三分治疗、七分护理"，表明术后管理的重要性。对于这一点，不仅医护人员应有明确的认识，而且饲养人员也应有正确的理解。否则一时一事的疏忽都可造成严重的后果和不应有的损失。术后管理常包括下列内容。

（一）术后一般护理

1. 麻醉苏醒 全身麻醉的动物，手术后宜尽快苏醒，否则，可能招致某些并发症，例如，由于体位的变化，影响呼吸和循环等。在动物全身麻醉未苏醒之前，设专人看管，苏醒后辅助其站立，避免撞碰和摔伤。在动物吞咽功能未完全恢复之前，绝对禁止饮水、喂饲，以防止误咽。

2. 保温 全身麻醉后的动物体温降低，应注意保温，防止感冒。

3. 监护 术后24h内严密观察动物的体温、呼吸和心血管的变化，若发现异常，要尽快找出原因。对较大的手术也要注意评价患病动物的水和电解质变化，若有失调，及时给予纠正。

4. 术后并发症 手术后注意早期休克、出血、窒息等严重并发症，有针对性地给予处理。

5. 安静和活动 术后要保持安静。能活动的患病动物，2～3d后就可以进行户外活动，开始活动时间宜短，而后逐步增多，借以改善血液循环，促进功能恢复，并可促进代谢，增加食欲。虚弱的患病动物不得过早、过量运动，以免招致术后出血，缝线断裂，反而影响愈合。重症起立困难的动物应多加垫草，帮助翻身，每日2～4次，防止形成褥疮。对于四肢骨折、腱和韧带的手术，开始宜限制活动，以后要根据情况适度增加练习。犬和猫的关节手术，在术后一定时期内要人工强制进行被动关节活动。

（二）术后感染的预防与控制

手术创的感染决定于无菌技术的执行程度和患病动物对感染的抵抗能力。而术后的护理不当也是继发感染的重要原因，为此要保持病房干燥清洁，以减少继发感染。在蚊蝇滋生季节和多发地区，要杀蝇灭蚊。对大面积或深创需要预防破伤风感染。防止动物自伤咬啃、舔、摩擦，采用颈环、颈帘、侧杆等保定方法施行保护。

抗生素和磺胺类药物，对预防和控制术后感染、提高手术的治愈率，有良好效果。在大多数手术污染病例中，污染多发生在手术期间，所以在手术结束后，全身应用抗生素不能产生预防作用。因为感染早已开始，而真正的预防用药应在手术之前给药，使在手术时血液中含有足够量的抗生素，并可保持一段时间。使用抗生素治疗时，首先对病原菌进行了解，在没有做药物敏感试验的条件下，使用广谱抗生素是合理的。抗生素绝不可滥用，对严格执行无菌操作的手术，不一定使用抗生素，这可以减少浪费，还可避免周围环境中耐药菌株的增加。

（三）术后饲养管理

手术后的动物要求营养适量，所以不论在术前或术后都应注意食物的摄取。而在实际情况中，食物的摄取量在患病期间往往是减少的。当有损伤、感染、应激和疼痛时对营养的需求将会增加。

蛋白质是成年动物组织损伤修补、免疫球蛋白产生和酶的合成来源，蛋白质供应不足，会削弱免疫功能，愈合过程变慢，肌肉张力减少，所以说蛋白质是重要的营养物质。其来源是肉类、鱼类、蛋类、乳制品和豆类植物。

维生素和矿物质对患病动物机体的调整都是不可缺少的。而动物所需要的维生素大部分从饲料中获得的。因此，在术后应给患病动物多量的富含维生素和矿物质的饲料或在饲料中添加维生素和矿物质。

大动物的消化道手术后 1～3d 禁止饲喂草料，可以静脉输注葡萄糖和复方生理盐水等，随后可喂给一定量的半流质食物，如动物不能采食时，可用胃管投服流质食物。犬和猫的消化道手术后，一般禁食 24～48h，再给半流质食物。而在食欲逐渐恢复后喂给适口性好的易消化饲料，以后再逐步转变为日常饲喂。

对非消化道手术，术后食欲良好者，一般不限制喂饮，但一定要防止暴饮暴食，应根据病情逐步恢复到日常用量。

技术提示

（1）手术计划由术者主持进行，且要在手术前完成，时间紧迫时，可由术者召集所有手术人员口头商定，并共同理解、实施。

（2）手术人员虽有分工，但相互间必须密切配合，一切要以术者为核心，服从安排，各司其职。

（3）手术记录一般应与手术同时进行，特殊情况下（如人员少），可以手术后及时补充完成，但所有内容必须与手术过程一致。

操作训练

利用外科手术实训内容布置学生编写手术计划，亦可根据门诊病例，布置学生练习编写手术计划，并参与实施对手术动物的术后护理。

项目测试

项目测试题题型有 A 型题、B 型题和 X 型题。A 型题也称为单选题，每一道题干后面列有 A、B、C、D、E 5 个备选答案，请从中选择一个最佳答案；B 型题又称为配伍题，是提供若干组考题，每组考题共用在考题前列出的 A、B、C、D、E 5 个备选答案，从备选答案中选择一个与问题关系最密切的答案；X 型题又称为多选题，每道题干后列出 A、B、C、D、E 5 个备选答案，请按试题要求在 5 个备选答案中选出 2～5 个正确答案。

A 型题

1. 高压蒸汽灭菌法灭菌手术器械，压强达 0.1～0.137MPa 时，灭菌温度可达（　　　）。
   A. 100℃　　　　B. 102～105℃　　　　C. 121.6～126.6℃　　　　D. 150～160℃
   E. 160～180℃

2. 新洁尔灭用于消毒手、臂时，常用的消毒浓度为（　　　）。
   A. 0.01%　　　B. 0.02%　　　　C. 0.1%　　　　　　D. 0.2%
   E. 1%

3. 手臂用酒精消毒时，需浸泡（　　　）。
   A. 1min　　　　B. 3min　　　　C. 5min　　　　　D. 10min

　　E. 15min

　　4. 小脓肿切开时，执刀法多采用（　　）。

　　　　A. 指压式　　　B. 执笔式　　　　　C. 全握式　　　　　　　D. 反挑式

　　　　E. 抓持式

　　5. 手术治疗仔猪脐疝，常采用的麻醉方法是（　　）。

　　　　A. 表面麻醉　　B. 传导麻醉　　　　C. 硬膜外麻醉　　　　　D. 局部浸润麻醉

　　　　E. 蛛网膜下腔麻醉

　　6. 浸润麻醉时为减少药物吸收和延长麻醉时间可适量加入（　　）。

　　　　A. 阿托品　　　B. 氯丙嗪　　　　　C. 地塞米松　　　　　　D. 肾上腺素

　　　　E. 乙酰丙嗪

　　7. 止血带止血时其保留的时间不得超过（　　）。

　　　　A. 2～3h　　　B. 3～4h　　　　　C. 6h　　　　　　　　　D. 8h

　　　　E. 12h

　　8. 实质器官、骨松质出血时的止血方法是（　　）。

　　　　A. 压迫止血　　B. 钳夹止血　　　　C. 钳夹结扎止血　　　　D. 电凝止血

　　　　E. 明胶海绵止血

　　9. 最适宜用钝性分离方法进行分离的组织是（　　）。

　　　　A. 皮下组织　　B. 肌肉组织　　　　C. 腹膜　　　　　　　　D. 脂肪组织

　　　　E. 以上都不是

B 型题

（10～13 题共用备选答案）

　　　　A. 0.1%新洁尔灭　　　　B. 2%～4%硼酸溶液　　　C. 2%煤酚皂溶液

　　　　D. 5%碘酊和 70%酒精　　E. 0.05%洗必泰溶液

　　10. 术部的皮肤消毒，最常用的消毒药物是（　　）。

　　11. 对阴道、肛门等处黏膜的消毒，可使用（　　）。

　　12. 对眼结膜消毒多用（　　）。

　　13. 对四肢末端进行消毒多用（　　）。

（14～15 题共用备选答案）

　　　　A. 结节缝合　　　　　　B. 库兴氏缝合　　　　　　C. 伦勃特氏缝合

　　　　D. 水平褥式缝合　　　　E. 垂直褥式缝合

　　14. 一北京犬，腹泻，腹部触诊能触及腹腔内香肠状的肠管。施行手术治疗，腹中线切口皮肤缝合的方法是（　　）。

　　15. 一牧羊犬，肘头部出现局限性肿胀近 3 个月，精神、食欲和行走正常。触诊该肿胀柔软，压迫肿胀不敏感，穿刺可流出黄色液体。手术切开处理后，缝合创口最适宜的方法是（　　）。

X 型题

　　16. 对手术室进行药物喷洒消毒时，常用的药物是（　　）。

　　　　A. 5%石炭酸溶液　　　　B. 3%来苏儿溶液　　　　　C. 2%～4%硼酸溶液

　　　　D. 70%酒精溶液　　　　　E. 4%甲醛溶液

17. 下面属于麻醉前用药的是（　　　）。
　　A. 安定　　　　　　　　　　B. 吗啡　　　　　　　　　C. 乙酰丙嗪
　　D. 肾上腺素　　　　　　　　E. 阿托品

18. 下列哪种麻醉药属于分离麻醉药（　　　）。
　　A. 氯胺酮　　　　　　　　　B. 846 合剂　　　　　　　C. 水合氯醛
　　D. 丁卡因　　　　　　　　　E. 舒泰

19. 钝性分离常用手术器械包括（　　　）。
　　A. 刀尖　　　　　　　　　　B. 刀柄　　　　　　　　　C. 剪刀
　　D. 止血钳　　　　　　　　　E. 剥离器

20. 出血的种类包括（　　　）。
　　A. 动脉出血　　　　　　　　B. 静脉出血　　　　　　　C. 毛细血管出血
　　D. 内脏出血　　　　　　　　E. 实质出血

21. 正确的结有（　　　）。
　　A. 方结　　　　　　　　　　B. 三叠结　　　　　　　　C. 外科结
　　D. 假结　　　　　　　　　　E. 滑结

22. 内翻缝合法包括（　　　）。
　　A. 伦勃特氏缝合法　　　　　B. 库兴氏缝合法　　　　　C. 康奈尔氏缝合法
　　D. 荷包缝合　　　　　　　　E. 间断垂直褥式缝合

项目二
外科保健技术

项目引言

动物保健即保护动物的健康，实质是人类为了确保动物健康所从事的一切活动，包括机构、设施、法律、法规，行政管理，科学研究及与动物保健有关的日常事务。动物外科保健技术则是根据动物生理特点和生产特点，通过某种外科手术，预防或治疗某些疾病，提高或保证动物的经济价值。常用的有去势术、猫截爪术、犬悬指（趾）截除术、犬断尾术、声带切除术、眼睑矫形术、犬立耳术、犬耳矫形术及牛修蹄术等。

学习目标

1. 能独立进行猪、羊、犬及猫阉割术。
2. 能正确实施猫截爪术。
3. 能进行犬悬指（趾）截除术、断尾术。
4. 会进行犬声带切除术。
5. 会给奶牛进行修蹄。
6. 能进行犬立耳及耳矫形术。
7. 培养职业素养，能根据生产和社会实际需求，进行外科保健。

任务一　阉割技术

任务分析

摘除或破坏雄性动物的睾丸、雌性动物的卵巢，使其丧失繁殖功能的手术称为阉割术，雄性动物的阉割术又称为去势术。阉割术是常用的家畜外科保健手术之一。阉割可使性情恶劣的公畜变得温驯，易于管理和使役；淘汰不良畜种；提高肉用动物的肉品品质，加速育肥。另外，当公畜发生睾丸炎、睾丸创伤、鞘膜积水等疾病，用其他方法治疗无效时可行去势术。有时作为某些疾病的辅助治疗措施，如前列腺肿大、尿道造口、会阴疝、阴茎坏死、阴囊疝、子宫积脓、生殖道肿瘤、乳腺肿瘤和增生症、糖尿病或因难产而伴发子宫坏死等，均可以进行阉割术。

任务目标

1. 能独立进行小公猪去势，小母猪卵巢、子宫摘除。

2. 能进行公牛、公羊去势。

3. 会进行公犬、公猫去势和母犬、母猫阉割。

4. 能独立进行公鸡去势。

技能 1 猪阉割术

·技能描述·

猪阉割术在猪生产中是提高经济效益的措施之一，尤其是小公猪的去势应用十分普遍，而母猪阉割应用逐渐减少，尤其是外来品种育肥猪，性成熟较晚，在饲养过程中多不进行阉割。猪的阉割术包括大、小公猪的去势术和大、小母猪的阉割术。

·技能情境·

养猪场、动物医院或外科手术实训室，公猪和母猪。

·技能实施·

一、公猪去势术

小公猪去势，以1～2月龄或体重5～10kg为宜，现在生产上多在小公猪1～2周龄进行去势。大公猪去势不受年龄限制。去势前，对猪进行检查，如有隐睾或阴囊疝者，按隐睾和阴囊疝手术方法进行；在传染病流行期和阴囊肿胀时可暂缓手术。

（一）小公猪去势术

1. 保定 将猪左侧倒卧保定，术者右手提猪右后肢跗部，左手捏住右侧膝襞部将猪左侧卧于地面，背向术者，术者随即用左脚踩住猪颈部，右脚踩住猪的尾根（图2-1）。

2. 消毒 术部常规消毒。

3. 固定睾丸 术者左手腕部及手掌外缘将猪的右后肢压向前方紧贴腹壁，中指屈曲压在阴囊颈前部，同时用拇指及食指将睾丸固定在阴囊内，使阴囊皮肤紧张，将睾丸纵轴与阴囊缝际平行固定（图2-2）。

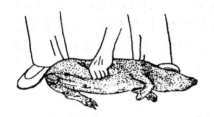
图 2-1 公猪保定法

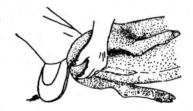
图 2-2 固定睾丸

4. 切开阴囊及总鞘膜 术者右手执刀，沿阴囊缝际的外侧1～1.5cm处（亦可沿缝际）平行切开阴囊皮肤及总鞘膜2～3cm，显露并挤出睾丸（图2-3）。

5. 摘除睾丸 术者以左手握住睾丸，食指和拇指捏住阴囊韧带与睾丸连接部，剪断或用手撕断附睾韧带，并将韧带和总鞘膜推向腹壁，充分显露精索后，刮挫睾丸上方1～2cm处的精索（亦可先捻转后刮挫）一直到精索断离并去掉睾丸。然后再在原切口内用刀尖切开阴囊中隔显露对侧睾丸（亦可在阴囊缝际的另一侧重新切口）以同样方法摘除睾丸。在阴囊创口涂碘酊消毒，切口小时可以不缝合（图2-4）。

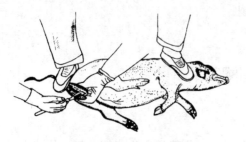

图 2-3　纵行切开阴囊

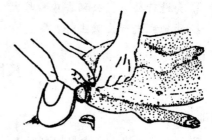

图 2-4　摘除睾丸

（二）大公猪去势术

1. 保定　将猪于地面或手术台上侧卧保定（多为右侧卧），用一木杠压住猪的颈部，四蹄用短绳捆缚。

2. 消毒　用1‰～2‰来苏儿液擦洗阴囊并拭干后涂擦2‰～5‰碘酊，再用75％酒精脱碘。

3. 切开阴囊除去睾丸　用手握住阴囊颈部或用纱布条捆住阴囊颈部固定睾丸，在阴囊底部缝际旁1～2cm处与平行缝际切开阴囊皮肤及总鞘膜，露出睾丸，剪断鞘膜韧带并分离之，露出精索，在睾丸上方2～3cm处结扎精索后，切断精索除去睾丸。以同样方法除去另一侧睾丸。在精索断端涂碘伏或碘酊，在阴囊内撒抗生素或碘仿磺胺。结节缝合阴囊皮肤切口。

（三）隐睾猪去势术

睾丸滞留于腹股沟管或腹腔内，而不降入阴囊者，称为隐睾。当睾丸滞留于腹股沟管内时，可参考外科病中腹股沟疝整复术的方法进行睾丸摘除。现以睾丸滞留于腹腔内为例介绍隐睾去势术。

1. 保定　将患猪侧卧保定，隐睾侧朝上。

2. 确定术部　在从髋结节向腹中线引的垂线上，距髋结节下方5～10cm处。

3. 术部常规处理　术部剪毛消毒。

4. 切开腹壁，探查并切除睾丸　弧形切开术部皮肤，切口长度为3～4cm，术者以食指伸入切口并戳透腹壁肌和腹膜，进入腹腔探查。探查区主要在肾后方腰区、腹股沟区、耻骨区和髂区。当摸到卵圆形游离硬固物时，可以确定为睾丸，用食指指端勾住睾丸后方的精索，移动至切口处，术者另一手持大挑花刀刀柄伸入切口内，用钩端勾住精索，在食指的协助下拉出睾丸。用丝线结扎精索，摘除睾丸。

5. 闭合腹壁　缝合腹膜，结节缝合肌肉及皮肤，在创口涂碘。

二、母猪阉割术

（一）小母猪阉割术

小母猪阉割术俗称小挑花，又称为卵巢子宫摘除术。适用于1～3月龄，体重为5～15kg的小母猪。术前禁饲8～12h，用小挑刀（图2-5）进行手术。

1. 保定　将猪右侧卧或左侧卧保定，现以右侧卧为例介绍。术者用左手握住猪左后肢的跖部，右手捏住猪左侧膝襞部，将猪右侧卧于地面，背向术者，术者右脚踩住猪颈部，左脚踩住充分向后伸展的左后肢的跖部，使猪的前躯侧卧，后躯仰卧，并使猪的下颌部、左后肢的膝部至蹄部形成一直线。

2. 术部　术者左手中指抵在猪左侧髋结节上，大拇指用力按压左侧腹壁，使拇指与中指的连线与地面垂直，此时拇指按压部即为术部（图2-6）。此部相当于从髋结节向猪左列乳头方向引一垂线，切口在距左列乳头2～3cm处的垂线上。

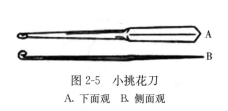

图 2-5　小挑花刀

A. 下面观　B. 侧面观

图 2-6　小母猪去势术的保定与切口部位

3. 手术方法　术者右手持小挑花刀（柳叶刀），用拇指、中指和食指控制刀刃深度，用刀尖在左手拇指按压处前方垂直切开皮肤，切口长0.5～1cm，然后用刀柄以45°角斜向前方刺入切口，借猪嚎叫时，随腹压升高而适当用力"点"破腹壁肌肉和腹膜（描口法），或术者用食指控制好刀身的长度，在左手拇指按压处前方一次性刺破腹壁（透口法）。此时，有少量腹水流出，有时子宫角也随着涌出。如子宫角不能自行冒出，左手拇指继续紧压，右手将刀柄在腹腔内作弧形摆动，并稍扩大切口，在猪嚎叫时腹压加大，子宫角和卵巢便从腹腔涌出切口之外，或以刀柄轻轻引出（图2-7）。右手捏住脱出的子宫角及卵巢，轻轻向外拉，然后用左、右手的拇指、食指轻轻地轮换往外导，两手其他三指交换压迫腹壁切口，将两侧卵巢和子宫角拉出后，用手指捻转挫断子宫体，撕断卵巢悬韧带，将两侧卵巢和子宫角一同除去（图2-8）。在切口处涂碘酊，提起后肢稍稍摆动一下，即可放开。

图 2-7　子宫角由切口冒出

图 2-8　导出并摘除两侧子宫角和卵巢

（二）大母猪阉割术

大母猪阉割术俗称大挑花，又称为单纯卵巢摘除术。适用于3月龄以上、体重15kg以上的母猪。在发情期最好不进行手术。术前禁饲6h以上，阉割刀具为大挑花刀（图2-9）。

1. 术部　以右侧卧保定为例，术部在猪左侧髋结节前下方5～10cm处，相当于肷部三角区中央，指压抵抗力小的部位为最佳处（图2-10）。

2. 保定　左侧或右侧卧保定均可，术者位于猪的背侧，用一只脚踩住颈部，助手拉住两后肢并用力牵伸上面的一条后腿。50kg以上的母猪保定时将两

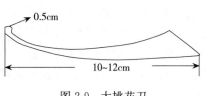

图 2-9　大挑花刀

前肢与下后肢用绳捆扎在一起，上后肢由助手向后牵引拉直并固定，用一木杠将颈部压住，防止猪骚动挣扎。

3. 手术方法 术部常规消毒，左手捏起膝前皱褶，使术部皮肤紧张，右手持刀将皮肤切开 3～5cm，呈月牙形，用左手食指垂直戳破腹肌及腹膜，若手指不易刺破时，可用刀柄与左手食指一起伸入切口，用刀柄先刺透腹壁后，再用食指将破孔扩大，并伸入腹腔，沿腹壁向背侧向前向后探摸卵巢或子宫角。当食指端触及卵巢后，用食指指端置于卵巢与子宫角的卵巢固有韧带上，将此韧带压迫在腹壁上，并将卵巢移

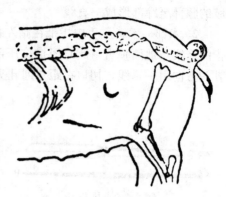

图 2-10　大挑花的切口部

动至切口处，右手用大挑刀刀柄插入切口内，与左手食指协同钩取卵巢固有韧带，将卵巢牵拉出切口外。术者左手食指再次伸入切口内，中指、无名指屈曲下压腹壁的同时，食指越过直肠下方进入对侧髋结节附近探查另一卵巢，同法取出对侧卵巢，两侧卵巢都导出切口后，用缝线分别结扎两侧卵巢悬吊韧带和输卵管后，除去卵巢。腹壁创口处用结节缝合法将皮肤、肌肉、腹膜全层一次缝合。体形大的母猪可先缝合腹膜，再将肌肉、皮肤一次结节缝合。在创口涂碘伏消毒。缝合时不要损伤肠管，腹壁缝合要严密。

当猪体较大，食指无法探查到对侧卵巢时，可由助手把手伸到猪体腹壁下面，将腹壁垫高，使对侧卵巢上移，与此同时，术者食指在腹腔内向切口处划动，卵巢和系膜随划动而移至指端，术者可趁机捕捉卵巢和系膜。当上述方法仍不能触及对侧卵巢时，可用盘肠法（诱肠法），即先将引出腹壁切口的卵巢结扎后摘除，然后沿子宫角逐步导引出子宫体和对侧子宫角与卵巢。在向外导出子宫角时，可采取边导引边还纳的操作方法，以防子宫角被污染。两侧卵巢摘除后，术者应检查切口内肠管、网膜等脏器的情况，方可缝合切口。

·技术提示·

（1）保定要确实、可靠，手脚配合好。

（2）切口部位要准确。

（3）手术要空腹进行，以便卵巢、子宫角能顺利及时涌出。小挑花时如切口自动涌出膀胱圆韧带的原因多为切口偏后，应使切口前移或用刀柄在切口前方探钩；如肠管阻塞切口，其原因是切口偏前，应使切口后移靠近子宫角的位置，或用刀柄在切口后方探钩。

（4）若上述操作不能完成小挑花时，应及时将猪倒立保定，扩大切口，找到卵巢及子宫角并摘除。最后缝合腹膜及皮肤和肌肉创口。在创口涂碘伏消毒。

·知识链接·

1. 卵巢 猪左、右卵巢分别位于骨盆腔入口顶部两旁，其位置因年龄大小不同而有差异。2～4月龄小猪的卵巢呈卵圆形或肾形，黄豆大，表面光滑，位于第1荐椎岬部两旁稍后方、腰小肌腱附近，或骨盆腔入口两侧的上部。5～6月龄的母猪，卵巢表面有高低不平的小卵泡，形似桑葚，卵巢位置也稍下垂前移，在第6腰椎前缘或髋结节前端的断面上。卵巢游离地连在卵巢系膜上。在性成熟后，卵巢系膜加长，致使卵巢位置又稍向前、向下移动，位于髋结前方约4cm的横断面附近。

2. 输卵管　是位于卵巢和子宫角之间的一条粉红色细管，前端为一膨大的漏斗，称为输卵管漏斗。漏斗的边缘为不规则的褶皱，称为输卵管伞。输卵管系膜发达，卵巢囊很大，将卵巢包在其内。

3. 子宫　包括子宫角、子宫体和子宫颈 3 部分，位于骨盆腔入口两侧，游离地连于子宫阔韧带上。由两侧子宫角汇合的粗、短部分，称为子宫体。2～4 月龄猪，子宫角类似熟的宽面条状或雏鸡小肠状。在接近性成熟期，子宫角增粗，经产母猪的子宫角如成人的拇指粗。在进行去势时，应注意与小肠、膀胱圆韧带的鉴别。

技能 2　公牛及公羊去势术

·技能描述·

公牛通常在 6 月龄左右施行去势术。对肉用牛可提前施术，以加快育肥，改善肉质。对役用牛，可于 1 岁左右施术，以保证其充分发育。对于淘汰的种公牛及以治疗为目的时，则不受年龄限制，公羊通常在 2～4 月龄为好，也可在壮龄施行去势术。

·技能情境·

动物医院或外科手术实训室（亦可在牛、羊养殖场），待去势的公牛、公羊等。

·技能实施·

一、公牛去势术

1. 保定与麻醉　以右侧卧保定较为安全，操作也较便利。站立保定也可，但要确实固定牛两后肢及尾。一般不麻醉，对性烈的公牛可用静松灵麻醉或镇静，也可用 3‰普鲁卡因溶液做精索内神经传导麻醉。常规消毒阴囊。

2. 手术方法　包括有血去势法和无血去势法。

（1）有血去势法。

①切开阴囊。切开阴囊常用的方法有纵切法和横切法。

纵切法：适用于成年公牛。其方法是术者左手紧握阴囊颈部，将睾丸挤向阴囊底，右手持手术刀在阴囊后面或前面中缝两侧，距中缝 2cm 左右处，由上而下分别做与中缝平行的切口，切开两侧阴囊皮肤及总鞘膜，切口的下端应切至阴囊最底部（图 2-11A）。

横切法：适用于幼年公牛。术者握紧阴囊颈部，将睾丸挤向阴囊底部，在阴囊底部由左侧至右侧做与中缝垂直相交的切口，一次切开阴囊的左、右二室（腔），切口即

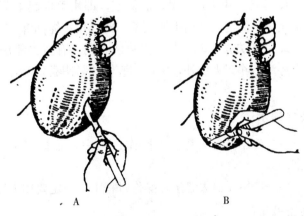

图 2-11　牛阴囊切开法

A. 牛阴囊纵切法　B. 牛阴囊横切法

在阴囊最底部（图 2-11B）。

②摘除睾丸。切开阴囊壁后，挤出睾丸，剪断鞘膜韧带后，断离精索除去睾丸。离断精索的方法，常用结扎法或挫切法。挫切法用于幼牛，效果很确实。在阴囊创口内撒入碘仿磺胺或抗生素，并对阴囊创口涂碘酊消毒。

（2）无血去势法。术者用手抓住牛阴囊颈部，将睾丸挤到阴囊底部，推挤精索到阴囊外侧，用长柄精索固定钳夹住精索内侧皮肤，以防精索在皮下滑动。将无血去势钳钳嘴张开，夹在长柄精索固定钳固定点上方 3～5cm 处，确定精索在两钳嘴之间时用力合拢钳柄，即可听到清脆的"咯吧"声，表明精索已被挫断（图 2-12）。钳柄合拢后应停留 1～3min，再松开钳嘴，松钳后再于其下方 1.5～2.0cm 处的精索上做第二次钳夹。另一侧的精索同样处理，将钳夹部皮肤用碘伏消毒。本去势法用于公牛、公羊的去势，也可用于其他大动物的去势。

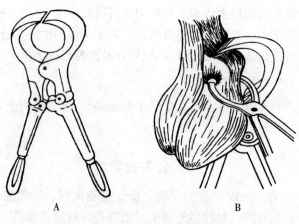

图 2-12　牛无血去势法
A. 无血去势钳　B. 钳断精索

二、公羊去势术

1. 保定　小羊可用倒提法保定，即用手提起羊两后肢，用两腿夹住小羊的头颈。对大羊则用侧卧保定法，用手抓住羊四蹄或用短绳捆绑。

2. 手术方法　基本与牛去势法相同。有血去势法，可用结扎法、挫切法及刮捋法。无血去势法，除钳夹法外，常用细胶管扎紧阴囊颈部，以此阻断血流，达到使睾丸自行脱落的目的。

·技术提示·

（1）使用有血去势法，操作过程中，血管一定要扎牢固，并且做好消毒工作，以防感染。

（2）使用无血去势法，操作过程中，一定要用力钳夹断精索。

·知识链接·

1. 阴囊　包括阴囊颈、阴囊体和阴囊底，阴囊壁由皮肤、肉膜、睾外提肌和鞘膜组成，囊内含有睾丸、附睾和精索（图 2-13）。阴囊表面正中线为阴囊缝际，将阴囊分成左右两部分。肉膜位于皮肤内面，由少量弹性纤维、平滑肌构成；肉膜沿阴囊缝际形成一隔膜，称为阴囊中隔；肉膜与阴囊皮肤紧密结合，当肉膜收缩时，阴囊皮肤起皱褶。肉膜下筋膜在阴囊底部的纤维与鞘膜密接，构成阴囊韧带。睾外提肌位于总鞘膜外，是一条宽的横纹肌，向下则逐渐变薄。

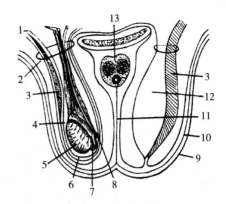

图 2-13　睾丸与阴囊的解剖结构模式
1. 腹膜　2. 腹股沟管　3. 睾丸提肌　4. 鞘膜腔
5. 睾丸　6. 附睾韧带　8. 阴囊韧带　9. 皮肤　10. 肉膜
11. 阴囊中隔　12. 鞘膜囊　13. 阴茎

　　2. 鞘膜　由总鞘膜和固有鞘膜组成。总鞘膜是由腹横筋膜与紧贴于其内的腹膜壁层延伸至阴囊内形成，呈灰白色，坚韧有弹性，在阴囊壁的内面；在内环处总鞘膜与腹膜壁层相连。在腹股沟管的后壁，总鞘膜反转包被精索，形成与肠系膜相似的褶皱，称为睾丸系膜或固有鞘膜，固有鞘膜包被在精索、睾丸和附睾上；在整个精索及附睾尾的后缘，固有鞘膜与总鞘膜折转来的腹膜褶相连，在附睾后缘鞘膜的加厚部分称为附睾尾韧带（阴囊韧带）。露睾去势时需剪开附睾尾韧带，撕开睾丸系膜，睾丸才不会缩回。

　　总鞘膜与固有鞘膜之间形成鞘膜腔，在阴囊颈部和腹股沟管内形成鞘膜管；鞘膜腔经鞘膜管的鞘环与腹腔相通，鞘膜管内有精索通过。

　　3. 睾丸　呈椭圆形或长椭圆形，附睾体紧贴在睾丸上，附睾尾部分游离并移行为输精管，经附睾韧带与睾丸相连。精索为一索状组织，呈扁平的圆锥形，由血管、神经、输精管、淋巴管和睾内提肌等组成；精索分为两部分，一部分含有弯曲的精索内动脉、精索内静脉及其蔓状丛，由不太发达的平滑肌组成的睾内提肌、精索神经丛和淋巴管；另一部分为由浆膜形成的输精管褶，褶内有输精管通过。

技能 3　犬、猫阉割术

┃**技能描述**┃

　　犬、猫的阉割术包括公犬、公猫的去势术和母犬、母猫的卵巢子宫摘除术。雌性犬、猫阉割术，在5～6月龄是手术适宜时期；在发情期、妊娠期不宜进行手术。卵巢囊肿与肿瘤、雌激素过剩症、糖尿病、乳腺增生与肿瘤等疾病，药物治疗效果不良者，可做卵巢切除术。另外，犬、猫阉割术还适于治疗卵巢子宫等疾病，如子宫蓄脓与子宫炎经药物治疗无效、子宫扭转、子宫脱垂、子宫复旧不全、子宫肿瘤、子宫破裂、伴有子宫壁坏死的难产、阴道增生、脱出等病例。

┃**技能情境**┃

　　动物医院门诊室或外科手术实训室，动物（犬、猫），常用手术器械，麻醉及消毒药品，保定用具等。

·技能实施·

一、公犬与公猫的去势术

1. 术前准备　公犬和公猫去势前应进行全身检查，注意有无体温升高、呼吸异常等全身变化，如有异常者应待动物恢复正常后再进行去势。同时还应对阴囊、睾丸、前列腺及泌尿道进行检查，若有感染者，应在去势前1周进行治疗，直至感染被控制后再进行去势。去势前剃去阴囊部的被毛，公犬尚需将阴茎包皮鞘后2/3区域内的被毛除去。

2. 麻醉与保定　全身麻醉。公犬采用仰卧保定，将犬两后肢向后外方伸展固定；公猫多采用侧卧保定，将猫两后肢向腹前方伸展固定，充分暴露肛门下方的阴囊。

3. 术部消毒与隔离　术部常规消毒与隔离。

4. 手术方法　术者用左手两手指将睾丸推挤到阴囊底部，犬去势的切口最好在阴囊前方。固定睾丸使阴囊皮肤紧张，右手持刀在阴囊中线上做皮肤切口，依次切开皮下组织。术者左手食指、中指配合拇指推一侧睾丸，使其连同鞘膜向切口内突出。纵向切开总鞘膜，切口大小以能把睾丸从切口内挤出为准。暴露一侧睾丸，分离附睾尾韧带和睾丸系膜后，结扎精索，除去睾丸，在断端涂以碘伏，确认无出血后，剪去线尾，将精索断端退缩回鞘膜管内。随后经阴囊皮肤切口，以同法除去另一侧睾丸。间断缝合皮下组织，再间断缝合皮肤，创口涂以碘伏，外装结系绷带。

二、母犬、母猫卵巢与子宫摘除术

1. 术前准备　动物术前禁饲12~24h，禁水2h以上，并做全身检查。对因子宫疾病进行手术的动物，术前应进行相应的治疗，应纠正水、电解质代谢紊乱和酸碱平衡失调等。

2. 保定和麻醉　全身麻醉，仰卧保定。

3. 切口定位　脐后腹中线切口，根据动物体形大小，切口长4~10cm。犬在脐后腹部的前1/3切开，切口靠脐孔，胸深的动物往往需要切开脐孔；猫在前1/3与中1/3交界处做切口。但对剖腹取胎或子宫蓄脓病例，切口需向后延长2~4cm，以便切除子宫体。

4. 手术方法

（1）切开腹壁。沿腹正中线切开皮肤、皮下组织及腹白线与腹膜，显露腹腔。用小创钩将肠管拉向一侧。当膀胱积尿时，可用手指压迫膀胱使其排空，必要时可进行导尿和膀胱穿刺。

（2）游离卵巢与子宫角。术者用牵引钩或手指沿左侧腹壁伸至左肾后方2~3cm处，钩取左侧子宫角，或者在骨盆前口膀胱与结肠之间找到子宫体与子宫角，沿子宫体再找到两侧子宫角并牵引至切口处，顺子宫角提起输卵管和卵巢，钝性分离或切断卵巢悬韧带，将卵巢提至腹壁切口外。在靠近卵巢血管后方的卵巢系膜切一小孔，用3把止血钳穿过小孔夹住卵巢系膜及血管（三钳钳夹法），其中一把靠近卵巢，另两把远离卵巢。在止血钳的肾侧引线、结扎（图2-14）。结扎时在松开止血钳的瞬间拉紧第一个线结并完成打结，使线结打在钳夹压痕处。然后，在线结的卵巢侧0.5~1cm处，也就是中间止血钳的近肾侧，重复上述操作，对卵巢系膜及血管做双重结扎。在近卵巢侧的止血钳与结扎线之间切断卵巢系膜和血管，近卵巢侧的止血钳不松开，观察断端有无出血（图2-15）。沿子宫角牵引出对侧卵巢，用同样的方法切断对侧卵巢系膜与血管。

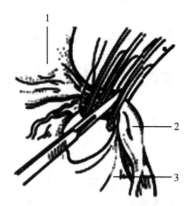

图 2-14　三钳钳夹法结扎卵巢血管
1. 肾　2. 卵巢　3. 卵巢系膜

图 2-15　在松开止血钳时结扎卵巢血管，
然后切断卵巢系膜及血管

　　(3) 分离子宫角与子宫体。将游离的卵巢从卵巢系膜上撕开，并向后分离子宫阔韧带，剪断中部的索状圆韧带，一直分离到子宫体部。如果动物发情、妊娠、肥胖，阔韧带内的血管较粗大，应对子宫阔韧带结扎后剪断。

　　(4) 切断子宫体，并摘除卵巢与子宫。牵引子宫体，充分显露子宫颈，双重结扎子宫颈后方的左右子宫动、静脉并切断（图 2-16）。然后，在子宫体上先后安置 3 把止血钳，第 1 把止血钳夹在尽量靠近子宫颈处，并在该止血钳与子宫颈之间的子宫体上做一贯穿结扎，缝针仅穿透浆膜肌层，线结打在钳痕处。在第 2 与第 3 把止血钳之间切断子宫体（图 2-17），除去子宫和卵巢。松开第 2 把止血钳，观察断端有无出血，若仍有出血，可以在钳夹处再做一针贯穿结扎，确认不出血后，剪断缝线，断端消毒。

　　(5) 清理创腔，闭合腹壁切口。按常规清理创腔，分层闭合腹壁。装结系绷带。

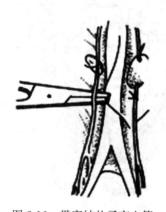

图 2-16　贯穿结扎子宫血管

图 2-17　三钳钳夹法切断子宫体

　　5. 术后护理　全身应用抗菌药物防止感染，1 周内限制剧烈运动，给予易消化的食物。术后 6～8d 拆除缝线。

┃技术提示┃

　　(1) 麻醉过程中要时刻注意心率、呼吸、脉搏等生理指标。

（2）血管结扎要牢靠。

（3）卵巢、子宫切除术不宜与剖宫取胎术同时进行。

（4）如果是年幼的犬、猫，可把子宫血管和子宫体一同做双重结扎，不需单独结扎子宫动、静脉。

（5）若有子宫蓄脓或子宫炎，应在子宫颈处做钳夹、结扎，将子宫与子宫颈一同切除，将近阴道断端做内翻缝合。

（6）对子宫无异常的母猫，也可单纯摘除卵巢，保留子宫。

·知识链接·

1. 卵巢 犬的卵巢位于第 3 或第 4 腰椎下方，同侧肾的后方，呈细长形或桑葚样。右侧卵巢位于降十二指肠背侧，左侧卵巢位于降结肠背侧和脾外侧；两侧的卵巢外侧毗邻侧腹壁，头侧毗邻肾；右侧在前，左侧在后。妊娠后卵巢可向后、向腹下部移动。

犬的卵巢完全由卵巢囊覆盖，而猫的卵巢仅部分被卵巢囊覆盖。卵巢的子宫端，通过卵巢固有韧带附着于子宫角；卵巢的附着缘与卵巢系膜相连，系膜内包括卵巢悬韧带、脉管、神经、脂肪和结缔组织。卵巢悬韧带从卵巢和输卵管系膜的腹侧向前、向背侧行走，到最后两根肋骨的中 1/3 和下 1/3 的交界处；通过悬韧带卵巢附着于最后两根肋骨内侧的筋膜上。固有韧带是悬韧带向后的延续。

2. 子宫 犬和猫的子宫很细小，经产的母犬、母猫子宫也较细。子宫体短，子宫角细长。子宫角背面与降结肠、腰肌和腹横筋膜、输尿管相邻，腹面与膀胱、网膜和小肠相邻。在非妊娠的犬、猫，子宫几乎是向前伸直的。妊娠后子宫变粗，妊娠 1 个月后，子宫位于腹腔底部，子宫角中部变弯曲，向前下方沉降，抵达肋弓的内侧。

阔韧带是把卵巢、输卵管和子宫附着于腰下外侧壁的脏层腹膜褶（图 2-18）。阔韧带悬吊除阴道后部之外的所有内生殖器官，可区分为相连续的 3 部分，即子宫系膜，来自骨盆腔外侧壁和腰下部腹腔外侧壁，至阴道前半部、子宫颈、子宫体和子宫角等器官的外侧部；卵巢系膜为阔韧带的前部，自腰下部腹腔外侧壁，至卵巢和卵巢韧带；输卵管系膜附着于卵巢系膜，并与卵巢系膜一起组成卵巢囊。

卵巢动脉起始于肾动脉至髂外动脉之间的中点，大小、位置和弯曲程度随子宫的发育情况而定。在接近卵巢系膜处分为两支或多支，分布于卵巢、卵巢囊、输卵管和子宫角；其近端与输尿管并行，结扎血管时易将输尿管结扎；至子宫角的一支，在子宫系膜内起始于阴部内动脉，在子宫阔韧带一侧与子宫体、子宫角并

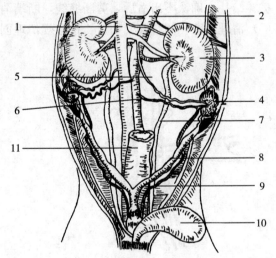

图 2-18 犬子宫卵巢的解剖示意

1. 后腔静脉 2. 腹主动脉 3. 左肾 4. 左卵巢
5. 左卵巢静脉 6. 左卵巢动脉 7. 左输尿管 8. 左子宫角
9. 左子宫动脉与静脉 10 膀胱 11. 直肠

行，分布于子宫颈、子宫体，向前延伸与卵巢动脉的子宫支吻合；子宫静脉向后回流入髂内静脉。

技能4　公鸡去势术

·技能描述·

摘除睾丸后的公鸡性功能消失，性情变温驯，共居性强，节省饲养场地，便于饲养管理。饲料报酬增高，生长速度加快，且肉质细嫩味美，营养价值增高。

·技能情境·

动物外科实训室或养鸡场，动物（公鸡），阉鸡刀、睾丸勺、捞钩、套绳等。

·技能实施·

1. 术前准备　一般鸡的最佳去势日龄为45～60日龄，一般小型品种和饲养管理良好、营养全面、鸡冠较红的公鸡可适当提前，大型品种，生长发育较差的公鸡可适当延迟去势，所去势公鸡要求健康。公鸡术前几天适当饲喂多维，尤应补充维生素K_3，这样可降低去势所造成的应激和术中出血；术前应禁食8～12h，以避免肠管过于充盈，影响手术操作和术者视线。

2. 手术部位　术部在最后肋间隙（图2-19），即倒数第1至第2肋骨间，背最长肌的外缘，相当于髋结节水平线与最后肋间隙的交点，沿最后肋骨的前缘向下做2～3cm的切口。该部位适用于2～3月龄的小公鸡。对于较大的公鸡可在最后肋骨后方0.4～0.5cm处的背最长肌外缘。

3. 保定　将鸡翅根合拢交叉，缚住两脚，使鸡左侧卧，背向术者，把鸡的身体拉直。

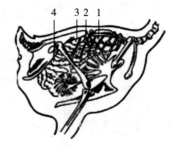

图2-19　公鸡睾丸位置及手术部位
1. 肺　2. 睾丸　3. 肾　4. 肠道

4. 术式　术部拔毛消毒，并用酒精或其他消毒液沾湿术部周围羽毛并向四周分开，充分显露术部。为使皮肤切口与肌肉创口错开，可先将术部皮肤向侧方稍移动，再切开皮肤及肌肉，装上扩创器，用探针或镊子刺破腹膜和腹中气囊。在肾前方可见到麦粒大到黄豆大的睾丸。如被肠管遮盖时，可用睾丸勺将肠管轻轻向下拨开，睾丸即可暴露。对侧睾丸位于其下，二者以一层薄膜（肠系膜）相隔。将该薄膜轻轻扯破，即可看到对侧睾丸。用套睾器或睾丸镊子夹住，使睾丸游离并取出。一般先取左侧（下方）睾丸，后取右侧（上方）睾丸。

应用套睾器时，将睾丸勺垫于睾丸下，将套睾器上的线环（马尾毛环、金属线环）从睾丸尾部下侧绕过睾丸至头部，套到睾丸系膜上，拉动套睾器上的线头，均匀用力上下滑动，直至锯断精索，睾丸落入睾丸勺内，取出睾丸。如果睾丸中等大小时有可能同时摘除，即将两侧睾丸同时套入线环内，再行摘除。

如用睾丸镊子摘除睾丸时，先用镊子夹住睾丸系膜，然后向一侧捻转数圈，捻断睾丸系膜，摘除睾丸。

撤除扩创器，对创口消毒处理，一般不缝合，如创口过大时，可缝合1～2针。

·技术提示·

（1）鸡群要健康。在去势前要先了解鸡群的健康状况，有病要先治疗，待鸡正常后才能进行手术。可以在手术前饲料中加维生素 K_3 和抗生素。特别是鸡群患呼吸道病时去势后死亡率很高。

（2）器械要消毒。手术前手术器械要先进行清洗消毒，以防伤口发生感染。

（3）鸡龄要适当。由于鸡龄越大睾丸就越大，手术的难度也就越大，所以一般土鸡以会啼叫时为适合去势的时间，现也多于 30 日龄左右时去势。

（4）去势时，切口应尽可能小，且将皮肤切口与腹肌切口错开，这样松开扩张器后皮肤能够遮盖伤口，阻止异物进入伤口。操作时动作轻巧以防出血过多，如腹腔内有凝血块时必须取出以防腹腔感染。

（5）在扯破两睾丸间的肠系膜时，一定要注意不能损伤肾及睾丸附近的血管。

（6）两侧睾丸必须完整摘除，不能有残留。

（7）睾丸镊子夹捻睾丸时，应避免夹碎睾丸体，以防睾丸碎块移植在浆膜上，使手术无效。如夹的部位过高，则易损伤主动脉及后腔静脉等大血管。

（8）手术必须小心谨慎，避免损伤肾和肺，尤其不能碰破腹主动脉，以免因出血引起死亡。

（9）公鸡去势最好能从一侧切口摘除两侧睾丸，困难时亦可从两侧分别切开摘除。

（10）术后 1～2d 如发现皮下气肿，应及时穿刺放气。

·知识链接·

（1）公鸡的生殖系统由睾丸、附睾、输精管和交配器组成，无副性腺和精索等结构。

（2）鸡睾丸的颜色可因品种或个体差异不同而不同，有淡黄色、灰色、淡黑色或黄黑相间等。

·操作训练·

利用课余时间或节假日到动物医院或养殖场，进行动物去势练习。

任务二　截爪与断尾术

任务分析

猫爪容易抓伤人及损坏家具和衣物，尤其是猫的前爪尖锐，损伤性大。犬悬指（趾）即第 1 指（趾），又称为悬爪或副爪，已部分退化，为无功能指（趾），但在狩猎时遇复杂地形容易造成自伤。将猫爪或犬的悬爪截除，可避免损伤主人和衣物。对于宠物犬，断尾的主要目的是修饰和美观。

任务目标

1. 会进行猫的截爪术。

2. 会进行犬悬指（趾）截除术。

3. 能正确进行断尾操作。

技能1 猫截爪术

·技能描述·

猫截爪术为切除猫的第3指（趾）节骨和爪壳的一种手术。术后猫可终生不长爪，以防猫抓伤人及损坏家具和衣物。猫前爪尖锐，损伤性大，故常截除前爪，而后爪一般不截除，以利于行走的稳定和敏捷。猫爪的基部损伤，用保守疗法无效时，亦施行截爪术。适用于幼年猫。

·技能情境·

动物医院或外科手术实训室、动物养殖场，猫，保定用具，截爪钳（可用骨剪替代）、卷轴绷带、手术刀、缝针及缝线等一般外科器材。

·技能实施·

（一）截爪钳截爪法

将猫全身麻醉，侧卧或仰卧保定，清洗消毒后在腕（跗）关节上方扎止血带，指（趾）端剪毛、无菌处理。

术者食指向近心端按移爪背侧皮肤，拇指向上抬推压指垫，使爪伸展，暴露第3指（趾）骨。另一手持截爪钳，套入第3指（趾）骨，从背侧两关节间将第3指（趾）骨剪除。彻底止血后将皮肤创缘结节缝合1～2针。

用同样方法截除一肢其他的第3指（趾）骨后，松开止血带。最后用绷带包扎。用同样方法截除另一肢的爪。

（二）第3指节骨切除法

术者用止血钳夹住猫爪部，并向枕部曲转，使关节背侧皮肤紧张。用手术刀在爪嵴与第2指节骨间隙向下切开皮肤、背侧韧带，暴露关节面。然后沿第3关节面向前下运刀，将关节两侧皮肤、侧韧带、曲肌腱等一次切断。切到掌面时再沿第3指节骨掌面向前切，以免损伤指垫。然后进行止血、缝合及包扎。

·技术提示·

（1）猫截爪术后24h拆除绷带，术后一周内限制户外活动，地面保持干净，以免创口感染。

（2）指（趾）部不必剪毛，但必须清洗干净、消毒。

（3）断爪时将动物全身麻醉，侧卧或仰卧保定，爪鞘的基部对疼痛反应极为敏感，仅局部麻醉会给操作带来困难。

（4）切除时，将第3指（趾）节骨背侧全部截除，以防再生，但同时又不能损伤腹侧的指垫，以免出血和术后疼痛。

·知识链接·

（一）局部解剖

猫的远端指（趾）节骨［第3指（趾）节骨］由两个主要部分组成：爪突和爪嵴。爪突是一个弯的锥形突，伸入爪甲内，爪嵴是一个隆凸形骨，构成第3指（趾）节骨的基础，其近端接第 2 指节骨的远端。指（趾）深屈腱附着于爪嵴的掌（跖）侧，指（趾）总伸肌腱附着于爪嵴的背侧（图 2-20）。

　　爪的生发层在近端爪嵴，是切断爪的部位，只有将生发层全部除去，方能防止爪再生长。若有残留生发层存在，在几周或一个月后，能长出不完全的或畸形的角质。

（二）术后护理和并发症

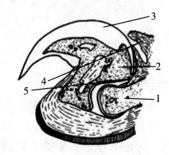

图 2-20　猫截爪术示意
1. 第 2 指（趾）骨　2. 第 3 指（趾）骨
3. 爪甲　4. 不正确断爪　5. 正确断爪

　　（1）去除绷带 12～24h，可能会有轻度的出血，如果持续出血，2～3d 后应该重新打绷带。在老年动物或不缝合伤口时出血很常见。小动物临床中，宠物美容常使用的止血粉也有明显的止血效果。

　　（2）猫的缝线通常一周内拆除。生长期的猫比老年或肥胖的猫愈合要快。并发症（如疼痛、出血、脚掌损伤、裂开、肿胀、感染、爪再生、第 2 趾骨突出掌着地）的发生率为 50%。

　　（3）止血带使用不正确会引起猫的神经麻痹、组织坏死和跛行。通常桡神经最敏感，但症状常在 6～8 周后消退。绷带包扎过紧会引起脚掌缺血性坏死，表现为水肿，应注意观察，及时纠正。

　　（4）不完全切除爪脊侧的生发细胞可使爪再生，再生的爪通常呈畸形，若仅残留小部分屈肌，爪则不会再生。

　　（5）为了避免感染，一般酌情应用抗生素，同时考虑给予镇痛药物并加强护理，术后使用猫保定马甲或伊丽莎白项圈能降低手术失败的概率。

·操作训练·

　　利用课余时间或节假日参与门诊，复习猫爪局部解剖结构并练习截爪术。

技能 2　犬悬指（趾）截除术

·技能描述·

　　悬指（趾）又称为悬爪或副爪，是犬的第 1 指（趾），其切断术多应用于宠物犬，切除后可方便剪毛和修饰。猎犬前肢的悬爪在复杂地形活动时，极易被撕裂，故要求切除。

·技能情境·

　　动物医院或外科手术实训室、养犬场，犬，保定用具，手术剪、骨截断器、手术刀、缝针及缝线等一般外科器材。

·技能实施·

（一）幼犬悬指（趾）截除术

　　幼犬悬指（趾）截除一般于出生后 3～5d 进行。手术时做好术部准备，无菌处理脚掌的内面。由助手将幼犬握于手中，无需麻醉及剃毛，但使用镇静剂或局部麻醉或同时使用两者有助于保定和镇疼。局部消毒后，用手术剪剪除第 1、2 指（趾）节骨即可，采用压迫、电凝法或用止血药止血。简单间断缝合皮肤或只用绷带包扎或使用组织黏合剂对接皮肤边缘。

（二）成犬悬指（趾）截除术

如果出生后1周内没有切除悬指，只能推迟到3月龄后，并且实施手术时要求全身麻醉。在去势期间切除悬指非常方便。

将动物侧卧保定，术部剃毛消毒，全身麻醉或镇静后配合局部麻醉。用止血钳夹住悬指（趾）爪部，向外牵拉，使其与肢离开。用手术刀在连接跖骨或掌骨的悬指（趾）基部呈椭圆形切开皮肤，伸展脚趾，分离掌指（跖趾）关节的皮下组织，暴露第1掌指（跖趾）关节。如果第1掌骨和第2掌骨连接牢固，用刀片将其分离。结扎血管后，使用手术刀片切断掌指（跖趾）关节。使用骨截断器横断掌指（跖趾）关节附近的第1指（趾）骨，这对外观的影响很小。使用可吸收缝合线，简单连续缝合或间断缝合皮下组织。结节缝合皮肤创口，局部垫上灭菌敷料，用绷带包扎保护手术部位3～5d。7～10d后拆线。

> **技术提示**

（1）犬悬指（趾）截除术的并发症包括出血、疼痛、感染和裂开。

（2）术后拆线过早会留下疤痕。

（3）绷带过紧会引起肿胀和凝固性坏死。

> **知识链接**

悬趾是犬后掌的第1趾，第1和第2趾骨是不连续的。有些犬没有悬趾，有些犬则有2个悬趾。大比利牛斯山犬和伯瑞犬都有2个后悬趾，这符合品种的标准。对于其他品种，切除疏松附着的悬趾可以防止狩猎或洗刷时对其造成损伤。通常只切除后悬趾。和断尾术一样，应在出生后3～5d切除悬趾。出生5d后进行手术通常会引起大量出血，并且必须麻醉。

建议切除悬指的犬种有阿拉斯加爱斯基摩犬、巴吉度猎犬（巴赛特猎犬）、比利时玛丽诺斯犬（比利时马里努阿犬）、比利时牧羊犬、伯恩山犬、拳师犬、威尔士矮腿犬、乞沙比亚猎犬（沙士比湾猎犬）、斑点犬（大麦町犬）、丹蒂地曼犬（丹第丁蒙犬）、凯利蓝犬（爱尔兰蓝犬）、科蒙多尔犬、湖畔犬、挪威猎鹿犬、蝴蝶犬、贝利犬（波利犬）、罗特维勒牧羊犬、苏格兰牧羊犬、西伯利亚爱斯基摩犬、丝毛犬、圣伯纳犬、维斯拉犬（美瑞拉猎犬）和魏玛拉娜犬等。

技能3 断尾术

> **技能描述**

犬的断尾术是自尾根部将尾切除的手术。尾残端所留的长度因品种不同而异，常根据流行的形式而定。最好按犬主的要求施术。外伤性损伤、感染、肿瘤形成和可能的肛周瘘都需要用治疗性的尾切除术。当切除肿瘤或外伤性的损伤时，应该切除尾2～3cm的正常组织。如果由于反复摩擦或咀嚼导致尾末端慢性出血，应在肛门附近切断尾巴。对尾褶脓皮病和肛门瘘也有必要在基部实施切除术。

·技能情境·

动物医院或外科手术实训室、动物养殖场，犬，保定用具，骨剪、手术刀、缝针及缝线等一般外科器材。

·技能实施·

（一）幼犬断尾术

3～10 日龄的幼犬可实施美容性尾切除术。此时进行手术，出血少，应激反应轻，且无需麻醉，但为了缓解疼痛和利于处理，可以使用局部麻醉药，有时可以用镇静剂。幼犬出生后 1 周不做尾切除术，就应该推迟到 8～12 周龄，并要使用全身麻醉。

由助手保定幼犬。尾部清洗消毒后，将幼犬握于手掌内保定，于尾根部扎止血带。术者一手捏住预断处，并向尾根方向移动皮肤，另一手在预截断的部位持骨剪或外科剪在尾的两侧做两个侧方皮肤皮瓣，在要横断的位置放置刀片。将剪刀牢固地接触皮肤并前推皮肤，使剪刀始终保持在这个位置，垂直该部位旋转刀片经椎间空隙横断尾椎。松手后皮肤恢复原位，将上下皮肤创缘对合，包住尾椎断端，应用吸收性缝线结节缝合皮肤。最后解除止血带并观察有无出血。断尾后立即放回给母犬，并保持犬窝清洁，可吸收缝线一般在术后被吸收，有时可被犬舔掉，不可吸收缝线于术后 6～7d 拆线。

（二）成年犬的断尾术

成年犬的断尾术常采用全身麻醉或硬膜外麻醉。

1. 部分尾切除术　用纱布包住尾的远端或套入检查手套，并用带子固定其上的覆盖物。修剪接近切断的部位，做无菌手术准备。会阴部向上或侧卧保定动物。在要切除部位的近端结扎止血带。将尾根部皮肤推向近心端。在预切的椎间横断部位末端的两侧皮肤做双 V 形切口，形成背侧和腹侧皮瓣，其长度超过预期的尾的长度。辨别并结扎前部到横断位置的中尾动、静脉和侧尾动、静脉。用手术刀片轻轻切开要横断的椎间隙末端的软组织，并且使尾远端的关节脱落。如果出血，将环绕剩余尾的远末端做环形结扎，或重新结扎尾部血管。使用结节对接缝合术缝合暴露椎骨上的皮下组织和肌肉。覆盖尾椎骨固定皮肤皮瓣。根据需要修剪腹侧皮瓣，使皮肤对接缝合时没有张力。对两侧皮肤边缘用紧密缝合。用绷带或在动物头部放置伊丽莎白项圈保护术部。

2. 完全尾切除术　将犬全身麻醉，胸卧保定。将会阴及尾部严格消毒，术部剪毛消毒。肛门做临时荷包缝合，尾根部扎止血带。确定保留长度后，在距其最近的尾椎间隙两侧切开皮肤，保留皮瓣，一个在背侧，一个在腹侧。切开皮下组织，暴露肌肉。分离尾椎骨上的肛提肌、直肠尾骨肌和尾骨肌。在横断前后结扎中央尾动、静脉和外侧尾动、静脉。暴露第 2 或第 3 尾椎关节。用骨剪或手术刀片在其椎间隙处剪断。暂时松开一下止血带，对出血部位进行结扎或压迫止血。为了防止剪断后血管（尤其是动脉）回缩，不便于钳夹结扎止血，可在剪断前预先对腹侧的尾动脉、静脉和内外侧尾动、静脉进行分离并结扎。彻底止血后，修整皮瓣，将其对合，使之紧贴尾椎断端。用单纯结节缝合法或连续缝合法缝合肛提肌和皮下组织。最后解除止血带，包扎尾根，拆除肛门缝合线。术后应用抗菌药物 4～5d，防止犬舔咬伤口，保持伤口清洁。术后 10d 拆线。

·技术提示·

（1）断尾的适宜日龄是 3～10d，这时断尾出血和应激反应很小。

（2）断尾长度参考品种的标准和咨询主人。

（3）幼犬尾切除的愈合通常没有并发症。炎症很少刺激幼犬的手术部位，但几天后母犬可能会将缝线舔断。

（4）术后应用绷带或控制装置保护手术部位。并发症有感染、开裂、结疤、瘘管复发和肛门括约肌或直肠创伤。术后部分裂开的切口可以通过第二期愈合而愈合，通常会形成无毛的疤痕。为减轻刺激和增进美观，可能需要再次实施切断术。

·知识链接·

不同品种的犬进行断尾术，可根据断尾指南进行，具体见表 2-1。

·操作训练·

利用课余时间或节假日参与门诊，复习犬局部解剖结构并练习犬悬指（趾）截断及断尾技术。

表 2-1 不同品种犬断尾指南

	品　　种	长　　度[a]
运动品种	Clumber spaniel 西班牙猎犬	留下长度的 1/4～1/3
	Cocker spaniel 美国可卡犬	留下长度的 1/3（约 3/4in＊）
	English Cocker spaniel 英国可卡犬	留下长度的 1/3
	English spring spaniel 英国史宾格猎犬	留下长度的 1/3
	Field spaniel 平毛猎鹬犬（田）	留下长度的 1/3
	German shorthaired pointer 德国短毛波音达	留下长度的 2/5
	German Wirehaired pointer 德国钢毛波音达	留下长度的 2/5
	Sussex spaniel 苏塞克斯猎鹬犬	留下长度的 1/3
	Vizsla 维兹拉猎犬	留下长度的 2/3
	Weimaraner 魏玛拉娜犬	留下长度的 2/5（约 3/2in）
	Welsh springer spaniel 威尔士激飞猎鹬犬	留下长度的 1/3～1/2
	Wirehaired pointing griffon 刚毛格林芬指示犬	留下长度的 1/3
工作品种	Bouvier des Flanders 法兰德斯牧羊犬	留下 1/2～3/4in
	Boxer 拳师犬	留下 1/2～3/4in（两椎骨）
	Doberman Pinscher 杜柏文犬	留下 3/4in（两椎骨）
	Giant schnauzer 巨型雪纳瑞犬	留下 5/4in（三椎骨）
	Old English sheepdog 英国古代牧羊犬	留下一椎骨（靠近尾根）
	Rottweiler 罗威纳犬	留下一椎骨（靠近尾根）
	Standard schnauzer 标准型雪纳瑞犬	留下 1in（两椎骨）
	Welsh corgi (Pembroke) 威尔士柯基犬	留下 1 椎骨（靠近尾根）

＊ in 为非法定计量单位，1in＝2.54cm。

（续）

品　种	长　度ᵃ
Airedale terrier 亚雷特犬（万能犬）	留下长度的 2/3～3/4ᵇ
Australian terrier 澳大利亚犬	留下长度的 2/5
Fox terrier 狐狸犬	留下长度的 2/3～3/4ᵇ
Irish terrier 爱尔兰犬	留下长度的 3/4
Kerry blue terrier 凯利蓝犬（爱尔兰蓝犬）	留下长度的 1/2～2/3
Lakeland terrier 湖畔犬	留下长度的 2/3～3/4
Miniature schnauzer 迷你雪纳瑞犬	留下长度的 3/4in
Norwich terrier 罗域治犬（挪威犬）	留下长度的 1/4～1/3ᵇ
Sealyham terrier 西里罕犬	留下长度的 1/3～1/2ᵇ
Soft-coated Wheaten terrier 软毛淡黄色犬	留下长度的 1/2～3/4ᵇ
Welsh terrier 威尔士犬	留下长度的 2/3～3/4ᵇ
Affenpinscher 阿芬平嘉犬（候面犬）	留下 1/3in（靠近尾根）
Brussels griffon 布鲁塞尔小猎犬	留下长度的 1/4～1/3（约 1/3in）
English toy spaniel 英国玩具斯班尼猎鹬犬	留下长度的 1/3（约 3/2in）
Miniature pinscher 迷你杜宾犬	留下 1/2 in（两椎骨）
Silky terrier 丝毛犬	留下长度的 1/3（约 1/2in）
Toy poodle 玩具贵妇犬	留下长度的 1/2～2/3（约 1in）
Yorkshire terrier 约克夏犬	留下长度的 1/3（约 1/2in）
Miniature poodle 迷你贵妇犬	留下长度的 1/2～2/3（约 9/8in）
Schipperke 史基伯犬（史奇派克犬）	尾根部
Standard poodle 标准贵妇犬	留下长度的 1/2～2/3（约 3/2in）
Cavalier King Charles spaniel 骑士查理王犬	留下长度的 2/3，带有白尖
Spinone 意大利斯皮诺犬	留下长度的 3/5

注：ᵃ 断尾时不足 1 周龄；ᵇ 断尾端的水平应接近犬站立时头的水平。

任务三　声带切除术

➤任务分析

　　犬吠常影响主人及邻居休息，可通过手术切除声带以减少或消除犬吠声，称为声带切除术，又称为消声术。声带切除的手术通路有两种：一种是经口腔通路，另一种是经喉室腹侧通路。前者可于短期消声，后者可长期消声。

◎任务目标

　　1. 能经口腔内喉室进行声带切除术。

　　2. 能经喉室腹侧进行声带切除术。

3. 掌握声带切除术操作中的注意事项。

·任务情境·

动物医院或外科手术实训室，养犬场，动物（犬），保定用具，手术刀、缝针及缝线等一般外科器材。

·任务实施·

一、经口腔内喉室切除声带

动物取全身麻醉。麻醉前肌内注射硫酸阿托品，剂量为每千克体重 0.1mg，10min 后肌内注射速眠新，剂量为每千克体重 0.1~0.15mL，使犬进入全身麻醉。

动物应采取胸卧位保定，用开口器打开口腔，向外拉舌。用喉镜镜片压住舌根部和会厌软骨尖端，暴露喉室内两侧声带，两侧声带呈 V 形。用一长柄鳄鱼式组织钳（钳头具有切割功能）作为声带切除的器械。将组织钳伸入喉腔，抵于一侧声带的背侧顶端。活动钳头伸向声带内侧，非活动钳头位于声带外侧。从声带背侧顶端开始钳压、切割声带。或用长柄组织钳依次从背侧向腹侧钳压声带，再用长弯剪将钳压过的声带剪除，或用高频电刀切除。应尽可能多的钳压和切除声带组织，包括声带肌。但应避免切除声带腹侧的联合部。否则，该处肉芽组织增生，引起声门狭窄。另一侧声带亦用同法切除。

采用电灼止血或用小的纱布球压迫止血。为防止血液吸入气管，在手术期间或手术结束时，必须吸出气管内的血液，安插气管插管，将头放低。密切监护动物，待动物苏醒后，拔除气管插管。

二、经喉室腹侧切除声带

动物取全身麻醉。麻醉前肌内注射硫酸阿托品，剂量为每千克体重 0.1mg，10min 后肌内注射速眠新，剂量为每千克体重 0.1~0.15mL，使犬进入全身麻醉。

动物应仰卧位保定，头颈伸直。气管内插管，颈腹底中部至喉部常规无菌准备。

在舌骨、喉及气管前方正中切开皮肤及皮下组织，分离两侧胸骨舌骨肌，暴露气管、环甲软骨韧带和甲状软骨。在环甲软骨韧带中线纵行切开，并向前延伸切至 1/2 甲状软骨。用小的有齿拉钩或在甲状软骨创缘安置预置线将创缘拉开，暴露喉室和声带（图 2-21）。左手持镊子夹住声带基部，向外牵拉。右手持弯剪或高频电刀将其切除。再用同样方法切除另一侧声带。经电灼、钳压或压迫止血后，清除气管内的血液。用金属线或丝线结节缝合甲状软骨。再用可吸收缝线结节闭合环甲软骨韧带。所有缝线不要穿过喉黏膜。最后，常规缝合胸骨舌骨肌、皮下组织和皮肤。动物苏醒后，拔除气管插管。

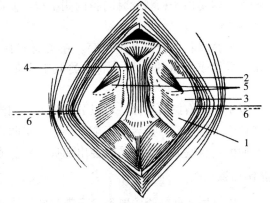

图 2-21　暴露喉腔，切除声带
1. 声带　2. 外侧室　3. 牵开甲状软骨创缘
4. 喉动脉分支区域　5. 声带切除范围　6. 牵引固定线

三、术后护理

在颈部包扎绷带。将动物单独安置在安静的地方，以免诱发动物的鸣叫，影响创口愈合。为减少声带切除后瘢痕组织的增生，术后可用强的松龙（每千克体重2mg），连用2周。然后，剂量减少至每千克体重1mg，连用2～3周。用抗生素治疗3～5d，防止感染。7～10d后拆除皮肤缝线。

·技术提示·

（1）麻醉要确实。麻醉过浅，犬在手术过程中挣扎，声带切除困难；麻醉过深，犬咳嗽反射消失，手术后喉腔中少量渗血或血凝块不易咳出。

（2）手术中注意止血。切开甲状软骨之前应充分止血，以防止血液流入喉腔。切开甲状软骨后特别注意清除气管口及喉室的血液和血凝块。声带切除后的出血一般采用钳夹或小纱布块压迫止血即可。必要时也可采用电烙铁烧烙止血。实践证明用高频电刀或电烙铁烧烙去除声带效果好，可有效防止声带切除后的出血。在止血操作时，应注意保持呼吸畅通，切勿使止血纱布块完全阻塞切口或气管口，以免使血液或血凝块吸入气管或肺内。清除喉腔血液、血块时，会出现咳嗽反射，但仍可继续手术操作。

（3）若偏离颈正中线切开甲状软骨时，一侧声带将被劈开，此时出血较多，影响对声带的辨认，应先止血后再仔细辨认声带，并向颈腹中线方向切断部分声带，再暴露喉腔。

（4）声音的消除程度与声带切除程度有关，即声带切除越彻底，消声效果越好。

（5）甲状软骨及表面筋膜缝合不严密时，偶尔在术后出现局部皮下气肿，严重时气肿可延至颈部和肩胛部。此时，应拆除1～2针皮肤缝合线，并用手挤压气肿部以排出气体。

·知识链接·

声带位于喉腔内，由声带韧带和声带肌组成。两侧声带之间称为声门裂。声带（声褶）上端始于杓状软骨的最下部（声带突），下端终于甲状软骨腹内侧面中部，并在此与对侧声带相遇。这是由于杓状软骨向腹内侧扭转，使声带内收，改变声门裂形状，由宽变狭，似菱形或V形。

犬杓状软骨背侧有一小角突，在其前方有一楔状突，室带（室褶）附着于楔状突的腹侧部，并构成喉室的前界。室带类似于声带，但比声带小。两室带间称前庭裂，比声门裂宽。

喉室黏膜有黏液腺体，可以分泌黏液以润滑声带。喉室又分室凹陷和室小囊两个部分，前者位于声带内侧，后者位于声带外侧。室凹陷深，为犬吠提供声带振动的空间。由于解剖上的原因，有些犬声带切除后会出现吠声变低或沙哑现象。

·操作训练·

使用模型或网络资源熟悉犬声带解剖结构并利用课余时间或节假日参与门诊，练习犬声带切除术。

任务四 眼睑矫形术

任务分析

眼睑内翻是指眼睑缘向眼球方向翻转，睫毛和睑毛刺激眼球表面的异常状态。眼睑缘可单边或双边内翻，而且可单侧或双侧眼发病，其中以下眼睑发病最为常见。眼睑外翻常见于某些品种犬，以下眼睑发病多见。眼睑矫形术适用于将内翻、外翻的眼睑矫正为正常位置。

任务目标

1. 识记眼睑矫形术的知识。
2. 能正确进行眼睑矫形术。

任务情境

动物医院或外科手术实训室，动物养殖场，相应的动物，保定用具，镊子、止血钳、手术刀、缝针及缝线等一般外科器材，麻醉及消毒药品等。

任务实施

一、术前准备

多取健侧侧卧保定，使患眼在上。较安静的大动物可行柱栏内站立保定，确实固定头部。

依动物的安静程度可采取局部浸润麻醉；上睑行眶上神经传导麻醉，下睑行眶上及眶下神经传导麻醉，全身浅麻配合局部浸润麻醉。小动物动进行全身麻醉。术前3d，每天用抗生素眼药水滴眼，术前再用0.02%升汞等冲洗结膜囊。眼睑及周围皮肤剪毛消毒。

二、手术方法

眼睑矫形术分为眼睑内翻矫正术和眼睑外翻矫正术。

1. 眼睑内翻矫正术 常用的一种方法是霍茨-塞尔萨斯氏手术法。术者将食指伸进眼睑内固定。距睑缘5～8mm，用镊子平行于睑缘镊起皮肤，并用一把或两把直止血钳钳住。夹持皮肤的多少视内翻的程度而定。用力钳夹30s后松开止血钳。再用镊子提起皱皮，并用手术剪沿皮肤皱褶的基部将其剪除。剪除后的皮肤切口呈月牙形。最后用1～4号缝线结节缝合创口，缝合要紧密，针距2mm为宜（图2-22）。

2. 眼睑外翻矫正术 常用的一种方法是V-Y形矫正术。距眼睑外翻缘2～5mm处切一深达皮下组织的V形皮肤切口，其V形基底部靠近睑缘，并宽于外翻部分。再从其尖端向基部分离皮下组织，将三角形皮瓣剪除，形成三

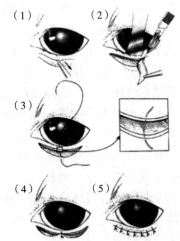

图2-22 霍茨-塞尔萨斯氏手术用于眼睑内翻的修复

[图中（1）～（5）为操作顺序]

角形创口。再将两侧创缘皮下做适当潜行分离。然后用 4 号或 7 号丝线，从 V 形尖端向基部做结节缝合，针距保持约 2mm 直到外翻的下眼睑睑缘恢复正常（即得到矫正），最后结节缝合剩余的皮肤切口，即使 V 形切口变为 Y 形（图 2-23）。

三、术后护理

一般术后前几天，眼睑肿胀，看起来像矫正过度，以后则会恢复正常。术后患眼用抗生素眼膏或眼药水，3～4 次/d，连用 5～7d。大动物宜装眼绷带，小动物应在颈部安装颈圈，防止自我损伤病眼。术后 10～14d 拆线。

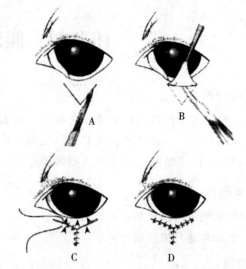

图 2-23　V-Y 形矫正眼睑外翻
A. 做一个比外翻稍宽的 V 形切口　B. 游离眼睑边缘多余的皮肤，形成 V 形创口　C、D. 在 V 形切口的边缘进行缝合，形成 Y 形

·技术提示·

（1）眼睑内翻的矫正方法有很多种，如眼睑折叠术、霍茨-塞尔萨斯氏手术、改良箭头式霍茨-塞尔萨斯氏手术等。

（2）眼睑外翻的矫正方法有很多种，如眼睑环锯术、眼睑楔形切除术、结膜切除术、V-Y 矫正术、改良式库-希手术法、外侧睑成形术等。

·知识链接·

1. 眼睑局部解剖　眼睑从外科角度分前、后两层，前层为皮肤、眼轮匝肌，后层为睑板、睑结膜。犬仅上眼睑有睫毛，猫无真正的睫毛。睑皮肤疏松，移动性大。眼轮匝肌为平滑肌，有起闭合眼裂作用，其感觉受三叉神经支配，运动受面神经支配。

上睑提肌功能为提起上睑，受动眼神经支配。米勒（氏）肌是一层平滑肌，有加强上睑提肌的作用。内眦提肌为一小的肌肉，也有提内侧上睑的作用，受面神经支配。

睑板为一层纤维板，与眶隔相连，附着于眶缘骨膜。每个睑板有 20～40 个睑板腺，其导管沿皮纹沟分布，在睑缘形成一"灰线"。其他眼睑腺包括皮脂腺、汗腺和副泪腺等。

2. 眼睑内翻与外翻　眼睑内翻可分为先天性、痉挛性和后天性 3 种。先天性眼睑内翻可能是一种遗传性缺陷，多见于下眼睑外侧。后天痉挛性眼睑内翻主要是眼睑的撕裂创和愈合不良以及结膜炎与角膜炎刺激等因素引起，多发于一侧性眼睑。后天非痉挛性眼睑内翻多由手术或外伤后导致的眼睑疤痕收缩引起。眼睑内翻可见眼睑边缘向内卷起，由于睫毛刺激结膜及角膜，导致结膜充血、潮红，角膜表层发生混浊甚至溃疡，患眼疼痛、流泪、畏光、眼睑痉挛。多种动物均可发生，但以面部皮肤皱褶较多的动物多发，临床上多见于犬，如沙皮犬、松狮犬。

多种原因均可导致眼睑外翻的发生，先天性因素可能与遗传性缺陷有关。瘢痕性（眼睑损伤或手术、睑炎等）、生理性（疲劳、老年犬眼睑皮肤松弛等）和麻痹性等因素均可引起本病的发生。因眼睑外翻，眼结膜长期暴露在外，引起结膜、角膜炎症、干燥等。

·操作训练·

利用课余时间或节假日参与门诊,复习眼睑局部解剖结构并练习眼睑矫形术。

任务五　牛修蹄术

任务分析

牛蹄既是支撑牛体重的支点,又是产生力量的起点。由于全身营养代谢障碍,肢势不正,不能定期合理的修削蹄,蹄角质发育异常或因遗传因素等,常会引起蹄变形。蹄变形又是引起其他肢蹄病的重要原因。出现严重变形的牛蹄,趾轴和肢势发生异常,运动障碍,产乳量下降,甚至不能站立和运动,体重下降,产犊间隔延长,淘汰率、劳动力成本和治疗成本增加。修蹄可有效预防跛行发生,降低奶牛肢蹄障碍发病率,减少经济损失。

任务目标

1. 会进行牛修蹄术。

2. 识记牛修蹄技术的理论知识,掌握其操作中的注意事项。

·任务情境·

动物医院或外科手术实训室,奶牛场,牛,保定用具,修蹄必备工具(镰形蹄刀、直蹄刀、蹄锉、刮修刀、木槌、修蹄用围裙、修蹄剪钳等)。

·任务实施·

一、修蹄前的准备

(一) 修蹄前的检查

在修蹄前要认真地对牛进行站立与运动检查,仔细观察牛的体形、肢势、趾轴、蹄形、步态等,并设计修蹄方案,以保证修蹄的效果。

1. 步样检查 将牛牵至平坦地面上,观察走路姿势、蹄着地情况以及肢蹄是否有异常等。

2. 站立检查 让牛在平坦地面上以自然状态站立,近距离对牛的正面、侧面及后面的体形、肢体站立方法及牛蹄进行观察,看有无异常。

3. 趾轴一致性检查

(1) 前后方观察趾轴。贯穿包括牛蹄在内的球关节以下部分的假设轴称为趾轴。趾轴、系轴(系骨和冠骨)和蹄轴(蹄骨)是有区别的。从前面或后面观察时,上下通过系部中间的假设轴是系轴,以内外蹄的背壁棱线为基准,通过趾间隙中央的假设轴称为蹄轴。系轴和蹄轴成直线时,就是趾轴一致。

(2) 侧方观察趾轴。从侧面观察时,除观察贯穿系部和牛蹄中心的趾轴以外,还可以观察各自系部的背线和蹄的背壁,以系轴、蹄轴为判断基准。此判断结果将成为蹄角度是否合适的判定指标。趾轴一致还包括从侧面观察时系轴的背线和蹄背壁的角度一致。

4. 蹄负面检查 依次将四肢抬起,观察牛蹄负面的磨损情况。从蹄尖部到蹄侧部的负面是由蹄壁下面、白线及蹄底的外围部分构成的，被负面包围的蹄底中央部稍微向内凹，正常情况下，在硬质路面上是不着地的。另一方面，蹄踵部的负面为蹄球整个下面，用于接触地面支撑体重。从蹄尖部到蹄侧部的负面宽度各不相同，荷斯坦牛平均是 1.5～2cm。但在散牧式牛舍或机械挤乳厅内饲养的牛，由于长时间在混凝土地面上行走，摩擦较大，负面需要稍微大一些。

5. 蹄的负重平衡检查　牛的体重是靠负面支撑的。

（1）内外蹄的负重平衡。为达到负重的内外平衡，牛的体重必须均匀地分配在内蹄和外蹄上。负重的内外平衡可以通过改变内、外蹄的负面高度进行调节，一般情况下，负面高的牛蹄承担的负重大。

（2）前后方向的负重平衡。牛蹄前后方向的负重平衡可根据蹄角度进行调整。主要是通过站立时的侧望趾轴来判断是否合适，如果蹄踵部的负面修得过多，牛蹄卧下时负重则向负面高的蹄尖方向转移。为减轻牛蹄尖部的负重，要使其以前踏姿势站立。相反，蹄尖部修得过多，牛蹄会竖立，此时负重集中在蹄踵部，为减轻蹄踵部的负担，要让其以稍微后踏的姿势站立。

（二）洗蹄

将蹄壁、趾间的粪便、污泥等彻底清洗干净，清洗要有足够的时间，有条件的可进行泡蹄。充分清洗蹄可以软化角质，便于发现其他病，并为在修、削蹄过程中为治疗其他病创造条件。

二、保　　定

1. 站立保定　在六柱栏铺上木板，让牛站在板上保定，缰绳系短固定牛头，牛肩部、腰荐部各横压一根粗绳，此绳要系紧，以防牛抬臀、起跳、提肢伤人。站立保定适用于小直铲刀切削过长、过宽角质及趾间多余角质，用蹄锉整形，也可用于长臂蹄铲切削蹄底角质。

2. 前肢提肢保定　用一根 5m 长的绳对折，在系部套住牛蹄，绳扣位系凹偏内，拉紧两根等长的绳，套牢系部，一根绳由外向在该肢对应的横柱上绕一圈，另一根绳向后牵引，提肢时由一人在鬐甲部向对侧推，使牛体重心偏移，迅速拉紧向后牵引的绳，牛前肢即可屈曲，拉紧横柱上的绳，使前蹄尽可能接近横柱，为确实再在横柱上再绕一圈，将第一圈压死，牵引绳用于掌握牛蹄，以便于修削蹄底。

3. 后肢提举保定　用一根 5m 长的绳，在一端系一结实小环，绳在牛后肢对应横柱上绕一圈，穿过小环拉紧并将其分为三等份（一双绳、一单绳）。双绳由后立柱外从跗关节内下向后，在跖上部绕过，再在横柱上绕一圈，提肢时一人在髋结节处向对侧推牛体、重心移向对侧，迅速拉绳，使后肢固定在后立柱上，绳拉得越短，保定越确实。拉紧后将绳压死并再绕一圈，单绳在飞节上绕过并在横柱上绕一圈，拉紧，彻底将后肢保定，便于修、削蹄底。修完后只要拉单绳，绳即可全部松脱。

三、修蹄程序

1. 蹄端削切　让牛以自然状态站立，直蹄刀大体上同蹄壁成直角，用修蹄锤（木槌）等边敲打刀背，边对照蹄冠的形状修整蹄尖壁和蹄侧壁长出的无用部分。蹄尖明显过长时，要从底壁的顶端开始一点一点砍切。蹄尖壁的翻起过大或蹄尖向上翘起时，不要用木槌等敲打修整，要使用小型锯锯掉或将牛蹄固定后用剪钳剪掉多出部分。

2. 蹄底修整　以经过蹄端削切变短的蹄壁为大体目标，用镰形蹄刀或修蹄剪钳将蹄尖部蹄底、蹄踵部的枯死部分修整掉。通过修整枯死的后蹄尖部可使蹄站立。要注意保持正常的蹄角度，使蹄底的负重均匀地分担在负面整体上，清除蹄底的局部压迫。

一般来说，后肢的外蹄、前肢的内蹄是生长速度较快的，枯死部分厚，修整量大。枯死部分常多层重叠变得很硬，先用修蹄剪钳大致修剪，然后再用镰形蹄刀分数次修整。要注意蹄侧部过分修整会造成部分变低的倾向。站姿良好的蹄、趾轴是一致的，保持角度为前肢 45°～51°、后肢 47°～52°。

3. 蹄负面修整　在被修成平面的蹄底中央，用镰形蹄刀将轴侧的部分向内修整成适当深度的"脚心"。这种修整可保持负面的正确宽度。

4. 调整蹄端　为防止蹄壁受损、裂蹄和乳房损伤，最后要用蹄锉将蹄负面的锋利边缘锉圆滑，此项工作称为调整蹄端。

·技术提示·

（1）注意两蹄的大小、形状、角度、方向、厚度和长度，尽量使其保持对称，相互对应，受力均匀。

（2）修蹄时原则上不切削蹄壁面，如果是延长蹄或蹄壁面凹弯或蹄尖壁弯曲，可适当锉修或剪除，切勿损伤蹄冠部。

（3）削蹄时一般要多削蹄尖部，爱护蹄壁和蹄踵。平蹄和丰蹄在进行削蹄时要注意防止过削。前蹄头部要锉成向上的圆弧形，以利于运步。

（4）对蹄底的枯角要先切削小部分，保留大部分，防止过削造成跛行。蹄底白线外围的负面应切削平整，内壁的趾间部下方要削成凹弧形，其弧度因蹄形而定。

（5）要注意保护蹄踵和蹄底后部，切勿过削。对疏松的枯角要适当切削。

（6）对蹄底负面边缘切削完成后，要锉成钝圆形，防止锐角损伤乳头和乳房。

（7）对严重的变形蹄，不要一次切削到位，防止切到血管和神经。要每隔 3 个月切削一次，每次切削不超过 2cm，有计划地多次切削矫正。

（8）使用镰形削蹄刀时，每次切削角质要薄而少，以防过削。内外两蹄大小不同时，应先切削大蹄，后削小蹄。使用镰形切削器具时，其削蹄顺序为蹄底枯角、蹄尖、蹄侧、蹄踵和蹄内壁。在整形和矫正蹄角度时，则先从小蹄开始。

（9）为了保证蹄的稳定性和功能性，应尽量少削内侧趾高度，以保证内外趾等高。

（10）要注意蹄底的倾斜度。蹄底应向轴侧倾斜，即轴侧较为凹陷。在趾的后半部，越靠近趾间隙，倾斜度也越大，这样做能使蹄在负重时两侧趾分开，蹄趾间不易存留污物，防止细菌感染，减少蹄病发生。

（11）对蹄部有疾患的病牛，修蹄时应先修患蹄，在患蹄治愈后再修健蹄，这样做有利于患蹄尽快康复，减少健蹄发病率。

（12）修蹄时间应安排合理。多在雨季到来之前（4—5 月份）和冬季之前（10—11 月份）进行。这段时间气温适宜，可减少感染。

（13）凡是因蹄病或修蹄造成蹄伤的奶牛，要暂时放在经过消毒的清洁干燥牛舍内饲养，防止蹄部继发感染。

（14）加强牛舍的日常卫生管理，预防蹄病的发生。牛的卧床要保持清洁、干燥，做好牛舍及运动场的环境卫生，及时清理粪便、石子等异物，彻底消毒，定期检查和修蹄是一项很重要的管理工作。

·知识链接·

1. 牛蹄生长特点 牛蹄的角质生长速度会受到年龄、营养、饲养环境、牛舍结构、健康情况及其他各种因素的影响。一般1个月长3～10cm，平均5cm。因此，长度为7～8cm的背壁角质在14～16个月更新一遍，厚度10cm的蹄底角质大概2个月被替换掉。青年牛蹄比成年牛蹄生长快、质地软，因此青年牛更需要进行正确地矫正蹄形。经产牛一般后蹄比前蹄生长快，后蹄的外蹄比内蹄生长快。在自由放牧的牛群中，牛蹄同地面的摩擦所造成的损失和生长速度基本可以达到平衡。但是，拴系饲养的牛群中，趴卧于过软牛床上的牛或营养过剩的牛，牛蹄生长速度显著高于摩擦损失，牛蹄容易生长过长或发生严重变形。牛蹄过长时多数是蹄尖长，有时会发生向上翻翘或翻转。

2. 奶牛姿势标准 母牛前肢负重占55%、后肢占45%，即使在妊娠、泌乳期间此比例也基本无变化。公牛前肢负重占58%、后肢占42%。

（1）前肢。从正面观察时，牛蹄笔直向前，从牛肩部画垂线将牛腿可分成内、外二等份。从侧面观察时，从肩胛骨的中心轴上1/3处向下画垂线至蹄球后端接触地面处，可将牛腿分成前、后二等份。

（2）后肢。牛蹄笔直向前，在后面观察时，从臀部向下画直线可将牛腿分成内、外二等份。在从侧面观察时，其垂线接触跗关节后端，直通过球关节到达地面。

3. 奶牛正常前后蹄的标准 正常奶牛前蹄前壁长为7.5～8.5cm，与蹄踵比例为2∶1.5。蹄角度为45°～51°，后蹄前壁长8～9cm，与蹄踵比例为2∶1，蹄角度为47°～52°。蹄底厚度均为5～7mm，无论哪种肢势和蹄形，进行修削蹄后，都应尽可能达到蹄与肢势相适应，趾（指）轴一致，蹄形良好，牛蹄站立踏着确实、平稳、运步均衡、轻快。

4. 角质生长 牛舍通常采用混凝土地面，这种地面在一定程度上会对角质的生长和磨损造成影响。如跛行、蹄趾间皮炎等疾病均会引起角质过度生长。蹄病中有95%～99%为后肢跛行，特别是后蹄外侧趾更容易受影响，这也是后肢外侧趾角质的生长速度快于磨损的原因，而后肢牛蹄内侧趾角质的生长和磨损相对平衡。外侧趾的额外角质生长是由于奶牛偶尔在湿滑硬地面上的行走方式造成的。前肢很少发生跛行，如果出现跛行情况，大多数内侧趾都会受到影响，这通常是由于饲喂通道和奶牛站立通道之间细微的高度差异造成的，奶牛为了方便采食向前伸展，这一动作可能导致前肢蹄趾负担过重以致发生轻微的扭曲，同时也有遗传性因素使得牛蹄从膝关节处向外突出。

长型蹄趾牛蹄的后踵要承受相当大的体重，致使蹄骨末端承担了太多的重量，这样会引起蹄真皮部位特殊位点的损伤（淤伤），最终会导致典型蹄底溃疡发生。把蹄趾修成正常长度，并且保持正确的角度，可以防止蹄底溃疡。蹄趾底部倾斜，承重板（蹄壁角质）将承担大部分体重。这为趾头和蹄趾内侧蹄球垫的稳固功能施加了一个很好的张力。蹄骨对真皮层特殊位点的压力将变大。修整蹄底表面，可以使其平整，与蹄轴垂直，这将防止特殊溃烂位点负担过重。

5. 蹄壁真皮溃烂 负担过重的外侧蹄趾上可能会发生蹄趾局部的蹄壁真皮溃烂。蹄壁真皮与蹄底连接处角质相对脆弱（牛和马的蹄壁和蹄底交界处由角质小叶向蹄底形成的颜色发淡的带状连接区域，称为蹄白线。白线看起来像油灰一样，而且不结实，是牛、马装钉蹄钉的标志）。如果蹄底倾斜，且局部区域的蹄叶是坚硬的，那么蹄壁真皮很容易断裂。蹄叶炎是导致蹄壁真皮溃烂的主要因素。

·操作训练·

利用课余时间或节假日参与门诊，进行牛修蹄术的练习。

任务六　犬立耳及耳矫形术

任务分析

对于某些品种犬，常因耳郭软骨发育异常，引起"断耳"，使耳下垂，影响美观，为使犬耳竖起，达到标准的外貌要求，需施耳整容成形术。

任务目标

1. 识记犬立耳及耳矫形术的理论知识及操作中的注意事项。
2. 会进行犬立耳及耳矫形术。

·任务情境·

动物医院或外科手术实训室，养犬场，犬，保定用具，手术剪（最好为有齿软骨剪）、肠钳、手术刀、缝针及缝线等一般外科器材。

·任务实施·

一、麻醉与保定

动物全身麻醉，有条件的最好采用吸入麻醉。麻醉后的动物进行胸卧保定。犬下颌垫上折叠的毛巾，抬高其头部。两耳剃毛、消毒。在外耳道口塞上棉球，以防术中血液流入外耳道中。

二、术　　式

1. 确定切除线　将下垂的耳向头顶拉紧伸展，用软尺在耳郭内面测量，确定切除线，并用标记笔标明（图 2-24A）。再在切除顶端剪一裂口。将两耳对齐拉直，在另一耳相应位置剪一裂口。确保两耳保留长度一致。助手固定欲切除耳郭和上部。

2. 切除耳郭　术者左手在切除线外侧向内顶托耳郭，防止剪除时因剪头的推移使皮肤松弛。右手持手术剪（最好为有齿软骨剪）由耳基向耳尖（右耳）或由耳尖向耳基（左耳）沿切除线剪除耳郭（图 2-24B）。为防止切缘出现皱褶和出血，在修剪前，可用

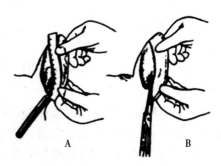

图 2-24　耳郭切除
A. 在耳内侧用尺测量，确定切除线，并用标记笔标明　B. 剪除耳郭

直的肠钳由上向下沿切口线前缘钳住耳郭，但不宜超过欲切长度的 2/3。剩余 1/3 保留其自然皱褶状态。用手术刀沿肠钳后缘由上向下切除钳夹的耳郭，其余部门则用剪剪除。在切除基部耳郭时，务必使保留的部分呈足够的喇叭形。否则，耳会因失去基础支持而不能竖立。耳郭切除后，彻底止血，并修平创缘。按同样方法修剪对侧耳郭。

3. 缝合耳郭 用 4 号丝线在距耳尖 6～12mm 处做简单连续缝合。先从内侧皮肤进针，越过软骨缘，穿过外侧皮肤，再到内侧皮肤，如此反复缝合，针距 8mm 左右。这样，抽紧缝线时，外侧松弛的皮肤可遮盖软骨缘。缝到 7～8 针（有的需到耳腹部）时，改用全层（穿过皮肤和软骨）连续缝合，有助于增加此处的缝合强度。但部分软骨因未被皮肤遮覆暴露在外，影响创口的愈合。

另一种缝合方法是从耳基部开始。先结节缝合耳屏的皮肤切口（不包括软骨），其余创缘均仅做皮肤的简单连续缝合，当缝至耳尖时，缝线不打结。这种缝合方法有助于促进创口愈合，减少感染和瘢痕形成。

4. 装置耳绷带 手术结束后，将纱布卷成锥形填塞外耳内，锥体在下，锥尖在上。为防止胶带粘连创缘，在两耳创缘各放一纱布条，将耳直立，用多条短胶带由耳基部向上呈"鸠尾"形包扎，固定纱布卷，即可将耳直立。最后，两耳基部用胶带"8"字形固定（图 2-25），进一步确保两耳直立，可按耳下垂的相反方向将耳卷曲固定。5d 换 1 次胶带。也可用硬质材料如塑料管、塑料注射器套管等支撑耳朵。包扎方法同上。

图 2-25 装置耳绷带

三、术后护理

犬在手术后应有专人看护，防止犬自伤或被其他犬咬伤。每天在伤口处涂布莫匹罗星或抗生素软膏 1～2 次，全身应用 3～5d 抗菌药物，7～10d 解除固定后，7d 拆线。如耳不能直立，可用绷带在耳基部包扎，也可用胶布将两耳粘在一起，以促使耳直立。绷带等包扎至拆线，如果包扎则不需要每天都消毒和清洁。解除绷带，若耳仍不能直立，再包扎绷带，直至耳直立为止。

·技术提示·

（1）耳修剪的最佳年龄是 8～12 周龄，小型犬为 12 周龄。年龄越大，其整形成功率就越低。

（2）断耳要充分注意决定耳形的切断线。这时选择锋利的（弯）剪刀很有必要，另外，断耳后必须使两耳等大。

（3）术后患耳必须安置支撑物、包扎耳绷带、限制耳摆动，促使耳竖立。支撑物可用纱布卷、塑料管、塑料注射器套管、泡沫塞、纸筒及金属支架等材料。

（4）对于耳不大的犬拆线后耳郭立即就能够立起来。但在体大、耳大的大丹犬，则需要经过 1～4 周，耳才能缓慢直立，拆线时立即就直立的往往是剪裁得过短所致。如果害怕不能直立而剪裁得过短，往往导致两耳向头中央倾斜。

（5）断耳术后耳会自然直立，不能牵拉和摩擦。如果术后频繁摆弄犬耳，会使犬产生神经质，往往人的手一接近，就会咬手。

（6）耳矫形技术中，耳修剪的长度和形状因动物性别、品种、体形不同而异。一般母犬耳比公犬耳细小，耳形修整时应直而狭、保留小腹部、耳屏和对耳屏多修剪，使耳弯向头侧。对于某些品种犬，如拳师犬和雪纳瑞犬的头宽，其耳比杜宾犬稍大而宽，故如按标准长度进行修剪，耳就不会竖立；短而粗的耳应视动物外貌修整；公犬体形大，母犬骨架小，应量型修剪。

知识链接

1. 耳局部解剖结构 耳郭内凹外凸，卷曲呈锥形，以软骨作为支架。它由耳郭软骨和盾软骨组成。耳郭软骨在其凹面由耳轮、对耳轮、耳屏、对耳屏、舟状窝和耳甲腔等组成。耳轮为耳郭软骨周缘；舟状窝占据耳郭凹面大部分；对耳轮位于耳郭凹面直外耳道入口的内缘；耳屏构成直外耳道的外缘，与对耳轮相对应，两者被耳屏耳轮切迹隔开；对耳屏位于耳屏的后方；耳甲腔呈漏斗状，构成直外耳道，并与耳屏、对耳屏和对耳轮缘一起组成外耳道口。盾软骨呈靴筒状，位于耳郭软骨和耳肌的内侧，协助耳郭软骨附着于头部。耳郭内外被覆皮肤，其背面皮肤较松弛，被毛致密，凹面皮肤紧贴软骨，被毛纤细、疏薄。

外耳血液由耳大动脉供给。它是颈外动脉的分支，在耳基部分内、外 3 支行走于耳背面，并绕过耳轮缘或直接穿过舟状窝供应耳郭内面的皮肤。耳基皮肤血液则由耳前动脉供给，后者是颞浅动脉的分支。静脉与动脉伴行。

耳大神经是第 2 颈神经的分支，支配耳甲基部、耳郭背面皮肤。耳后神经和耳颞神经为面神经的分支，支配耳郭内、外面皮肤。外耳的感觉则由迷走神经的分支所支配。

2. 犬耳整容成形术的标准 耳修剪的长度和形状因动物性别、品种、体形不同而异。下表列举了部分品种犬修耳的适宜年龄和耳的标准长度。

表 2-2 犬耳整容成形术的年龄及耳的标准长度

品　种	年　龄	犬耳长度/cm
大丹犬	7 周龄	8.3
拳师犬	9～10 周龄	6.3
小型雪纳瑞犬	10～12 周龄	5～7
大型雪纳瑞犬	9～10 周龄	6.3
杜宾犬	7～8 周龄	6.9
迷你型品种犬	9～12 周龄	随意
波士顿犬	任何年龄	尽可能长

操作训练

利用课余时间或节假日参与门诊，复习犬耳局部解剖结构并练习立耳术及耳矫形技术。

项目测试

项目测试题题型有 A 型题、B 型题和 X 型题。A 型题也称为单选题，每一道题干后面列有 A、B、C、D、E 5 个备选答案，请从中选择一个最佳答案；B 型题又称为配伍题，是提供若干组考题，每组考题共用在考题前列出的 A、B、C、D、E 5 个备选答案，从备选答案中选择一个与问题关系最密切的答案；X 型题又称为多选题，每道题干后列出 A、B、C、D、E 5 个备选答案，请按试题要求在 5 个备选答案中选出 2～5 个正确答案。

A 型题

1. 公猫去势时，切口应该在阴囊的（　　）。

   A. 颈部　　　　　　　　B. 底部　　　　　　　　C. 左侧

   D. 右侧　　　　　　　　E. 阴囊前方

2. 某种公猪体重 80kg，不宜留作种用，欲对其行去势术，打开总鞘膜后暴露精索，摘除睾丸的最佳方法是将精索（　　）。

   A. 用手扯断　　　　　　B. 捻转后切除　　　　　C. 结扎后切除

   D. 扯断不结扎　　　　　E. 不结扎直接切除

3. 幼年猫截爪术多采用（　　）。

   A. 第 3 指节骨切除法　　B. 针灸术　　　　　　　C. 修补术

   D. 激光理疗　　　　　　E. 截爪钳截爪法

4. 成年猫截爪术多采用（　　）。

   A. 第 3 指节骨切除法　　B. 针灸术　　　　　　　C. 修补术

   D. 激光理疗　　　　　　E. 截爪钳截爪法

5. 猫截爪术为切除猫的第（　　）指（趾）节骨和爪壳的一种手术。

   A. 第 1　　　　　　　　B. 第 2　　　　　　　　C. 第 3

   D. 第 4　　　　　　　　E. 第 5

6. 部分尾切除术在预期的椎间横断部位末端的皮肤做（　　）切口。

   A. 双 V 形　　　　　　　B. Y 形　　　　　　　　C. 三角形

   D. 梭形　　　　　　　　E. 环形

7. 完全尾切除术时肛门作临时（　　）。

   A. 结节缝合　　　　　　B. 库兴氏缝合　　　　　C. 伦勃特氏缝合

   D. 水平褥式缝合　　　　E. 荷包缝合

8. 经口腔做声带切除术时不宜使用的止血方法是（　　）。

   A. 压迫止血　　　　　　B. 烧烙止血　　　　　　C. 电凝止血

   D. 肾上腺素棉球止血　　E. 止血带止血

9. 为了达到长期消声的目的，常开展（　　）。

   A. 软腭修补术　　　　　B. 食道切开术　　　　　C. 经口腔内喉室声带切除术

   D. 经喉室腹侧声带切除术　　E. 拔牙术

10. 眼睑内翻的矫正方法有很多种，常用的方法为（　　）。

   A. 改良式库-希手术法　　B. 霍茨-塞尔萨斯氏手术　C. 眼睑环锯术

   D. 眼睑楔形切除术　　　E. V-Y 矫正术

11. 长型蹄趾牛蹄的后踵要承受相当大的体重，致使蹄骨末端承担了太多的重量，这样会引起蹄真皮部位特殊位点的损伤（淤伤），最终会导致（　　）的发生。

   A. 蹄底溃疡　　　　　　B. 蹄裂　　　　　　　　C. 蹄叶炎

   D. 蹄冠蜂窝织炎　　　　E. 白线裂

12. 导致蹄壁真皮溃烂的主要因素是（　　）。

A. 蹄底溃疡　　　　　　　B. 蹄裂　　　　　　　　C. 蹄叶炎

D. 蹄冠蜂窝织炎　　　　　E. 白线裂

13. 犬立耳及耳矫形手术结束后，在两耳创缘各放一纱布条，将耳直立，用多条短胶带由耳基部向上呈（　　）形包扎，固定纱布卷，即可将耳直立。

A. 鸠尾　　　　　　　　　B. "8"字　　　　　　　C. 环

D. 三角　　　　　　　　　E. 楔

B 型题

（14～15 题共用备选答案）

A. 卵巢　　　　　　　　　B. 子宫　　　　　　　　C. 卵巢和子宫

D. 附睾　　　　　　　　　E. 睾丸

14. 进行小母猪小挑花摘除的是（　　）。

15. 母猪大挑花摘除的是（　　）。

X 型题

16. 在犬去势术中，将一侧睾丸挤压至阴囊基部前方，之后需要切开（　　）。

A. 皮肤　　　　　　　　　B. 精索内膜　　　　　　C. 总鞘膜

D. 精索筋膜　　　　　　　E. 附睾韧带

17. 犬悬指（趾）截除术的并发症包括（　　）。

A. 出血　　　　　　　　　B. 疼痛　　　　　　　　C. 呕吐

D. 感染　　　　　　　　　E. 裂开

18. 犬断尾术的并发症有（　　）。

A. 感染　　　　　　　　　B. 开裂　　　　　　　　C. 结疤

D. 瘘管复发　　　　　　　E. 肛门括约肌或直肠创伤

19. 眼睑内翻是由于睫毛刺激结膜及角膜，导致（　　）。

A. 结膜充血、潮红　　　　B. 角膜表层发生混浊甚至溃疡　　　C. 疼痛

D. 畏光、流泪　　　　　　E. 眼睑痉挛

20. 眼睑外翻的矫正方法有（　　）。

A. 眼睑环锯术　　　　　　B. 眼睑楔形切除术　　　C. 结膜切除术

D. V-Y 矫正术　　　　　　E. 霍茨-塞尔萨斯氏手术

项目三
常见外科病的诊断与处置技术

项目引言

在兽医临床工作中，将主要通过手术治疗的疾病称为外科病。外科疾病虽为偶发或单发，不至于造成巨大的经济损失，但常常能影响动物的经济价值，甚至危及动物的生命。外科病的诊断与处置技术也是兽医人员必备的基本技能，尤其是对动物常见外科病的诊断、治疗方案的制定、实施治疗及护理等；同时应能对外科病发生的经过进行判定，分析疾病发生的原因，从而指导生产中对常见外科病的预防；树立局部与整体、机体局部疾病与全身各系统器官的正常生理功能密切相关的观点。

学习目标

1. 能对动物发生损伤进行急救与处置。
2. 能对常见外科感染进行诊断与治疗。
3. 能鉴别常见眼病，并实施治疗。
4. 能通过手术治疗动物消化器官及泌尿器官疾病。
5. 能正确诊断疝的类型，并进行整复。
6. 能进行四肢疾病的诊断与治疗。
7. 能诊断与治疗一般肿瘤。
8. 培养学生团结协作工作态度，总结疾病发生规律，提高分析问题和解决问题的能力。

任务一　损伤的急救与处置

任务分析

损伤一般都具有突然性、复杂性等特点，遇有动物损伤应当进行正确的诊断与救治，从而减轻疾病对动物的伤害，挽救动物的生命。损伤的临床处理，一般都是从急救、治疗及护理等方面着手，兽医人员应具备正确判定损伤类型与程度的能力、无菌观念及熟练的外科手术基本操作技能、正确处理局部与全身关系的能力等。

任务目标

1. 能进行动物创伤的临床检查，并实施治疗。

2. 能对动物发生的软组织非开放性损伤进行正确诊断与治疗。

3. 能对动物物理或化学性损伤进行诊断与治疗。

4. 会正确诊断并处置损伤的并发症。

技能 1　创伤的临床检查与治疗

·技能描述·

由锐性外力或强大的钝性外力作用于机体，使受伤部皮肤或黏膜的完整性被破坏，出现伤口及深在组织与外界相通的机械性损伤，称为创伤。出血与疼痛是其明显的临床症状，也是直接危及动物生命的主要症状，所以止血、缓解疼痛为治疗的首要任务，防止感染、促进创伤的愈合也是治疗创伤的重要措施。

·技能情境·

动物医院或外科病实训室（亦可在动物养殖场），发生创伤的动物，手术镊、手术剪、剪毛剪、缝针、缝线、灭菌纱布等外科器材，局部消毒药品、麻醉药及生理盐水等药品。

·技能实施·

一、创伤的临床症状

（一）新鲜创的临床症状

新鲜创是指无菌手术创和 12h 之内的污染创。

1. 出血　由于受伤部位、受伤程度、血管受到损伤的种类及大小不同，出血量的多少也有差异。毛细血管及小血管出血可自行停止，而动脉及较大的静脉出血，则多呈持续性出血。

少量出血对机体影响较小，急性大出血则可导致急性贫血，重者可继发休克或死亡。即使是少量出血，在创内形成血凝块后为微生物的生长繁殖创造了条件，也是引起创伤感染的主要原因之一。因此无论创伤发生后出血量有多少，在治疗时均应采取积极的止血措施。

2. 疼痛　动物机体受伤的同时也损伤了感觉神经纤维，神经损害越重，疼痛越明显，特别是神经纤维分布较丰富的蹄冠、外生殖器、肛门、腹膜、骨及角膜等部位发生创伤后，可出现比较剧烈的疼痛反应。

3. 创口裂开　因受伤的组织发生断离和收缩，使创口裂开。活动性大的部位、深而长的创口裂开显著；长而深的创伤比短而浅的创口裂开大；肌肉和肌腱的横创比纵创裂开宽。

4. 功能障碍　由于疼痛和受伤部的解剖组织学结构被破坏，常出现局部功能障碍。根据受伤部位及疼痛程度不同，功能障碍表现的程度也有所不同。四肢部创伤可引起跛行，重剧的胸壁部创伤可引起呼吸困难。

5. 各种新鲜创的特点　由于导致新鲜创的物体种类及性质不同，其临床症状也有一定差异。

（1）擦伤。是由于机体皮肤与致伤物体或地面之间强力、过度摩擦所形成的皮肤损伤。其特征为患部皮肤被擦破，被毛及表皮脱落，创面有淡黄色液体及少量血液。创面呈鲜红色，有明显的疼痛反应。

（2）刺创。是由尖锐的物体刺入动物体内所引起的创伤。常见的致伤物体有钉子、铁丝、叉子、尖树枝、竹签等尖锐物。其特征是伤口较小，而创道较深，出血较少，常因创口被血污封闭，创道内留有血凝块及异物，使创伤易被感染化脓，甚至形成化脓性窦道或引起厌氧性感染。因此，应彻底地处理创伤，并及时注射破伤风类毒素或破伤风抗毒素。

（3）切割创。是由各种锐利物体，如各种刀具、铁片、玻璃片等引起的创伤。其特征是创缘、创壁较平整，组织损伤较轻，但出血较多，常造成神经、肌肉、血管及腱的断裂。若污染较轻，经及时处置后愈合较快。

（4）砍创。是由斧、锹等砍劈动物所引起的创伤。其特征是组织损伤较重，伤口大，出血量较多，疼痛剧烈，常伴有骨膜组织的损伤。

（5）挫伤。是由钝性外力作用于动物体，如打击、冲撞、压挤、踢蹴、跌倒在硬地上，所引起的创伤。其特征是受伤面积较大，多伤及深部组织，疼痛剧烈。创缘不平整，组织肿胀并外翻。创伤内有较多的挫灭组织及血凝块。出血较少，但污染严重，易引起感染化脓。

（6）撕裂创。是由铁丝、钉子、铁钩及树枝等尖锐物体将皮肤、组织撕裂而引起的创伤。其特征是创缘不规则，创壁、创底凹凸不平，伤口裂开明显，出血多，疼痛剧烈。

（7）压创。是由车轮碾压或重物挤压所引起组织损伤。其特征是创缘不整齐，创伤内挫灭组织较多，往往伴发粉碎性骨折，一般出血较少，虽然疼痛不十分剧烈，但污染严重，易引起化脓。

（8）咬伤。是由动物撕咬造成的创伤。其特征是被咬处呈管状创或呈组织缺损，创伤内有挫灭组织，出血较少，但容易感染，可继发蜂窝织炎。

（9）复合创。是由两种以上的创伤同时并发造成的。

（二）感染创的临床症状

1. 化脓期（化脓创）　由于创伤发生感染而使组织发生充血、渗出、肿胀、剧痛和局部温度增高等急性炎症症状。随着病程的发展，受损伤的组织细胞发生坏死，分解液化，形成脓汁。引起化脓感染的细菌主要有葡萄球菌、链球菌、化脓棒状杆菌、铜绿假单胞菌、大肠杆菌。葡萄球菌感染时，脓汁浓稠，呈淡黄色或黄白色，无臭味；链球菌感染时，脓汁稀薄，呈微黄绿色或淡红色；化脓棒状杆菌感染时，脓汁黏、厚，呈灰白色；铜绿假单胞菌感染时，脓汁浓稠，呈黄绿色或灰绿色，带生姜味。兽医临床上的化脓创多为混合感染。

在化脓期由于机体从化脓病灶吸收有害的分解产物及毒素，常出现体温升高、呼吸加快、脉搏增数等一系列全身症状。严重的病例可继发败血症。

2. 肉芽期（肉芽创）　随着机体抵抗力增强，创伤向好的方向转化，在化脓后期急性炎症消退，化脓症状逐渐减轻，毛细血管内皮细胞及成纤维细胞不断增殖，形成了肉芽组织以填充创腔。健康的肉芽组织质地坚实，呈粉红色，为粟粒大的颗粒状。病理性肉芽组织质地脆弱，呈苍白或暗红色，颗粒不均，易出血，表面有大量脓汁。

在肉芽组织生长的同时，创缘上皮由周围向中央生长。当肉芽组织填充创腔时，上皮组织覆盖创面而愈合。当上皮组织生长缓慢而不能完全覆盖创面或创口较大时，则由结缔组织形成瘢痕而愈合。

二、创伤的检查方法

（一）一般检查

通过问诊，了解创伤发生的时间、致伤物的性状、发病情况及患病动物表现等。再详细检查体温、脉搏、呼吸、可视黏膜颜色、精神状态等。注意检查受伤部位和救治情况，以及对全身其他部位及机体的影响。

（二）创伤的外部检查

观察创伤部位、大小、形状、方向、性质、伤口裂开程度，创围被毛有无脱落，炎症程度，出血量多少，创缘是否整齐，创伤有无感染等。再观察创壁是否整齐、平滑，有无肿胀及血液浸润，有无异物。然后对创围进行柔和而细致的触诊，以确定局部温度、疼痛情况、组织硬度、皮肤弹性及移动性等。

（三）创伤内部检查

检查前先将创围剪毛、消毒，检查过程中应遵循无菌规则。检查创壁是否平整、肿胀情况，创内有无异物、血凝块及挫灭的组织，创底的深度及方向，必要时可用探针或戴乳胶手套的手指进行探查。注意观察创腔内分泌物的颜色、气味、黏稠度、数量及排出情况。必要时可进行分泌物的酸碱度测定、脓汁涂片显微镜检查。

对肉芽期应检查肉芽组织的数量、颜色及生长情况，区别是健康的肉芽组织还是赘生的肉芽组织，以便采取不同的治疗方法。也可做创面按压标本的细胞学检查，以了解机体的防卫功能状态。

1. 脓汁检查 用玻璃吸管吸取创伤深部的脓汁一滴，如果脓汁较黏稠，可加少许生理盐水稀释后，做 3～4 张脓汁抹片，待干燥后，分别用革兰氏染色法及姬姆萨氏染色法染色，镜检观察脓细胞及细菌的形态特征，必要时进行细菌分离培养及药物敏感性试验。

创伤炎症重剧时，经镜检可看到大量处于崩解状态的中性粒细胞及其他细胞，个别中性粒细胞内含有未溶解的微生物。嗜酸性粒细胞及淋巴细胞较少。

肉芽生长良好时，可见到大量形态完整的中性粒细胞，细胞内含有较多已被溶解的微生物。有较多的大淋巴细胞、单核细胞及巨噬细胞。

2. 创面按压标本检查 镜检创面按压标本，观察创面表层细胞形态学的变化及创面再生状态，以判断创伤治疗措施的合理程度。

采用生理盐水棉球清除创面上的脓汁，取 3～4 张已脱脂、灭菌的载玻片，将玻片的平面依次直接触压创面，待按压片自然干燥后，放入甲醇中固定 15min。分别用革兰氏染色法及姬姆萨氏染色法染色、镜检。

创伤处于急性炎症期时，可观察到大量处于分解阶段的中性粒细胞。当创伤愈合良好时，可见细菌全部被中性粒细胞吞噬并溶解。

当机体处在高度衰竭状态时，可观察到大量细菌，看不到中性粒细胞的吞噬及溶解现象，中性粒细胞完全崩解，看不到大吞噬细胞。

三、创伤的治疗

（一）新鲜创的急救

新鲜创应及时止血。将创围剪毛、消毒后，清洁创面，撒布磺胺类药物粉或青霉素粉，缝合创口，用绷带包扎创伤部。对重剧创伤或污染严重的创伤，认为不能进行第一期愈合的创伤，可进行部分缝合，在创伤的下部留出 1～2 针不缝合，便于渗出物流出，并及时注射破伤风抗毒素。

（二）创伤治疗的程序

1. 清洁创围　用数层灭菌纱布覆盖创面，由外围向创缘方向剪除被毛。若被毛沾有血污时，可用3％过氧化氢溶液或其他消毒剂浸湿、洗净后再剪毛。距离创缘较远的皮肤，可用肥皂水和消毒液洗刷干净，但要防止洗刷液流入创内。最后用5％碘酊消毒创围，用75％酒精脱碘。

2. 清洁创腔

（1）新鲜创。揭去覆盖创口的纱布，用消毒过的镊子清除创伤内的血凝块、被毛等异物。用生理盐水彻底冲洗创腔，用灭菌纱布吸净创腔内药液。对污染严重的可应用0.1％～0.2％高锰酸钾溶液、0.1％～0.5％新洁尔灭溶液、3％过氧化氢溶液或0.1％雷佛奴尔溶液等消毒液冲洗创腔。按无菌操作的要求修整创缘、扩大创口、切除创内的挫灭组织，除去异物、血凝块后，再用消毒液冲洗创腔，用灭菌纱布吸净创腔内残留药液，最后用生理盐水冲洗并用灭菌纱布吸干。

（2）化脓创。化脓初期脓液呈酸性反应，应用碱性药液冲洗创腔。揭去覆盖创口的纱布，应用生理盐水、2％碳酸氢钠溶液、0.1％～0.5％新洁尔灭溶液等冲洗。若为厌氧菌、铜绿假单胞菌、大肠杆菌感染，可用0.1％～0.2％高锰酸钾溶液、2％～4％硼酸溶液或2％乳酸溶液等药物冲洗创腔。

（3）肉芽创。肉芽组织生长良好时，不可用强刺激性药物冲洗，可选用生理盐水、0.1％～0.2％高锰酸钾溶液洗去或拭去脓汁。冲洗的次数不宜过多，压力不宜过大。

3. 清创手术　用器械除去创内异物、血凝块，切除挫灭组织，清除创囊及凹壁，适当扩创以利排液。化脓创的创囊过深时，可在低位做反对孔，以利排脓。力求使新鲜创变为近似手术创，争取创伤的第一期愈合。

修整创缘时，用手术剪除去破碎的创缘皮肤和皮下组织，造成平整的创缘以便于缝合；扩创时要沿创口的上角或下角切开组织，扩大创口，消灭创囊，充分暴露创底，除去异物和血凝块，以保证排液通畅或便于引流。对于创腔深、创底大和创道弯曲不便于从创口排液的创伤，可选择在创底最低处且靠近体表的健康部位（尽量在肌肉结缔组织处）做适当长度的辅助切口，必要时可做多个，以利排液。

4. 创伤用药　新鲜创经处理后，应用抗生素、碘仿磺胺粉等抗感染的药物；化脓创可应用高渗溶液清洗创腔，常用药物有8％～10％氯化钠溶液、10％～20％硫酸镁或硫酸钠溶液，以促进创伤的净化；肉芽创可应用10％磺胺鱼肝油、青霉素鱼肝油、磺胺软膏、青霉素软膏、金霉素软膏等药物以促进肉芽的生长。对赘生的肉芽组织可用硝酸银、硫酸铜等将其腐蚀掉，对赘生肉芽较大时，可在创面撒布高锰酸钾粉，用厚棉纱研磨，使其重新生长出健康的肉芽组织。

创伤用药法有以下几种：

（1）撒布法。将粉剂均匀的撒布于创面或用喷粉器吹撒于创面，如撒布冰片散等。

（2）贴敷法。将膏剂或粉剂放置于数层灭菌纱布块上，再贴敷于创面，并用绷带固定，如贴敷碘仿磺胺粉（1∶9）、碘仿硼酸粉（1∶9）等。

（3）涂布法。将药液涂布于创面，如在创面涂布碘酊甘油、龙胆紫等。

（4）湿敷法。将浸有药液的数层纱布块贴于创面，并经常向纱布上浇洒药液。

（5）灌注法。将挥发性或油性药剂灌注于创道或创腔中，如向创道内灌注碘仿醚合剂等。

5. 引流疗法　主要用于创腔深、创道长而弯曲、创腔内潴留脓汁而不能排出的创伤。可经引流物将药物导入创腔内，同时使创腔内炎性物质及脓汁沿着引流物排到体外。

引流法常用纱布条引流，也可用胶管和塑料管做被动引流。引流纱布是将适当长、宽的纱布条浸以药液（如青霉素溶液、中性盐类高渗溶液等）。具体方法是用长镊子将引流纱布条的两端分别夹住，先将一端疏松地导入创底，再将另一端游离于创口下角。

6. 缝合与包扎　对于创伤的缝合可根据其具体情况分为初期缝合、延期缝合和肉芽缝合等。初期缝合是对清洁创或经过彻底外科处理的新鲜污染创的缝合，适用于创伤无严重污染、创缘及创壁完整等情况。延期缝合是对药物治疗后消除了感染的创伤进行的缝合，适用于感染创或创伤部肿胀显著等。肉芽创缝合是对生长良好的肉芽创进行的缝合，可加快愈合，减少或避免瘢痕。

创伤包扎一般用三层，即从内向外由吸收层（灭菌纱布块）、接收层（灭菌脱脂棉块）和固定层（卷轴绷带、三角巾或复绷带等）组成。对创伤做外科处理后，根据创伤的解剖部位和创伤大小，选择适当大小的吸收层和接收层放于创伤部，再根据解剖部位选择适当的固定层材料。四肢部多用卷轴绷带和三角巾包扎，躯干部多用三角巾、复绷带或胶绷带固定。

7. 全身疗法　对局部化脓症状剧烈的患病动物，除局部治疗外，为减少炎性渗出及防止酸中毒，大动物可静脉注射10%氯化钙注射液150～200mL，5%碳酸氢钠注射液300～500mL。连续应用抗生素或磺胺类药物3～5d，并需根据病情采取对症治疗。

·技术提示·

（1）清洁创围时，要防止动物被毛或其他污物落入伤口内。

（2）用5%碘酊消毒创围和用75%酒精脱碘过程中，药液不能流入伤口内。

（3）在创缘修整和扩大创口时，应切除创内所有失活组织，形成新创壁。失活组织一般呈暗紫色，刺激不收缩，切割时不出血，无明显疼痛反应。对暴露于创腔内的神经和健康的血管应注意保护，注意止血。

（4）应用引流疗法时，当创伤炎性肿胀和炎性渗出物增加、体温升高、脉搏增数时是引流受阻的标志，应及时取出引流物，做创内检查，并更换引流物。引流物也是创内的一种异物，长时间使用能刺激组织细胞，妨碍创伤的愈合。因此，当炎性渗出物很少时，应停止使用引流物。对于炎性渗出物排出通畅的创伤、已形成肉芽组织坚强防卫面的创伤、创内存有大血管和神经干的创伤以及关节和腱鞘创伤等，均不应使用引流疗法。

（5）创伤的包扎应根据创伤具体情况而定。一般经外科处理后的新鲜创都要包扎。当创内有大量脓汁、厌氧性及腐败性感染以及炎性净化后而出现良好肉芽组织的创伤，一般可不包扎，采取开放疗法。

·知识链接·

损伤是指动物机体受到各种外界因素作用，机体组织或器官形态破坏及功能紊乱，并伴有不同程度的局部和全身反应。皮肤或黏膜的完整性受到破坏的称为开放性损伤，反之则称为非开放性损伤。锐性外力或强大的钝性外力作用于机体后，常引起开放性损伤；而较轻微的钝性外力作用于机体常引起非开放性损伤。

一、创伤的局部组成

创伤由创围、创缘、创口、创面（创壁）、创腔、创底所组成。创围是指围绕创口周围的皮肤或黏膜；创缘为创口边缘皮肤或黏膜及其疏松结缔组织；创口是创缘之间的间隙；创面由受伤的肌肉、筋膜及位于其间的疏松结缔组织构成；创腔是创壁之间的间隙；创底是创伤的最深部分（图3-1）。

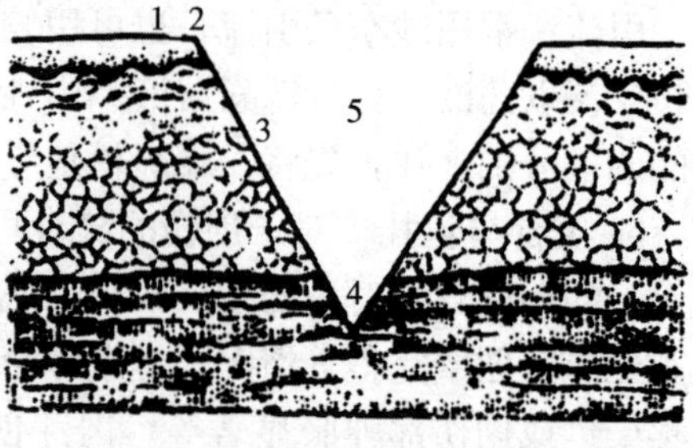

图 3-1 创伤各部名称
1. 创围 2. 创缘 3. 创面 4. 创底 5. 创腔

二、创伤分类

（一）按伤后经过的时间分

1. 新鲜创 伤后时间短，创内尚有血液流出或存有血液凝块，且创内各组织的轮廓仍能识别，有的已被严重污染，但未出现创伤感染症状。

2. 陈旧创 伤后经过时间较长，创内各组织的轮廓不易识别，出现明显的创伤感染症状，有的排出脓汁，有的出现肉芽组织。

（二）按创伤有无感染分

1. 无菌创 通常将在无菌条件下所做的手术创称为无菌创。

2. 污染创 创伤被细菌和异物所污染，但进入创内的细菌仅与损伤组织发生机械性接触，并未侵入组织深部发育繁殖，也未呈现致病作用。污染较轻的创伤，经适当外科处理后，可能取第一期愈合。

3. 感染创 创内有致病菌进入，未及时而彻底地进行外科处理，细菌在创内生长繁殖，对机体产生致病作用，使伤部组织出现明显的创伤感染症状，甚至引起机体的全身性反应。创伤发生后是否发生感染，除取决于细菌的毒力和数量外，更主要的是取决于机体抗感染的能力及受伤的局部组织状态。

4. 保菌创 感染创经过一段时间后，虽有化脓，但因健康肉芽组织增生，在创内的细菌仅停留于创伤表面和死亡组织的脓性渗出物中，已丧失毒力，无向健康肉芽组织深处蔓延的趋势。

三、创伤的愈合

（一）创伤愈合的种类与过程

创伤的愈合分第一期愈合、第二期愈合和痂皮下愈合。

1. 第一期愈合 创伤第一期愈合是创伤没有发生感染以及炎症反应轻微的一种理想的愈合形式。创伤愈合后疤痕轻或不留疤痕，没有器官的功能障碍。其愈合的条件是受伤组织能紧密连接，组织再生能力强，创腔内无异物，无坏死组织，失活组织较少，没有发生感染。

创伤出血停止后，创腔内充满淋巴液、血凝块及少量挫灭组织，形成纤维蛋白网，实现了创壁之间的初次黏合。创伤部位出现轻微炎症，病灶内出现巨噬细胞及白细胞浸润。创内的死灭细胞、纤维素、血凝块及微生物均被白细胞吞噬，并被细胞溶解而吸收，使创伤得以净化。创伤发生 48h 后，创壁的毛细血管内皮细胞及结缔组织细胞增殖，形成肉芽组织，使创壁牢固结合。创缘的上皮细胞由四周向中央生长，覆盖创面而愈合。

无菌手术创绝大多数可取第一期愈合。新鲜污染创如能及时做好清创处理，也可以达到此种愈合，所以治疗创伤时要创造条件争取第一期愈合。

2. 第二期愈合 一般当伤口大，伴有组织缺损，创缘及创壁不整，伤口内有血凝块；细菌感染、异物、坏死组织以及由于炎性产物、代谢障碍，致使组织丧失第一期愈合能力时，要通过第二期愈合。临床上多数创伤病例取此类愈合。

取第二期愈合的创伤，创腔内的组织坏死、分解、形成大量脓汁，创腔内填充肉芽组织，最后，创伤以覆盖肉芽愈合或瘢痕愈合。根据本类愈合过程中的生物形态、物理学及胶体化学的特点，将其愈合过程分为两个时期，即化脓期（炎性净化期）和肉芽生长期（组织修复期）。

（1）化脓期（炎性净化期）。该期是通过炎性反应达到创伤的自我净化。创伤部先出现发红、肿胀、增温、疼痛，之后创内坏死组织液化，形成脓汁从伤口流出。

创伤净化过程因动物种类不同而不尽相同。马和犬以浆液渗出为主，液化过程完全，清除坏死组织迅速，但易引起吸收而中毒。牛、羊以浆液-纤维素渗出为主，液化过程是通过形成化脓性分离界面使坏死组织脱离的，净化过程慢，但不易引起吸收中毒。

（2）肉芽生长期（组织修复期）。肉芽组织由新生的成纤维细胞和毛细血管构成。还包括中性粒细胞、巨噬细胞及其他炎性细胞。在治疗创伤时，保护健康的肉芽组织，破坏赘生肉芽组织是十分重要的。

肉芽组织成熟过程是在受伤后 5～6d，增生的成纤维细胞开始产生胶原纤维，在 2 周左右胶原纤维形成最旺盛，以后逐渐减慢。此时成纤维细胞转化为纤维细胞。肉芽组织中的大量毛细血管闭合、退化、消失，只留有部分毛细血管及小动、静脉营养该处。

在肉芽组织生长的同时，创缘的上皮组织由周围向中心生长，当肉芽组织填满创腔时，上皮组织覆盖创面而愈合。当创口大而上皮组织不能覆盖创面时，则由结缔组织取而代之形成疤痕。疤痕组织无毛囊、汗腺和皮脂腺，伤部可发生一定的功能障碍。

3. 痂皮下愈合 皮肤表面轻度擦伤及轻度烧伤时，由于损伤仅伤及表皮，在没有发生感染的情况下，受伤后局部表面渗出血液及淋巴液，渗出物凝固干燥后形成暗褐色痂皮，覆盖在伤部的表面，痂皮下损伤的边缘表皮再生，新生的上皮组织覆盖创面后，痂皮脱落而愈合。痂皮下发生感染而化脓时，则痂皮分离而脱落，创伤取第二期愈合。

（二）影响创伤愈合的因素

创伤愈合的速度常受许多因素影响，这些因素包括外界条件、人为因素和机体因素。创伤治疗时，应尽力消除妨碍创伤愈合的因素，创造有利于愈合的良好条件。

1. 创伤感染 创伤感染、化脓是影响创伤愈合的重要因素，由于病原微生物的作用，可引起组织遭受破坏和产生各种炎性产物及毒素，降低机体抵抗力，影响创伤的修复过程。

2. 创内存有异物或坏死组织 当创内存留异物或坏死组织时，炎性净化过程的时间延长，同时也为创伤感染创造了条件，甚至成为长期化脓的根源。

3. 受伤部血液循环障碍 受伤部血液循环不良，不但影响炎性净化过程，而且影响肉芽组织的生长，从而延长创伤愈合的时间。

4. 受伤部活动性较大　受伤部位进行有害的活动（如不适当的活动），或创伤发生在关节部位时，由于经常活动，影响新生肉芽组织的生长，可使创伤愈合的时间延长。

5. 处理创伤不合理　如新鲜创时止血不彻底，清创不彻底，引流不畅，不合理用药，频繁检查创伤和不必要的更换绷带，以及缝合时机不当等，均可导致创伤愈合时间延长。

6. 机体营养不良　蛋白质或维生素缺乏等都妨碍创伤的愈合。蛋白质致使机体衰弱，抵抗力降低，创伤易感染，组织修复缓慢。维生素 A 缺乏时，上皮细胞的再生迟缓；维生素 B 缺乏时，影响神经纤维的再生；维生素 C 缺乏时，影响细胞间质和胶原纤维的形成，毛细血管的脆弱性增加，导致肉芽组织水肿、易出血；维生素 K 缺乏时，因凝血酶原浓度降低，导致血液凝固缓慢，影响创伤愈合时间。

技能 2　软组织非开放性损伤的临床检查与治疗

·技能描述·

由钝性外力的撞击、挤压、跌倒等而致伤，伤部的皮肤或黏膜保持完整，而深部组织受到损伤，称为非开放性损伤。因损伤部位无伤口，感染机会少，但疼痛剧烈，伤情复杂，容易引起忽视。常见的非开放性损伤有挫伤、血肿、淋巴外渗等。正确处理非开放性损伤的关键是止痛或镇痛、减少溢血或渗出、防止感染。

·技能情境·

动物医院诊疗室或外科病实训室（亦可在动物养殖场兽医治疗室），发生非开放性损伤的动物，手术镊、手术剪、剪毛剪、缝针、缝线、卷轴绷带、灭菌纱布等外科器材，注射器、穿刺针、局部消毒药品、麻醉药及生理盐水等。

·技能实施·

一、挫伤的诊治

（一）诊断要点

挫伤部出现被毛逆乱、脱落及皮肤不同程度的擦伤，表现为局部溢血、肿胀、疼痛及功能障碍。

1. 溢血　由于皮下组织内血管破裂，血液积聚于组织间隙。在皮肤色素少的部位溢血斑较明显，指压不褪色。

2. 肿胀　皮下组织受伤后，因溢血、炎性渗出及淋巴液渗出、肌肉及组织纤维发生断裂而引起局部肿胀。轻微挫伤时肿胀较轻而质地坚实，局部温度增高；四肢部挫伤时，在挫伤的下方呈捏粉样水肿；重剧挫伤可继发血肿或淋巴外渗。

3. 疼痛　组织受到挫伤的同时也损伤了神经末梢或因炎症渗出物刺激或压迫神经末梢而引起疼痛反应。

4. 功能障碍　根据挫伤发生部位及轻重程度不同，功能障碍的表现程度也有所不同。

挫伤不但可引起血肿，一旦发生感染还可继发蜂窝织炎或脓肿，引起全身症状。

（二）治疗

1. 治疗原则 保持动物安静，防止感染、休克及酸中毒。

2. 轻度挫伤 将患部剪毛后，用消毒药洗净，涂擦 1％碘伏、2％碘酊或 1％龙胆紫溶液。四肢下部的挫伤，可用卷轴绷带包扎后，向绷带上浸透 2％碘酊，2～3 次/d，连用 3～5d。

3. 重剧挫伤 在局部应用上述方法治疗的同时，大动物经静脉内注射 5％葡萄糖氯化钠注射液 500～1 000mL、5％碳酸氢钠注射液 300～500mL，肌内注射 30％安乃近注射液 10～30mL，并及时、适当应用全身抗生素或磺胺类药物以预防感染。

二、血肿的诊治

（一）诊断要点

动物受伤后，局部迅速形成肿胀并且很快增大。病初，患部有明显的波动感，皮肤紧张、有弹性。经 4～5d，肿胀周围较坚实，触压有捻发音，而中央部波动明显，经穿刺可流出血液。有时可见局部淋巴结肿大和体温升高等全身症状。

较小的血肿，血凝块可被蛋白酶分解、液化而被吸收；较大的血肿不能被吸收，一旦发生感染可继发脓肿，此时可出现一系列明显的全身症状。

（二）治疗

治疗原则是制止溢血、排除积血及防止感染。

（1）将患部剪毛、消毒，24h 内应用冷却疗法并装压迫绷带。同时可配合应用止血药，肌内注射维生素 K₃注射液或 0.5％止血敏注射液。也可选用 10％氯化钙注射液静脉注射。

（2）对较小的血肿，可经无菌穿刺抽出积血后，装压迫绷带；对较大的血肿，于发病后 4～5d，施行无菌切开，如继续出血，应及时结扎止血，并清除积血及挫灭组织，用生理盐水冲洗清创后，撒布青霉素粉，施行密闭缝合或施行开放疗法。

对较大的血肿经切开方法处置的，应配合 3～5d 的全身抗生素或磺胺类药物治疗。

三、淋巴外渗的诊治

（一）诊断要点

在受伤后 3～4d，局部才逐渐形成质地松软，有波动感的肿胀，患部热、痛轻微。经穿刺可抽出橙黄色透明而不易凝结的淋巴液，有的内含有少量血液。病程稍长者，可从淋巴液中析出纤维素块，患部质地变硬。当应用穿刺的方法抽出多量淋巴液后，经过一段时间患部又逐渐出现明显肿大。

（二）治疗

治疗原则是停止使役和减少运动，保持安静，以减少淋巴液渗出。

1. 较小的淋巴外渗 可用穿刺疗法。将患部剪毛消毒后，施行无菌穿刺抽出淋巴液后，注入 95％酒精或酒精福尔马林溶液（95％酒精 100mL、福尔马林溶液 1mL、碘酊数滴），30min 后抽出创内药液，装压迫绷带。以期达到淋巴液凝固，堵塞淋巴管断端，制止淋巴液流出的目的。应用 1 次无效时，可行第二次。

2. 较大的淋巴外渗 用切开法。无菌切开患病局部，排出淋巴液及纤维素；用浸有酒精福尔马林溶液的纱布块填塞于创腔内，皮肤做假缝合。2d更换1次纱布块。当破裂的淋巴管完全闭塞后，可按创伤治疗。

·技术提示·

（1）治疗挫伤时也应注意去除伤部的被毛等异物，同时还应注意镇痛。

（2）刚发生血肿时不能采用热敷疗法。

（3）治疗淋巴外渗时禁止应用按摩及外敷疗法。

·知识链接·

1. 挫伤的概念与病因分析　挫伤是由较强大的钝性外力作用于机体表面所引起的软组织非开放性损伤。

挫伤是由于动物在棍棒打击、蹴踢、冲撞、角抵、鞍挽具摩擦或挤压，滑倒或跌倒在硬地上等钝性外力作用下，因皮肤的韧性较强，其完整性虽然没有遭到破坏，但皮下组织却发生了不同程度的损伤。

2. 血肿的概念与病因分析　血肿是动物受伤后，血管破裂，溢出血液分离周围组织并聚积在所形成的腔洞内的一种非开放性损伤。

血肿主要发生于挫伤、刺伤、骨折及火器创的病程中。血肿可发生于皮下、肌肉、筋膜下、骨膜下及浆膜下。牛的血肿常发生于胸前和腹部；马的血肿则常发生于胸前、鬐甲、股部、腕和跗部；犬、猫血肿可发生在耳部、颈部和腹部等。

3. 淋巴外渗的概念与病因分析　淋巴外渗是由钝性外力作用于动物体表，引起皮下及肌肉组织间的淋巴管破裂，淋巴液滞留于组织间隙的一种非开放性损伤。本病常发生于动物颈部、胸前、肩胛部、腹侧部、臀部和股内侧等部位。

淋巴外渗是动物体受到钝性物体的经常摩擦或挤压，滑倒在硬地上，踢蹴，鞍挽具压迫，车辕或牛角冲撞等，使皮下、筋膜下结缔组织中的淋巴管破裂而引起。

技能 3　物理化学损伤的临床检查与治疗

·技能描述·

物理化学性损伤是指动物受高温、低温、某些化学物质或放射性物质所引起的烧伤、冻伤、化学性烧伤或放射性损伤。由高温（火焰、热液或蒸汽）作用于动物体，且超过机体耐受限度，使组织细胞内的蛋白质发生变性而引起的损伤称为烧伤。热液所引起的烧伤又称为烫伤。冻伤是由低温作用于动物体所引起组织的局部损伤。由具有烧灼作用的化学物质作用于皮肤或黏膜而引起的组织损伤，称为化学性损伤。动物全身或局部受到放射线外照射或放射性核素沾染时而发生的损伤称为放射损伤。动物的物理化学性损伤可发生于各种动物，小动物的烧（烫）伤和化学性损伤较为多见。正确处理动物的物理化学性损伤是临床兽医必备的专业技能。

·技能情境·

动物医院或动物外科实训室（亦可在动物养殖场）；发生烧伤、烫伤或化学性损伤的患病动物，手术镊、手术剪、剪毛剪、缝针、缝线、卷轴绷带、灭菌纱布等外科器材，注射器及注射针头，局部消毒药品、麻醉药及生理盐水等。

·技能实施·

一、烧伤诊治

（一）诊断要点

1. 烧伤程度判定 烧伤程度是指局部组织被损伤的深度。

（1）一度（Ⅰ°）烧伤。皮肤表层被损伤。受伤部被毛烧焦，留有短毛，动脉性充血，毛细血管扩张，局部有轻微的肿、痛、热，呈浆液性炎症变化，7d 左右可自行愈合，不留疤痕。

（2）二度（Ⅱ°）烧伤。皮肤表层及真皮层的一部分或大部分被损伤。伤部被毛被烧光或烧焦。局部血管通透性显著增加，血浆大量外渗，积聚在表皮与真皮之间，呈明显水肿、疼痛。经 3～5 周创面可愈合，常遗留轻度疤痕。

（3）三度（Ⅲ°）烧伤。皮肤全层或深层组织被损伤。组织蛋白凝固，血管栓塞，形成焦痂，呈深褐色干性坏死，有时出现皱褶。伤部疼痛反应不明显，局部温度下降。在 1～2 周内，死灭组织开始溃烂、脱落，露出红色创面，易感染化脓。较重的烧伤可在烧伤的当时或伤后 1～2h 出现休克。动物表现为精神高度沉郁，反应迟钝，脉弱而小，呼吸快而浅，可视黏膜苍白，瞳孔散大，耳、鼻及四肢末端发凉，食、饮欲废绝，反刍动物反刍停止。从受伤后 6h 开始因伤部血管通透性增高，血浆及血液蛋白大量渗出，造成微循环障碍，引起继发性休克。由于受伤部化脓感染后，渗出物及坏死组织分解产物被吸收，可继发败血症。

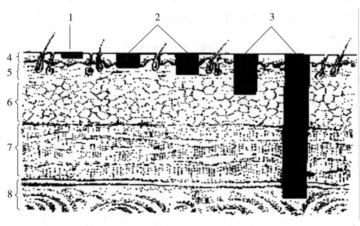

图 3-2 各度烧伤模式图

1. 一度烧伤 2. 二度烧伤 3. 三度烧伤 4. 表皮
5. 真皮 6. 皮下组织 7. 肌肉 8. 骨骼

2. 烧伤面积 烧伤面积越大，伤势越重，全身反应明显。临床上计算烧伤面积的方法有多种，一般采用烧伤部位占动物体表总面积的百分比来表示。

（二）治疗

1. 现场急救，脱离现场 及时灭火和清除动物身体上的致伤物质，将动物脱离现场。保护创面，抢救窒息患病动物，及时应用镇静止痛药物，可选用氯丙嗪、派替啶（杜冷丁）、吗啡、盐酸普鲁卡因等。

表 3-1 烧伤程度判定表

烧伤程度	Ⅰ°、Ⅱ°面积	Ⅲ°面积	总面积	其 他
轻度烧伤	10%以内	3%以内	10%以内,其中Ⅲ°不超过2%	—
中度烧伤	11%～30%	4%～5%	11%～20%,其中Ⅲ°不超过4%	—
重度烧伤	31%～50%	6%～10%	21%～50%,其中Ⅲ°不超过6%	头部和四肢的关节部为Ⅲ°者,呼吸道烧伤、重度休克及其他并发症者
特重烧伤	—	10%	50%以上	—

2. 强心、防止休克 应用樟脑磺酸钠等药物强心,静脉补液,维护血容量,纠正酸中毒。除补以生理盐水外,同时还需要输入血浆、右旋糖酐或血浆代用品,以恢复血浆的胶体渗透压和增加血容量。伴发酸中毒者用5%碳酸氢钠等改善循环,维持水电解质平衡,纠正脱水、低血钾,补充各种维生素及微量元素等。

3. 创面处理 伤部周围剪毛、用生理盐水冲洗后再用70%酒精消毒。一度烧伤用生理盐水洗涤拭干后,保持干燥,可自行痊愈;二度烧伤,用5%～10%高锰酸钾溶液连续涂布3～4次,或用3%龙胆紫溶液、5%鞣酸溶液涂布,隔1～2h处理一次;三度烧伤面积较大,经伤部处理后,在肉芽期的创面应早期实行皮肤移植手术,可加速创面愈合。

4. 防止败血症 二度以上烧伤,对有感染倾向者,要及时应用大剂量抗菌药物,并注意抗菌药物的联合应用,以控制和及时治疗败血症。

二、冻伤的诊断与治疗

(一)诊断要点

根据复温后组织的炎症反应和愈合过程,将冻伤分成三度。

1. 一度冻伤 皮肤及皮下组织水肿、疼痛。数日后局部反应消失,症状逐渐减轻。

2. 二度冻伤 皮肤及皮下组织呈弥散性水肿,并扩展到周围组织,有的在患部出现水泡并充满乳光带血样液体。水泡破溃后形成溃疡。

3. 三度冻伤 由于伤部血液循环障碍而引起不同深度的组织干性坏死。患部冷厥,皮肤或皮下组织发生坏死,继发感染后形成湿性坏疽。

(二)治疗

冻伤的治疗原则是消除寒冷作用,使冻伤组织复温,恢复血液和淋巴循环,预防感染。

1. 复温 病初用18～20℃水进行温水浴,并不断加入热水,在25min内使水温逐渐达到38℃左右。也可用热敷的方法复温。复温后用肥皂水清洗患部,再用75%酒精涂擦后,包扎保暖绷带或覆盖保暖物。

2. 不同程度冻伤的治疗 一度冻伤时可应用樟脑酒精涂擦患部,涂碘甘油后,装棉花纱布软垫保温绷带。二度冻伤时在患部涂擦5%龙胆紫溶液或5%碘酊,并装以酒精绷带或施行开放疗法。静脉内注射0.25%盐酸普鲁卡因注射液,并早期应用抗生素疗法。三度冻伤时以预防发生湿性坏疽为主。发生湿性坏疽时，应加速坏死组织的清除，以利排出组织分解产物，促进肉芽组织生长和上皮组织形成。治疗中应全身应用抗生素，及时注射破伤风类毒素或抗毒素。

三、化学性损伤诊断与治疗

（一）诊断要点

酸类物质如硫酸、硝酸、盐酸，可引起蛋白凝固，形成厚痂，患部呈致密的干性坏死。不同酸损伤所形成的焦痂的颜色有所不同。硫酸损伤时，焦痂呈黑色或棕褐色；硝酸损伤时，焦痂呈黄色；盐酸损伤时，焦痂呈白色或灰白色。

碱类物质如生石灰、氢氧化钠或氢氧化钾，可引起组织蛋白溶解，形成碱性蛋白化合物，能烧伤深部组织。患部局部疼痛较轻，但损伤程度一般较酸性损伤重。

磷类烧伤常见于战时磷手榴弹、磷炸弹导致的烧伤，磷所释放的热能对皮肤产生腐蚀和烧灼作用。

（二）治疗

因损伤的原因及症状不同，处理方法也有所不同。

酸类烧伤时立即用大量清水冲洗，用5％碳酸氢钠溶液中和，苯酚烧伤时，可用酒精或甘油涂于伤部。

碱类烧伤时用大量清水冲洗或用食醋、6％醋酸溶液中和。氢氧化钠烧伤时，用5％氯化铵溶液冲洗；生石灰烧伤时，应在清除伤部清除生石灰后再清洗，避免冲洗时产生热量而加重烧伤。

磷类烧伤时宜先用1％硫酸铜溶液涂于患部，待磷变为黑色的磷化铜后用镊子将其除去，再用大量清水冲洗，以5％碳酸氢钠溶液湿敷，包扎1～2h，以中和磷酸，以后按烧伤治疗。

·技术提示·

（1）治疗过程中要注意无菌操作，防止因治疗而造成感染。

（2）烧伤应用抗菌药物时应每种抗生素单独给予，一般选用2～3种抗生素交替静脉给药，败血症症状控制后及时停药。

（3）诊断化学性损伤时一定要准确辨别引起损伤的酸碱因素，以选择适当的药液进行冲洗中和，原因不明时应当选择中性药液或生理盐水进行冲洗。

·知识链接·

（1）烧伤发生原因多因动物体受到高温固体、高温液体或高温蒸汽（如火焰、凝固汽油弹、火焰喷射器等）作用后，可导致轻重程度不同的烧伤。

（2）冻伤常发生于气候寒冷的冬季。由于气候寒冷、动物耐寒性差，或过度疲劳、饥饿、大失血、长期缺乏活动等更易诱发本病。冻伤的程度与寒冷的强度成正比。一般而言，温度越低，湿度越高，风速越大，暴露时间越长，发生冻伤的机会越大，亦越严重。机体远端部位容易发生冻伤。

（3）化学性损伤多是因动物误接触或人为误用化学制剂而致动物体表或消化道、呼吸道的损伤。

技能 4 损伤并发症的处理

·技能描述·

　　动物由于发生损伤，在疾病发展过程中引发的另一种症状或疾病，也可在诊疗过程中合并发生与损伤有关的另一种或几种全身或局部反应性疾病，这些症状或疾病即为损伤并发症，如休克、溃疡、瘘管等。及时正确处置这些并发症，也是治疗损伤的必备技能。

·技能情境·

　　动物医院诊疗室或外科病实训室（亦可在动物养殖场兽医室），发生损伤的动物；注射器、手术镊、手术剪、剪毛剪、缝针、缝线、卷轴绷带、灭菌纱布等外科器材，局部消毒药品、麻醉药及生理盐水等。

·技能实施·

一、休克的诊治

（一）诊断要点

1. 初期（微循环缺血期）　患病动物出现短暂的兴奋、烦躁不安，可视黏膜苍白，皮温降低，四肢末梢发凉。脉搏、呼吸加快。出冷汗，无意识地排尿、排粪，出现少尿或无尿。这个过程短则几秒钟即消失，长者不超过 1h，所以在临床上往往被忽视。

2. 中期（微循环淤血期）　精神沉郁，视觉、听觉、痛觉、反应微弱或消失。运动时后躯摇摆，站立时四肢无力，肌肉颤抖。可视黏膜发绀，脉搏快速而无力，心音弱。体温下降，四肢发凉。

3. 晚期（弥漫性血管凝血期）　患病动物呈昏迷状态，体温下降明显，四肢厥冷。痛觉、视觉、听觉消失，对刺激全无反应。肌肉张力极度下降。瞳孔散大，可视黏膜呈暗紫色。脉搏快而微弱，呼吸快而浅表，呈陈-施二氏呼吸，无尿。

（二）治疗

　　治疗原则是除去病因、改善血液循环、提高血压、恢复新陈代谢。

1. 除去病因　辨明引起休克的原因，采取相应的措施以除去病因。如创伤制动、大出血止血、保证呼吸道通畅等，有条件的给患病动物输氧。

2. 补充血容量，纠正酸中毒　静脉注射乳酸钠林格氏溶液，剂量按每千克体重计，大动物为 20～40mL，犬为 90mL，猫为 50mL；大动物静脉注射 5％碳酸氢钠注射液 300～500mL。静脉注射或肌内注射洋地黄毒苷等强心药。

3. 皮质激素疗法　氢化可的松每千克体重 50mg，或强的松龙每千克体重 40mg，或泼尼松龙每千克体重 30mg，或地塞米松每千克体重 15mg。

4. 预防或控制感染　早期应用大剂量广谱抗菌药或磺胺类药物。

　　发生休克的患病动物要加强管理，指定专人看管，使动物保持安静，要注意保温，但也不能过热，保持通风良好，给予充分饮水，输液时保持药液温度与体温相同。

二、溃疡的诊治

1. 单纯性溃疡　溃疡表面被覆少量黏稠、灰白色脓性分泌物，干涸后形成的痂皮易脱落，露出蔷薇红色、细颗粒状、表面平整的肉芽，上皮生长缓慢。溃疡周围皮肤及皮下组织肿胀。

治疗时应以促进肉芽的正常生长和上皮组织的形成为主。防止粗暴处置及禁止使用强刺激性的防腐剂冲洗，可应用鱼肝油软膏等膏剂消炎药。

2. 炎症性溃疡　溃疡表面被覆大量脓性分泌物，肉芽呈鲜红色或微黄色。局部温度升高，周围肿胀，有痛感。

治疗时禁止使用强刺激防腐剂，可在溃疡周围用青霉素盐酸普鲁卡因溶液封闭。溃疡面涂以磺胺乳剂或用浸有 20%硫酸镁溶液的纱布覆盖在创面上，以防止毒素被吸收。

3. 蕈状溃疡　肉芽高于皮肤表面，呈凸凹不平的蕈状，表面被覆少量脓性分泌物。肉芽颜色发绀，易出血。病灶周围肿胀，上皮生长缓慢。

治疗时可应用硝酸银棒等烧灼腐蚀剂除去赘生的肉芽组织，如赘生的蕈状肉芽组织超出表面很高，可切除或剪除，亦可削刮后进行烧烙止血。在溃疡面涂以膏剂消炎药。

4. 褥疮性溃疡　多发生在动物体突出部位，因局部受到长期压迫引起血液循环障碍导致皮肤坏疽。坏死的皮肤剥离、脱落后，露出不易愈合的创面，其表面被覆少量脓汁。较重的褥疮性溃疡，易继发败血症。

平时应通过将患病动物翻转身体、局部按摩等措施，尽量预防褥疮的发生。治疗时可每日涂擦 3%～5%龙胆紫酒精或 3%煌绿溶液，并可配合紫外线、红外线、激光或磁疗，可缩短治愈时间。

三、瘘管的诊治

(一)诊断要点

从瘘管内不断排出脓汁，有腥臭味。较深在的并且瘘管口位置较高时，瘘管内潴留多量脓汁而流出较少，当患病动物活动或挤压患部时脓汁流出较多。瘘管若与某器官相通时，则排出该器官的分泌物或内容物（尿液、食糜、唾液、乳汁等）。

(二)治疗

治疗措施主要是清除瘘管内异物及坏死组织，破坏光滑管壁，引流。

1. 冲洗瘘管管道　清洁创围后，用 0.2%高锰酸钾溶液或 3%过氧化氢溶液冲洗瘘管管道。

2. 破坏瘘管管道　应用硝酸银、硫酸铜、高锰酸钾等腐蚀药制成药捻，导入管腔，经1～2d，可破坏病理性管壁。或用高锰酸钾粉进行研磨，然后按化脓创治疗。浅在性瘘管可经手术的方法摘除瘘管壁，术前 1d 向瘘管内注入 5%美蓝溶液或 2%～5%龙胆紫溶液（着色管壁组织）。术者在探针指引下，切开管壁，切除或刮除瘘管壁，用消毒药冲洗后向创腔内灌注碘仿醚或注入魏氏流膏（由松馏油 3 份、碘仿 5 份、蓖麻油 100 份混合而成），定期换药。

瘘管与体腔相通时，先用纱布堵塞管口，用梭形切口切开瘘管周围组织，分离瘘管，在瘘管内口切断管壁并取出，用内翻缝合法缝合器官切口。

用生理盐水彻底冲洗创腔，用纱布拭净创腔内药液，撒布青霉素粉，缝合肌肉及其他组织，结节缝合皮肤切口。术后全身应用抗生素疗法 5～7d。

·技术提示·

（1）对有可能发生休克的患病动物，应针对病因，采取相应的预防措施，如活动性大出血者要确切止血，骨折部位要稳妥固定，软组织损伤应进行包扎，防止污染。

（2）溃疡治疗目的在于消除病因、解除症状、愈合溃疡、防止复发和避免并发症，在治疗过程中还必须适当应用抗菌药物。

（3）进行瘘管探诊时，切忌盲目用力，以免形成假道，使感染扩散。

·知识链接·

1. 休克的概念与病因分析　休克是由强烈的刺激因素作用于动物体引起机体微循环灌注量不足，导致组织细胞缺氧，代谢紊乱和器官损害的综合征。休克不是一种独立疾病，而是神经、内分泌、循环、代谢等发生严重障碍时在临床上表现的症候群。

若在休克的早期，及时采取措施恢复有效的组织灌注，可减少细胞损害的程度和范围；相反，若已发生的代谢紊乱无限制地加重，细胞损害广泛扩散时，可导致多器官功能不全或衰竭，发展成不可逆性休克。

休克可由重度创伤、大面积烧伤、大的神经干损伤、骨折、大失血、施术时过度刺激内脏、过敏及微生物感染后其代谢产物或毒素的吸收等引起。

2. 溃疡的概念与病因分析　皮肤或黏膜上经久不愈合的病理性肉芽，其表面常覆盖有脓液、坏死组织创，称为溃疡。

溃疡一般是由外伤、微生物感染、肿瘤、循环障碍和神经功能障碍、免疫功能异常或先天皮肤缺损等引起的局限性皮肤组织缺损。外伤性溃疡往往是由物理和化学因素直接作用于组织引起。微生物感染性疾病多由细菌、真菌、螺旋体、病毒等引起组织破坏、结节或肿瘤破溃。免疫异常引起的血管炎性溃疡系因动脉或小动脉炎使组织发生坏死而形成。

3. 瘘管的概念与病因分析　瘘管是深部组织、器官或解剖腔与体表相通而不易愈合的病理性通道。瘘管不是一种独立的疾病，而是一种征候，通常冠以瘘管发生部位名称，以资鉴别。如胃瘘、鬐甲瘘等。

瘘管是在组织内存留有弹片、木屑、金属丝、污染的缝合线等异物，因长期刺激，化脓后形成；也可因脓肿、蜂窝织炎、开放性骨折、腱及韧带坏死等治疗不及时而引起。动物常见的瘘管有以下几种。

①齿瘘。起因于牙齿疾病，如牙周病、龋齿和化脓性齿槽骨膜炎等。患病动物口臭，流口水，齿松动。马、犬较多见，未成年马的齿瘘多发生于下颌第 1、2、3 臼齿的下颌缘处；犬的齿瘘常见于一侧面部的眼下方；牛的多由放线菌侵害下颌骨所引起，表现为颌骨肿大、穿孔。

②唾液腺瘘。常因腮腺部位创伤、腮腺或腮腺管破坏，或某部化脓坏死影响到唾液腺而形成。患病动物在采食咀嚼时唾液流量因此显著增加。

③项瘘。常见于马、骡。是由笼头的压迫摩擦而引起颈部擦伤、感染，继发化脓性颈部黏液囊炎的后遗症。

④鬐甲瘘。是常见的马、骡鞍具创伤的继发病，起因于化脓性鬐甲黏液囊炎或项韧带蟠

尾丝虫等。

·操作训练·

利用课余时间或节假日参与门诊，进行性创伤患病动物治疗。

任务二 外科感染的诊断与治疗

任务分析

病原微生物经皮肤、黏膜创伤或其他途径侵入动物机体，并在体内生长、繁殖、分泌毒素，引起局部或全身性病理过程称为外科感染。常引起外科感染的病原微生物有葡萄球菌、链球菌、大肠杆菌、铜绿假单胞菌、肺炎球菌、化脓棒状杆菌等。

外科感染是机体与病原微生物之间相互作用的病理过程。外科感染的局部与全身反应的轻重程度，与机体抵抗力的强弱、病原菌的种类及数量、侵害的组织和器官有着密切的关系。机体局部防御功能下降，可引起脓肿、蜂窝织炎等局部感染；当机体防御功能下降时局部感染可导致败血症等全身性感染；当机体抵抗力增强时，无论是局部感染还是全身性感染，经合理治疗则可很快治愈。因此，兽医人员在处置动物局部感染时，不但要及时处理局部病变，而且要注意动物全身变化以提高其防御能力。

任务目标

1. 能进行脓肿的临床检查，并实施治疗。
2. 能对动物蜂窝织炎正确诊断与治疗。
3. 能对全身性外科感染进行诊断与治疗。

·技能情境·

动物医院或外科病实训室（亦可在动物养殖场），发生外科感染的动物，手术镊、手术剪、剪毛剪、缝针、缝线、灭菌纱布等外科器材，局部消毒药品、麻醉药及生理盐水等。

·任务实施·

一、脓肿的诊治

（一）诊断要点

根据发生部位不同，将脓肿分为浅在脓肿和深层脓肿。

1. 浅在脓肿 常发生在皮下、筋膜下及肌肉间的组织内。病初患部肿胀，界限不明显，质地坚硬，局部温度增高，皮肤潮红，剧痛。继而局部化脓，病灶中央软化有波动感，皮肤变薄，被毛脱落，皮肤破溃后排出脓汁。牛皮肤较厚，脓肿不易破溃。

2. 深层脓肿 多发生在深层肌肉、肌肉之间、腹膜下及内脏器官。局部症状不十分明显，患部皮下组织有轻微的炎性水肿，触诊指压留痕，剧痛。在压痛和水肿处穿刺，可抽出脓汁。全身症状明显。

（二）治疗

治疗原则是促进脓肿成熟与脓汁排出，消炎，增强机体抵抗力。

1. 消炎、止痛及促进炎症产物消散、吸收 当局部肿胀正处于急性炎性渗出、脓肿尚未完全成熟时，可局部涂擦樟脑软膏，或用冷敷疗法（如复方醋酸铅溶液、鱼石脂酒精等冷敷），以抑制炎性渗出和止痛。当炎性渗出停止后，可用温热疗法促进炎症产物的消散、吸收。局部治疗的同时，可根据患病动物的情况配合应用抗菌药物，并采用对症治疗。

2. 促进脓肿成熟 患部剪毛后，涂鱼石脂软膏或施行温热疗法，以促进脓肿成熟。待局部出现明显波动时，应立即进行手术治疗。

3. 手术疗法 脓肿形成后其脓汁不能自行消散、吸收时，应尽早进行手术治疗。常用的手术疗法有以下几种。

（1）脓肿摘除法。较小的脓肿可连同制脓膜一起摘除。具体操作如下：无菌切开皮肤后，不破坏制脓膜，彻底剥离脓肿周围组织，取出完整的脓肿。创腔内撒布青霉素粉，缝合创伤，争取第一期愈合。

（2）脓汁抽出法。适用于关节部脓肿膜形成良好的小脓肿。方法是利用注射器抽尽脓腔内脓汁后，用生理盐水反复冲洗脓腔，最后灌注抗生素溶液。

（3）脓肿切开法。较大的脓肿成熟后并出现波动者，应立即进行手术切开。切口应选择在波动最明显且容易排脓的部位。按常规方法对局部进行剪毛、消毒，并进行局部或全身麻醉。切开前为防止脓汁因脓肿内压力过大而出现喷射现象，可先用较粗的针尖刺入脓肿内，排出或抽出部分脓汁。然后分层切开，避免损伤大的血管和神经。排出脓汁后，用防腐消毒剂彻底冲洗脓腔，用纱布吸净脓腔内残留冲洗液后，注入抗生素溶液，创口按化脓创进行外科处理。术后应用抗生素或磺胺类药物治疗 5～7d。

二、蜂窝织炎的诊治

（一）诊断要点

（1）病势发展迅速，其局部主要表现为大面积肿胀，局部温度增高，疼痛剧烈，功能障碍明显。

（2）浅在病灶病初按压患部有压痕，化脓后有波动感，常发生多处皮肤破溃，并排出脓汁。深在病灶成坚实的肿胀，界限不清，局部增温，剧痛，化脓后导致患部内压增高，患部皮肤、筋膜及肌肉高度紧张，皮肤不易破溃。

（3）有明显的全身症状，患病动物常表现为精神沉郁，食欲减退或废绝，反刍动物反刍减少或停止，泌乳期动物产乳量急剧下降，体温升高达 40℃以上，呼吸、脉搏增数。深部的蜂窝织炎可发展为败血症。

（二）治疗

治疗原则是减少炎性渗出，抑制感染扩散，减轻组织内压，改善全身状况，增强机体抵抗力，局部与全身治疗并重。

1. 局部疗法 发病 2d 内应用 10％鱼石脂酒精、90％酒精或复方醋酸铅溶液冷敷。用 0.25％～0.5％盐酸普鲁卡因青霉素注射液 20～30mL，在病灶周围分数点封闭。发病 4～5d 后患部改用温热疗法。

2. 手术疗法 经局部治疗而症状仍不减轻时，应及早切开患部，排出炎性渗出物。切口要有足够的长度和深度，可做几个平行切口或反对口。用 3％过氧化氢溶液或 0.1％新洁尔灭溶液或 0.1％高锰酸钾溶液冲洗创腔，用纱布吸净创腔内药液，用 50％硫酸镁溶液浸泡的纱布条引流，并及时更换。

3. 全身疗法 早期应用大剂量抗菌药物。为预防败血症，大动物可静脉注射 5％碳酸氢钠注射液 300～500mL、5％葡萄糖氯化钠注射液 1 000～2 000mL，1～2 次/d，连用 3～5d。也可应用 0.25％盐酸普鲁卡因注射液 100～200mL 静脉注射，中小动物则根据动物种类和体重适当调整，必要时还必须进行全身性封闭。

三、全身化脓性感染的诊治

（一）诊断要点

1. 脓血症 患病动物身体的不同部位或器官出现由粟粒大至拳头大不等的脓肿，病灶周围严重水肿，动物表现剧痛。肉芽组织发绀、坏死、分解、表面有多量稀而恶臭的脓汁。动物同时表现精神沉郁，食欲废绝，饮欲增强，恶寒战栗，呼吸及脉搏加快，体温升高达 40℃以上，多呈弛张热或间歇热。红细胞沉降速率加快，白细胞总数增多，核左移。高热时用血液进行细菌培养有细菌生长。

2. 败血症 患病动物体温明显增高，多呈稽留热，恶寒战栗，四肢发凉。动物常躺卧，起立困难，步态不稳，有时出汗。随病程发展，可出现感染性休克或神经系统症状，患病动物可表现食欲废绝，烦躁不安或嗜睡，结膜黄染，皮肤、眼角和齿龈出现淤血点，皮肤黏膜有时有出血点。呼吸困难，尿量减少并含有蛋白质。死亡前体温下降。用血液进行细菌培养有细菌生长，但在应用大剂量抗生素后血液中常培养不出细菌。

（二）治疗

治疗原则是彻底处理局部病灶，控制全身感染，提高机体抵抗力。

1. 局部治疗 按化脓性感染创彻底清除原发和继发病灶内的坏死组织，扩大创口，排除脓汁，畅通引流。用防腐消毒液彻底冲洗创腔，创围用盐酸普鲁卡因青霉素溶液封闭。

2. 全身疗法 早期应用广谱抗菌药物及增效磺胺，并配合补液强心，提高机体抵抗力。大动物可应用 5％葡萄糖氯化钠注射液 1 000～2 000mL、40％乌洛托品注射液 40mL、5％碳酸氢钠注射液 500～1 000mL，静脉内注射。10％樟脑磺酸钠注射液 20mL，肌内注射。中小动物剂量酌减。大量给予饮水，补充维生素。

> **·技术提示·**

（1）脓肿切口应选择在波动最明显且容易排脓的部位；切开时一定要防止手术刀损伤对侧的脓肿膜；及时对出血的血管进行结扎或钳夹止血，以防脓肿内的致病菌进入血液循环，导致菌血症和转移性脓肿。

（2）外科感染时在局部排脓要避免挤压，防止感染扩散，一个切口不能彻底排空脓汁时亦可根据情况做必要的辅助切口。

（3）静脉注射乌洛托品期间宜加服氯化铵，使尿液呈酸性，可增强乌洛托品的作用。

> **·知识链接·**

（1）外科感染特点。绝大部分的外科感染是由外伤所引起；外科感染一般均有明显的局部症状；常为混合感染；损伤的组织或器官常发生化脓和坏死过程；治疗后局部常形成瘢痕组织。

（2）在组织或器官内形成外有脓肿膜包裹、内有脓汁潴留的局限性脓腔的外科感染称为脓肿。解剖腔内有脓汁潴留时则称为蓄脓。

（3）蜂窝织炎是发生于疏松结缔组织的急性弥散性化脓性炎症。多发生于皮下、筋膜下及肌肉间的疏松结缔组织内。

（4）全身化脓性感染是机体从感染病灶吸收致病菌及其毒素和组织分解产物所引起的全身性病理过程，又称为急性全身性感染，包括败血症和脓毒血症等多种情况。败血症是指致病菌侵入血液循环，并生长繁殖，产生大量毒素及组织分解产物被机体吸收，而引起的严重的全身性感染。脓毒血症是指局部化脓灶的细菌栓子或脱落的感染血栓，进入血液，并在机体其他组织或器官形成转移性脓肿。如果败血症和脓毒血症同时存在者，又称为脓毒败血症。

（5）易引起脓肿的病原菌（如葡萄球菌、链球菌、铜绿假单胞菌、大肠杆菌、腐败性菌等）经损伤的皮肤或黏膜侵入机体，在局部大量生长、繁殖过程中形成脓肿。也可由于在给动物注射刺激性强的药物（如氯化钙、高渗盐水及松节油等）时，药物漏入或误注组织内而引起无菌性脓肿。

（6）蜂窝织炎一般由溶血性链球菌或金黄色葡萄球菌等化脓性细菌通过伤口感染；或漏入或误注刺激性较强的药物所引起；也可由邻近组织或器官化脓性感染直接扩散，或通过血液循环和淋巴转移。

（7）全身化脓感染主要由于开放性损伤、局部炎症及手术中因受到化脓性病原微生物感染而治疗不及时或处理不当引起，患病动物抵抗力降低等也可导致本病的发生。其致病菌主要由金黄色葡萄球菌、溶血性链球菌、大肠杆菌、铜绿假单胞菌、坏疽杆菌等，可单一感染，也可混合感染。此外，免疫功能低下的患病动物，还可并发内源性感染，尤其是肠源性感染，肠道细菌及内毒素进入血液循环，导致全身性化脓感染的发生。

·操作训练·

利用课余时间或节假日参与门诊，实施外科感染患病动物的治疗与护理。

任务三　眼病的诊治与眼球摘除术

▶任务分析

眼睛是动物的重要感觉器官。动物眼睛患病时，如果不及时进行诊治或治疗不当，会使眼病进一步恶化，甚至导致失明。眼病诊治时，应首先对患病动物进行眼部的临床检查，然后根据检查结果对眼部进行治疗。如果动物发生意外伤及眼睛，导致眼球脱出而被感染或发生坏死，则需要进行眼球摘除以达到解救患病动物的目的。

◎任务目标

1. 能熟练掌握眼部的临床检查技术。
2. 能正确实施眼部用药和眼病治疗。
3. 掌握眼球摘除术的手术方法和操作要点。

技能1 眼部的临床检查术

·技能描述·

眼球的构造复杂，疾病繁多，必须详细询问病史，仔细视诊、触诊，并借助眼科器械的检查来确定眼的各部分功能是否正常，做出正确诊断。

·技能情境·

动物医院手术室或外科手术实训室，动物，检眼镜，裂隙灯显微镜，眼压计，荧光素钠及注射器等。

·技能实施·

一、眼的一般检查

1. 问诊 通过询问，了解动物的既往病史和现病历，了解动物眼病发生的可能原因、时间及病程。如已经治疗过，还要了解治疗的方法和效果如何，为下一步诊断提供参考。

2. 视诊 将动物安置或牵至安静场所，使其头部向着自然光线，由外向内逐步进行检查，若动物眼睛能自行开张时，则避免触及头部和眼部，以免引起眼睑反射而闭眼。如果动物眼睛紧闭，再行人工开睑。

（1）眼睑检查。检查眼裂（睑裂）大小、眼睑开闭情况，眼睑有无外伤、肿胀、蜂窝织炎、倒睫和新生物。上眼睑出现凹陷，是眼压低的表现。同时还应注意眼睑与眼球的关系，眼裂的大小及眼球和眼眶的关系。

（2）眼球检查。注意眼球的大小，是否有萎缩或膨大，其位置有无突出或内陷现象。

（3）结膜检查。检查结膜颜色，有无肿胀、溃疡、异物、创伤和分泌物。

（4）角膜检查。检查角膜有无外伤，表面光滑还是粗糙，是否发生混浊，有无新生血管或赘生物，有无色素沉着等。正常情况下角膜本身没有可见的血管，一旦在角膜上出现树枝状新生血管则为浅层炎症的表现，若呈毛刷状则为深层炎症的表现。

（5）巩膜检查。注意巩膜血管的变化。如巩膜表面充血，常为脉络膜炎、睫状体炎等。

（6）眼前房检查。注意透明度与深度及有无炎性渗出物、血液或寄生虫。

（7）虹膜检查。注意虹膜颜色和纹理。马虹膜萎缩与虹膜睫状体炎和周期性眼炎有关。

（8）瞳孔检查。注意其大小、形状和对光的反应。正常眼的瞳孔遇强光缩小，在黑暗处放大。

瞳孔反应的检查，在临床上具有重要的意义。当发生眼部疾病、视神经疾病、中枢神经系统疾病及中毒性疾病时，均可出现瞳孔反应的改变。检查时用灯光对着瞳孔照射，注意其对光反应的速度和程度。如反应迟钝或反应消失，则属于病态。

瞳孔缩小，可以为先天性、药物性或病理性的。瞳孔扩大，可以为药物性、外伤性的，或者因交感神经兴奋、动眼神经麻痹、视神经及中枢神经疾病所致。

（9）晶状体检查。检查前可用阿托品点眼，使瞳孔散大后，再检查晶状体有无混浊，色素、位置是否正常。晶状体表面有色素附着，是虹膜、睫状体炎症的表现。晶状体失去其透明性而出现混浊时，称为白内障。晶状体的正常位置发生改变时，称为晶状体脱位。

3. 触诊　主要检查眼睑的肿胀、温热程度和眼的敏感度以及眼内压的增减。角膜触觉测试是采用棉拭子或毛发轻触角膜以确定其敏感性。

二、眼的特殊检查

(一) 泪液检查

1. 希尔默（Schirmer）**氏泪液试验**（STT）　是检查泪液分泌的常用方法，其操作方法是将 Schirmer 氏试纸条的一端置于被检眼的下眼睑结膜囊内，观察试纸条被浸湿的长度以估测泪液产生的量，常用 STT 值表示。犬的正常 STT 值＞（21±4.2）mm/min；猫的正常 STT 值＞（16.2±3.8）mm/min。STT 值低、有黏液脓性眼分泌物和结膜炎，提示泪液分泌量变少，已发生干性角膜结膜炎。

2. 孟加拉红染色试验　以孟加拉红染剂，滴于眼球上，因为干燥而被破坏的角膜或结膜表皮细胞会被染上颜色，由此表明发生干眼症。

3. 泪液析晶形态试验　常用于角膜干燥症的诊断。其操作方法是用小括匙收集下穹隆的泪液，将泪液滴于载玻片上，让其自然蒸发干燥，结果分为 4 型，即 Ⅰ 型为均匀的分支状结晶，Ⅱ 型仍有大量蕨样结晶，Ⅲ 型仅部分蕨样结晶，Ⅳ 型无蕨样结晶。正常泪液为 Ⅰ 型。

(二) 检眼镜检查

检眼镜检查是利用检眼镜检查眼的屈光间质（角膜、房水、晶状体和玻璃体）和眼底（视神经乳头、视网膜）的方法。

检眼镜种类很多，可分为直接检眼镜和间接检眼镜。无论何种检眼镜，都具有照明系统和观测系统。兽医常采用 May 氏直接检眼镜（图 3-3）。它的观测部分是由反射镜和回转圆板组成，圆板上装有一些小透光镜，若旋转该圆板，则各种光镜交换对向反射镜镜孔。各种小透光镜均记有正（＋）、负（－）符号，正号多用于检查晶状体和玻璃体，负号用于检查眼底。

检查玻璃体和眼底之前 30～60min，向被检眼滴入 1% 硫酸阿托品 2～3 次，用以散瞳。检查者持检眼镜使光源对准患眼瞳孔，观察眼屈光间质时可使检眼镜光线自 10～15cm 远处射入被检眼内，检查眼底时可使检眼镜尽可靠近但不触及睫毛、眼和面部。检查者由检查孔窥查被检眼屈光间质或眼底，若不能看清，可旋转透镜转盘。一般很难一次查清眼底，应上、下、左、右移动检眼镜进行比较观察。

1. 玻璃体检查　玻璃体是一种透明的胶质样物质，位于晶状体后面。玻璃体的异常包括出血、细胞浸润和出现不规则的线条。大多数纤维性线条的出现与老龄动物玻璃体的退行性变性有关。玻璃体内出现细胞浸润是马周期性眼炎的特征。

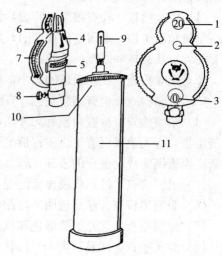

图 3-3　直接检眼镜

1. 屈光度副盘镜片读数观察孔　2. 窥视孔
3. 屈光度镜片读数观察孔　4. 平面反射
5. 光斑转换盘　6. 屈光镜片副盘　7. 屈光镜片主盘　8. 固定螺丝　9. 光源　10. 开关
11. 镜柄

2. 眼底检查　眼底景象包括绿毡、黑毡、视神经乳头及血管分布。眼底病变（如眼底出血、视网膜剥落、视神经乳头萎缩）时可观察到眼底景象的改变。

眼底的检查顺序通常是先找到视神经乳头，观察其大小、形状、颜色，边缘是否整齐，有无凹陷或隆起，然后再观察绿毡和黑毡。

正常的视神经乳头表面平坦，呈圆形或三角形，直径 1.5mm，颜色为蔷薇色，边缘整齐，界限清楚，在乳头边缘有色素沉着。绿毡位于眼底的上方，约占眼底面积的 1/2，近三角形，多为青绿色或黄绿色。黑毡位于眼底的下方，呈黑褐色或黑色。

犬的眼底（图 3-4）：犬的视神经乳头略呈蚕豆状，偏靠鼻侧。绿毡一般终止于视神经乳头上缘水平处，根据动物的年龄、品种和毛色不同，绿毡呈黄色（金黄色、杂色被毛）、绿色（黑色被毛）、灰绿色（红色被毛）等各种颜色。黑毡部的颜色也与被毛颜色有关，呈黑色、淡红色或褐色不等。三束动静脉血管自视盘中央几乎呈 120°角向三个方向延伸，其中一束向上、向颞侧延伸，其他两束向黑毡部延伸。

猫的眼底（图 3-5）：猫的视神经乳头几乎为圆形，颜色多为乳白色或淡粉色，由于毛色不同，绿毡的颜色为黄色、淡黄色、黄绿色或天青色不等。黑毡面积较小，颜色为蓝色、黑褐色不等。血管分布不像犬那样有规律。较大的血管一般为 3～4 束，视网膜中央区位于视盘的颞侧，周围血管较多。

图 3-4　犬的眼底（正常）

图 3-5　猫的眼底（正常）

（三）眼底照相技术

动物的眼底照相以手提式眼底照相机较为适用，既有照明光源又附有闪光灯，光源可调节，操作方便，易于掌握。照相前应先进行眼底观察，将动物适当保定，并使用静松灵等镇静剂，同时以 1% 阿托品扩瞳，然后进行眼底照相。眼底照相可用于正确判断眼底病变以及通过观察眼底病变来诊断动物的疾病。

（四）裂隙灯显微镜检查

裂隙灯显微镜是裂隙灯与显微镜合并装置的一种仪器，强烈的聚焦光线将透明的眼组织做成"光学切面"，可在显微镜下比较精确地观察一些小的病变。

（五）眼内压测定法

眼内压是眼内容物对眼球壁产生的压强，用眼压计测量。牛、马的正常眼压为 1 866.5～2 933Pa（1mmHg＝0.133 3kPa），犬的正常眼压为 1 999.83～3 333Pa，猫的正常眼压为 1 866.5～3 466.37Pa。当动物患青光眼时，眼内压升高，因此眼内压的测定对诊断青光眼具有重要意义。

（六）荧光素检查法

荧光素是兽医眼科上最常用的染料，它的水溶性能滞留在角膜溃疡部，使溃疡部出现着色的荧光素，因而可测出是否有角膜溃疡，也可用于检查鼻泪管系统的畅通性能。静脉注射荧光素钠 10mL 就可以检验血液-眼房液屏障状态。前葡萄膜发生炎症时，荧光素迅速地进入眼房并在瞳孔缘周围出现弥漫强荧光或荧光素晕。在注射后 5s，用眼底照相机进行摄影，可用以检查视网膜血管的病变。

（七）细菌学检查法

细菌学检查法主要用于确定某些眼病感染的细菌种类，以便采用敏感性抗生素进行治疗。

结膜囊分泌物的检查：用白金耳、棉棒或探针采取结膜囊内的脓汁或泪液，涂于玻片片上，自然干燥 5～10min，经过 3 次酒精灯火焰固定。一部分玻片用美蓝或复红染色，另一部分用革兰氏染色法染色，冲洗、干燥后，用油镜观察。

必要时，将采集的病料在液体或固体培养基上接种，或进行实验动物接种培养，再做涂片、镜检。

结膜刮削物的检查：用 2％普鲁卡因溶液注射于上眼睑皮下，再以拇指和食指展开睑器，将上眼睑外翻。如有大量分泌物时，应拭干，然后用玻片或盖玻片的边缘于结膜上皮进行表层刮削并涂片，染色后镜检。

（八）鼻泪管造影法

鼻泪管造影有助于诊断先天性和后天性鼻泪管阻塞，注入造影剂（40％碘油）2～3mL，立即进行鼻泪管外侧和斜外侧的拍照。

此外，B超、视网膜电图、CT 和核磁共振成像等技术也可用于动物眼病的诊断。

技能 2　眼病常用治疗技术

·技能描述·

眼科常用治疗技术包括常规眼科用药和眼病治疗技术。动物患眼经过临床检查后，兽医会根据检查结果对患眼进行相应的眼科用药和治疗，从而解除动物的眼病困扰。

·技能情境·

动物医院手术室或外科手术实训室，常规眼科药物，注射器及眼睑下灌流装置等。

·技能实施·

一、眼科用药

1. 洗眼液　2％～4％硼酸溶液、生理盐水、0.5％～1％明矾溶液及 0.1％新洁尔灭溶液等。

2. 收敛药和腐蚀药　0.5％～2％硫酸锌溶液、0.5％～2％硝酸银溶液、2％～10％蛋白银溶液、1％～2％硫酸铜溶液、1％～2％黄降汞眼膏以及硝酸银棒和硫酸铜棒。

3. 抗微生物药　磺胺类：多用 3％～5％磺胺嘧啶溶液、10％～30％乙酰磺胺钠溶液、4％磺胺异噁唑溶液以及 10％乙酰磺胺钠眼膏等。

抗生素类：0.5％氯霉素溶液、0.5％～1％新霉素溶液、0.5％～1％金霉素溶液、3％庆大霉素溶液、1％卡那霉素溶液和甲哌利福霉素眼药水（利福平眼药水）。还有抗生素眼膏，如氯霉素-多黏菌素眼膏、新霉素-多黏菌素眼膏、3％庆大霉素眼膏、1％～2％四环素、红霉素、金霉素眼膏等。

抗真菌感染的药物：0.2％氟康唑和0.2％两性霉素 B 滴眼液。

另外，还有0.1％阿昔洛韦滴眼液、0.1％碘苷滴眼液、0.1％利巴韦林（病毒唑）滴眼液、4％吗啉双胍滴眼液及三氮唑核苷滴眼液等抗病毒药物。

4. 皮质类固醇类　这类药除了可局部使用和结膜下注射外，还可与抗生素联合使用。1％氟甲龙液、0.1％～0.2％氢化可的松液或0.1％～1％强的松龙液滴眼。结膜下注射时，可选用：每毫升含 4mg 的地塞米松，每毫升含 20mg、40mg、80mg 的甲强龙，每毫升含25mg 的强的松龙或每毫升含 10mg 的曲安西龙。

皮质类固醇与抗生素的联合使用：新霉素、多黏菌素与0.1％二氟美松；10％乙酰磺胺钠与0.2％强的松龙；12.5mg 氯霉素与 25mg 氢化可的松；1.5％新霉素与0.5％氢化可的松；新霉素、多黏菌素、杆菌肽和氢化可的松；青霉素和地塞米松合用等。

必须注意的是，皮质类固醇可加重角膜溃疡，长时间使用可导致角膜溃疡经久不愈，甚至引起角膜穿孔和患眼失明。在临床治疗角膜外伤、角膜溃疡时，不可使用这类药物。

5. 散瞳药　0.5％～3％硫酸阿托品溶液或1％硫酸阿托品眼膏、2％和5％后马托品溶液、0.5％～2％盐酸环戊通溶液、0.25％东莨菪碱溶液等。

6. 缩瞳药　1％～6％毛果芸香碱溶液或1％～3％眼膏、0.25％～0.5％毒扁豆碱溶液或眼膏、1％乙酰胆碱溶液、1％～6％毛果芸香碱与1％肾上腺素溶液等。

7. 麻醉药　给马和小动物做角膜和眼内手术时，普遍采用全身麻醉。可用于表面麻醉的药物有0.5％～2％盐酸可卡因溶液、0.5％盐酸丁卡因溶液、0.5％盐酸丙美卡因溶液以及 0.4％丁氧卡因。

8. 其他药品

（1）降眼压的药物。0.25％倍他洛尔、0.25％噻吗洛尔以及 1％的卡替洛尔滴眼液。

（2）治疗白内障的药物。吡诺克辛滴眼液（0.75mg/1.5mL 的卡他灵眼药水）以及0.015％的法可林滴眼液（消白灵）。

（3）促进角膜上皮生长的药物。小牛血清提取物（素高捷疗）眼膏和贝复舒滴眼液（重组牛碱性成纤维细胞生长因子）。

（4）治疗角膜溃疡的药物。0.5％多黏菌素 B 眼膏对铜绿假单胞菌所致的角膜溃疡有显著疗效；0.5％依地酸二钠、自家血清和10％N-乙酰半胱甘酸滴眼液能抑制胶原酶的活性，可用于角膜溃疡、角膜钙质沉着及角膜带状变性。

二、治疗技术

1. 洗眼　给动物的患眼治疗前，必须用2％硼酸溶液或者生理盐水洗眼，以便随后的用药能深透眼组织内，加强疗效。可以利用人用的洗眼壶，将上述溶液盛入壶内，冲洗患眼。也可利用不带针的注射器冲洗患眼，大动物经鼻泪管冲洗更充分。

2. 点眼　患眼经冲洗后，立即选用恰当的眼药水和眼药软膏点眼。将眼睑张开后，用点眼管或不带针头的注射器吸取眼药水滴于患眼的结膜囊内，再用手轻轻按摩患眼。管装的眼膏可直接挤压于结膜囊内，也可用眼科专用的细玻棒蘸上眼药软膏，涂于结膜囊内。用眼药膏后给患眼按摩的时间应稍延长。

3. 结膜下注射 患眼经表面麻醉后，确实保定好动物头部，开张患病动物眼睑，将针头由眼外眦眼睑结膜处刺入并使之与眼球方向平行，注药后用手压迫注射点并按摩患眼。也可将药物直接注射到巩膜表面的球结膜下。对牛，可将药液注射于第三眼睑内。

4. 球后麻醉 又称为眼神经传导麻醉，多用于眼球手术（如眼球摘除术）。

马：先用5％盐酸利多卡因溶液点眼，经5～10min后，将灭菌针头由眼外眦结膜囊处向对侧颌关节方向刺入，并直抵骨组织，将针头稍后退，回抽活塞，无血液进入注射器后，注射2％～3％盐酸普鲁卡因15～20mL。

牛：将注射器于颞窝口腹侧角、颞突背侧1.5～2cm处刺入，针头应朝向对侧的角突，为此，应将针头由水平面稍向下倾斜，并使针头抵达蝶骨，深6～10cm，注入3％盐酸普鲁卡因液20mL。

5. 眼睑下灌流法 眼睑下灌流法的主要目的是方便眼部用药以及对眼部进行冲洗。国外有马和小动物的眼睑下灌流装置出售。也可自行制作：将一根聚乙烯管（外径1.7～2.0mm）放在小火焰上加热，使管头向外卷曲成一凸缘，然后将其浸在冷消毒液内，用一个14号针头插入眼眶上外侧皮下4～8cm并延伸到结膜穹隆部，将上述聚乙烯管涂以抗生素眼膏（氯霉素-多黏菌素眼膏）以便易于通过并减少皮下感染。管子经针头到达结膜穹隆后，拔去针头，并将管子固定（图3-6）。马用的聚乙烯管应该有足够的长度，以便能将其固定在肩部。应将马头固定，并利用市售的微滴静脉注射装置或电池为动力的小滚轴泵持续供药。

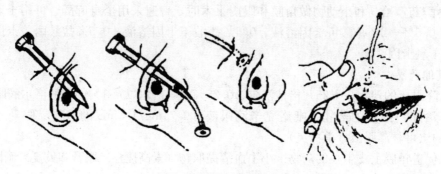

图 3-6 眼睑下灌流技术

技能3 眼球摘除术

·技能描述·

当动物患有严重的眼穿孔、严重眼突出、眼内肿瘤、难以治愈的青光眼或全眼球炎等时，必须进行眼球摘除术以摘除患眼眼球，从而达到救治动物的目的。

·技能情境·

动物医院手术室或外科手术实训室，动物（牛、马、羊、猪、犬或猫），保定用具，手术台，常规手术器械 1 套；纱布块、创巾及麻醉药等。

·技能实施·

（一）保定

大动物站立保定或健侧侧卧保定，小动物健侧侧卧保定，要确实固定头部。

（二）麻醉

小动物行全身麻醉。大动物可行结膜下浸润麻醉及球后神经传导麻醉。

（三）术式

装眼睑开张器或在上、下眼睑各缝一牵引线开张眼睑。沿角巩膜缘环行剪开并分离球结膜（图 3-7）。

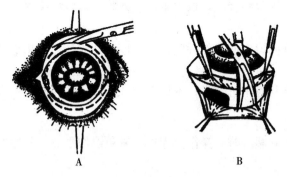

图 3-7　眼球摘除术式
A. 用剪刀在眼球上、下结膜穹隆处做环形切开　B. 用弯剪分离结膜下组织

再沿巩膜外壁向后剥离，至眼外肌附着部时，依次将其剪断（图 3-8），对内直肌要留得稍长些，而后继续向后剥离，直达视神经（图 3-9）。然后用镊子或止血钳夹住直肌残腱，将眼球向内上方牵引。再用弯止血钳夹住视神经及血管，用弯剪沿巩膜外壁伸至球后与止血钳间，剪断视神经，取出眼球（图 3-10）。松开止血钳，彻底止血。眶腔用温的含有抗生素的生理盐水纱布填塞（图 3-11），压迫止血。出血停止后，取出纱布块，再用生理盐水清洗创腔。将各条眼外肌和眶筋膜对应靠拢缝合。也可先在眶内放置球形填充物，再将眼外肌覆盖于其上缝合，可减少眶内腔隙，将球结膜和筋膜创缘做间断缝合。对上、下眼睑做 1～2 针钮孔缝合。最后装眼包扎绷带。

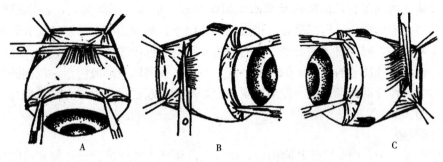

图 3-8　剪断眼直肌
A. 剪断上直肌　B. 剪断外直肌　C. 剪断内直肌

图 3-9　分离眼球周围组织
达视神经

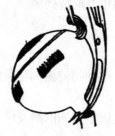

图 3-10　剪断视神经及
退缩肌

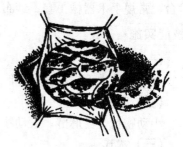

图 3-11　填塞纱布压迫止血

（四）术后护理

（1）术后 2～3d 拆除眼睑缝线，取出眶内填塞物，涂以抗生素眼膏，包扎眼绷带防止患眼受摩擦。

（2）术后可能因眶内出血使术部肿胀，且从创口处或鼻孔流出血清色液体。术后 3～4d 渗出物可逐渐减少。

（3）局部温敷，全身应用抗生素，术后 7～10d 拆除眼睑缝线。

│技术提示│

（1）进行眼神经传导麻醉时，操作要谨慎，避免误伤眼球。若注射正确，会出现眼球突出的症状。

（2）传导麻醉时马与牛的刺针部位有所不同，麻醉药物用 3‰的普鲁卡因溶液，剂量为 20mL。马由眼外眦结膜囊处向对侧下颌关节方向刺入，沿眼球后方注药。黄（奶）牛在颞窝口腹侧角的颞突背侧 1.5～2cm 处刺入，向对侧额骨角突（由水平面向下倾斜）插至蝶骨，深 6～10cm。水牛在下眼睑中点，距睑缘下约 1.5cm 处刺向球后方。

│知识链接│

一、适　应　证

眼球摘除术适用于无治愈希望的眼球损伤、治疗无效的化脓性全眼球炎和眼球内肿瘤。

二、眼的局部解剖结构

眼是动物的视觉器官，由眼球及其附属组织构成。眼球位于眶窝内，占据眼眶的前半部，形似球体，前部稍凸，后部略扁。借助筋膜与眶壁、周围脂肪、结缔组织和眼肌等包绕以维持其正常位置，减少眼球的震动。前有眼睑和睫毛起保护作用，后端通过视神经与脑相连。外界物体发出或反射的光经眼的折光系统，在眼底视网膜上形成物像，视网膜感光细胞将光能转化为神经冲动，经视神经传至视觉中枢，从而引起视觉。眼球由眼球壁与内容物两部分组成（图 3-12）。

（一）眼球壁

眼球壁由外、中、内 3 层膜共同构成，由外向内依此为纤维膜、血管膜和视网膜（图 3-13）。

1. 外层　外层即纤维膜，主要由致密的纤维组织构成，厚而坚韧，形成眼球的外壳，

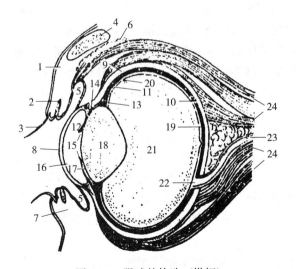

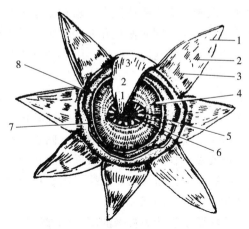

图 3-12　眼球的构造（纵切）

1. 上眼睑　2. 睑板腺　3. 睫毛　4. 眶上突　5. 结膜穹隆　6. 泪腺　7. 下眼睑　8. 角膜　9. 巩膜　10. 血管膜　11. 睫状体　12. 虹膜　13. 晶状体悬韧带　14. 睫状肌　15. 瞳孔　16. 眼前房　17. 眼后房　18. 晶状体　19. 视网膜视部　20. 视网膜睫状部　21. 玻璃体　22. 视神经乳头　23. 视神经　24. 眼球肌

图 3-13　眼球的构造（已切开纤维膜）

1. 角膜　2. 角膜缘　3. 巩膜　4. 瞳孔括约肌　5. 瞳孔开大肌　6. 瞳孔　7. 血管膜　8. 睫状体

有保护眼球内部柔软组织和维持眼球形状的作用。其前部透明的部分为角膜，乳白色不透明部分为巩膜，角膜向巩膜的移行处为角膜缘。

（1）角膜。位于眼球前部，质地透明，是无色透明的内凹外凸透镜，具有折光作用。外界光线都是经角膜、眼前房，再通过瞳孔而射入，如果角膜失去透光性，即使后面的组织都正常，也不能感光。牛角膜中央厚度为 1.5mm，外周 1.5～1.8mm；马角膜中央的厚度为 0.8mm，外周 1.5mm；猪角膜中央厚度为 1.2mm，外周 0.8mm；犬和猫最厚不超过 1.0mm。

（2）巩膜。眼球后 4/5 外层为巩膜。巩膜质地坚韧，呈乳白色，不透明，主要由胶原纤维和弹性纤维交织而成，内有血管和色素细胞。其外面由眼球筋膜覆盖包裹，四周有眼外肌肌腱附着，前面被结膜覆盖。前部与角膜相连，其后有视神经穿出，巩膜表面因血管、神经出入而形成多孔的筛板。后部的小孔在视神经周围，为睫状后动脉及睫状神经所通过。巩膜和角膜交界处的内部有一环形的巩膜静脉窦，是眼房水流出的通道。

（3）角膜缘。角膜缘是角膜与巩膜的移行区，角膜镶在巩膜的内后方，并逐渐过渡到巩膜组织内。角膜缘毛细血管网即位于此处。

2. 中层　由于此层颜色近似紫色葡萄故也称为葡萄膜，或称为色素膜、血管膜，富含丰富的血管和色素细胞，具有营养视网膜外层、晶状体和玻璃体，并形成暗的环境，有利于视网膜对光和色的感觉等作用。由前向后可分为虹膜、睫状体和脉络膜 3 部分。

（1）虹膜。位于血管膜最前部，在晶状体之前，周边与睫状体相连续，呈圆盘状，中央有一圆孔，称为瞳孔。猪和犬的瞳孔呈圆形，草食兽的瞳孔为横椭圆形，猫的瞳孔为垂直的缝隙状。马瞳孔上缘有 2～4 个深色乳头，称为虹膜粒，牛、羊也有，但较小。虹膜表面不平坦，有凹陷的隐窝和辐射状条纹皱褶称为虹膜纹理。发炎时，因有渗出物和细胞浸润，致使虹膜组织肿胀和纹理不清。虹膜内有两种不同方向排列的平滑肌纤维，一部分环绕瞳孔周围，称为瞳孔括约肌（缩瞳肌）；另一部分呈放射形排列，称为瞳孔散大肌（扩瞳肌）。瞳孔能随光线强弱而收缩或散大，就是由于这些肌肉的作用。瞳孔括约肌受动眼神经的副交感神经纤维支配，收缩时使瞳孔缩小；瞳孔散大肌受交感神经支配，收缩时使瞳孔扩大。在强弱不同的光照下，这两种肌肉能缩小或开大瞳孔，以调节进入眼球的光线。瞳孔受光刺激能收缩的功能称为瞳孔反射或对光反射。

（2）睫状体。是血管膜的中间增厚部分，前接虹膜根部，后方与脉络膜相连，外侧与巩膜相邻，内侧环绕晶状体赤道部。睫状体前厚后薄，横切面呈一尖端向后，底呈向前的三角形。前1/3肥厚部称为睫状冠，其内表面有数十个纵行放射状突起，称为睫状突，有调节晶状体屈光度的作用。睫状突表面的睫状上皮细胞具有分泌房水的功能，后2/3薄而平的部分称为睫状环，向后移行于脉络膜内。从睫状体至晶状体赤道部有纤细的晶状体悬韧带（又称为睫状小带）与晶状体相连。

睫状肌受睫状短神经的副交感神经纤维支配，收缩时向前牵拉睫状体，使晶状体悬韧带松弛，晶状体借其本身的弹性导致凸度增加，从而加强屈光力，起调节视力的作用，同时还可促进房水流通。睫状突一旦遭受病理性破坏，可引起眼球萎缩。

（3）脉络膜。呈棕色，衬于巩膜的内面，介于巩膜与视网膜之间，约占血管膜的后3/5部分。脉络膜含有丰富的血管和黑色素细胞，组成小叶状结构，具有营养视网膜外层的功能。眼球后壁的脉络膜内面有一片青绿色三角区，带有金属光泽，称为照膜，它能将进入眼中并已透过视网膜的光线反射回来以加强视网膜的作用，有助于动物在暗光环境下对光的反射。猪无照膜。脉络膜的血液供应主要来自睫状后短动脉，神经纤维来自睫状后短神经，其纤维末端与色素细胞和平滑肌接触，但无感觉神经纤维，故无痛觉。

3. 内层 即视网膜，是一层透明的薄膜，衬在脉络膜内面，是眼球壁的最内层。分为视部（固有网膜）和盲部（睫状体和虹膜部）。视网膜是眼的感光装置，它是由大量各种各样的感光成分、神经细胞和支持细胞构成。其感光成分是视锥细胞和视杆细胞。在光照亮度很弱时，只有视杆细胞有感光作用，而在光照亮度很强时，视锥细胞却是主要的感光部分。因此，视杆细胞是晚间的感光装置，而视锥细胞则是白昼的感光装置。

（二）眼球内容物

在眼球内充满透明的内容物，使眼球具有一定的张力，以维持眼球的正常形态，并保证了光线的通过和屈折。这些内容物包括房水、晶状体和玻璃体，他们和角膜共同组成眼球透明的屈光间质。

1. 房水 房水又称为眼房液，是透明的液体，由睫状体的无色素上皮以主动分泌的形式生成，充满眼前房和眼后房内。

2. 晶状体 晶状体位于虹膜、瞳孔之后，玻璃体碟状凹内，借晶状体悬韧带与睫状体联系以固定其位置。晶状体为富有弹性的透明体，形如双凸透镜，前面的凸度较小，后面的凸度较大。前面与后面交界处称为赤道部。

3. 玻璃体 玻璃体为透明的胶质体，其主要成分为水，约占99%。玻璃体充满在晶状体后面的眼球腔内，其前面有一凹称为碟状凹，可以容纳晶状体。玻璃体的外面包有一层很薄的透明膜称为玻璃体膜。玻璃体无血管神经，其营养来自脉络膜、睫状体和房水，本身代谢作用极低，无再生能力，损失后留下的空间由房水填充。玻璃体若脱失，其支撑作用大为减弱，易导致视网膜脱落。

（三）眼附属器

眼附属器包括眼睑、结膜、泪器、眼外肌和眼眶。

1. 眼睑 眼睑分为上眼睑和下眼睑，覆盖眼球前面，有保护眼球、防止外伤和干燥的功能。

2. 结膜 结膜是一层薄而透明的黏膜，覆盖在眼睑后面和眼球前面的角膜周围。按其不同的解剖部位分为睑结膜、球结膜和穹隆结膜。睑结膜和球结膜的折转处形成结膜囊。临床所做的结膜下注射，就是将药物注射在睑结膜或球结膜下。

3. 泪器 包括泪腺和泪道。泪腺分泌泪液，湿润眼球表面，大量的泪液有冲除细小异物的作用，泪液中的溶菌酶有杀菌作用。泪道包括泪点、泪小管、泪囊和鼻泪管。

4. 眼外肌 眼外肌是使眼球运动的肌肉，附着在眼球周围，包括眼球直肌 4 条、眼球斜肌 2 条和眼球退缩肌 1 条。

5. 眼眶 眼眶是一空腔，由上、下、内、外四壁构成，底向前、尖朝后。眼眶四壁除外侧壁较坚固外，其他三壁骨质很薄，并与鼻旁窦相邻，故一侧鼻旁窦有病变时，可累及同侧的眶内组织。

·操作训练·

利用课余时间或节假日参与动物医院眼病治疗，进行眼病常用治疗技术操作训练。

任务四　食道阻塞的急救

任务分析

食道阻塞是食道被食物或异物阻塞的一种食道疾病。当动物食道发生阻塞时，若用一般保守疗法不能去除时，应尽早采用食道切开术进行急救。另外，食道切开术也可用于食道憩室的治疗和新生物（如食道肿瘤）的摘除。食道阻塞常见于犬、牛和马。

任务目标

1. 了解动物食道切开术的适应证。
2. 能对患病动物食道切开手术进行分析判断，并确定正确手术部位。
3. 能熟练地掌握动物食道切开术的手术要点。
4. 能熟练地进行动物食道切开。

·任务情境·

动物医院手术室或外科手术实训室，动物（牛、马、羊、猪、犬或猫），保定用具；手术台，常规手术器械、纱布块、创巾、麻醉药品、酒精棉及碘伏等。

·任务实施·

一、术部选择

术部根据病变部位而定。一般食道梗塞发病规律是：马、骡多在颈下 1/3 处的颈静脉沟内；牛多在颈中1/3处的颈静脉沟内（图3-14）；犬多发生于咽后食道起始部或食道胸腔入口处。

基于颈部的解剖特点，其手术通路通常分为上方切口和下方切口，即以颈静脉为界，在颈静脉与臂头肌之间做切口显露食道，称为上方切口；在颈静脉与胸头肌之间做切口显露食道，称为下方切口。上方切口的优点是食道位置较浅，易于操作，缺点是引流较困难。因此，凡食道有损伤或有化脓可疑时，可选择下方切口，使引流通畅。

二、动物准备与麻醉

将动物站立保定或右侧卧保定，确实固定头部，充分伸展颈部。大动物应用局部浸润麻醉，必要时用氯丙嗪镇静。小动物用全身麻醉。

图3-14　牛颈中1/3横断面
1. 臂头肌　2. 食管　3. 颈静脉
4. 交感迷走神经干　5. 颈动脉　6. 胸头肌

三、术　式

1. 术部常规处理　术部除毛、消毒、隔离。

2. 打开手术通路　不论是上方切口还是下方切口，都必须沿颈静脉纵向切开皮肤12～15cm。切开皮肤及筋膜，钝性分离颈静脉和肌肉（臂头肌或胸头肌）之间的筋膜（图3-15），分离困难时，在不破坏颈静脉周围的结缔组织腱膜的前提下，可用手术剪剪开深筋膜（颈深筋膜不但是包着颈部器官的总筋膜套，而且是颈部气管、食道、动静脉的深筋膜支架，因此不切开颈深筋膜就无法显露食道）。剪开颈深筋膜后，适当扩大切口，充分止血，根据梗塞物的存在可明显识别出食道。如无梗塞物时，可根据解剖位置寻找呈淡红色、柔软、扁平、表面光滑的食道（图3-16）。

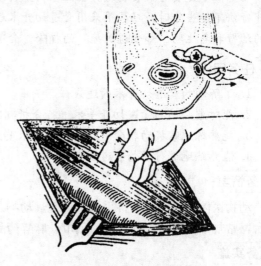

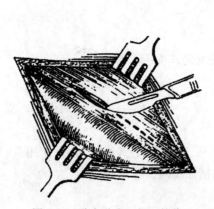

图3-15　分离臂头肌与颈静脉　　　图3-16　用手指确定食道

3. 引出食道　术者手指钝性分离食道周围结缔组织，显露食道后，对有梗塞物的食道部，可先用手轻轻捏压或注入少量石蜡油、碳酸氢钠溶液后，再按压推移梗塞物。无效时，则需将食道轻轻拉出（注意不要使食道与周围组织广泛分离），用灭菌纱布将其与其他组织隔离，并于食道梗塞部的两端用肠钳固定，而后进行食道切开（图3-17）。

4. 切开食道　若食道梗塞的时间不长，食道壁损伤轻，可在梗塞处切开食道壁。若食道梗塞的时间过长，食道壁炎性水肿、食道黏膜有坏死，应在梗塞物的稍后方切开食道，切口大小应以能拿出梗塞物而不撕裂切口为原则（图3-18）。如梗塞物软，可做较小切口分次取出；如梗塞物硬，则需做较大切口取出。

一次性切开食道壁全层（应一刀切透，使食道肌层与黏膜切口一致），以防污染黏膜下层。小心地取出梗塞物，不可强力牵拉挤压，并注意用纱布吸净唾液，尽量减少手术区的污染。

5. 闭合食道切口　取出梗塞物之后，用生理盐水纱布将食道壁擦拭干净，用肠线或丝线连续缝合食道黏膜层，并用青霉素生理盐水清洗，用内翻缝合法缝合食道肌层和外膜（图3-19），除去隔离纱布和肠钳。缝合后，将食道送回原处。

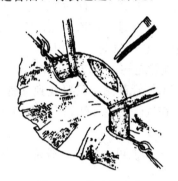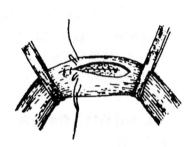

图3-17　切开食道　　　　图3-18　取出阻塞物　　　　图3-19　缝合食道

6. 缝合食道周围软组织　对颈深筋膜、肌肉和皮肤分别做结节缝合。最后，在术部皮肤涂布碘酊，装结系绷带。

四、术后护理

一般情况下，为减少对食道切口的刺激，术后4～5d内禁止饲喂。注意患病动物全身及局部变化，可静脉注射葡萄糖和生理盐水，也可实行营养灌肠，应用抗生素以预防感染。以后逐渐给予适量流质饲料和柔软饲料，并可任其饮水。皮肤缝合线于术后10～14d拆除。

·技术提示·

（1）食道缝合要仔细认真，否则因缝合不当可造成内容物外溢形成食道瘘或食道狭窄，甚至感染沿食道周围疏松结缔组织蔓延至胸腔，而造成严重后果。而且食道闭合必须在确认局部无严重血液循环障碍的情况下方可进行。

（2）对颈部食道憩室，可根据憩室的位置切开颈部皮肤。显露出憩室部后，如憩室小，可先将憩室沿食道纵轴内翻于食道腔内，以黏膜肌层内翻缝合法缝合，以后憩室可逐渐消失。如憩室较大，则应尽量将憩室全部显露，加以切除，最后缝合食道切口。

（3）对于胸部食道梗塞，可通过颈部下1/3处的食道切口，用长柄钳分次取出梗塞物，或经切口插入胃探子将梗塞物慢慢推送入胃。如梗塞物在近贲门部时，可行胃切开术，通过长钳或手将贲门部异物取出。

（4）打开手术通路时，注意不要损伤食道周围的重要组织，如颈静脉、颈动脉、迷走神经干等。

（5）食道手术时，尽量避免将食道与周围组织剥离，否则，撕断的组织在筋膜间可形成渗出物蓄积的小囊，使创伤愈合复杂化。

（6）当切开牛食道时，要注意瘤胃是否发生臌气，术中或术后可以进行瘤胃穿刺，以排除气体。

·知识链接·

1. 食道局部解剖特点　食道分为颈段、胸腔段、腹腔段 3 部分。食道起始于咽的后上壁，紧贴于喉和前面几个气管软骨环的背侧后行，至第 4 颈椎水平渐偏移至气管的左侧，然后在其后行的过程又渐伸向气管的背侧，至第 7 颈椎水平转到气管的左背侧。食道在胸腔先经第 1 肋骨和气管左侧穿过，位于气管背侧，向后横过主动脉弓的右侧，然后几乎呈水平方向伸延于胸主动脉的纵隔腔内，最后穿过膈食道裂孔，终止于胃。

从局部解剖结构看，颈部食道总与气管伴行相连。牛、羊在颈上 1/3，位于气管的背侧，在颈中 1/3 和下 1/3，位于气管左侧；马以颈前半部位于气管背侧，在颈后半部位于气管的左侧；猪的颈段食道全部位于气管背侧。只要找到气管即可找到食道，而气管的位置，则可通过体外触摸确定。因此，在气管的左外侧，左侧胸头肌的上缘做手术切口，最容易找到食道。

2. 食道梗塞位置的确定　在临床上可根据食道外部触诊、胃管探诊或 X 射线检查等确定梗塞位置。

X 射线检查可显示梗塞物的部位和大小；食道造影检查可显示钡剂到达该处后不能通过。在犬，对于密度低的不完全胸部食道梗塞，可让动物吞食裹有造影剂的少量棉花，在直立状态下立即透视，若见含有造影剂的棉花团在某处稍停留后再进入胸腔时，说明此处有异物存在。有条件的可应用食道内窥镜，直接观察梗塞部位。

·操作训练·

利用课余时间或节假日参与动物医院外科手术，进行食道阻塞的急救术操作训练。

任务五　肠便秘和肠变位的手术疗法

任务分析

肠便秘和肠变位均是由于肠腔阻塞而引起的急性腹痛病，保守治疗无效时，需尽快进行手术治疗。肠便秘和肠变位可采取开腹疏通整复治疗，对于顽固性肠便秘疏导无效或肠管不宜施行按压时，可进行肠侧壁切开术，从而达到解救动物的目的。

任务目标

1. 能对患病动物进行剖腹探查，分析判断是肠便秘还是肠变位。
2. 能熟练地掌握肠便秘开腹疏通手术的操作方法和手术要点。
3. 能熟练地掌握肠变位开腹整复手术的操作方法和手术要点。

4. 能熟练地掌握肠侧壁切开术的操作方法和手术要点。

5. 能熟练地进行动物肠便秘和肠变位手术治疗。

任务情境

动物医院手术室或外科手术实训室，动物（牛、马、羊或犬等），保定用具、手术台，常规手术器械、肠钳、纱布块、创巾、麻醉药、酒精棉、碘伏、生理盐水及温青霉素生理盐水冲洗液等。

任务实施

一、术前准备

积极采取减压、补液、强心、镇痛措施，以保持全身状况；投服新霉素或链霉素，制止肠道菌群紊乱，减少内毒素的生成。

二、麻醉与保定

大动物采取站立保定时行腰旁神经干传导麻醉，并配合局部直线浸润麻醉；马侧卧保定或仰卧保定时，一般采用全身麻醉；小动物采用全身麻醉，仰卧保定或侧卧保定。

三、术部常规处理

大动物多采用左（马）、右（牛）肷部中切口，小动物多采取腹中线切口。对动物术部进行除毛、消毒和隔离。

四、术 式

（一）打开腹腔

1. 切开腹壁 有侧腹壁切开法和下腹壁切开法两种。

（1）侧腹壁切开法。

①切开皮肤显露腹外斜肌。在预定切口部位做 20～25cm（大动物）或 5～10cm（小动物）长的切口。分层切开皮肤、皮下结缔组织及筋膜，用扩创钩扩大创口，充分显露腹外斜肌。

②分离腹外斜肌显露腹内斜肌。按肌纤维的方向在腹外斜肌及其腱膜上做一小切口，用钝性分离法将腹外斜肌切口分离至一定长度（图

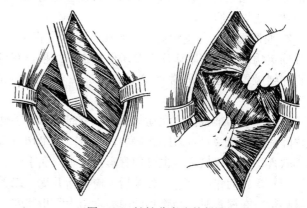

图 3-20 钝性分离腹外斜肌

3-20），如有横过切口的血管，进行双重结扎后切断，充分显露腹内斜肌。

③分离腹内斜肌显露腹横肌。按肌纤维方向分离腹内斜肌切口，并扩大腹内斜肌切口，充分显露腹横肌（图 3-21A）。各层肌肉及其腱膜的切口大小应与皮肤切口大小一致，避免越来越小。

④分离腹横肌显露腹膜。分离腹横肌后，注意充分止血，清洁创面，由助手用腹壁拉钩扩开腹壁肌肉切口，充分显露腹膜（图 3-21B）。

⑤切开腹膜。由术者及助手用镊子于切口两侧的一端共同提起腹膜，用皱襞切开法在腹膜上做一小切口，插入有钩探针或由此切口伸入食、中二指，由二指缝中剪开腹膜（图 3-22）。腹膜切口应略小于皮肤切口。然后用大块灭菌纱布浸生理盐水后，衬垫腹壁切口的创缘，进行术野隔离。此时，应防止肠管脱出。然后按照手术目的实施下一步手术。

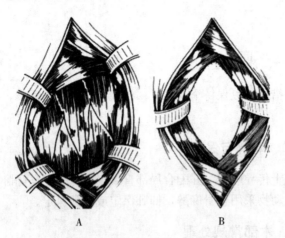

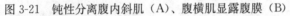

图 3-21　钝性分离腹内斜肌（A）、腹横肌显露腹膜（B）　　　　图 3-22　剪开腹膜

（2）下腹壁切开法。

①正中线切开法。术部常规处理后，沿腹底正中线上切开皮肤，钝性分离皮下结缔组织，及时止血并清洁创面，扩大创口显露腹白线。然后沿腹白线切开，显露腹膜。按照腹膜切开法，切开腹膜。

②中线旁切开法。切开皮肤后，钝性分离皮下结缔组织及腹直肌鞘的外板。然后按肌纤维的方向钝性分离腹直肌切口，切开腹直肌鞘内板，并向两侧分离扩大创口，显露腹膜。按腹膜切开法切开腹膜。

2. 腹腔探查，处置病变　腹腔探查是术者将手伸入腹腔内，通常在非直视的情况下探查并确定病部。根据临床症状及术前检查的结果，有目的地进行重点探查。探查时由近及远进行仔细触摸，发现异常现象后，应进一步确定其部位和性质，然后采取相应措施进行处置。

（1）探查前准备。给大动物手术探查时，术者手臂必须严格消毒至肩、腋部，并用无菌橡皮隔离圈或无菌手术巾隔离肩端，以防对手术切口造成污染。然将手臂涂油剂青霉素或土霉素软膏、四环素软膏，也可用青霉素盐水湿润手臂。

（2）探查动作。手进入腹腔后，应五指并拢，以手背推移肠管或网膜，手在内脏间隙中缓慢移行。在探查时，肠管和网膜经常窜入手指间隙，要轻柔地摆动并拢的手指端，并使手掌呈拳握姿势，即可将网膜和肠管挤出，改变方向继续探查。探查右侧腹腔时用左手，探查左侧腹腔多用右手；探查腹前部常用左手，探查腹中部与腹后部则多用右手。

（3）常见腹腔内气体与腹腔液的病理性状。切开腹膜后，腹膜表面充血、水肿、有绒毛状附着物，并有多量黄色混浊液体，腹腔内温度明显增高，这是腹膜炎的迹象。肠便秘时腹腔液体为黄色半透明状，其数量较正常略有增加。剖腹取胎手术时，腹腔内常有大量黄色浆液性液体流出。患肠扭转、肠绞窄、肠套叠和肠嵌闭的患病动物，腹水量多，且为红色血样浆液性液体。如腹腔中有大量水样微黄色液体，并略有尿味，应注意膀胱是否有破裂口。

发现腹底部有新鲜血凝块，往往是切开时止血不充分所造成的不良后果。陈旧性黑紫色凝块，是内脏发生损伤的征兆。腹腔内血凝块必须取出，因为它是形成内脏粘连的重要因素之一。

腹腔切开后，有腐败粪臭气体喷出，多为坏死肠管穿孔形成气腹。大段肠管坏死时，虽无明显气体逸出，但在探查时，不断散发出腐败臭味。酸臭味的出现，并在大网膜附近手感有纤维残渣，是胃肠内容物进入腹腔的证据。空腔脏器表面有局限性粘连，粘连的局部易于剥离而有捻发感觉，是空腔体壁已有微小破孔的可疑。腹腔探查时，常可发现腹腔丝虫，在营养不良患病动物更为常见，垂危患病动物在探查时，腹腔的温度下降，预兆患病动物有死亡的危险。

肠梗阻的病部肠管，梗阻部前方肠管常发生臌气、积液，梗阻后方常发生萎陷，所以，肠管膨胀与萎陷的交界处，则为梗阻发生部位。小肠梗阻时，引起继发性胃膨胀。

（二）疏通整复法

1. 肠便秘开腹疏通法 探查寻找梗阻的肠段，在腹腔中或将病段肠管引出切口外，隔着肠壁对结粪实施按压和（或）向其内注射药液，使粪结松软散开，疏通肠腔，再将肠管还纳腹腔。对于顽固性肠便秘疏导无效或肠管有坏死倾向不宜施行按压时，可进行肠侧壁切开术。

2. 肠变位开腹整复法 腹腔探查时首先确定肠管变位的位置、性质、方向和程度，尽可能在整复前进行病变前段肠管的穿刺以排气、排液和减压。

如为肠套叠，应通过慢慢拉、挤、压等方式，使之复位。整复时，用手指在套叠的顶端将套入部缓慢逆行推挤复位（自远心端向近心端推）也可一手推挤套叠部远心端，一手牵引套叠部近心端使之复位。肠套叠整复操作时，需细致耐心，推挤或牵拉肠管的力量应轻柔、均匀，不得从远、近两端猛拉，以防肠管破裂。

如为肠扭转，把肠管从扭转相反的方位扭转过来恢复正常位置。

如为肠缠结，应慢慢分离缠结的肠管和肠系膜，把结打开，使肠管复位。

如为肠嵌闭，把肠管从嵌闭孔中慢慢拉出，再闭合嵌闭孔。分离粘连肠管时动作一定要轻柔，尽可能减少对肠壁组织造成的损伤。

肠变位整复后，一定要检查肠管的活力，如肠管坏死无活力，一定要切除坏死肠管。对于肠变位坏死严重、整复困难者，可进行肠管部分切除术，再进行断端吻合术（参见任务六坏死肠管的切除与吻合技术）。

（三）肠侧壁切开术

肠侧壁切开术可分为小肠侧壁切开术和大肠侧壁切开术。

1. 小肠侧壁切开术 必须小心地将闭结部肠段牵引至腹壁切口之外，用温生理盐水纱布覆盖保护并隔离腹腔。用两把肠钳将预定切口的肠管两端夹好，在结粪膨隆处，沿肠管纵轴在肠系膜对侧一次全层切开，取出结粪，用青霉素生理盐水冲洗切口，然后进行肠侧壁缝合。第1层做肠管全层的连续缝合，再用温热的青霉素生理盐水冲洗。术者更换手套，再次洗手消毒，更换器械及创巾。第2层做浆膜、肌层连续内翻缝合（图3-23），取下肠钳，检查有无渗漏，如有渗漏需补针。用温青霉素生理盐水冲洗肠管，涂以抗生素油膏，将肠管还纳腹腔内。

2. 大肠侧壁切开术 其方法基本上同小结肠侧壁切开术，但由于肠管体积大，而移动范围小，难以拉出腹腔之外，为了防止侧壁切开引起肠内容物流入腹腔，常采用缝合固定法。首先将手伸入腹腔，尽量牵引结粪肠段到腹壁切口处，沿肠纵带将肠壁的浆膜、肌层切开，这时将一个灭菌的有孔薄胶布缝在切口上，继续切开黏膜层，取出结粪，冲洗切口的，拆除有孔胶布，肠壁缝合同小肠。

（四）闭合腹壁创口

腹腔手术完成之后，除去术野隔离纱布，助手清点器械物品。术者再次进行腹腔探查，确认腹腔器官没有其他可疑病变及血凝块等异物的情况后，在压肠板引导下用螺旋缝合法缝合腹膜。缝至最后几针时，通过切口向腹腔注入青、链霉

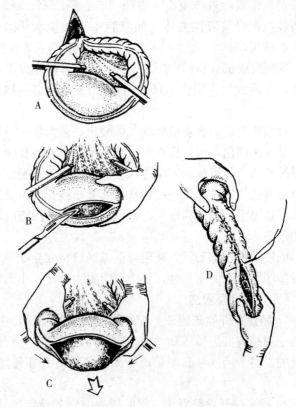

图 3-23 肠管侧壁切开与缝合
A. 在闭结点两侧用肠钳固定　B. 在肠纵带上或肠系膜对侧做切口
C. 肠管上切口向下倾斜，并用两手压挤粪团　D. 缝合切口

素溶液。缝完后用含青霉素的生理盐水冲洗肌肉切口，采用结节缝合法分别缝合腹横肌、腹内斜肌、腹外斜肌及皮肌（图3-24），并且每缝一层都用温生理盐水冲洗，同时注意止血。皮肤缝合完毕后，对其进行适当矫正，涂擦碘酊，装置结系绷带。

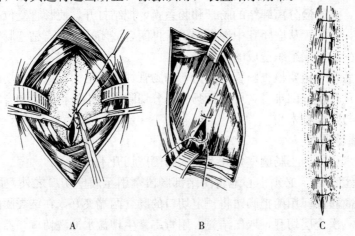

图 3-24 闭合腹壁创口
A. 缝合腹膜　B. 缝合肌层　C. 缝合皮肤

五、术后护理

术后禁食 36～48h，饮水不限。术后应按常规使用抗生素、输液等全身疗法，调整水及电解质平衡，根据患病动物机体状况施以对症治疗。要单独饲喂，防止卧地、啃咬、摩擦伤口。

┌─────────┐
│ 技术提示 │
└─────────┘

（1）开腹疏通结粪实施按压时，应使梗阻部贴于腹壁，五指并拢，以指腹轻柔而有力地按压粪结，使其被压碎，压碎后将粉碎的粪块驱离至梗阻部远端健康肠腔内。按压有困难时，可边注射药液边按压。对盲肠及其他大结肠广泛性梗阻或结粪过硬时，可向结粪内注入 5%碳酸氢钠溶液或液体石蜡等。注射时，术者将连接有胶管的针头带入腹腔，插入结粪内。胶管的另一端在腹腔外，连接注射器，注入药物。注入药液时不可用力过猛，以免药液溢出，流入腹腔。随着药液的不断注入，结粪逐渐松软。一处松软后，将针头移到其他硬固结粪处，直至各处结粪均松软为止。最后加以轻轻按压，使之疏散。

（2）由于肠变位病程短，病情发展快，因此在初步诊断为肠变位时，应及时剖腹探查，一经确诊则立即施行手术整复。依据怀疑变位的肠段和类型选择适当的手术通路，力争在直视下操作。整复前尽量排除阻塞部前段胃肠内容物。

（3）实施肠侧壁切开术时，切开位置选在结粪膨隆处，以便取出结粪。切口的长度以能顺利取出梗阻物为标准。助手自切口的两侧适当推挤阻塞物，使阻塞物由切口自动滑入器皿内，一次或分次取出结粪，以防污染术部。

（4）切开肠壁时应在肠系膜的对侧纵行切开，不可横切。若局部肠管淤血明显，应在健康处切开，以利于缝合及愈合。力争一次切开肠壁，并使切口平整。肠壁切口的止血应用纱布按压法，不可钳夹，以防组织坏死。

（5）肠钳固定肠管不可过紧，肠钳上必须套上胶管，防止肠管过度受压而发生坏死。

（6）犬、猫及羊的小肠较细，肠壁切口经双层缝合后可能造成肠腔狭窄，可采用压挤缝合技术或一次全层内翻缝合。

（7）肠侧壁切开术的手术过程分为无菌手术和污染手术两个阶段。从切开肠壁起至缝完全层肠壁止，为污染手术阶段。因取结粪及肠内容物外溢，污染术者的手及所使用的器械。除此以外均为清洁手术阶段。所以当全层缝合完肠壁后，对肠壁进行清洗消毒，术者要更换手套，重新洗手，更换污染的器械和敷料。

┌─────────┐
│ 知识链接 │
└─────────┘

一、几个肠管疾病相关的概念

1. 肠便秘　又称为肠梗阻、肠秘结、肠闭结、肠阻塞或肠内容物滞留，中医称之为"结症"，是因肠管运动功能和分泌功能紊乱，其内容物停滞而使某段肠管发生完全或不完全阻塞的一种急性腹痛病。临床上以患病动物食欲减退或废绝、口腔干燥、肠音减弱或消失、排便减少或停止、伴有不同程度的腹痛为特征。直肠检查（大动物）或腹部触诊（小动物）可摸到秘结的肠段。

2. 肠变位　又称为机械性肠阻塞，是由于肠管自然位置发生改变，致使肠系膜或肠间系膜受到挤压，血液循环发生障碍，肠腔陷于部分或完全闭塞的一种重剧性急性腹痛病。临床特征是发病急、病程短、动物腹痛剧烈、呕吐（犬、猫、猪）、休克，腹腔穿刺液体量多、呈红色混浊状，大动物直肠检查病变肠段有特征性改变。虽然发病率低，但死亡率高。肠变位类型可分为4种，即肠套叠、肠扭转、肠缠结和肠嵌闭。本病各种动物均可发生，马属动物多发，猪和猫肠变位临床常见的是肠套叠，其他则少发。

二、剖腹术手术部位选择

腹部手术的术部应根据手术种类及目的而定，常用的方法有侧腹壁切开法和下腹壁切开法。

侧腹壁切开法，常用于肠切开、肠扭转、肠变位、肠套叠及牛羊的瘤胃切开术等。下腹壁切开法，多用于剖宫产及小家畜的腹腔手术。

1. 侧腹壁切口的部位

（1）牛左髂部正中垂直切口。在左髂部，由髋结节向最后肋骨下端引直线，自此直线中点向下垂直切开，切口长 20～25cm（图 3-25A）。此切口适用于以检查左侧腹腔器官为主的腹腔探查术、瘤胃切开术，也适用于网胃探查、瓣胃冲洗等手术。

（2）牛左髂部肋后斜切口。在左髂部，距最后肋骨 5cm，自腰椎横突下方 8～10cm 处起，向下平行于肋骨切开，切口长 20～25cm（图 3-25A）。此切口适用于体形较大病牛的网胃内探查及瓣胃冲洗术。

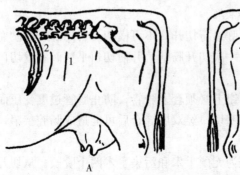
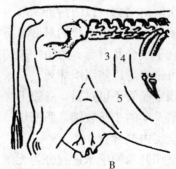

图 3-25　牛侧腹壁切口部位
1. 左髂部正中垂直切口　2. 左髂部肋后斜切口　3. 右髂部正中垂直切口
4. 右髂部肋后斜切口　5. 右髂部肋弓　下斜切口

（3）牛右髂部正中垂直切口。与左髂部正中相对应（图 3-25B）。此切口适用于以检查右侧腹腔器官为主的腹腔探查术及十二指肠第二段的手术。

（4）牛右髂部肋后斜切口。在右髂部，距最后肋骨 5～10cm，自腰椎横突下方 15cm 起平行于肋骨及肋弓向下切开，切口长 20cm（图 3-25B）。此切口适用于空肠、回肠及结肠的手术。

（5）牛右侧肋弓下斜切口。在右侧最后肋骨下端水平位处向下、距肋弓 5～15cm 并平行于肋弓切开，切口 20～25cm（图 3-25B）。此切口适用于真胃切开术。

（6）马左髂部切口。由髋结节到最后肋骨作一背中线的平行线，由此线的中点下方 3～5cm 处开始向下做 20～25cm 长切口，这一切口部位依手术目的的不同，可以靠前，靠后或偏下方与肋平行，以利于手术的进一步实施（图 3-26A）。此切口适用于小结肠、小肠及左侧大结肠手术。

（7）马右髂部切口。右侧大结肠、胃状膨大部及盲肠手术时，切口在靠近右侧剑状软骨部，与肋弓平行，具体部位与左侧大结肠部位相对应（图 3-26B）。

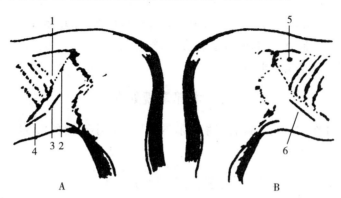

图 3-26　马侧腹壁切口部位

1. 到卵巢　2. 到小结肠　3. 到小肠　4. 到左侧大结肠

5. 肠穿刺部位　6. 到右侧大结肠、胃状膨大部及盲肠

2. 下腹壁切口的部位

（1）正中线切开口。切口部位在腹下正中白线上，脐的前部或后部。公畜应在脐前部，切口长度视需要而定。

（2）中线旁切开口。切口部位不受性别限制。在腹白线一侧 2～4cm 处，做一与正中线平行的切口，切口长度视需要而定。

·操作训练·

利用课余时间或节假日参与动物医院外科手术，进行肠便秘和肠变位的诊疗手术操作训练。

任务六　坏死肠管的切除与肠管吻合术

任务分析

动物发生肠便秘、肠扭转、肠变位、肠套叠时，常引起病段肠管发生广泛性肠粘连，甚至发生坏死，如不及时手术治疗常危及动物生命，此时需要采用部分肠管切除与吻合术。

任务目标

1. 能正确判定肠管是否发生坏死。

2. 能进行坏死肠管的切除与吻合操作。

3. 会进行吻合术的术后护理。

·任务情境·

动物医院手术室或外科手术实训室，动物（牛、马、羊、猪、犬或猫），保定用具，手术台，常规手术器械 1 套、肠钳、纱布块、创巾、麻醉药、酒精棉及碘伏等。

·任务实施·

一、麻醉与保定

大动物进行全身麻醉或腰旁神经传导麻醉，并配合局部浸润麻醉；犬、猫等小动物进行全身麻醉，并进行气管插管，以防呕吐物逆流入气管内。

大动物侧卧保定，小动物仰卧保定。

二、术部常规处理

大动物术部选择在左（马）或右（牛）肷部中切口，小动物多采取脐前腹中线切口。对术部进行除毛、消毒并隔离。

三、术　式

1. 切开腹壁，显露腹腔　按腹壁切开法进行。

2. 腹腔探查、病变肠管的牵引与隔离　切开腹壁后，用生理盐水纱布隔离保护腹壁切口缘，术者手经创口伸入腹腔内探查，并找到病变肠段。对各种类型小肠变位的探查，应重点探查扩张、积液、积气、内压增高的肠段，遇此肠段应将其牵引至腹壁切口外，以判定病部肠管，确定切除范围。若变位肠段范围较大，经腹壁切口不能全部引出或因肠管高度扩张与积液，强行牵拉肠管有肠破裂危险时，可将部分变位肠管引出腹腔外，由助手扶持肠管进行小切口排液，术者手臂伸入腹腔内，将变位肠管近心端肠袢中的积液向腹腔切口外的肠段推移，并经肠壁小切口排出，以排空全部变位肠管中的积液，方可将全部变位肠管引出腹腔外。用生理盐水纱布隔离保护肠管，并判定肠管的生命力。

3. 切除坏死肠管　展开病变肠管及肠系膜，确定肠切除范围，肠切除线一般在离病变部位两端 3～5cm 的健康肠管上。将预切线两侧的肠管中的内容物向两侧推挤，并用肠钳在距肠切除线 2～5cm 处的健康肠段固定，以闭合肠腔。对相应肠系膜作 V 形或扇形预定切除线，在预定切除线两侧双重结扎分布在该肠段的肠系膜上的血管，同时也应特别注意肠断端处肠系膜三角区血管的结扎。然后在结扎线之间将坏死肠管及肠系膜切除（图 3-27）。彻底冲洗肠管断端。

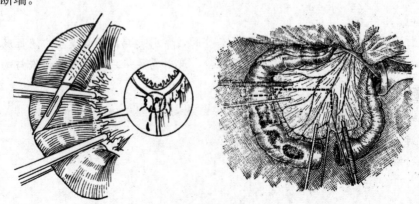

图 3-27　肠管切除

4. 肠管吻合　肠管吻合的方法有端端吻合、侧侧吻合与端侧吻合等 3 种。端端吻合符合解剖学和生理学特点，临诊工作中常用。但在肠管较细的动物，吻合后易导致肠腔狭窄，此时，侧侧吻合能克服这一缺陷。端侧吻合在兽医临诊上仅用于两肠管断端口径相差悬殊之时。

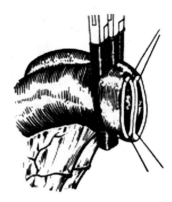

图 3-28　穿牵引线

（1）端端吻合。助手将两端肠钳并拢固定，注意两肠管有无扭转。在肠系膜附着部的两断端距断缘 0.5～1cm 处，用 1～2 号丝线将肠壁浆膜肌层或全层缝合一针作为牵引线，在肠系膜对侧的两端处也同样另作牵引线，分别交助手固定，使肠管互相靠近成一直线（图 3-28）。然后用直圆针自两肠断端的后壁，在肠腔内由肠系膜对侧起做全层连续缝合（图 3-29A），缝合接近肠系膜侧向前壁折转处，将缝针自一侧肠腔黏膜向肠壁浆膜刺出，而后将缝针从另侧肠管前壁浆膜刺入，从同侧肠腔内黏膜穿出。自此，在前壁做全层连续内翻缝合（图 3-29B），前后肠壁缝合完毕，即完成了第 1 层缝合。用青霉素生理盐水冲洗，更换器械、创巾，术者、助手消毒手臂，转入无菌手术阶段。第 2 层行浆膜、肌层连续或间断内翻缝合前后壁（图 3-29C）。撤去肠钳，检查吻合口是否符合要求。最后对肠系膜做连续或间断缝合。再用微温青霉素生理盐水冲洗，将肠管送回腹腔。对管径较细小的肠管行端端吻合时，可行一层全层间断内翻缝合，小动物及羊的小肠多用这种方法。

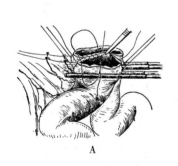
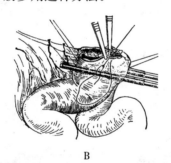
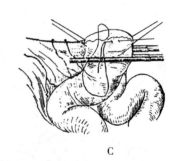

A　　　　　　　　　　　B　　　　　　　　　　　C

图 3-29　吻合术缝合法
A. 后壁全层连续缝合　B. 前壁连续缝合　C. 肠壁前后壁浆膜肌层内翻缝合

（2）侧侧吻合。先对两断端分别用连续全层缝合法缝合第 1 层，冲洗后，再做连续浆膜、肌层内翻缝合，两肠管断端形成闭合的盲端（图 3-30），然后开始进行侧侧吻合。

先将两肠管盲端以相对方向使肠壁交错重叠，检查两重叠肠管有无扭转，用两把肠钳在近盲端处沿肠纵轴方向钳夹肠管，钳夹的水平位置要靠近肠系膜侧。然后将两肠钳并列靠拢，交助手固定（图 3-31）。

在靠近肠系膜侧做间断或连续伦勃特氏缝合，缝合长度应略超过切口长度（图 3-32）。在此缝合线侧方 1cm 左右处（相当于肠侧壁的中央部），各做一个相当于肠管管腔 1.5～2 倍的切口，形成肠吻合口（图 3-33）。吻合口后壁做连续全层缝合（图 3-34），缝至前、后壁折转处，按端端吻合法转入前壁，行康奈尔氏缝合（图 3-35）。最后将前壁浆膜肌层做间断或连续伦勃特氏缝合。撤去肠钳，将重叠肠系膜游离缘做间断缝合。

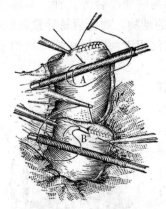

图 3-30　肠管断端缝合成盲端

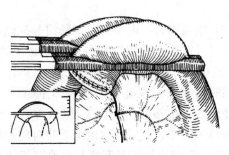

图 3-31　两肠钳纵向钳夹两肠端

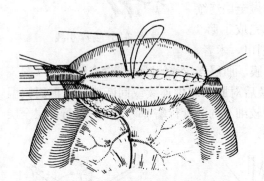

图 3-32　近肠系膜侧连续伦勃特氏缝合

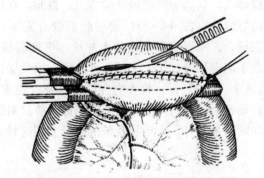

图 3-33　在缝线两侧纵向切开肠壁

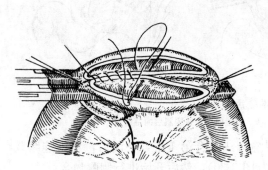

图 3-34　后壁连续缝合

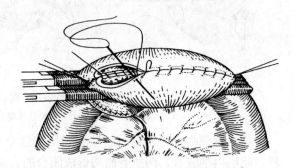

图 3-35　前壁康奈尔氏缝合

（3）端侧吻合。用于切除病变肠管后，两断端管径不一致的情况。多用于回肠末端肠套叠手术，切除坏死回肠，做回肠与盲肠端侧吻合术。

先将一肠断端做全层连续缝合，再做浆膜肌层伦勃特氏缝合成盲端，并用肠钳沿肠管纵轴钳夹盲端，并在其上做一与另一断端大小基本一致的新吻合口。助手将两肠钳靠拢，再按肠管端端吻合法进行缝合，缝毕检查吻合口，并缝合游离缘肠系膜。

5. 肠管还纳与腹壁切口闭合　用生理盐水清洗肠管上的血凝块及污物后，将肠管还纳于腹腔内，并进行腹腔探查，然后常规闭合腹壁切口。

四、术后护理

（1）术后静脉补充水、电解质及营养物质，并注意酸碱平衡。

（2）术后禁食，只有当动物肠管蠕动音恢复，出现排粪或排气正常，方可给予优质、易于消化的饲料，开始时量宜少，逐渐增大饲喂量，7d 后可给予常食。

（3）术后 1 周内全身给予足量抗生素，预防感染的发生，局部按一般创伤治疗。

（4）术后适当牵遛运动，促进恢复。

技术提示

（1）切除坏死肠管及相应的肠系膜时，注意肠管要斜切（45°～60°）以增大断面肠腔（图 3-36），防止缝合后肠管狭窄，同时可保证吻合端供血良好。

（2）保证良好的供血。通过手指可触及保留肠管断端系膜的动脉脉搏，表示供血良好，同时注意吻合口肠管颜色变化。注意肠吻合处附近系膜中不应有血肿存在（血肿可使循环受到影响）。

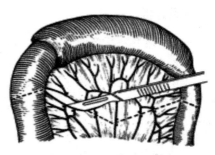

图 3-36 肠系膜及肠管切除线

（3）精确对合浆肌层。良好的愈合需要浆膜面的正确对合，吻合的肠壁之间不应有脂肪或其他组织，浆肌层缝合必须包含黏膜下层，因为大部分肠管张力位于此处。应特别注意吻合肠壁的系膜侧，吻合前必须将终末血管及脂肪从肠壁上分离清除约 1cm 宽度，以便创造充足的视野及良好的浆膜面对合，也不用担心供血不良，同时精确的缝合技术也极为重要。

（4）吻合肠段的近远段肠祥应游离足够的长度，以使吻合处无张力。

（5）缝线打结时的松紧度应恰到好处。过松可致吻合口不严密而致肠瘘，过紧可致吻合处组织供血障碍，甚至切断肠壁，影响愈合。

（6）避免吻合处肠断端的损伤。处理吻合肠段的末端时不应过多钳夹；使用缝针操作时针尖不能在肠壁内反复穿刺、转动，以减少创伤。

知识链接

（1）由肠梗阻、肠变位引起肠坏死的动物，多伴有严重的水、电解质代谢紊乱和酸碱平衡失调，并常常发生中毒性休克。为了提高动物对手术的耐受性和手术治愈率，在术前应纠正脱水和酸碱平衡紊乱并防治休克。静脉注射胶体液（如全血、血浆）和晶体液（如林格氏液）、地塞米松、抗生素等药物；使用镇痛、镇静剂，以减轻疼痛；用胃导管进行导胃以减轻胃肠内压力；同时进行术部、器械、辅料和药品的准备，进行紧急手术。

（2）在非紧急情况下，术前 24h 禁食，术前 2h 禁水，并给予口服抗菌药物，如土霉素、新诺明或红霉素等，可有效地抑制厌氧菌和整个肠道菌群的繁殖。

（3）肠管的活力主要从颜色、色泽、弹性、肠系膜血管搏动及其蠕动来判定。若肠管呈暗紫色、黑红色或灰白色；肠壁菲薄，变软无弹性，肠管浆膜失去光泽；肠系膜血管搏动消失；无蠕动能力等，说明已坏死，应果断切除。判定可疑时，可用生理盐水温敷 5～6min，若肠管颜色和蠕动仍无改变，肠系膜血管仍无搏动者，可判定肠壁已经发生坏死。

（4）缝合肠管过程中所指的后壁是指肠管断端相邻或相贴的内侧缘的两肠壁，而前壁则是肠管断端相靠后两外侧缘的肠壁。

·操作训练·

利用课余时间进行动物离体肠管吻合训练，并利用节假日参与动物医院外科手术，进行坏死肠管的切除与吻合术操作训练。

任务七　胃内异物处置技术

任务分析

反刍动物发生严重的瘤胃积食、真胃积食，或者发生创伤性网胃（心包）炎，或动物误食大量有毒食物或者塑料布、尼龙线等异物，经保守治疗无效时，应尽早采用胃切开和探查术去除胃内异物进行急救，从而达到救治患病动物的目的。另外，胃切开和探查术也可用于胃内肿瘤的摘除。

任务目标

1. 了解动物胃内异物的去除与探查术的适应证。
2. 能熟练地掌握动物胃切开术和探查术的操作要领和方法。
3. 能正确进行动物胃切开术操作。

技能1　瘤胃切开术

·技能描述·

瘤胃切开术常用于严重的瘤胃积食、创伤性网胃炎、误食不消化的异物等疾病的急救。也用于瓣胃梗塞、真胃积食时，进行胃冲洗治疗。

·技能情境·

动物医院手术室或外科手术实训室，动物（牛或羊），保定用具，手术台，常规手术器械、纱布块、创巾、麻醉药、酒精棉及碘伏等。

·技能实施·

一、术部的选择

1. 左肷部中切口　是瘤胃积食的手术通路。还可用于一般体形的牛的网胃探查、胃冲洗和右侧腹腔探查。

2. 左肷部前切口　适用于体形较大病牛的网胃探查及瓣胃梗塞、真胃积食的胃冲洗术。

3. 左肷部后切口　为瘤胃积食及右侧腹腔探查术的手术通路。

二、保定与麻醉

一般采用柱栏旁站立保定，也可进行右侧卧保定。多用腰旁神经干传导麻醉配合局部浸润麻醉，也可配合应用镇静剂。

三、术部常规处理

术部除毛、消毒及术部隔离。

四、术　式

1. 分层切开腹壁　按腹壁切开法进行。

2. 腹腔探查　切开腹壁以后，着重探查瘤胃壁与腹壁的状态，网胃与横隔间有无粘连或异物等，同时注意检查右侧腹腔器官的状态。

3. 瘤胃固定与隔离　腹腔探查完毕后，将胃壁的一部分（通常是瘤胃背囊）拉出于腹壁切口之外，选择胃壁血管较少的地方做切口。切开前，先选择一种合适的方法进行瘤胃固定与隔离。

（1）瘤胃浆肌层与皮肤切口缘连续缝合固定法。显露瘤胃后，用三棱针将瘤胃浆膜肌层与腹壁切口皮缘做一周连续缝合，针距为 1.5～2cm，胃壁显露宽度为 6～8cm，边缝合边抽紧缝线，使胃壁和皮肤固定（图 3-37）。在缝合固定切口左侧时，应将胃壁向切口右侧牵引，缝合固定右侧时相反，缝合完毕，检查切口下角是否固定确实，必要时应补充缝合并加纱布垫。

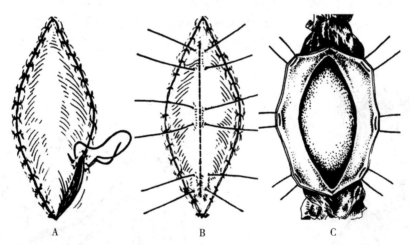

A　　　　　　　　　B　　　　　　　　　C

图 3-37　瘤胃浆肌层与皮肤切口缘连续缝合固定法

A. 瘤胃壁浆肌层与皮肤创缘连续缝合　B. 在瘤胃壁切开线两侧各作 3 个预置水平缝合线

C. 切开瘤胃壁拉紧预置缝合线，使黏膜外翻

此法隔离严谨，对瘤胃创口与皮肤创口机械摩擦小，但胃壁缝合需时间较长，缝合操作时对胃壁造成机械性刺激，腹壁切口较大。

（2）瘤胃六针固定和舌钳夹持外翻法。显露瘤胃后，在切口上下角与周缘，做 6 针纽扣状缝合，将胃壁固定在皮肤或肌肉上。打结前应在瘤胃与腹腔之间，填入温生理盐水纱布。纱布一端在腹腔内，另一端置于切口外，打结后胃壁紧贴在腹壁切口上使瘤胃术部明显突出。胃壁固定后，在突出的瘤胃周围和切口之间，填以温生理盐水纱布，以便在切开胃壁外翻时，胃壁的浆膜层能贴在纱布上，减小对浆膜的刺激和损伤。当胃壁切开后，在其创缘分别用2～4把舌钳固定提起，并把胃壁切口部黏膜外翻，随即用巾钳把舌钳柄夹住，固定在皮肤和创布上，然后向胃腔内套入橡皮洞巾（图3-38）。

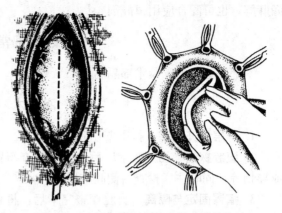

此法操作简便，使用器械较多，但执行无菌操作要求严格彻底，对瘤胃切口浆膜保护较好，适用于各类型瘤胃内异物的取出。

（3）瘤胃四角吊线固定法。将胃壁欲做切口部分，牵引至腹壁切口外，在胃壁与腹壁切口间，填塞大块灭菌纱布，并保证大纱布牢固地固定局部。在瘤胃壁预定

图3-38　瘤胃六针固定和舌钳夹持外翻法

切口的左上角与右上角、左下角与右下角依次用10～12号缝线穿入胃壁浆膜肌层，作为预置缝线。每预置缝线相距5～8cm。切开胃壁，由助手牵引预置缝线使胃壁膜紧贴术部皮肤，并使其缝合固定于皮肤上（图4-39）。

此法操作简单，适用于不取出瘤胃内容物的网胃内探查与异物取出。

（4）瘤胃缝合橡胶洞巾固定法。暴露瘤胃后，用中央带有 6cm×(12～15)cm 长方形孔的塑料布或橡胶洞巾，将瘤胃壁与中央孔的四周做连继续浆膜肌层缝合，使洞巾的中央长方形孔野贴于胃壁上，形成一隔离区。于瘤胃壁和洞巾下填塞大块灭菌纱布(注意保证纱布的牢固性)将塑料布或橡胶洞巾四角展平固定在切口周围皮肤上，在长方形孔中央切开瘤胃（图3-40）。

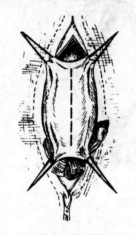

图3-39　瘤胃四角吊线固定法

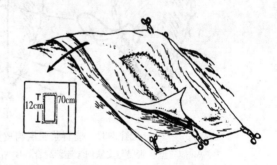

图3-40　瘤胃缝合橡胶洞巾固定法

此法操作简单，腹壁切口小，适用于瘤胃积食内容物的取出及网胃探查。缺点是瘤胃壁与皮肤切口缘未能固定，手臂进出时对瘤胃切口刺激磨损较大。

4. 切开瘤胃　先在瘤胃切开线的上 1/3 处，用外科刀刺透胃壁（约一个钳头宽度），并立即用舌钳夹住胃壁的创缘，向上向外拉起，防止胃内容物外溢。然后用剪刀向上、向下扩大切口，分别用舌钳固定提起胃壁创缘，将胃壁拉出腹壁切口向外翻，随即用巾钳把舌钳柄夹住，固定在皮肤和创布上。如无舌钳时，可在切开瘤胃前，在预切开线两侧通过瘤胃全层各做3个水平纽扣缝合，缝针再在距同侧皮肤创缘5～10cm 的皮肤上缝合，暂不抽紧打结，

并在瘤胃切开线周围和牵引线下方用温生理盐水纱布垫隔离。当切开瘤胃后，助手将切口创缘两侧的预置牵引线抽紧打结，使瘤胃黏膜外翻。然后再安置橡胶洞巾，即将有洞橡皮布（或塑料布）创巾置入胃壁切口之内，放入时将创巾洞的弹性环捏成椭圆形放入胃壁切口之内，放入后弹性环自行展开呈圆形或椭圆形而固定于胃壁切口之内边缘上，切口外的创巾展平固定于创布上。

自胃壁切开开始为污染手术，所用器械、敷料应与灭菌器械分别放置。胃壁切口出血宜用结扎止血法，切忌用止血钳夹胃壁。

5. 胃内探查与各种异常状态的处理　瘤胃内容物呈泡沫样臌气时，应在取出部分胃内容物之后，插入粗胶管，用温生理盐水冲洗瘤胃，消除发酵的胃内容物。瘤胃积食时，可取出胃内容物总量的 1/3～1/2，并将剩余部分掏松分散在瘤胃内。饲料中毒时，可取出有毒的胃内容物，剩余部分用大量温生理盐水冲洗，还应投入相应解毒药。取出网胃异物时，将右手伸入瘤胃内，向前通过瘤胃背囊前端的瘤网孔进入网胃、先触摸网胃前部及底部，当发现异物，可沿其刺入方向将异物拔出。胃底部游离的金属异物，可使用磁铁吸出。而后触摸网胃右侧的网胃瓣胃孔，如有堵塞随即清除。当瓣胃阻塞时，可用胶管通过网瓣孔插入瓣胃，反复注入大量生理盐水，泡软、冲散内容物使瓣胃疏通。

6. 缝合胃壁切口　除去洞巾及舌钳，并用生理盐水冲洗胃壁切口及其周围污染区，由助手向上提起舌钳或拉紧胃壁牵引线，将胃壁切口对齐，用 0～1 号肠线（或 4～7号丝线）以螺旋形缝合法缝合胃壁全层（图 3-41A）。以温的青霉素生理盐水冲洗缝合部。术者和助手重新洗手消毒，更换手套和手术器械，再以青霉素生理盐水冲洗瘤胃及腹壁创面。用胃肠缝合法将浆膜肌层连续内翻或结节内翻缝合（图 3-41B），再用温生理盐水或 0.1% 新洁尔灭溶液冲洗，并将局部涂以抗

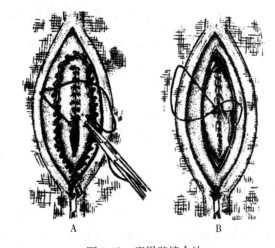

图 3-41　瘤胃壁缝合法
A. 全层连续缝合胃壁　B. 拆除瘤胃固定线，进行浆膜肌层内翻缝合

生素软膏或其他消炎油膏，随后拆除瘤胃固定线，去除固定纱布等，将瘤胃送回腹腔。

7. 闭合腹壁创口　腹腔探查后，由助手清点手术器械和敷料，闭合腹壁创口（方法同任务五），必要时对皮肤进行减张缝合，装置结系绷带。

五、术后护理

手术当日禁止饲喂，给予清洁饮水，从第 2 天起给少量的柔软饲料，以后每日递增，一般术后 7d 可恢复正常饲养。倘若动物体质较弱，同时在手术过程中有污染可能，在术后 3d 内连续应用抗生素，并考虑应用 0.25% 普鲁卡因 100～200mL，青霉素 100 万～200 万 IU 做腹壁封闭注射，1 次/d。此外，还应进行适当补液。根据患病动物身体情况逐渐让其进行适当运动。术后经过良好，8～10d 后可拆除皮肤缝线。

技能 2 真胃切开术

技能描述

真胃积食、真胃内肿瘤的切除及真胃内有异物时常需施行真胃切开术。严重瓣胃梗塞经保守治疗无效时，也可通过真胃切开对瓣胃进行冲洗治疗。

技能情境

动物医院手术室或外科手术实训室，动物（牛或羊），保定用具，手术台，常规手术器械、纱布块、创巾、麻醉药、酒精棉及碘伏等。

技能实施

一、保　　定

将动物左侧卧保定或站立保定。

二、术部确定与术部常规处理

多取右侧肋弓下斜切口，或在右侧下腹壁触诊真胃，以真胃轮廓最明显处来确定切口部位。也可取腹白线旁切口。术部常规处理同前。

三、麻　　醉

麻醉以复合麻醉为好，常用保定宁或静松灵肌内注射，配合局部浸润麻醉。

四、术　　式

1. 切开腹壁　按腹壁切开方法切开腹壁，彻底止血后，显露真胃。

2. 隔离腹腔及切开胃壁　腹壁切开后，显露真胃后，将真胃与腹腔隔离，隔离方法与瘤胃切开术的隔离方法基本相同。先用青霉素生理盐水纱布填塞于真胃与腹壁切口之间，再将橡胶创巾连续缝合在真胃壁上，向外翻转橡胶创巾并固定于术野创巾与皮肤上。然后，切开胃壁，切口长 15～20cm，并向切口内套入圆孔洞巾（图 3-42）。

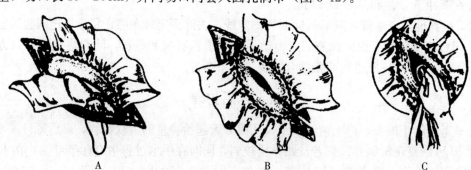

图 3-42　隔离腹腔、切开真胃壁
A. 将橡胶创巾连续缝合于真胃壁上　B. 切开真胃　C. 塞入橡胶洞巾

3. 掏取胃内容物　当真胃有异物时，经洞巾的圆孔取出胃内异物，并探查瓣胃状况。如果瓣胃处于生理状态，即可清理术部而结束手术。如果瓣胃有食物阻塞，则必须进行瓣胃冲洗（图3-43）。

4. 闭合胃壁　清理术部并清洗胃壁切口，对有损伤的胃壁切口应适当切除，以预防胃瘘的形成。用4号丝线对胃壁切口做全层连续缝合后，拆除胃壁的隔离创巾，用温生理盐水冲洗及清拭胃壁。除去切口外围填塞的纱布。再行真胃壁浆膜肌层连续内翻缝合。清拭后还回腹腔。

5. 闭合腹壁切口　同前。

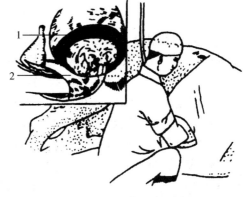

图3-43　通过真胃冲洗瓣胃
1. 瓣胃　2. 真胃

五、术后护理

术后禁饲36～48h，待动物出现反刍后，可给予少量优质饲草、饲料。术后1周内每天用抗菌药物治疗，并注意补液和维持离子平衡。

技能3　犬胃切开术

技能描述

犬的胃切开术常用于胃内异物的取出、胃内肿瘤的切除、急性胃扩张-扭转的整复、胃减压或坏死胃壁的切除、慢性胃炎或食物过敏时胃壁活组织检查等。

技能情境

动物医院手术室或外科手术实训室，犬，保定用具，手术台，常规手术器械、纱布块、创巾、麻醉药、酒精棉及碘伏等。

技能实施

一、麻醉与保定

将动物仰卧保定。全身麻醉，在气管内插入气管导管，以保证呼吸道通畅，减少呼吸道死腔和防止胃内容物逆流误咽。

二、手术部位选择与处理

常采用脐前腹中线切口。从剑突末端到脐之间做切口，但不可自剑突旁侧切开。犬的膈肌在剑突旁切开时，极易同时开放两侧胸腔，造成气胸而引起致命危险。切口长度因动物体形、年龄大小及动物品种、疾病性质不同而不同。幼犬、小型犬和猫的切口，可从剑突到耻骨前缘之间；胃扭转的腹壁切口及胸廓深的犬腹壁切口均可延长到脐后4～5cm处。

对术部进行除毛、消毒及隔离等常规处理。

三、术　式

1. 常规切开腹壁　沿腹中线切开腹壁，显露腹腔。切除镰状韧带，若不切除，不仅影响手术操作，而且再次手术时常因大片粘连而给手术造成困难。

2. 显露胃　将胃从腹腔轻轻拉出，在胃的周围用数块温生理盐水纱布垫填塞在胃和腹壁切口之间，以抬高胃壁并将胃壁与腹腔内其他脏器隔开，以减少胃切开时对腹腔和腹壁切口的污染。胃的切口位于胃腹面的胃体部，在胃大弯和胃小弯之间的无血管区内，采用纵向切口（图3-44）。在胃的腹面胃大弯与胃小弯之间的预定切开线两端，用艾利氏钳夹持胃壁的浆膜肌层，或用7号丝线在预定切开线的两端，通过浆膜肌层缝合预置两根牵引线。用艾利氏钳或两牵引线向后牵引胃壁，使胃壁显露在腹壁切口之外。

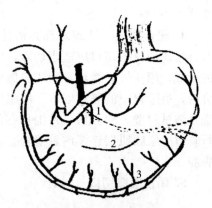

图 3-44　犬胃切开部位
1. 胃小弯　2. 胃切开线　3. 胃大弯

3. 切开胃　先用外科刀在胃壁上向胃腔内戳一小口，退出手术刀，改用手术剪通过胃壁小切口扩大胃的切口。胃壁切口长度视需要而定。对胃腔各部检查时的切口长度要足够大。胃壁切开后，清除胃内容物并进行胃腔检查，应包括胃体部、胃底部、幽门、幽门窦及贲门部。检查有无异物、肿瘤、溃疡、炎症及胃壁是否坏死。若胃壁发生了坏死，应将坏死的胃壁切除。

4. 缝合胃壁切口　犬胃壁切口的缝合，第1层用3/0～0号的铬制肠线或1～4号丝线进行康奈尔氏缝合，清除胃壁切口缘的血凝块及污物后，用3～4号丝线进行第2层连续伦勃特氏缝合（图3-45）。用温生理盐水冲洗胃壁切口及腹壁创口。

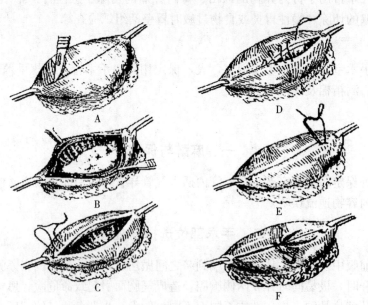

图 3-45　胃的切开术与缝合
A. 用艾利氏钳夹持预定切开线两端　B. 切开胃壁显露胃腔　C、D. 康奈尔氏缝合开始
E. 第1层康奈尔氏缝合结束　F. 第2层伦勃特氏缝合

5. 胃还纳腹腔　拆除胃壁上的牵引线或除去艾利氏钳，清理除去隔离的纱布垫后，用温生理盐水对胃壁进行冲洗。若术中胃内容物污染了腹腔，用温生理盐水对腹腔进行灌洗，然后转入无菌手术操作。

6. 闭合腹壁切口　分层缝合腹壁，注意止血，安装结系绷带并装腹绷带。

四、术后护理

术后禁食 48h，静脉补液。禁食 48h 后可给予肉汁等流质食物，术后 3d 可以给予软的、易消化的食物，应少量多次喂给。术后 5d 内每天定时给予抗生素。

·技术提示·

（1）实施瘤胃切开术时，若是动物站立保定，应该妥善进行保定，防止动物术中卧地；侧卧保定时，应防止手术时间过长导致瘤胃臌气。

（2）腹壁切开时，分离肌肉应按照肌纤维方向进行分离，避免造成创囊；按层切开，避开大血管和神经。

（3）胃切开术时，应杜绝胃内容物及冲洗液体渗入腹腔。切开胃壁从上而下，而缝合胃壁时应从下到上，胃壁的两道缝合应注意缝合严密。

（4）胃切开手术均有污染术和无菌术两个过程，术者及助手要注意两个阶段转换时器材更换及消毒。

（5）在患病动物恢复期间，应注意动物水、电解质代谢是否发生了紊乱及酸碱平衡是否发生了失调，必要时应予以纠正。

（6）手术后还应密切观察胃的解剖复位情况，特别是患胃扩张-扭转的病犬，经胃切开减压整复后，注意犬的症状变化，一旦发现胃扩张-扭转复发，应立即进行救治。

·知识链接·

1. 瘤胃积食　是因前胃收缩力减弱、采食大量难以消化的饲草或容易膨胀的饲料所致。常引起急性瘤胃扩张、瘤胃容积增大、内容物停滞、瘤胃运动和消化功能障碍，发生脱水和毒血症。本病牛、羊多发，特别是舍饲的耕牛最为常见。

2. 犬胃扩张-扭转　犬胃扩张-扭转是指突然发生胃扩张并沿长轴扭转，导致胃和十二指肠变位，贲门和幽门阻塞，胃内过度积气、积液或积食的一种病理状态。单纯性胃扩张可发生于各品种和各年龄犬，多见于 2～10 岁的深胸型大型犬，如大丹犬、德国牧羊犬、圣伯纳犬、巨型贵妇犬、杜宾犬、爱尔兰赛特犬，该病雄犬比雌犬发病率高。

·操作训练·

利用课余时间或节假日参与动物医院外科手术，进行胃内容物的去除与探查手术操作训练。

任务八　真胃变位手术治疗

▶ **任务分析**

牛真胃（皱胃）变位可分为真胃左方变位和真胃右方变位两种。牛真胃左方变位病程长，可通过健胃药辅以消导药治疗或滚转疗法等保守疗法整复变位的真胃，恢复其运动功能，调节电解质平衡；若保守疗法效果不好，可通过真胃变位复位固定手术进行治疗。牛真胃右方变位发病急、来势猛，病程短，死亡率高，一旦确诊需立即进行真胃变位复位固定手术，以达到救治动物的目的。

任务目标

1. 了解真胃变位手术的适应证。
2. 能熟练地掌握真胃变位复位固定手术的操作方法和要点。
3. 能正确进行真胃变位复位固定手术操作。

任务情境

动物医院手术室或外科手术实训室，动物（牛），保定用具，手术台，常规手术器械、纱布块、创巾、麻醉药、酒精棉及碘伏等。

任务实施

一、术前准备与麻醉

术前禁食 24h 以上。经口腔用胃导管导出瘤胃内液状容物。动物站立保定或侧卧保定。可用腰旁神经干传导麻醉，配合局部浸润麻醉，性烈的牛可配合全身镇静。

二、术部选择与处理

术部选择依变位情况而定，可取左肷部中切口，或右肷部下切口，或脐后腹中线旁切口。

术部常规除毛、消毒与隔离。

三、复位方法

1. 真胃左方变位复位固定术　即左肷部切口、胃腔减压真胃复位法。将左腹壁切开后，术者将手伸入腹腔，在瘤胃与腹膜之间即可触摸到左方变位的真胃。当真胃内含有大量气体及液体时，尽量将变位的真胃拉向腹壁切口，接着用带长胶管的穿刺针头穿刺真胃壁，排出真胃内气体和液体或者用 100mL 注射器反复抽吸以便加速排出气体和液体。当真胃内气体和液体排出之后，在大弯处的大网膜附着部，用缝线做 2～3 针浆膜肌层水平纽扣状缝合，每针间距 3～4cm，缝合线的线尾分别引出腹壁切口之外。当术者将真胃推送到右腹底部的正常位置后，分别将缝合线的线尾带到右腹底部，术者用手指在腹腔内向外推顶，指示助手在右侧相应位置做皮肤小切口，助手用止血钳经皮肤小切口向腹腔内插入，并钳夹住纽扣状缝合的线尾（图 3-46）。然后同样的方法将另外的缝合线线尾引出右侧腹壁外，右侧腹壁每针间距以 3～4cm 为宜。固定线全部引出体外后，术者用手推送真胃，使其经瘤胃下方进入右侧腹腔，与此同时助手抽紧固定线。术者检查是否有肠管或网膜缠绕在固定线上，在确诊真胃复位、无脏器缠结的情况下，将第 1 和第 3 根固定线分别与第 2 根固定线打结固定，剪去余线，缝合右侧腹壁小切口。在腹腔内注入青霉素和链霉素溶液，常规闭合左肷腹壁切口（图 3-47）。

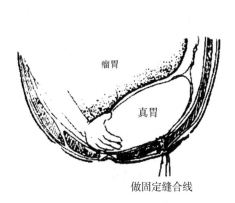

做固定缝合线

图 3-46　真胃复位手术后示意

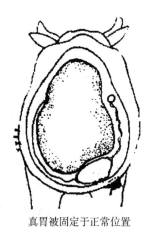

真胃被固定于正常位置

图 3-47　真胃复位缝线固定

2. 真胃右方变位复位术　在右胺部下 1/3 最后肋骨直后方，距最后肋一掌处做一平行于肋骨的直切口，切开腹壁至需要的长度。按常规方法切开腹壁显露真胃后，将腹膜与真胃壁浆膜肌层进行隔离缝合，当真胃内蓄积大量气体和液体时，可先用带长胶管的针头穿刺，排出部分真胃内的气体与液体，而后在真胃壁上先做一荷包缝合，在荷包缝合的中央做一3～4cm 的切口，切开真胃壁，然后迅速插入粗胶管（或者胃导管）抽紧荷包缝合线加以固定，继续排出真胃内积液，待液体排尽后，拔出胶管抽紧荷包缝合线，缝合真胃切口。如果真胃内下方液体未排尽或真胃内蓄积食物尚需排出时，可延长真胃壁切口，再将胃内容物排出。最后真胃壁切口先行全层连续缝合，再行浆膜肌层缝合，拆除腹腔隔离缝合线，将真胃复位还纳于正常位置，并尽可能地按真胃左侧变位复位后的固定缝合法，将大网膜或胃底部缝合固定于右侧腹壁，以防真胃变位的复发。

3. 腹中线旁切口复位固定术　切开腹壁后，术者右手由切口伸入，经腹腔下缘伸至左侧，将左移的真胃拉向创口，在真胃底部或真胃后端的网膜上，做 5～6 个结节缝合固定在腹白线旁切口的右侧。最后，按常规闭合腹壁切口。

四、术后护理

术后应给予补液强心，改善心功能，改善血液循环，调整胃肠功能，消除消化紊乱；抗菌消炎，控制感染。术后第一天给予少量富有营养、易于消化的饲料，停喂多汁及易发酵的饲料。以后，逐日适当增加喂饲量，至 5～7d 可恢复平日饲喂量。

·**技术提示**·

（1）真胃变位手术治疗时，应注意严格消毒，尤其是术者的手。

（2）在拉出真胃时应小心，且不宜将真胃长时间暴露在空气中，应尽快在麻醉状态（一般 45～60min）内完成手术。

（3）在真胃上的固定点不要穿透真胃胃壁。

（4）对已确诊的病例，应尽快实施手术治疗，随着病情拖延容易发生腹膜炎、腹腔粘连、胃壁变薄或者发生胃穿孔等情况。

·知识链接·

（1）牛真胃左方变位（LDA）是真胃通过瘤胃的底部，转移到左侧腹腔，使真胃处于瘤胃与左侧腹壁之间。

（2）牛真胃右方变位（RDA）　又称为真胃扭转，是指真胃从正常的解剖位置以顺时针方向扭转到瓣胃的后上方，而位于肝和腹壁之间。

·操作训练·

利用课余时间或节假日参与动物医院外科手术，进行真胃变位手术操作训练。

任务九　尿道结石手术治疗

任务分析

动物发生尿道结石、尿道异物阻塞或尿道肿瘤时，不能正常排尿，需行尿道切开去结石、异物或肿瘤，畅通排尿通路。

任务目标

1. 能制订尿道切开的手术计划，完成尿道切开术。
2. 会进行术后护理。

·任务情境·

动物医院手术室或兽医外科手术实训室；雄性动物；导尿管；常用外科手术器械；保定用具；消毒药物和麻醉药物。

·任务实施·

一、手术部位的选择与常规处理

尿道结石时，先将消毒的尿道探子或导尿管涂以灭菌凡士林或液体石蜡，插入尿道达结石部位，手术部位即为结石阻塞部的阴茎腹侧正中线上。也可通过皮肤触诊，多数尿道阻塞部敏感、肿胀而有坚实感。公牛尿结石多发于乙状弯曲部，可在阴囊基部后上方或阴囊和包皮口之间做切口（图3-48）。公马尿道造口则在肛门下方会阴部正中线上，坐骨弓下10cm处。犬尿道结石常发生于阴囊与阴茎软骨之间的尿道及坐骨弓部尿道，前者在阴囊与阴茎骨之间做切口，后者则在坐骨弓与阴囊之间做切口（图3-49）。

对术部进行除毛、消毒和术部隔离。

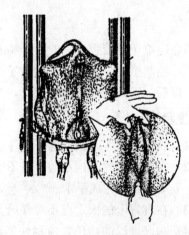

图3-48　牛的乙状弯曲部尿结石切口定位

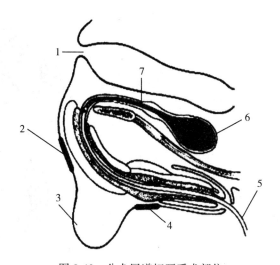

图 3-49　公犬尿道切开手术部位

1. 肛门　2. 后方尿道切口　3. 阴囊　4. 前方尿道切口　5. 导尿管　6. 膀胱　7. 尿道

二、保　　定

大动物当结石位于坐骨弓附近时，可采取柱栏内站立保定，当结石位于膀胱或阴茎游离部时，则应采取侧卧保定。犬、猫等小动物可取仰卧保定。

三、麻　　醉

大动物一般以荐尾硬膜外腔麻醉配合局部浸润麻醉，阴茎游离部手术时，行阴部神经传导麻醉；小动物（如犬、猫等）采取全身麻醉或高位硬膜外腔麻醉，配合局部浸润麻醉。

四、术　　式

1. 切开皮肤，暴露阴茎　在结石阻塞部，沿阴茎腹侧正中线直线切开皮肤、皮下组织暴露阴茎（图 3-50）。

2. 切开阴茎　在结石远端分离阴茎缩肌（图 3-51），切开球海绵体肌、白膜、尿道黏膜。切口长度根据结石大小而定，一般需用 5～8cm。

3. 取出结石　切口完成后，彻底止血，用钳子夹出结石（图 3-52）。如结石过大可将其夹碎后取出。取出结石后，则立即从尿道切口内排出尿液，此时应将导尿管越过切口插入上端尿道内，让大量尿液经导尿管排出。排尿完毕，抽出导尿管（亦可暂不抽出而留置 12～24h，作为排尿通路），用无刺激性防腐液冲洗切口。

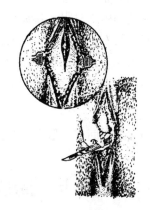

图 3-50　切开皮肤、会阴筋膜、分离阴茎

4. 闭合切口　尿道黏膜通常不缝合，亦可用细的可吸收缝线做结节缝合。尿道海绵体、球海绵体肌和白膜用可吸收缝线或丝线做一层结节缝合。最后结节缝合皮下组织和皮肤。

图 3-51　分离阴茎退缩肌

图 3-52　切开尿道取出结石

五、术后护理

术后给动物打上尾绷带，并将尾拉向体侧加以固定；全身应用抗菌药物，每天清洁消毒创口；给予足够的饮水，以利尿道畅通。

·技术提示·

（1）尿道切开手术在发生尿结石，但尿道没有穿孔和坏死，尿液没有漏入阴茎周围组织的情况下才能实施。

（2）阴茎切口由外向内要逐层缩小，以防尿液在切口内潴留。

（3）犬、猫术后可经尿道口插入导尿管至膀胱，将导尿管外口缝合固定于包皮内，导尿管留置 3～5d。

·知识链接·

（1）雄性动物的阴茎起自坐骨弓，经左、右后肢之间向前延伸到腹壁脐部后方，为长圆柱形，由阴茎海绵体、尿道海绵体和尿生殖道组成，尿道位于阴茎海绵体的腹侧。犬有阴茎骨，位于阴茎中下部的内部，与阴茎海绵体的远端相接，延伸至阴茎的末端后弯曲，形成纤维软骨性突起。

（2）尿结石是尿路中积石或沉积数量过多的结晶，刺激尿路黏膜而引起出血、炎症和阻塞的一种泌尿器官疾病，又称为尿石症，在猫也被称为猫泌尿系统综合征。尿结石可发生于各种动物，因发生部位不同，又可分为尿道结石、膀胱结石、输尿管结石和肾结石。

·操作训练·

利用课余时间或节假日参与门诊或养殖场工作，参与或实施尿道结石的手术治疗。

任务十　膀胱结石与膀胱破裂的手术治疗

任务分析

动物发生严重的膀胱结石无法经尿道排出或发生膀胱肿瘤时，只有进行膀胱切开，去除结石或异物，才能解救患病动物。尿道结石而致膀胱破裂时，必需开腹进行膀胱修补术。

任务目标

1. 能制订膀胱切开或修补术的手术计划，并实施手术。
2. 能根据原发病，实施术后护理与治疗。

·任务情境·

动物医院手术室或兽医外科手术实训室，发生膀胱结石或膀胱破裂的患病动物（亦可以实验动物代替），常用外科手术器械及保定用具，消毒药物和麻醉药物。

·任务实施·

一、术　部

雌性犬、猫在耻骨前腹白线切口，雄性犬、猫则在包皮外侧 2～3cm（相当于包皮侧一指宽）处做平等于腹中线的切口。大动物应在阴囊（乳房）侧方，腹股沟外环与阴囊（乳房）之间，在耻骨前缘 2～3cm，做一平行腹白线的切口（图 3-53）。

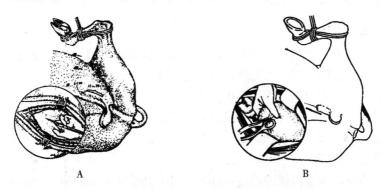

图 3-53　牛、马膀胱切开术保定姿势与切口定位
A. 牛膀胱切开术切口定位　　B. 马膀胱切开术切口定位

二、保　定

大动物采用前躯侧卧后躯半仰卧保定。犬、猫采用仰卧保定。

三、麻　醉

大动物可采用腰荐硬膜外腔麻醉配合局部浸润麻醉；中小动物进行全身麻醉。

四、术　式

1. 切开腹壁　术部消毒后，在耻骨前、阴囊（乳房）侧方纵行切开皮肤及浅筋膜，长5～15cm，显露腹黄筋膜，在腹黄筋膜表面，沿筋膜下间隙向腹腔白线行钝性分离，显露白线。自耻骨前缘 2～3cm 处向前沿白线切开，长 5～10cm，达腹膜外组织。剪开腹膜，显露腹腔。

2. 切开膀胱　腹壁切开后，用温的湿纱布隔离腹腔。术者右手伸入腹腔牵引膀胱到腹壁切口处，小心翻转并使膀胱背侧向外，由助手固定。若结石较大，术者可一手握住膀胱结石，另一手伸入腹腔内协助牵引膀胱到腹壁切口外，在腹壁切口和牵引出的膀胱之间填塞大块灭菌纱布，以防膀胱切开时尿液流入腹腔。如膀胱充盈时，可先行穿刺排出膀胱中的尿液。在膀胱顶部或背侧无血管处，切开膀胱壁。根据结石的大小适当扩大膀胱切口，并在切口两端装置牵引线。

3. 取出结石 使用角匙或药匙取出结石或结石残渣后，应仔细探查膀胱内有无结石碎片、血凝块等，如有应彻底除去。

4. 缝合膀胱 用温青霉素生理盐水冲洗膀胱切口，随即用肠钳固定切口。膀胱黏膜一般不做缝合，用可吸收缝线将膀胱浆膜肌层先行连续缝合，后行间断或连续内翻缝合。缝合完毕，除去肠钳，用青霉素生理盐水轻拭后还纳入腹腔。

5. 闭合腹壁切口 可用丝线连续缝合腹膜，结节缝合腹直肌及其外鞘，最后结节缝合皮肤切口，装结系绷带。

五、术后护理

术后观察动物排尿情况，特别是在术后48～72h，会有轻度血尿或尿中有血凝块。应用抗生素治疗，防止继发感染。

·技术提示·

（1）对因膀胱结石而出现尿闭的动物，术前应先行膀胱穿刺排出膀胱内尿液，防止因保定或动物挣扎而导致膀胱破裂，对需要横卧保定的大动物尤为重要。

（2）手术切口大小应根据动物大小确定。

（3）取膀胱内结石时，应特别注意膀胱颈及附近尿道内结石的取出。

（4）手术治疗膀胱破裂的动物时，要充分暴露膀胱，确定破裂口，并对其进行缝合，确定并消除引起破裂的原因。

（5）膀胱肿瘤时，应该围绕肿瘤进行环形切开，切缘应在距肿瘤0.5cm以上的位置。

（6）缝合膀胱时一般不缝合黏膜层，缝合浆肌层时缝线也要保持不露出膀胱腔内。

（7）膀胱破裂或术中有尿液流入腹腔时，闭合腹壁切口前要用温生理盐水反复冲洗腹腔，并于腹腔内投入适量的抗菌药物。

·知识链接·

（1）除膀胱颈突入骨盆腔外，膀胱大部分位于腹腔内，但也与膀胱内储尿量有关。当膀胱空虚时位于骨盆腔入口处，破裂时尤为明显，而充盈时则几乎全位于腹腔。雄性动物的膀胱位于直肠、生殖褶及前列腺的腹侧。雌性动物的膀胱则位于子宫的后部及阴道的腹侧。

（2）发生膀胱结石或膀胱肿瘤时，行膀胱切开术，而发生膀胱破裂时则行膀胱修补术。

（3）膀胱破裂是指膀胱壁发生裂伤，尿液流入腹腔而引进的以排尿障碍、腹膜炎和尿毒症为特征的疾病。本病常发生于雄性动物，以牛、犬、猫、羊和猪多发，马也有发生。

（4）行膀胱修补术时，原发性尿道阻塞未解除之前，为了解决动物排尿问题，应装置导尿管（膀胱留置管），以随时放出膀胱内积尿，使膀胱保持空虚状态，以减少缝合张力，防止膀胱粘连，促进膀胱切口愈合。

（5）膀胱导尿管的装置方法是在膀胱前部底壁（腹侧面），先用缝线通过浆膜肌层做一荷包缝合，不抽紧缝线。然后用手术刀在荷包圈内将膀胱切一小口，随即用直止血钳引导插入医用 22 号开花（或蕈状）导尿管，并抽紧缝线打结固定。在腹壁切口旁边做一小切口，用止血钳从切口内将导管的游离端引出体外，并用结节缝合使之固定于腹壁皮肤上。导管与膀胱与腹壁之间应留有一定期距离，以防止术后动物起卧活动时的牵拉移动，导致导管从膀胱内脱出。当原发性尿道阻塞原因排除后，可拔除留置导尿管。

·操作训练·

利用课余时间或节假日，参与门诊或养殖场泌尿生殖器官疾病的诊疗实践，也可用实验动物进行膀胱切开术的训练。

任务十一　疝的诊断与整复

任务分析

腹腔脏器从自然孔道或病理性破裂孔脱到皮下或邻近的解剖腔内称为疝，也称为赫尔尼亚。各种动物均可发生，以猪、牛和犬多见，常因诊治不及时而引起死亡。通过对发病动物临床检查，结合发病部位和临床特点做出诊断。确诊后，根据疝的发病情况及时采取相应的治疗方法，进行处理、整复，恢复动物健康。

任务目标

1. 能熟练进行动物视诊和触诊，掌握疝的构成，并能正确判定疝的类型。
2. 能根据疝的发病特点判断采用何种整复技术，并能实施治疗。
3. 能根据手术中出现的不确定因素及时正确处置。

·任务情境·

动物医院手术室、外科手术实训室、动物养殖场兽医诊疗室，常用外科手术器械及保定用具，消毒药物和麻醉药物，发生疝的患病动物。

·任务实施·

一、疝的诊断

（一）疝的一般诊断方法

1. 检查发病部位　局部视诊可见动物腹壁或阴囊、腹股沟、脐等部位出现异常囊状肿大，囊内容物为该部游动性较大的脏器。如发生在脐部的脐疝，发生在腹股沟阴囊部的腹股沟阴囊疝。

2. 询问疝是突发还是渐发　了解疝发生的时间，突然发生的多为外伤性腹壁疝或腹股沟疝，而脐疝及阴囊疝多为渐发性疝。

3. 检查疝囊的柔软度　发病初期触之柔软有弹性，无热无痛，疝囊内容物柔软的多为可复性疝，而疝内容物坚实而伴有疼痛者多为粘连性或嵌闭性疝。

4. 检查疝内容物可否还纳　疝内容物可还纳者为可复性疝，而不能还纳者则为不可复性疝。

5. 探摸疝孔　检查疝孔是否可以摸及疝轮（疝环），如能摸及多为可复性疝或新发生的外伤性腹壁疝。

6. 听疝内容物是否有肠蠕动音 用听诊器在疝囊上听诊，新发生的疝，如疝囊内有肠管，则可听到肠蠕动音，如蠕动音减弱或消失，则说明已成为不可复性疝。如果疝内容物中只是肠系膜或其他脏器，没有肠管，则听不到肠蠕动音。

7. 全身症状是否明显 一般先天性疝全身症状不明显，可复性全身症状不明显，而后天性疝和不可复性疝常伴有明显的全身症状。外伤性腹壁疝则局部疼痛明显，动物骚动不安，局部拒绝触摸。

8. B 超和 X 射线的鉴别诊断 对疝的检查可借助 B 超和 X 射线与脓肿、淋巴外渗、血肿及肿瘤等进行鉴别。

9. 大动物可结合直肠检查 尤其是腹股沟阴囊疝，可通过直肠检查检查腹股沟管内口是否有肠管或肠系膜嵌入。

10. 手术探查 必要时可行手术切开探查，是疝还是其他原因引起的肿胀。

（二）腹壁疝的诊断要点

（1）有外伤病史。

（2）腹壁受伤后局部突然出现一个局限性扁平、柔软的肿胀（形状、大小不同），触诊有疼痛，常为可复性，多数可摸到疝轮。

（3）伤后 2d，炎性症状逐渐发展，形成越来越大的扁平肿胀并逐渐向下、向前蔓延，发病 2 周内常因大面积炎症反应而不易摸清疝轮，疝内容物常与疝孔边缘腹膜、腹肌或皮下纤维组织发生粘连，但很少发生嵌闭，

（4）在肿胀部位听诊时可听到肠蠕动音。

（5）患病动物腹痛。患病动物表现不安、前肢刨地、时卧时起，有的甚至因未及时抢救继发肠坏死而死亡。

（三）腹股沟疝和腹股沟阴囊疝的诊断要点

（1）在股内侧腹股沟处出现大小不等的局限性卵圆形隆起，突出于皮肤表面，疝内容物若为网膜或肠管，隆起部位直径为 2～3cm；若为子宫或膀胱，隆起位部直径可达10～15cm。

（2）发病早期多具可复性，触之柔软有弹性，无热无痛，如将病猪（或犬、猫）倒提，且上下抖动或挤压隆肿部，疝内容物易还纳入腹腔，隆肿随即消失，恢复正常体位或前躯稍高时局部膨隆再次出现。当压挤隆肿或如前改变动物体位均不能使隆肿缩小时，多是由于疝内容物已与鞘膜发生粘连或被腹股沟内环嵌闭所致。

（3）嵌闭性腹股沟疝一般少见，但一旦发生肠管嵌闭，局部显著肿胀，皮肤紧张，疼痛剧烈，迅即出现食欲废绝、体温升高等全身反应。如不及时修复，动物很快因嵌闭肠管发生坏死，转入中毒性休克而死亡。

（4）阴囊疝多具可复性，多为一侧性发生，两侧同时发生甚少。临床可见患侧阴囊明显增大，皮肤紧张，触之柔软有弹性，无热无痛。提起两后肢并挤压增大的阴囊，疝内容物易还纳入腹腔，阴囊随即缩小，但患侧阴囊皮肤与健侧相比，显得松弛、下垂。

（5）病程较久时，因肠壁或肠系膜等与阴囊总鞘膜发生粘连，即呈不可复性阴囊疝，但一般并无全身症状。嵌闭性阴囊疝发生较少，一旦发生，即表现为与嵌闭性腹股沟疝相同的临床症状，个别病例因嵌闭时间较久，阴囊肿胀较大，炎症明显。

（6）当疝内容物不可复时，应考虑与腹股沟处可能发生的其他肿胀（如血肿、脓肿、肿瘤、淋巴结肿大等）进行鉴别诊断。

（7）必要时应用 B 超或 X 射线进行检查，有助于确定疝内容物的性质，可与阴囊积水、睾丸炎与附睾炎进行区别诊断。大动物可进行直肠检查触摸内环大小。

（四）脐疝的诊断要点

1. 可复性脐疝　脐部出现局限性球形肿胀，肿胀缺乏红、热、疼的炎性特征，按压柔软，囊状物大小不一，小的如核桃大，大的可下垂至地面，病初多数能在改变体位时将疝的内容物还纳回腹腔。在饱腹或挣扎时，脐部肿得更大，可触摸到圆形脐轮，听诊疝囊时有肠蠕动音。如果肠管与疝囊或皮肤发生粘连，常伴有全身症状。

2. 嵌闭性脐疝　脐部出现的局限性球形肿胀不能自行回复或缩小，患病动物表现不安、腹痛、食欲废绝、呕吐、臌气。后期排粪停止，疝囊较硬，有热痛感，体温和脉搏增加，若不及时治疗，可发生肠管阻塞或坏死。

二、疝的整复

（一）疝的一般治疗

治疗原则：还纳内容物，密闭疝轮，消炎镇痛，严防腹膜炎和疝轮再次裂开。

1. 压迫绷带法治疗　本法适用于刚发生的，较小的，疝孔位于腹侧壁 1/2 以上，为可复性，尚未发生粘连的病例，根据疝囊大小，用木板、竹片或较厚而韧性好的胶皮制成压迫绷带，另外准备一个厚棉垫。装置压迫绷带时，先在患部涂消炎药物，待将疝内容物送回腹腔后，把棉垫覆盖在患部。将压迫绷带压在棉垫上，再用绷带将腹腔缠绕固定，也可用橡胶轮胎制成压迫绷带进行压迫固定，随着炎性肿胀的消退，疝轮即可自行修复闭合。随时检查压迫绷带使其保持在正确位置上，经固定 15d 后，如疝孔已闭合即可解除压迫绷带。

2. 手术整复　手术疗法为本病的根本疗法。对不可复性疝、嵌闭性疝及疝孔较大病情复杂的疝，应采用手术疗法进行疝的整复。

术前准备及麻醉同剖腹术。

（1）切开疝囊，还纳内容物。局部按常规处理，在疝囊纵轴上将皮肤提起形成皱襞，切开疝囊，用手指探查疝内容物有无粘连、坏死。将正常的疝内容物还纳腹腔。当脱出物与疝囊发生粘连时要细心剥离，用温生理盐水冲洗，并涂以抗生素软膏，再将脱出物送回腹腔。对嵌闭性疝，切开疝囊后，如肠管变为暗紫色，疝轮紧紧嵌住脱出的肠管时，可用手术剪扩大疝轮，用温生理盐水清洗并温敷肠管，如肠管颜色很快恢复正常，出现蠕动，可将肠管还纳腹腔。如发现肠管失活或已坏死，应切除失活或坏死的肠管，然后进行肠管吻合术，再将其还纳腹腔。

（2）闭锁疝轮，缝合皮肤切口。先用连续螺旋缝合法缝合腹膜，再用纽扣状缝合法缝合破裂的腹肌（疝轮），最后结节缝合皮肤，装结系绷带。

（二）腹股沟疝及腹股沟阴囊疝的治疗

1. 腹股沟管外环切开法　局部剪毛消毒及麻醉，先在患部表面将疝内容物送回腹腔；然后在患侧腹股沟外环处与体轴平行切开皮肤，露出总鞘膜，将其剥离至腹底部尽量靠近内环处，然后采用结节或连续缝合法闭合腹股沟内环，用生理盐水冲洗后，结节缝合皮肤，涂碘酊。

2. 阴囊疝手术方法　常用囊底部切开法：先还纳疝内容物，纵行切开阴囊底部皮肤，剥离总鞘膜至外环处，提起睾丸及总鞘膜；确认疝内容物全部还纳回腹腔后，在靠近外环处贯穿结扎总鞘膜及精索，在结扎下方 1～2cm 处剪断总鞘膜，除去睾丸及总鞘膜；将断端塞入腹股沟管内，然后用螺旋缝合法缝合外环，使其密闭；清理创部，缝合皮肤，涂碘酊。为防止渗出液潴留，可在阴囊底部切一小口。疝内容物发生嵌闭时，可切开疝囊和总鞘膜，按外伤性腹壁的嵌闭和粘连的治疗方法进行处理，然后再用上述方法闭锁腹股沟外环。

（三）脐疝的手术治疗

术前停食 1d，局部剪毛消毒，仰卧保定，局部麻醉；无菌操作，纵向皱襞切开皮肤，公猪避开阴茎，不要切开腹膜，把疝内脱出物还纳入腹腔，用纽扣状缝合法缝合疝轮，结节缝合皮肤，在手术中，若发现肠管、腹膜、脐轮、皮肤等发生粘连，要仔细剥离。若肠管已坏死，可切除坏死部分肠管；术后应加强护理，不宜喂得过饱，应限制剧烈活动，防止腹压过高，术后可用绷带包扎，防止伤口感染。术后 7～10d 拆线。

另外，可复性疝应及早发现及早治疗，否则，随着动物日龄增加，体重增大，腹压升高以及疝内容物与疝囊之间相对固定发生粘连，进而发展成为不可复性疝或嵌闭性疝，增加治疗难度。

·技术提示·

（1）进行可复性疝的整复时，可根据发病部位采取相应措施，如初期的脐疝、腹壁疝可采用压迫绷带进行治疗，而阴囊疝则可在腹腔脏器还纳之后，调整体位，采用体外缝合腹股沟管的方法进行整复。

（2）正确认识疝的发病程度，根据实际情况采用合理的治疗方法。

·知识链接·

一、疝的概念

1. 疝的组成　疝由疝轮（孔）、疝囊、疝内容物三部分组成（如图 3-54）。

（1）疝轮（孔）。天然孔（如脐孔、腹股沟环）或腹壁病理性破裂孔，腹腔脏器经此孔脱出至皮下或解剖腔内。

（2）疝囊。包围疝内容物的外囊，主要由腹膜、腹壁筋膜及皮肤等构成。

（3）疝内容物。通过疝轮脱出到疝囊的脏器（如小肠、网膜、子宫等）以及少量疝液。

2. 疝的分类

（1）按疝是否突出体表，分为外疝和内疝。凡突出体表的疝称为外疝，不突出体表者称为内疝。

（2）按解剖位可分为腹股沟阴囊疝、脐疝、腹壁疝等。

腹腔脏器经腹股沟环脱出至腹股沟处形成局限性

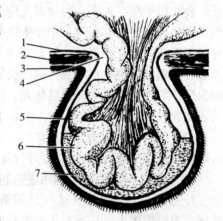

图 3-54　疝结构模式图

1. 腹膜　2. 肌肉　3. 皮肤　4. 疝轮
5. 疝囊　6. 疝内容物　7. 疝液

隆起，称为腹股沟疝。疝内容物多为网膜或小肠，母畜多发。腹腔脏器经腹股沟环脱出并下降至阴囊鞘膜腔内，称为腹股沟阴囊疝或阴囊疝。疝内容物最常见的是小肠，也可见网膜或前列腺脂肪，仔公猪、幼龄公犬多发。鞘膜内疝是指脏器脱出于鞘膜腔内，又称为假性阴囊疝。鞘膜外疝是指脏器经腹股沟前方腹壁破裂孔脱出于阴囊肉膜与总鞘膜之间，又称为真性阴囊疝。腹股沟疝是指脏器通过腹股沟管内环脱入鞘膜管内，又称为鞘膜管疝。脐疝是腹腔脏器通过闭合不全的脐孔进入皮下的现象，脱出的脏器常为小肠和网膜。本病多发于仔猪，一般为先天性的，在出生后数天或数周时发病较多。

由于钝性暴力作用于腹壁，使腹壁肌肉、腱膜及腹膜发生破裂，但皮肤完整性仍保持，腹腔脏器经腹肌的破裂孔脱至皮下形成的疝，称为外伤性腹壁疝。本病可发生于各种动物。

（3）按疝内容物活动性的不同，可分为可复性疝和不可复性疝。即通过压迫或体位的改变，疝内容物可通过疝孔还纳到腹腔的称为可复性疝，反之称为不可复性疝。当疝内容物嵌闭在疝孔内，脏器受压迫，血液循环受阻而发生淤血、炎症，甚至坏死时，统称为嵌闭性疝。

（4）根据发生时间分为先天性疝和后天性疝。

二、病因分析

1. 外伤性腹壁疝　主要是由强大钝性暴力所引起（如角顶撞、奔跑时冲撞、摔倒等），其次是因为腹内压过大（如妊娠后期和分娩中难产、努责等）。因皮肤的韧性及弹性较大，仍能保持其完整性，但皮肤下的腹肌和腱膜直至腹膜易被外力损伤，也见于手术缝合不当，导致腹壁肌肉愈合不良所致。

2. 腹股沟疝及腹股沟阴囊疝　腹股沟疝有先天性和后天性两类。先天性腹股沟疝的发生与遗传有关，即因腹股沟内环先天性扩大所致。后天性的腹股沟疝常发生于成年动物，多因妊娠、肥胖或剧烈运动等因素引起腹内压增高及腹股沟内环扩大，导致腹腔脏器落入腹股沟管而发生本病。阴囊疝的发生主要是腹股沟内环先天性扩大所致，一般认为与遗传有关。

3. 脐疝　病因是脐孔闭合不全、腹壁发育缺陷、脐部化脓、脐静脉炎、断脐不正确、腹压大等。

┤操作训练├

利用课余时间或节假日参与门诊，进行患病动物疝的诊断及整复。

任务十二　直肠和肛门脱垂整复

任务分析

直肠和肛门脱垂是指直肠末端的黏膜层脱出肛门（脱肛）或直肠一部分，甚至大部分向外翻转脱出肛门（直肠脱）。通过对发病动物进行临床视诊和触诊检查，建立诊断，并采取相应的治疗方法进行处理。

任务目标

1. 能进行直肠或肛门脱出的诊断。

2. 能进行直肠或肛门脱的整复手术操作。

3. 能正确处理手术中的并发症。

·任务情境·

动物医院外科手术室或外科病实训室、动物养殖场兽医诊疗室及相应的发生肛门及直肠脱出的患病动物，整复所需手术器材和药品等。

·任务实施·

一、诊断要点

1. 局部症状 患病动物卧地或排粪后，肛门外可见到呈圆球形、颜色淡红或暗红的肿胀物（直肠黏膜）（图 3-55），站立或稍候片刻可缩回，症状消失。有的直肠黏膜的皱襞往往在一定的时间内不能自行复位，则脱出的黏膜发炎，很快在黏膜下层形成高度水肿。

直肠脱垂动物如直肠壁全层脱出，可见到由肛门内突出呈圆筒状下垂的肿胀物，不能自行复位，即直肠完全脱垂（图 3-56）。脱出的肠管被肛门括约肌挤压而导致血液循环障碍，可见脱出物水肿更加严重，同时表面污秽不洁，沾有泥土和草屑等，甚至发生黏膜出血、糜烂、坏死。

图 3-55　直肠黏膜脱出

图 3-56　直肠壁全层脱出

2. 全身症状 动物常伴有全身症状，如体温升高，食欲减退，精神沉郁，并且频繁努责，做排粪姿势。

3. 判断直肠脱是否并发套叠 单纯性直肠脱出时，圆筒状肿胀脱出向下弯曲下垂，手指不能沿脱出的直肠和肛门之间向盆腔的方向插入。而伴有肠套叠的脱出时，脱出的肠管由于肠系膜的牵引而使脱出的圆筒状肿胀向上弯曲，坚硬而厚，手指可沿直肠和肛门之间向盆骨方向插入，不遇障碍。

二、治　疗

治疗原则：消除病因，整复，固定，手术治疗。

1. 手术整复 其目的是使脱出的肠管恢复到原位。

（1）保定与麻醉。猪和犬等中小动物可将两后肢提起取倒提保定，马、牛等大动物可使躯体呈前低后高站立保定。给患病动物施行荐尾硬膜外腔麻醉或交巢穴（后海穴）注射普鲁卡因或利多卡因进行麻醉。

（2）清洁脱出的肠黏膜。发病初期或黏膜性脱垂，且直肠壁及肠周围组织未发生水肿的，治疗方法是先用温热的 0.25％高锰酸钾溶液或 1％明矾溶液清洗脱出肠黏膜，除去污物；脱出时间较长，水肿严重，黏膜干裂或坏死者，先用温水洗净患部，继以温防风汤（防风、荆芥、薄荷、苦参、黄柏各 12g，花椒 3g，加水适量煎沸 2 次，去渣，候温待用）冲洗患部。之后用剪刀剪除或用手指剥除干裂坏死的黏膜，再用消毒纱布兜住肠管，撒上适量明矾粉末揉擦，挤出水肿液，用温生理盐水冲洗后，涂 1％～2％ 的碘石蜡油润滑或抗生素软膏。

（3）还纳脱出的肠黏膜或肠管。从脱出直肠外端口开始，小心地将脱出的肠管向内翻入肛门内，在全部送入肛门后，术者应将手臂（猪、犬用手指）随之伸入肛门内，使直肠完全复位，最后在肛门处给予温敷以防再次脱出。

（4）固定。在整复后动物仍继续努责，有可能再次脱出，应予以固定。

①肛门周围缝合，缩小肛门口，防止再脱出。距肛门孔 1～3cm 处，做一肛门周围的荷包缝合，收紧缝线，保留 1～2 指大小的排粪口（牛为 2～3 指），打成活结，以便根据具体情况调整肛门口的松紧度，经 7～10d，动物不再努责时，则将缝线拆除。

②直肠周围注射药物，使直肠周围结缔组织增生，借以固定直肠。临床上常用 70％酒精溶液或 10％明矾溶液注入直肠周围结缔组织中。在距肛门孔 2～3cm 处，肛门上方和左、右两侧直肠旁组织内分点注射 70％酒精 3～5mL（猪和犬）或 10％明矾溶液 5～10mL，另加 2％盐酸普鲁卡因溶液 3～5mL。注射的针头沿直肠侧直向前方刺入 3～10cm。为了保证进针方向与直肠平行，避免针头远离直肠或刺破直肠，在注射时可将食指插入直肠内引导进针方向，操作时应边进针边用食指触知针尖位置并随时纠正方向。

2. 手术切除脱出肠管或肠黏膜　对脱出过多、整复有困难、脱出的直肠发生坏死、穿孔或有套叠而不能复位的病例可实施手术切除。

（1）麻醉。采用荐尾间隙硬膜外腔麻醉或局部浸润麻醉。

（2）直肠部分切除手术。在充分清洗消毒脱出肠管的基础上，取两根灭菌的兽用针头或封闭针，紧贴于肛门外的健康肠管上相互垂直呈"十"字形穿刺脱出的肠管将其固定（图 3-57）。对于仔猪和幼犬，可用带胶套的肠钳夹住脱出的肠管进行固定（兼有止血作用）。在固定针后方约 2cm 处，将直肠环形横切，充分止血后（应特别注意对位于肠管背侧的动脉进行止血），用细丝线和圆针把肠管两层断端的浆膜和肌层分别做结节缝合，然后用单纯连续缝合法缝合内外两层黏膜层。缝合结束后用 0.25％高锰酸钾溶液充分冲洗、蘸干、涂以碘甘油或抗生素，除去固定针，还纳剩余的直肠于肛门内。

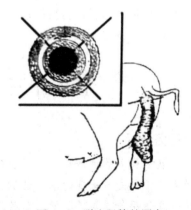

图 3-57　脱出肠管的固定

（3）黏膜下层切除手术。适用于单纯性直肠脱出。在距肛门周缘约 1cm 处，环形切开至黏膜下层，向下剥离，并翻转黏膜层，将其剪除，最后将顶端黏膜边缘与肛门周边缘用肠线做结节缝合，整复脱出部，肛门口做荷包缝合。

（4）套叠性直肠脱的治疗。当并发套叠性直肠脱时，采用温水灌肠，力求以手将套叠肠管挤回盆腔。若不成功，则切开脱出直肠外壁，用手指将套叠的肠管推回肛门内或开腹进行手术整复。为防止复发，应将肛门固定。

3. 术后护理　术后喂以缓泻剂，防止便秘；保持圈舍干燥清洁，隔日进行后海穴封闭。手术后喂以麸皮、米粥和柔软饲料，多饮温水，防止卧地。根据病情给予镇痛、消炎等对症疗法。

·技术提示·

（1）在对动物进行诊断之前，一定要通过问诊的方式先了解动物的发病情况以及既往病史，然后再进行细致的临诊检查，并找出发病原因，以便治疗时消除病因，有利于稳固治疗效果。

（2）在手术治疗时，注意止血，尤其是直肠背侧面动脉的止血，必要时采用结扎法止血。

（3）在对动物进行检查或治疗时，一定要保定好动物，以防发生意外。

（4）注意术后护理。

·知识链接·

（1）直肠和肛门脱出多见于猪和犬，马、牛等其他动物也可发生。

（2）引起直肠和肛门脱出的主要原因是直肠韧带松弛，直肠黏膜下层组织、肛门括约肌松弛和功能不全。而直肠全层肠壁脱垂，则是由于直肠发育不全、萎靡或神经营养不良、松弛无力，不能保持直肠正常位置所引起的。

（3）直肠脱的诱因为长时间腹泻、便秘、病后瘦弱、病理性分娩，或用刺激性药物灌肠后引起强烈努责，腹内压增高使直肠向外突出。此外，牛的阴道脱、仔猪维生素缺乏、猪饲料突然改变也是诱发本病的原因。

·操作训练·

利用离体的直肠进行模拟训练，课余时间参与门诊或在养殖场实习期间进行患病动物直肠和肛门脱垂的诊断及整复。

任务十三　四肢病的诊断与治疗

▶任务分析

动物因饲养管理不当、环境变化、成群打闹撕咬、运动意外、病原微生物感染等多种因素导致正常行走时出现运动不协调、跛行、关节病变等四肢疾病。动物发生四肢病后，其经济价值或使用价值显著降低，如骑乘动物只能被迫淘汰，乳用动物的产乳量减少，肉用动物育肥时间延长，观赏动物观赏性降低，伴侣动物不能伴随主人等。所以，对四肢病准确地进行诊断，并实施治疗，是临床兽医的重要技能之一。

◎任务目标

1. 能通过问诊、视诊及触诊等方式，诊断四肢疾病。

2. 能根据动物运动特点确定患肢，并能准确找到患病部位。

3. 能正确诊断跛行及患肢，采取合理的处理方法。

4. 能对关节炎进行诊断，找出发病原因，及时进行治疗。

5. 能对骨折进行正确复位，并加以固定。

技能 1　跛行诊断

·技能描述·

跛行诊断是指对发生跛行的患肢、患部和病性（病名）做出诊断，以便为临床制定治疗措施提供依据。和认识其他疾病一样，不能只单纯注意局部变化，而应该从有机体是一个整体出发，通过病史调查，结合临床检查，确定患肢，找到患部，建立诊断。

·技能情境·

动物诊疗实训室或动物门诊、养殖场，保定用具，四肢病患病动物。

·技能实施·

一、病史调查

采用问诊的形式向畜主或饲养管理人员了解有关动物跛行的情况。问诊时重点了解下列内容：

（1）患病动物的饲养管理情况，其他同群动物情况如何？

（2）什么时候发生的跛行？是突然发生的还是缓慢发生的？

（3）发病前是否受伤？是否出现打滑、跌倒？是否与其他动物打斗？有没有发生机械撞击？

（4）发生跛行后的表现如何？发病后病情是加重了，还是减轻了？

（5）何时跛行最严重？是刚开始运动时，还是运动过程中？

（6）是否经过治疗？如何治疗的？效果如何？

在问诊时不能呆板地逐条询问，应根据具体情况有针对性地提出与疾病有关的问题。对畜主所提供的情况应该进行分析和判断，去伪存真地加以取舍。

二、确定患肢

在问诊基础上，以视诊为主，观察动物站立或运动中所表现的异常状态，进而确定患肢。

1. 站立检查　又称为驻立检查，使动物在平地上安静站立，从前、后、左、右对四肢的局部、负重状态、被毛和皮肤、肿胀和肌肉萎缩等做全面的、有比较的观察，尤其是对两前肢或后肢同一部位进行比较。

2. 运动检查　轻度跛行必须通过动物检查才能发现异常，确定患肢，并有助于判定患部。运动检查主要观察内容如下：

（1）举扬和负重状态。判定是前方短步还是后方短步，听蹄音，以确定跛行种类，找出患肢。

（2）点头运动。一前肢发生支跛时，健肢着地负重时，头向健侧低下；患病前肢着地负重时，则头向患侧高举，这种随运步而上下摆动头部的现象，称为点头运动，概括为"点头行，前肢痛""低在健，抬在患"。

（3）臀部升降运动。一后肢发生支跛行，为使后躯重心移向对侧健肢，在健肢负重时，臀部显著下降，而患肢负重时臀部明显高举。将这种现象称为臀部升降运动，概括为"臀升降，后肢痛""降在健，升在患"。

（4）运动量对跛行程度的影响。当有关节扭伤、蹄叶炎等带疼痛性疾患时、跛行程度随运动量的增加而加剧。患风湿病等疾病时，跛行程度随运动的增加而逐渐减轻乃至消失。

（5）增加患肢负荷，促使跛行明显。根据患病动物特点可选择下列方法，使患病动物跛行加剧，表现更加明显。

①上下坡运动。前肢支跛时，下坡时症状明显加重；后肢支跛时，上坡时症状明显加重；前肢悬跛和后肢悬跛时，上坡时跛行都加重。

②圆圈运动。支跛患肢在内圈时跛行明显，悬跛患肢在外圈时跛行明显。

③急速回转运动。快速直线运动中，动物突然向内急转，则支跛患肢在回转内侧时跛行明显，而悬跛患肢在外侧时跛行严重。

④硬、软地运动。支跛在硬地运动跛行明显，悬跛在软地运动跛行加重。

（6）两前肢同时患病表现。前行时自然步样消失，病肢驻立时间缩短。前肢运步时提举不高，运步快，肩部强拘，头高扬、腰部弓起；后肢前踏，提举较平常高。在高度跛行时，快速运步比较困难，甚至不能运步。

（7）两肢后同时患病表现。运步步幅缩短，迈出快、运步笨拙，举肢比平时运步高，后退困难，头颈常低下，前肢后踏。

（8）同侧的前、后肢同时患病表现。头部及腰部呈摇摆状态，患前肢着地时，头部高举，并偏向健侧，健后肢着地时臀部低下，反之，健前肢着地时，头部低下，患后肢着地时臀部举起。

三、寻找患部

确定患肢后，还必须根据运动检查时所确定的跛行种类及程度，有步骤、有重点地进行肢蹄检查，以找出患病部位。检查过程中尤其注意与对侧肢进行比较。

1. 蹄部检查

（1）外部检查。主要检查蹄形有无变化，蹄壁有无裂缝或缺损，蹄底各部有无刺伤物及刺伤孔等。检查牛蹄时，应特别注意趾间韧带有无异常。

（2）蹄温检查。用手掌触摸蹄壁，感知蹄温，并应做对比检查。若蹄内有急性炎症，则蹄温升高。

（3）痛觉检查。先用检蹄钳敲打蹄壁、钉节和钉头，再钳压蹄匣各部，如动物拒绝敲打或压，或肢体上部肌肉呈收缩反应或者抽动患肢，则说明蹄内有疼痛性炎症存在。

2. 肢体各部检查 使患病动物自然站立，由腕关节开始逐渐向上触摸压迫各关节和骨骼。注意有无肿胀、增温、疼痛、变形等变化。

3. 被动运动检查 人为地使动物关节、腱及肌肉等做屈曲、伸展、内收、外转及旋转运动，观察活动范围及患病情况，有无异常声响，进而发现患病部位。

4. 外周神经麻醉诊断　利用 2%～4% 盐酸普鲁卡因溶液 5～20mL，采用局部浸润麻醉、传导麻醉或关节内和腱鞘内麻醉等方法，对可疑部位进行麻醉，再行检查。若注射 10～15min 后，跛行消失，说明病变部位在注射点的下方，反之在上方。怀疑有骨裂和韧带、腱部分断裂时，不能应用麻醉诊断。传导麻醉检查对肢体下部单纯痛性疾病引起的跛行有确诊意义。

5. X 射线检查　四肢疾病用 X 射线进行透视或照相检查，可获正确诊断，兽医临床广泛用于诊断关节脱位、骨折、骨化性骨膜炎、蹄部骨病及蹄内异物等。

四、做出诊断

将检查所得的材料进行认真对比分析，反复研究加以归纳总结，对疾病做出初步诊断，定出病名。诊断正确与否，还需在治疗过程中进行验证。把诊断—治疗—再诊断贯穿始终，不断深化对疾病的认识，提高确诊率。

·**技术提示**·

（1）诊疗过程中，动物需适当保定，避免人员发生伤害。

（2）对肢体进行麻醉诊断时，应从肢体的最下部开始，因为最下部麻醉无效时，仍可顺序向上进行麻醉。

（3）跛行诊断要将各种方法检查所得的丰富材料，进行认真全面分析，围绕确定病肢、确定患部、确定病性的步骤，最后做出诊断。

·**知识链接**·

1. 跛行概念　跛行是动物肢体或其邻近部位因病态而表现出的四肢运动功能障碍。跛行不是一种独立的疾病，而是肢蹄疾病或某些疾病的一种综合症状。许多外科病，特别是四肢病和蹄病常可引起跛行，有些传染病、寄生虫病、产科病和内科病也可引起跛行。

2. 跛行的种类　四肢在运动的时候，每条腿的运动可以分为两个阶段——空中悬垂阶段和地面支柱阶段。在空中悬垂阶段可分为提举、伸扬两个步骤。在地面支柱阶段可分为着地、负重和离地 3 个步骤。蹄从离开地面到重新到达地面，为该肢所走的一步（也称一个步幅），这一步被对侧肢的蹄印分为前、后两个半步，前方的半步称为前半步，后方的称为后半步。健康动物一步的前一半和后一半基本是相等的（图 3-58），而在运步有障碍时两个半步则发生明显变化。为此，根据患肢功能障碍的状态及步幅变化，将跛行分为以下几种。

（1）支跛（踏跛）。患肢在支柱阶段表现功能障碍称为支柱跛行，简称支跛。其特征是患肢因疼痛而缩短负重时间，使对侧健肢提前落地，病肢落地蹄音低，或落地负重时呈减负体重或免负体重，

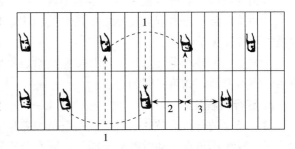

图 3-58　健康动物的步幅
1. 一步幅　2. 后半步　3. 前半步

表现为系部直立或两肢频频交替负重。侧方视诊呈后方短步（图 3-59）。患部多在腕、跗关节以下，即"敢抬不敢踏，病痛腕跗下"。

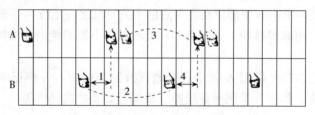

图 3-59　患支跛动物的步样

A. 健肢　B. 患肢

1、4. 后半步　2、3. 一步幅

（2）悬跛（运跛、扬跛）。患肢在空中悬垂阶段表现的功能障碍称为悬垂跛行，简称悬跛。其特征是患肢提举困难，伸扬不充分，抬不高，迈不远，重者患肢拖拉前进。侧方视诊呈前方短步（图 3-60）患部多在跗关节以上，即"敢踏不敢抬，病痛上段呆"。

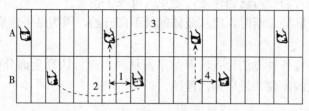

图 3-60　患悬跛动物的步样

A. 健肢　B. 患肢

1、4. 前半步　2、3. 一步幅

（3）混合跛（混跛）。患肢在悬垂阶段和支柱阶段均表现不同程度的功能障碍，称为混合跛行，简称混跛。引起混合跛行的可能有两种情况：一种是在患肢上有引起支跛和悬跛的两个患部；另一种是在某发病部位负重时有疼痛，运步时也有疼痛。其特征为支跛与悬跛的特征同时存在。

（4）特殊跛行。

①紧张步样：表现急促短步，如蹄叶炎。

②黏着步样：表现缓慢短步，步态强拘，如风湿病、破伤风等。

③间歇性跛行：表现为突然发生，突然消失，反复发作；这种跛行常发生于动脉栓塞、习惯性脱位及关节石。

④鸡步：患肢举扬不自然，后蹄突然高举，高度屈曲膝关节和跗关节，并在空中停留片刻后，突然着地，如鸡走路的姿态。

3. 跛行的程度

（1）轻度跛行。患肢驻立时可以蹄全负缘着地，有时比健肢着地时间短。运步时稍有异常，或病肢在不负重运动时跛行不明显，而在负重运动时出现跛行。

（2）中度跛行。患肢不能以蹄全负缘负重，仅用蹄尖着地，或虽以蹄全负缘着地，但上部关节屈曲，减轻患肢对体重的负重。运步时可明显看出提伸有障碍。

（3）重度跛行。患肢驻立时几乎不着地，运步时有明显的提举困难，甚至呈三肢跳跃前进。

4. 引起跛行的原因

（1）四肢的运动及支柱器官的疼痛性疾患，如关节、肌腱、腱鞘、骨等急性炎症，均可引起跛行。

（2）由于慢性炎症过程形成关节粘连、腱及韧带挛缩等，可引起跛行。神经麻痹和肌肉萎缩时，四肢肌肉功能障碍，影响四肢运动，出现跛行。

（3）某些疾病过程常可引起功能障碍，如骨软症、风湿病、布鲁氏菌病、睾丸炎等可以引起跛行。

技能 2　关节疾病的诊断与治疗

·技能描述·

动物在饲养管理或使役过程中，由于某种外力或其他因素作用于动物关节而发生关节扭伤、关节脱位、关节挫伤、关节创伤或关节周围炎等疾病，从而出现关节肿胀、跛行、运动不协调等症状，如不能采取合理的治疗措施，常导致患病动物失去原有的经济价值，甚至因疼痛等引起休克，而致使动物死亡。

·技能情境·

动物诊疗实训室或动物门诊、养殖场，患关节疾病的动物及常用治疗器械和药物。

·技能实施·

一、关节扭伤的诊治

（一）诊断要点

1. 疼痛　受伤后患部立即表现疼痛，患肢他动运动时表现更明显，触诊被损伤的关节侧韧带有明显压痛点，局部明显增温。

2. 跛行　扭伤后突然发生跛行，伤后 12～24h 表现更明显。上部关节扭伤时为混跛，下部关节扭伤时为支跛。

3. 肿胀　扭伤初期因出血、渗出而发生炎性肿胀。但四肢上部关节扭伤时，因肌肉丰满而肿胀不明显。

4. 骨赘　当转为慢性经过时，可继发骨化性骨膜炎，常在受损伤韧带、关节囊与骨的结合部形成骨赘。

（二）治疗

治疗原则：制止溢血和渗出，促进吸收，镇痛消炎，防止组织增生，恢复关节功能。

1. 制止溢血和渗出　发病初期 1～2d 内，用压迫绷带配合冷敷疗法，如用饱和硫酸镁盐水、10%～20%硫酸镁溶液或 2%醋酸铅溶液等。可以用冷醋泥贴敷（黄土用醋调成泥，加 20%食盐）。必要时可以静脉注射 10%氯化钙溶液或肌内注射维生素 K_3 等。

2. 促进吸收　当急性炎症缓和，渗出减轻后，应及时改用温热疗法，如温敷、温脚浴等，2～3 次/d，每次 1～2h。可用鱼石脂酒精溶液、10%～20%硫酸镁溶液、热酒精绷带等，也可涂抹中药"四三一合剂"（处方：大黄4份、雄黄3份、冰片1份，研成细末，用蛋清调和）、扭伤散（膏）、鱼石脂软膏或热醋泥等。如关节内积血过多而不能吸收时，在严格消毒的无菌条件下，可行关节腔穿刺排出，同时向腔内注入0.5％氧化可的松溶液或0.25％盐酸普鲁卡因溶液2～4mL，加入青霉素40万IU，然后进行温敷，配合压迫绷带。不穿刺排液的，直接向关节腔内注入上述药液即可。

3. 镇痛消炎　局部疗法同时配合封闭疗法，用0.25％～0.5％盐酸普鲁卡因溶液30～40mL，并加入青霉素40万～80万IU，在患肢上方穴位（前肢抢风、后肢巴山和汗沟等）注射；也可肌内注射或穴位注射安痛定或安乃近20～30mL。可内服跛行镇痛散或舒经活血散。局部炎症转为慢性时，除继续使用上述疗法外，可涂擦刺激剂，加碘樟脑醚合剂（处方：碘片20g、95％酒精100mL、乙醚60mL、精制樟脑20g、薄荷脑3g、蓖麻油25mL）、松节油等，用毛刷在患部涂擦5～10min，如能配合温敷，则效果良好。

韧带断裂时可装着固定绷带，此外，用红外线或氦-氖激光照射、碘离子透入及特定电磁波疗法等均有良好效果。

二、关节脱位的诊治

（一）诊断要点

1. 关节变形　因关节的骨端位置改变，使正常的关节部位出现隆起或凹陷。

2. 异常固定　因关节的骨端离开原来的位置而被卡住。使相应的肌肉和韧带高度紧张，关节被固定不动或者活动不灵活，被动运动后又恢复异常的固定状态，出现抵抗。

3. 关节肿胀　由于关节的异常变化，造成关节周围组织受到破坏、出血形成血肿及比较剧烈的局部急性炎症反应，引起关节肿胀。

4. 肢势改变　患肢呈现内收、外展、屈曲或伸张的状态。全脱臼时患肢缩短，不全脱臼时患肢延长。

5. 功能障碍　伤后立即出现跛行。由于关节骨端变位和疼痛，患肢发生程度不同的运动障碍，甚至不能运动。

应注意与关节骨端骨折鉴别，也可利用X射线检查做出正确的诊断。

（二）治疗

治疗原则是整复、固定和恢复功能。

整复就是复位，越早越好，整复前肌内注射二甲苯胺噻唑或进行传导麻醉，以减少肌肉或韧带紧张、疼痛引起的抵抗，再灵活运用按、搔、揉、拉和抬等整复方法，使脱出的骨端复原，恢复关节的正常活动。在大动物关节脱位整复时，常用绳子将患肢异常固定的患病关节拉开，然后按照正常解剖位置，使脱位的关节端复位，当复位时会有一定声响。此后，患病关节恢复正常形态。为了达到整复的效果，整复后应当让动物保持安静1～2周，限制活动。在实施整复时，一只手应当按在被整复关节处，可以比较好地掌握关节骨的位置和用力方向。犬、猫在麻醉状态下整复关节脱位比马、牛相对容易一些。整复后应当拍X射线胶片检查。对于一般整复措施整复无效的病例，可进行手术治疗。

为防止复发，四肢下部关节可用石膏或者夹板绷带固定，3～4周后去除绷带。在固定期间用热疗法效果更好。由于四肢上部关节不便用绷带固定，可采用5％的灭菌盐水5～10mL、酒精5mL或者自家血液20mL向脱位关节处皮下做数点注射，引发关节周围组织炎症性肿胀，因组织紧张而起到生物绷带的作用。

三、关节周围炎的诊治

（一）诊断要点

关节周围炎可分为慢性纤维性关节周围炎和慢性骨化性关节周围炎两种。

1. 慢性纤维性关节周围炎　患病关节出现界限不清、无明显热痛的坚实性肿胀，关节粗大，关节活动范围变小，运动有疼痛。运动时关节不灵活，特别是在休息之后、运动开始时更为明显，连续运动一段时间后，此现象逐渐减轻或消失，久病可能因增生的结缔组织收缩，发生关节挛缩。

2. 慢性骨化性关节周围炎　由纤维结缔组织增殖、骨化，关节变粗大，活动范围变小，甚至不能活动，肿胀坚硬无热痛。硬肿部位有的在关节的曲面或伸面，有的包围全关节。肿胀部位皮肤肥厚，可动性小。运动时，关节活动不灵活（强拘），屈伸不充分。有的跛行明显，有的仅在运动开始时出现跛行，有的不出现跛行。休息时不愿卧倒，卧倒时起立困难。久病者患肢肌肉萎缩。

对有疑问的病例，可进行传导麻醉或 X 射线检查。

（二）治疗

本病病程长，治愈缓慢，坚持治疗可收到一定效果。

初期可用温热疗法，如石蜡疗法、热酒精绷带疗法等，防止纤维性炎症转为骨化性炎症。

后期主要是消除跛行，可用强刺激疗法，如 1∶12 升汞酒精溶液局部涂擦，1 次/d，至皮肤结痂止，间隔 5~10d 再用药，可连用 3 个疗程。也可在骨赘明显处做常规消毒和局部麻醉后，进行 1~2 个穿刺和数个点状烧烙，以制止骨质增生，促进关节粘连，消除跛行。操作完毕，要注意消毒并包扎绷带。也可以用高功率的二氧化碳激光聚焦照射。

进行强制刺激疗法时，可配合使用盐酸普鲁卡因封闭疗法，能提高疗效。

·技术提示·

（1）诊断时注意发病原因的探究，以便更好地治疗。

（2）根据发病程度及病情发展，准确制定治疗方案。

·知识链接·

1. 关节扭伤　是指关节在突然受到间接的机械外力作用下，超越了生理活动范围、瞬时过度伸展、屈曲或扭转而发生的关节损伤。此病是动物常见或者多发的关节病。

2. 引起关节扭伤的病因　由于在不平道路上重度使役、急转、急停、失足踩空、嵌夹于洞穴后急速拔腿，跳跃障碍，不合理保定等，引起关节周围韧带和关节囊的纤维剧伸，发生部分断裂所致。

3. 关节脱位　由于外力作用，关节骨端的正常位置发生变化，使关节头脱离关节窝，失去正常接触而出现移位，称关节脱位，又称为脱臼。关节脱位常突然发生，有的间歇发生，或续发于某些疾病。

4. 引起关节脱位的病因　主要是由突然强烈的外力直接或间接作用于关节，使关节韧带和关节囊被破坏所致，如蹬空、关节强力伸屈、肌肉不协调地收缩等。也可见于先天性关节囊扩大、解剖缺陷及关节炎等。

5. 关节周围炎　是关节囊纤维层、韧带、骨膜及周围结缔组织的慢性纤维素炎症及慢性骨化性炎症，但关节滑膜组织毫无损伤。

6. 引起关节周围炎的病因　常继发于关节扭伤、挫伤、关节脱位及骨折等，其次，慢性关节疾病、关节涂强刺激剂、牛的布鲁氏菌病等也能引起关节周围炎。

技能 3　骨折的诊断与整复技术

·技能描述·

骨折是指在外力作用下，致使动物骨骼断、裂、碎等现象，及时诊断、及早治疗，是保证动物健康的关键，通过多种诊断方法，确定发病部位，并采取合理的治疗方案，完成动物诊治流程。

·技能情境·

动物医院、动物外科病实训室或养殖场，常用手术器械，骨科器械，麻醉及消毒药品。

·技能实施·

一、骨折的诊断

肢体全骨折可依据骨折的特有症状，开放性骨折可依创口外露的骨断端而确诊。不全骨折可查找骨折压痛线。此外，进行 X 射线透视或摄片检查可清楚了解骨折形状和位移情况。大动物髋骨和腰椎骨折时，可通过直肠内检查进行辅助诊断。

（一）特有症状

1. 异常活动　肢体全骨折时，活动远心端，可呈屈曲、旋转等异常活动。但肋骨、椎骨、蹄骨等部位骨折时异常活动不明显或缺乏。

2. 肢体变形　完全骨折时，因骨折断端位移，使骨折部位外形或解剖位置发生改变，患肢呈弯曲、缩短、延长等异常姿势。开放性骨折时，创口裂开，骨折断端外露。

3. 骨摩擦音　骨折两端互相触碰时，可听到骨断端的摩擦音或感知骨摩擦感。但在不全骨折、骨折部肌肉丰厚、局部肿胀严重或断端嵌入其他组织时，通常听不到骨摩擦音。

（二）局部一般症状

1. 疼痛　骨折发生后疼痛剧烈，局部肌肉颤抖，出汗，自动或被动运动时表现更加不安和闪躲。触诊有明显疼痛部位。

2. 肿胀　因局部软组织发生炎症、出血及渗出，骨折部呈明显肿胀。

3. 功能障碍　肢体骨折时，患肢突然发生重度跛行，表现为不能屈伸或负重，呈三肢跳跃前进（不完全骨折时跛行较轻）。肋骨骨折时呼吸困难，脊椎骨折时可发生神经性麻痹及肢体瘫痪。

（三）全身症状

轻度骨折一般全身症状不明显。严重症状一般伴有内出血、肢体肿胀或内脏损伤时，可并发急性大失血或休克等一系列综合症状。闭合性骨折于损伤 2～3d 后，出现轻度体温升高，食欲常有所减少。开放性骨折可发生感染。

（四）常见四肢各位骨折的特点

1. 肩胛骨骨折 多为复杂骨折。以悬跛为主，站立时病肢不敢负重，各关节保持屈曲，蹄尖轻轻着地。运步时病肢常拖曳前进。若伤及肩胛骨上神经，可迅速出现冈上肌、冈下肌等萎缩，肩胛冈、肩胛前角和后角骨折，病肢可能尚能负重，跛行较轻。

2. 臂骨骨折 常为斜骨折和螺旋状骨折。突然发生高度支跛，站立时病肢不能负重，肩关节下沉，病肢似乎变长，以蹄尖着地，不愿走动，强迫驱赶时呈三脚跳。动物卧下时，患肢常在上面。局部发生严重肿胀。被动运动时异常活动明显，同时伴有剧痛，多因肿胀不易听到骨摩擦音。

3. 桡、尺骨骨折 桡骨发生全骨折时常并发尺骨骨折。发生中段骨折时，容易出现重叠移位，病肢变短，呈现重度支跛，病肢不能负重，呈三脚跳，骨折部可见到钟摆状异常活动，触诊局部疼痛明显，可听到骨摩擦音。不完全骨折时，出现中度或重度支跛，站立时肢体呈半弯曲状，以蹄尖轻触地面，系关节屈曲，沿骨折线触诊有疼痛性肿胀。

4. 尺骨全骨折 站立或运步时，可见患肢肘关节下沉，前臂部向前下方倾斜，腕关节稍屈曲，蹄前踏以减负体重．斜的和纵的不完全骨折，在前臂上部掌侧出现疼痛性肿胀，呈现支跛。临床触诊不易确定，最好借助 X 射线诊断。

5. 掌（跖）骨骨折 全骨折时，局部症状明显，表现支跛，骨折端移位。容易出现开放性骨折。

6. 指（趾）骨骨折 系骨和冠骨常发生粉碎性骨折，且多累及关节，大多数为闭合性骨折。局部疼痛明显，借助 X 射线检查容易确诊。

7. 髋骨骨折 髋骨由髂骨、耻骨和坐骨组成，由于骨折发生部位不同，临床症状各有特点。

（1）髂骨骨折。以髋关节和髂骨体骨折最为常见，表现为病部塌陷，两侧不对称，病侧髋结节与荐结节间距较健侧短。运步时可出现悬混跛。

（2）髋臼骨折。动物突然出现重度支混跛，后躯步态跟跄，常伴发髋关节脱位，被动运动范围增大，关节活动异常，出现骨摩擦音。站立时后躯向健侧倾斜，病肢外展。

（3）坐骨骨折。病侧肿胀，会阴部水肿，运步时呈现悬跛，蹄尖拖地前进，后退困难。

（4）耻骨骨折。腹股沟和腹下部出现大面积肿胀，表现支跛，有时病肢内收。将病肢向侧方或后下方转动时动物表现剧烈疼痛。

8. 股骨骨折 多发生于股骨的中、下段，但病部肿胀明显，不易摸到断裂部。站立时患肢悬垂、变短、不敢负重。运步时表现重度悬跛。活动患肢可感知骨摩擦音和患部异常活动。

9. 胫骨骨折 全骨折时患肢悬垂，驱赶运动时呈重度支跛或三脚跳。触诊患部疼痛，有骨摩擦音，屈伸患肢有异常活动。不全骨折时患肢屈曲、外展，中度支跛。胫骨近端发生骨折时常并发腓骨骨折。

二、治　疗

治疗原则：正确整复，合理固定，促进愈合，恢复功能。

（一）急救措施

首先使动物安静，不让动物走动，防止断端活动引起二次损伤或并发症。可先用镇静剂，再用简易夹板临时固定包扎骨折部，注意止血和预防休克。对开放性骨折，在创伤内消毒止血、撒布抗菌药物后，固定包扎骨折创口，以防感染。

（二）整复

将移位的骨折段恢复正常或接近正常解剖位置，重建骨骼支架结构称为整复。整复可分为闭合性整复和开放性整复两种。

1. 闭合性整复　将动物侧卧或仰卧保定，全身浅麻或局部浸润麻醉，必要时还可同时使用肌肉松弛剂，按"欲合先离，离而复合"的原则。先轻后重，沿着肢体纵轴做对抗牵引，然后使骨折的远端靠近侧端，采用旋转或屈伸以及提、按、捏、压断端的方法，使两端正确对接，恢复正常的解剖学位置。此法适合新鲜且较稳定的骨折，容易触摸的动物，如猫、小型犬的骨折治疗。

整复时，术者手持近侧骨折端，助手沿纵轴牵引远侧端，保持一定的对抗牵引力，使骨断端对合复位，有条件者，可在 X 射线透视监视下进行整复。

2. 开放性整复　在发生开放性骨折和某些复杂的闭合性骨折时，如粉碎性骨折、嵌入骨折等，通过手术切开骨折部的软组织，暴露骨折端，在直视状态用各种技术，并依据骨轴线进行复位。此法适用于骨折不稳定和较复杂、骨折数天以上、骨折已累及关节面及需要内固定的骨折。

整复时，利用某些器械发挥杠杆作用，或利用抓骨钳直接作用于骨断段上，或将两个骨断端用力向相反方向牵拉和矫正、转动等，使断端恢复到正常或接近正常解剖位置。再加以固定，最后闭合切开的软组织，必要时还需配合外固定。

新鲜开放性骨折或闭合性骨折进行开放处理时，要在良好的麻醉条件下，及时、彻底地清除创内完全游离并失去血液供应的小骨片及凝血块等；大块的游离骨片应在彻底清除污染后重新植入，以免造成大块骨缺损而影响愈合。

对陈旧开放性骨折，应按感染创处理，清除坏死组织和死骨片，撒布大量抗菌药物（如青霉素或青霉素鱼肝油乳剂等），并根据骨折的具体情况采用内固定或暂时性外固定。要保留开放的创口，便于手术后的清洗处理。

（三）固定

用固定材料在对接好的骨折处加以固定，以维持整复后的位置，使骨折愈合牢固。固定有外固定和内固定两种。

1. 外固定　完成整复后，尤其是闭合性骨折整复后，必须立即进行外固定，以限制关节活动，减少骨折断端离位、形成角度和维持正常解剖状态。外固定主要用于闭合性骨折，也可用于开放性骨折。外固定的方法有多种，常用夹板绷带、石膏绷带、金属支架等，固定范围一般包括骨折部上、下两个关节（具体操作可参考项目一中的任务四进行）。

2. 内固定　凡实施骨折开放复位的，原则上应使用内固定。内固定需要各种特殊器械，包括髓内针、骨螺钉、接骨板、金属丝等。

（1）髓内针固定。适用于长骨干骨折，如股骨、胫骨、臂骨、桡骨、尺骨和某些小骨的单纯性骨折。髓内针依针的横断面可分为圆形、菱形、三叶形和 V 形 4 种类型，有不同的直径和大小，圆形髓内针使用最广泛。

髓内针固定有非开放性固定和开放性固定两种。对于稳定、容易整复和单纯闭合性骨折，一般用非开放性髓内针固定，即整复后，针头从体外骨近端钻入。对某些稳定、非粉碎性长骨开放性骨折也可采用开放性髓内针固定，有两种钻入方式：一种是髓内针从体外骨的一端插入；另一种则是髓内针从骨折近端先逆行钻入，再顺行钻入（图 3-61）。髓内针的直径与骨折腔内径最狭窄部相当，有针的挤压力才能产生良好固定作用。

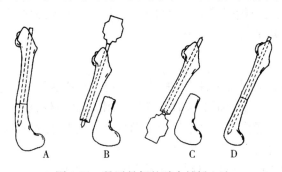

图 3-61　骨干骨折的髓内针插入法

A、B. 自骨近端顺行插入　C、D. 自近端骨折逆行插入后，再做顺行插入

（2）骨螺钉固定。适用于骨折线长于骨直径 2 倍以上的斜骨折、螺旋骨折、纵骨折及干骺端的部分骨折。有松骨质骨螺钉和皮质骨螺钉两种。松骨质骨螺钉的螺纹较深，螺纹距离较宽，能牢固固定松骨质，在靠近螺帽的 1/3～2/3 长度缺螺纹，多用于骺端和干骺端骨折。皮质骨螺钉的螺纹密而浅，多用于骨干骨折固定。

应用骨螺钉时，先用骨钻打孔，再用螺纹攻旋出螺纹，安装螺钉固定，当螺钉越过骨折线后，再继续拧紧。螺钉的插入方向应在皮质垂直线与骨折面垂直夹角的二等分处。

（3）金属丝结扎固定。主要用于长斜骨折或螺旋骨折以及某些复杂的骨折，为辅助固定或帮助使骨断端稳定在整复的解剖位置上。操作时要有足够的强度，又不得力量过大而将骨片压碎。如遇长的斜骨折需多个环形结扎时，环与环之间应保持 1～1.5cm 的距离。

（4）接骨板固定。是用不锈钢接骨板和螺丝钉固定骨折段的内固定法。接骨板的种类很多（图 3-62）。临床应用可使断端紧密相接，增加断端的压力，防止骨断端活动，从而促进骨愈合。

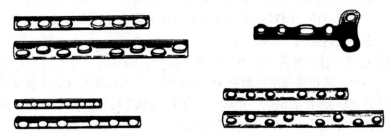

图 3-62　接骨板

（四）药物疗法和物理疗法

整复固定后，可注射抗菌、镇痛、消炎药物。在开放性骨折的治疗中，必须全身应用足量敏感的抗菌药物 2 周以上。补充钙制剂，补充维生素 A、维生素 D 或鱼肝油，配合内服中药接骨散。为防止肌肉萎缩、关节僵硬等后遗症，可进行局部摩擦、搓擦，增加功能锻炼，同时配合物理疗法、温热疗法及紫外线疗法等，以促进早日恢复功能。

（五）功能恢复

为了加速骨折愈合和恢复患肢的功能，应处理好"动"（患肢的早期活动）和"静"（骨折部的固定）的关系。既要保持患部相对固定，保持断端对位，有效地控制对骨折愈合不利的活动，又要为整个患肢和全身活动创造条件，使患肢在此期间进行适当的功能锻炼。一般幼龄动物装着固定后可让其自由活动。成年动物必须在柱栏内限制活动，对患肢适当按摩或人工活动患肢，3～4周后开始牵遛运动，每天1～2次，每次持续10～30min，随着病情好转，运动次数和运动量逐渐增加。

·技术提示·

（1）诊断时注意骨折的程度和触诊时的力度，避免加剧病情。

（2）注意动物体重，固定骨折部位时，确保采用的固定材料稳固可靠。

（3）进行骨折内固定操作必须严格执行无菌操作，包括动物准备、手术室、手术器械、手术人员准备，术后护理等。

（4）钻入固定针时不能旋损软组织。正确的做法是在皮肤上切一小口（2～3mm），可用止血钳插入肌肉钝性分离出一通道，针旋转时不易损伤软组织。如需穿过肌肉，然后张开止血钳以便固定针通过该通道抵至骨头，这样针旋转时不易损伤软组织。

（5）钻针技术是关键。应使用低速钻头钻入固定针，高速钻会产生过多热量，引起骨坏死及固定针松动。

（6）骨螺钉固定时必须穿透两层皮质骨。固定针未全部插入两层皮质骨，其针会松动，不能达到固定的目的。一般针尖穿透至对侧皮质骨手可触摸到为止。

（7）骨折治疗初期应适当限制动物运动，防止因运动不当，加剧病情或发生新的损伤。

·知识链接·

1. 骨折的概念与分类　在外力的作用下，骨的完整性和连续性被破坏，出现断、裂、碎的现象，称为骨折。根据骨折部是否与外界相通，分为开放性骨折和闭合性骨折；根据骨折的程度，可分为完全骨折和不完全骨折。

2. 病因分析　骨折的病因主要是暴力作用，如打击、跌倒、冲撞、挤压、踢蹴、牵引及火器创等。有时肌肉强烈的收缩以及骨质疾病时（如慢性氟中毒、缺钙等）也可以发生骨折。大动物骨折主要跟役使、饲养管理和保定不当等因素有关；犬和猫等小动物的骨折多数与车祸、棍棒打击、从高处坠下等因素有关。

3. 骨折愈合过程　骨折愈合是骨组织被破坏后修复的过程，可人为将其分为血肿机化演化期、原始骨痂形成期和骨痂改造塑形期3个阶段，三者是相互交叉不能截然分开的。一般治疗后6～8周病肢局部炎症消散、不肿痛，骨折端基本稳定，但不坚固，病肢可稍微负重。但完全恢复则需要数月至1年，甚至更长时间。

4. 影响骨折愈合的因素

（1）全身因素。患病动物的年龄和健康状况与骨折愈合的快慢密切相关。年老体弱、营养不良、骨组织代谢紊乱以及患有其他疾病（如传染病、营养代谢病）等，均可使骨折愈合延迟。

（2）局部血液供应。由于骨膜与其周围的肌肉共受同一血管支配，所以局部血液供给受阻，会使骨折愈合延迟甚至不愈合。

（3）骨折断端的接触面。接触面越大，愈合时间越短。

（4）固定。复位不良或固定不妥、过早负重，可导致骨折端发生扭转、成角移位等不利于愈合的活动，使断端的愈合停留于纤维组织或软骨而不能下沉骨化，造成畸形愈合或延迟愈合。

（5）感染。开放性骨折、粉碎性骨折或使用内固定等容易引起继发感染。若处理不及时，可发展为蜂窝织炎、化脓性骨髓炎、骨坏死等，导致骨折延迟愈合或不愈合。

·操作训练·

利用骨骼模型进行骨折整复和固定模拟训练，课余时间参与门诊或在养殖场实习期间进行患病动物四肢病的诊断及治疗。

任务十四 风湿病的诊断与治疗

任务分析

风湿病是一种常反复发作的急性或慢性非化脓性炎症，以胶原纤维发生纤维样变性为特征的疾病，是兽医临床较为多见的疾病之一，主要在肌群、关节、心脏等部位发病，表现为疼痛严重程度不一，时轻时重，运动不协调，步态强拘等。通过对发病动物临床检查，排除因物理性伤害导致的肢蹄疾病、骨折等疾病，并进行风湿病的诊治。

任务目标

1. 能根据临床症状特点进行风湿病的诊断。
2. 会选择适宜的方法对风湿病进行治疗。
3. 能指导养殖从业人员预防动物风湿病。

·任务情境·

动物诊疗实训室、养殖场、动物门诊，患风湿病的动物，保定用具，常用治疗药物及器械。

·任务实施·

一、诊断要点

风湿病的主要症状是发病的肌群、关节及蹄的疼痛和功能障碍。疼痛表现时轻时重，部位多固定但也有转移的。风湿病有活动型的、静止型的，也有复发性的，根据其病程及侵害的器官不同可表现不同的症状。

1. 询问病史 是否有咽喉扁桃体炎症史和风寒、过劳史，尤其是厩舍是否有贼风。

2. 临床检查

（1）是否有肌肉、关节、蹄等部位疼痛，症状不明显或时重时轻。

（2）运动不协调，有跛行现象，无外伤和运动损伤史，且跛行随着运动时间的增长有减轻的趋势。

（3）触诊肌肉有硬感及肿胀。

（4）表现为关节囊及周围组织水肿，患病关节外形粗大，触诊温热、疼痛、肿胀，运步时出现跛行，跛行可随运动量的增加而减轻或消失等临床症状。

急性风湿病的病程较短，一般经数日或 1～2 周即好转或痊愈，但易复发。重者肌肉僵硬、萎缩，肌肉中常有结节性肿胀，患病动物表现出容易疲劳、步态强拘、关节肿大等症状，根据以上临床检查可初步诊断。

3. 水杨酸钠皮内试验　适用于从未用过水杨酸制剂的初发者，用 1‰水杨酸 10mL 分数点做颈部皮内注射，注射后（30min、60min）白细胞总数比注射前减少 20％为阳性，急性者检出率达 65％。

4. 纸上电泳法　白蛋白显著下降，白蛋白与球蛋白比值下降。

5. 血清抗链球菌溶血素 O 测定　抗 O 值高于 500 时，表明近期有过溶血性链球菌感染。

到目前为止，风湿病尚缺乏特异性诊断方法，在临床主要还是根据病史和上述临床表现加以诊断。

二、治　疗

治疗原则：消除病因，加强护理，祛除风湿，解热镇痛，消除炎症，加强饲养管理。

1. 解热、镇痛及抗风湿疗法　应用解热、镇痛及抗风湿类药物，包括水杨酸、水杨酸钠及阿司匹林等。

应用大剂量的水杨酸制剂治疗风湿病，特别是治疗急性肌肉风湿病疗效较好，而对慢性风湿病的疗效则较差。内服：马、牛 30g/次，猪、羊 2～5g/次，犬、猫 0.1～0.5g/次。注射：马、牛 10～30g/次，猪、羊 2～5g/次，犬 0.1～0.2g/次，1 次/d，连用 5～7 次。也可将水杨酸钠与乌洛托品、樟脑磺酸钠、葡萄糖酸钙联合应用。

保泰松及羟保泰松治疗：保泰松片剂（0.1g/片），内服剂量马为每千克体重 4～8mg，猪、羊为每千克体重 33mg，犬为每千克体重 20mg，2 次/d，3d 后用量减半。羟保泰松，马内服剂量前 2d 为每千克体重 12mg，后 5d 为每千克体重 6mg，连续内服 7d。

2. 皮质激素疗法　常用的有氢化可的松注射液、地塞米松注射液、醋酸泼尼松（强的松）注射液、氢化泼尼松（强的松龙）注射液等。

3. 抗生素疗法　风湿病急性发作期为抗链球菌感染，仅需使用抗生素。首选青霉素，肌内注射 2～3 次/d，一般应用 10～14d。不主张使用磺胺类抗菌药物，因为磺胺类药物虽然能抑制链球菌的生长，却不能预防急性风湿病的发生。

4. 碳酸氢钠、水杨酸钠疗法　马、牛每日静脉注射 5％碳酸氢钠溶液 200mL，10％水杨酸钠溶液 200mL。

5. 自家血液疗法　自家血液的注射量为第 1 天 80mL，第 3 天 100mL，第 5 天 120mL，第 7 天 140mL，7d 为 1 个疗程。每疗程之间间隔 1 周，可连用两个疗程。该方法对急性肌肉风湿病疗效显著，慢性风湿病用该方法可获得一定的好转。

6. 中兽医疗法　应用针灸治疗风湿病有一定的治疗效果，根据不同的发病部位，可选择不同的穴位。常用的中药方剂有防风散、通经活络散和独活寄生散。醋酒灸法适用于腰背风湿病，但对瘦弱、衰老或妊娠的患病动物应禁止此法。

7. 物理疗法　物理疗法对风湿病，特别是对慢性经过者有较好的治疗效果。

（1）局部温热疗法。将酒精加热至 40℃左右，将麸皮和醋按 4∶3 的比例混合炒热装于布袋内进行患部热敷，1～2次/d，连用6～7d。亦可使用热石蜡及热泥疗法等。在光疗法中可使用红外线（热线灯）局部照射，每次20～30min，1～2次/d，至明显好转为止。

（2）电疗法。中波透热疗法、中波透热水杨酸离子透入疗法、短波透热疗法、超短波电场疗法、周林频谱仪疗法及多源频谱疗法等对慢性经过的风湿病均有较好的治疗效果。

（3）冷疗法。在急性蹄风湿的初期，应以止痛和抑制炎性渗出为目的，可以使用冷蹄浴或用醋调制的冷泥敷蹄等局部冷疗法。

（4）激光疗法。近年来应用激光治疗动物风湿病已取得较好的治疗效果，一般常用6～8mW的氦氖激光做局部或穴位照射，每次20～30min，1次/d，连用10～14次为一个疗程，必要时可间隔7～14d进行第二个疗程的治疗。

8. 局部涂擦刺激剂 局部可应用水杨酸甲酯软膏（处方：水杨酸甲酯15g、松节油5mL、薄荷脑7g、白色凡士林15g）、水杨酸甲酯莨菪油擦剂（处方：水杨酸甲酯23g、樟脑油25mL、莨菪油25mL）涂擦，亦可局部涂擦樟脑酒精及氨擦剂等。

·┤技术提示├·

（1）注意风湿病与关节疾病的鉴别诊断。

（2）根据动物的不同情况采用最合理的治疗方法或多措并举进行治疗。

·┤知识链接├·

一、风湿病的概念与分类

1. 概念 风湿病是一种常反复发作的急性或慢性的非化脓性炎症，以胶原纤维发生纤维样变性为特征。病变主要累及全身结缔组织。骨骼肌、心肌、关节囊和蹄是最常发病的部位，其中骨骼肌和关节囊的发病部位常有对称性和游走性，且疼痛和功能障碍随运动增加而减轻。本病在我国各地均可发生，但严寒地区发病率高，常见于马、牛、猪、羊、犬、兔和鸡。

2. 根据发病的组织和器官不同分类

（1）肌肉风湿病（风湿性肌炎）。主要发生于活动量较大的肌群，如肩臂肌群、背腰肌群、臀肌群及颈肌群等。其特征是急性经过时发生浆液性或纤维性炎症，而慢性经过时则出现慢性间质性肌炎。因肌肉疼痛，表现运动不协调，步态强拘不灵活，常发生1～2肢轻度跛行。跛行的特征是随运动量的增加和时间的延长而有减轻或消失的趋势。发病部位常有游走性，经常一个肌群好转而另一个肌群又发病。触诊患病肌群有痉挛性收缩，肌肉表面凹凸不平而有硬感、肿胀。急性经过时疼痛症状明显。急性风湿性肌炎时可出现明显的全身症状，患病动物精神沉郁，食欲减退，体温升高1～1.5℃，结膜和口腔黏膜潮红，脉搏和呼吸增数，血沉加快，白细胞数稍增加。重者出现心内膜炎症状，可听到心内性杂音。急性肌肉风湿病的病程较短，一般经数日或1～2周即好转或痊愈，但易复发。重者肌肉僵硬、萎缩，肌肉中常有结节性肿胀，患病动物容易疲劳，步态强拘。

（2）关节风湿病（风湿性关节炎）。最常发生于活动性较大的关节，如腕关节、肘关节、髋关节和膝关节等。一般对称关节同时发病，有游走性。本病的特征是急性期呈现风湿性关节滑膜炎的症状。关节囊及周围组织水肿，患病关节外形粗大，触诊温热、疼痛、肿胀，运步时出现跛行。跛行可随运动量的增加而减轻或消失。患病动物精神沉郁，食欲不振，体温升高，脉搏和呼吸数增加。有时可听到明显的心内性杂音。

转为慢性经过时则出现慢性关节炎的症状，关节滑膜及周围组织增生、肥厚，因而关节肿大且轮廓不清，活动范围变小，运动时关节强拘，他动运动时能听到"噼啪"声。

（3）心脏风湿病。主要表现为心内膜炎的症状。听诊时第一心音及第二心音增强，有时出现期外收缩性杂音。

3. 根据发病部位的不同分类

（1）颈风湿病。常见于马、骡、牛，猪亦有发生。主要表现为急性或慢性风湿性肌炎，有时也可能累及颈部关节。表现为低头困难（两侧同时患病，俗称低头难）或风湿性斜颈（单侧患病）。患病肌肉僵硬，有时疼痛。

（2）肩臂风湿病（前肢风湿）。常见于马、骡、牛、猪。主要表现为肩臂肌群的急性或慢性风湿性炎症，有时亦可波及肩、肘关节。患病动物驻立时患肢常前踏，减负体重。运步时则出现明显的悬跛。两前肢同时发病时，步幅短缩，关节伸展不充分。

（3）背腰风湿病。常见于马、骡、牛，猪亦有发生。主要表现为背最长肌、髂肋肌的急性或慢性风湿性炎症，有时也波及腰肌及背腰关节。临床上最常见的是慢性经过的背腰风湿病。患病动物驻立时背腰稍拱起，腰僵硬，凹腰反应减弱或消失。触诊背最长肌和髂肋肌等发病的肌肉时，僵硬如板，凹凸不平。患病动物后躯强拘，步幅短缩，不灵活，卧地后起立困难。

（4）臀肌风湿病（后肢风湿）。常见于马、骡、牛，有时猪也发病。病变常侵害臀肌群和股后肌群，有时也波及髋关节。主要表现为急性或慢性风湿性肌炎，患病肌群僵硬而疼痛，两后肢运动缓慢而困难，有时出现明显的跛行症状。

4. 根据病理过程的经过分类

（1）急性风湿病。发病急剧，疼痛及功能障碍明显，常出现比较明显的全身症状。一般经过数日或1～2周即可好转及痊愈，但容易复发。

（2）慢性风湿病。病程拖延较长，可达数周或数月之久。患病的组织或器官缺乏急性经过的典型症状，热痛不明显或根本见不到。但患病动物运动强拘，不灵活，容易疲劳。犬患类风湿性关节炎时，病初出现游走性跛行，患病关节周围软组织肿胀，数周乃至数月后则出现特征性的X射线摄影变化，即患病关节的骨小梁密度降低，软骨下可见透明囊状区和明显损伤并发生渐进性糜烂。随着病程的进展，关节软骨消失，骨节间隙狭窄并发生关节畸形和关节脱位。

二、病因分析

风湿病的发病原因迄今尚未完全阐明。近年来研究表明，风湿病是一种变态反应性疾病，并与A型溶血性链球菌感染有关。已知溶血性链球菌感染后所引起的病理过程有两种：一种为化脓性感染，另一种则表现为延期性非化脓性并发病，即变态性疾病。风湿病属于后一种类型，并得到临床、流行病学及免疫学方面的证实。此外，风、寒、潮湿、过劳等因素在风湿病的发生上起着重要作用。如畜舍潮湿、阴冷，大汗后受冷雨浇淋，受贼风特别是穿堂风的侵袭，夜卧于寒湿之地或露宿于风雪之中，管理使役不当等都是风湿病的诱因。

三、预　防

在北方，风湿病的发病率较高，在多发的冬春季节，要特别注意动物的饲养管理和环境卫生，要做到精心饲养，注意使役，勿使其过度劳累。使役后出汗时不要将动物系于房檐下或有穿堂风处，免受风寒。厩舍应保持卫生、干燥，冬季应注意保温——预防动物受潮和着凉。对溶血性链球菌感染后引起的动物上呼吸道疾病，应及时治疗。

·操作训练·

利用实训、实习以及课余时间或节假日参与门诊，对患病动物进行各种治疗的练习。

任务十五 肿瘤的一般诊断与治疗

▶任务分析

肿瘤是动物机体中某种组织细胞在不同致瘤因素作用下，细胞过度增殖与异常分化而形成的病理性新生物。它无规律生长，丧失正常生理功能，破坏原组织的器官结构，有的甚至转移到其他部位，危及生命。肿瘤几乎可以发生于所有与人类有密切关系的各种动物。近年来，肿瘤的诊断和治疗也被纳入动物诊疗领域。

⊙任务目标

1. 能对肿瘤进行临床诊断，并与其他局限性肿胀进行鉴别诊断。
2. 能根据肿瘤的性质采用相应的治疗方法。
3. 会进行肿瘤的切除手术。

·任务情境·

动物诊疗实训室、动物医院门诊、动物养殖场等，患肿瘤的动物，B 超仪，手术器械等。

·任务实施·

一、诊断要点

（一）肿瘤的诊断方法

1. 病史调查 病史调查主要来自畜主或饲养管理人员。如发现畜体有非外伤肿块，或患病动物长期厌食、进行性消瘦等，都是提示有关肿瘤发生可能的线索。同时还要了解患病动物的年龄、品种、饲养管理、病程及病史等。

2. 体格检查 首先做系统的全身常规检查，再结合病史进行局部检查。全身检查要注意有无厌食、发热、易感染、贫血、消瘦等。局部检查必须注意以下事项：

（1）观察肿瘤发生的部位，分析肿瘤组织的来源和性质。

（2）认识肿瘤的性质，包括肿瘤的大小、形状、质地、表面温度、血管分布、有无包膜及移动性等，这对区分良、恶性肿瘤，预后都有重要的临床意义。

（3）区域淋巴结和转移灶的检查，这对判断肿瘤分期、制定治疗方案均有临床价值。

3. 影像学检查 应用 X 射线、超声波、各种造影、X 射线计算机断层扫描（CT）等方法所得成像，检查有无肿块及其所在部位、阴影的形态及大小，结合病史、症状及体征，为诊断有无肿瘤及其性质提供依据。

4. 内窥镜检查 应用内窥镜直接观察空腔脏器、胸腔、腹腔以及纵隔内的肿瘤或其他病理状况。内窥镜还可以取细胞或组织做病理检查；能对小的病变（息肉）做摘除治疗；能够向输尿管、胆总管、胰腺管插入导管做 X 射线造影检查。

5. 病理学检查 病理学检查历来是诊断肿瘤最可靠的方法，其方法主要包括：

（1）病理组织学检查。对于鉴别真性肿瘤、肿瘤的良性和恶性，确定肿瘤的组织学类型与分化程度，以及恶性肿瘤的扩散与转移等，起着决定性作用。病理活组织检查方法有钳取活检、针吸活检、切取或切除活检等。病理组织学检查诊断是临床的肯定性诊断。

（2）临床细胞学检查。常用脱落细胞检查法，采取腹水、尿液沉渣或分泌物涂片，或借助穿刺或内窥镜取样涂片，以观察有无肿瘤细胞。

6. 其他实验检查方法 近年来，随着对肿瘤疾病的研究，免疫学检查、酶学检查及基因诊断方法也已应用于兽医临床医学。

（二）肿瘤的症状

肿瘤的临床症状决定于其性质、发生组织、部位和发展程度。肿瘤早期多无明显症状，但如果发生在特定的组织器官上，可能有明显的症状出现。

1. 局部症状

（1）肿块（瘤体）。发生于体表或潜在的肿瘤，肿块是重要症状，常伴有相关静脉扩张、增粗。肿块的硬度、可动性和有无包膜，因肿瘤的种类不同而有所不同。位于深在或内脏器官时，不易触及，但可表现功能异常。瘤体的生长速度，表现为良性的慢，恶性的快，而且可能发生相应的转移灶。

（2）疼痛。肿块在膨胀生长、损伤、破溃、感染时，使神经受刺激或压迫，可有不同程度的疼痛。

（3）溃疡。体表、消化道的肿瘤，若生长过快引起供血不足可继发坏死或感染导致溃疡。恶性肿瘤呈菜花状瘤，肿块表面常有溃疡，并有恶臭和血性分泌物。

（4）出血。患表在肿瘤时，易发生损伤、破溃、出血；患泌尿系统肿瘤时，可能出现血尿；患消化道肿瘤时，可能出现呕血或便血。

（5）功能障碍。肠道肿瘤可导致肠道梗阻。如乳头状瘤发生于上部食管，可引起吞咽困难。

2. 全身症状 良性和早期恶性肿瘤，一般无明显全身症状，或有贫血、低热、消瘦、无力等非特异性的全身症状。如肿瘤影响营养的摄入或并发出血与感染，可出现明显的全身症状。恶病质是恶性肿瘤晚期全身衰竭的主要表现，肿瘤发生部位不同则恶病质出现迟早各异。有些部位的肿瘤可能出现相应的功能亢进或低下，继发全身性改变。

二、治　疗

1. 良性肿瘤的治疗

（1）手术切除。这是一种临床经常采用的方法，但手术时间的选择，应根据肿瘤的种类、大小、位置、症状和有无并发症而有所不同。应注意以下几点：

①易恶变的、已有恶变倾向的、难以排除恶性的良性肿瘤等应早期手术，连同部分正常组织彻底切除。

②良性肿瘤出现危及生命的并发症时，应做紧急手术。

③影响活动、肿块大或并发感染的良性肿瘤可择期手术。

④某些生长慢、无症状、不影响生活和生产性能的较小良性肿瘤可不手术，定期观察。

（2）冷冻疗法。对良性肿瘤有良好疗效，适于大、小型动物，可直接破坏瘤体，使其日益缩小至消失。一般选用液氮作为制冷剂。冷冻时，可选用接触冷冻、插入冷冻、喷射冷冻、倾注冷冻、浸泡冷冻等方法。

（3）其他方法。发生于体表的肿瘤，特别是肿瘤体基部细而长者，可用缝合线、金属丝或橡皮筋等结扎在肿瘤基部，即结扎法。还可选用绞断法或烧烙法进行治疗。

2. 恶性肿瘤的治疗　如能及早发现与诊断则往往可望获得临床治愈，根据实际情况，确定治疗方案。

（1）手术治疗。迄今为止仍不失为一种有效治疗手段，前提是肿瘤尚未扩散或转移。手术切除病灶，连同周围的部分健康组织，应注意切除附近的淋巴结。为避免因手术而带来癌细胞扩散，应注意以下几点：

①动作要轻柔，切忌按压和不必要地翻动癌肿。

②手术应在健康组织范围内进行，不要进入癌组织。

③尽可能阻断癌细胞扩散的通路（动、静脉与区域淋巴结），肠癌切除时要阻断癌瘤上、下段的肠腔。

④尽可能将癌肿连同原发器官和周围组织一次整块切除。

⑤术中用纱布保护好癌肿和各层组织切口，避免种植性转移。

⑥用高频电刀、激光刀切割止血较好，可减少扩散。

⑦对部分癌肿在术前、术中可用化学消毒液冲洗癌肿区（如达金氏液，即 0.5% 次氯酸钠液用氢氧化钠缓冲至 pH 为 9，要求与手术创面接触 4min）。

（2）放射疗法。利用各种射线（如深部 X 射线、γ 射线高速电子、中子或质子）照射肿瘤，使其生长受到抑制而死亡。

（3）激光治疗。光动力学治疗（PDT）是一种新的治疗措施，应用光生物学原理进行各种肿瘤的治疗。

（4）化学疗法。最早使用腐蚀药，如硝酸银、氢氧化钾等，对皮肤肿瘤进行灼烧、腐蚀，目的在于产生化学烧伤形成痂皮而愈合。

（5）免疫疗法。近年来，随着免疫基本现象的不断发现和免疫理论研究的不断发展，利用免疫学原理对肿瘤进行防治已成为继手术、放射或化学疗法后的综合治疗法。

| 技术提示 |

（1）注意肿瘤的发生部位及良性与恶性的区别，同时对动物治疗的价值给出评价。

（2）恶性肿瘤的治疗过程中注意人员的防护。

| 知识链接 |

1. 肿瘤　肿瘤是动物机体中正常组织细胞在不同致病因素下，细胞过度增殖与异常分化而形成的病理性新生物。肿瘤组织具有特殊的代谢过程，比正常的组织增殖快，无生长规律，丧失正常细胞功能，破坏原器官结构，有的转移到其他部位，且消耗动物体大量的营养，同时还产生某些有害物质，损害机体，危及生命。肿瘤可发生于各种动物。

2. 肿瘤的分类　根据病理形态、临床经过和预后不同可将肿瘤分为良性肿瘤和恶性肿瘤两大类。

良性肿瘤：一般认为生长缓慢，对机体危害较轻的肿瘤属于良性肿瘤。

恶性肿瘤：生长迅速，对机体危害严重的肿瘤属于恶性肿瘤。

恶性肿瘤又分为两种：由上皮组织发生的恶性肿瘤成为癌；由肌肉、骨、淋巴、造血组织或脂肪组织等间叶组织发生的称为肉瘤。若恶性肿瘤的来源不是单一的，则既不称为癌，也不称为肉瘤，而冠以"恶性"二字，如恶性神经鞘瘤、恶性畸胎瘤。

·操作训练·

利用实训、实习和课余时间参与门诊，对发生肿瘤的患病动物进行诊断与治疗练习。

·项目测试·

项目测试题题型有 A 型题、B 型题和 X 型题。A 型题也称为单选题，每一道题干后面列有 A、B、C、D、E 5 个备选答案，请从中选择一个最佳答案；B 型题又称为配伍题，是提供若干组考题，每组考题共用在考题前列出的 A、B、C、D、E 5 个备选答案，从备选答案中选择一个与问题关系最密切的答案；X 型题又称为多选题，每道题干后列出 A、B、C、D、E 5 个备选答案，请按试题要求在 5 个备选答案中选出 2～5 个正确答案。

A 型题

1. 脓肿的概念是（　　）。

  A. 机体从感染病灶吸收致病菌及其毒素和组织分解产物所引起的全身性病理过程

  B. 发生于疏松结缔组织的急性弥散性化脓性炎症

  C. 在组织或器官内形成外有脓肿膜包裹内有脓汁潴留的局限性脓腔的外科感染

  D. 有脓汁潴留于解剖腔的外科感染

  E. 指致病菌侵入血液循环，并生长繁殖，产生大量毒素及组织分解产物被机体吸收，而引起的严重的全身性感染

2. 下列叙述中不是外科感染特点的包括（　　）。

  A. 一般均有明显的局部症状　　　　B. 多为继发性疾病

  C. 常为混合感染　　　　　　　　　D. 损伤的组织或器官常发生化脓和坏死过程

  E. 治疗后局部常形成疤痕组织

3. 下列关于外科感染叙述不正确的是（　　）。

  A. 外科感染的局部与全身反应的轻重程度，与机体抵抗力的强弱、病原菌的种类及数量、侵害的组织和器官有着密切的关系

  B. 病原微生物经皮肤、黏膜创伤或其他途径侵入动物机体，并在体内生长、繁殖、分泌毒素，引起局部或全身性病理过程称为外科感染

  C. 脓肿病灶初期或中期，外周柔软有波动，中间坚实留指压迹

  D. 深在性脓肿常伴有全身症状

  E. 浅在性小脓肿可用脓肿摘除法进行手术治疗

4. 下列临床表现不会在有创伤的动物发生的是（　　）。

  A. 皮肤的完整性被破坏　　B. 可以因疼痛而休克

  C. 跛行　　　　　　　　　D. 体温升高　　　　　　E. 全身皮肤、黏膜黄染

5. 下列关于创伤的描述错误的是（　　　）。

    A. 创伤发生后是否发生感染，除取决于细菌的毒力和数量外，更主要的是取决于机体抗感染的能力及受伤的局部组织状态。

    B. 感染创可分为化脓期和肉芽期两个阶段

    C. 肉芽组织内分布着大量毛细血管和神经末梢

    D. 痂皮下发生感染而化脓时，则痂皮分离而脱落，创伤取第二期愈合

    E. 无菌手术创绝大多数可达第一期愈合

6. 下列叙述中符合非开放性软组织创伤的是（　　　）。

    A. 损伤部位无伤口，感染机会少，但疼痛剧烈，伤情复杂，容易被忽视

    B. 治疗挫伤时要用器械除去创内异物、血凝块，切除挫灭组织

    C. 血肿局部触压中央坚实，四周波动明显有捻发音，经穿刺可流出血液

    D. 治疗血肿时要及时切开，排出血凝块，防止化脓感染

    E. 淋巴外渗穿刺治疗时要一次排尽，以达到制止淋巴液流出的目的

7. 食道切开术的通道一般在（　　　）。

    A. 左侧颈静脉沟　　　　　　　B. 右侧颈静脉沟　　　　　　　C. 咽后气管下方

    D. 左、右颈静脉沟均可　　　　E. 颈背侧

8. 手术中切开肠管侧壁时，一般应选择（　　　）。

    A. 纵带上纵行切开　　　　　　B. 血管较少处切开　　　　　　C. 横行切开

    D. 肠系膜侧切开　　　　　　　E. 根据需要

9. 肠切除线在健康肠管上，其应距离病变部位两端（　　　）。

    A. 1～2cm　　　　　　　　　　B. 2～3cm　　　　　　　　　　C. 5～10cm

    D. 10～15cm　　　　　　　　　E. 15～20cm

10. 犬胃切开时，胃的切口位于（　　　）。

    A. 胃腹面的胃体部，在胃大弯与胃小弯之间的无血管区　　　B. 胃大弯无血管区

    C. 胃小弯无血管区　　　　　　D. 胃腹面的胃底部无血管区

    E. 靠近胃贲门部无血管区内

11. 缩小肛门的缝合方法，最常采用的是（　　　）。

    A. 结节缝合　　　　　　　　　B. 荷包缝合　　　　　　　　　C. 内翻缝合

    D. 外翻缝合　　　　　　　　　E. 康奈尔氏缝合

12. 真胃变位手术治疗时，临床上常用的麻醉方法是（　　　）。

    A. 全身麻醉　　　　　　　　　B. 全身镇静　　　　　　　　　C. 吸入麻醉

    D. 局部浸润麻醉　　　　　　　E. 腰旁神经干传导麻醉，配合局部浸润麻醉

13. 腹壁疝的发病原因，不可能的是（　　　）。

    A. 外界钝性暴力　　　　　　　B. 腹压过大　　　　　　　　　C. 腹壁手术缝合不当

    D. 妊娠　　　　　　　　　　　E. 发热

14. 阴囊疝是疝内容物落入阴囊内的通道是（　　　）。

    A. 腹股沟管　　　　　　　　　B. 直肠　　　　　　　　　　　C. 阴道

    D. 小肠　　　　　　　　　　　E. 膀胱

15. 脐疝的疝内容物不可能的是（　　　）。

    A. 小肠　　　　　　　　　B. 大网膜　　　　　　　　C. 腹膜

    D. 直肠　　　　　　　　　E. 肠系膜

16. 治疗风湿病的最常用药物是（　　　）。

    A. 水杨酸钠　　　　　　　B. 阿托品　　　　　　　　C. 青霉素

    D. 葡萄糖酸钙　　　　　　E. 维生素C

17. 肿瘤区别于肿胀的主要依据是（　　　）。

    A. 组织结构　　　　　　　B. 红细胞增加　　　　　　C. 持续增长

    D. 有包膜　　　　　　　　E. 有功能障碍

18. 良性肿瘤切除后一般（　　　）。

    A. 不易复发　　　　　　　B. 容易复发　　　　　　　C. 出现转移

    D. 组织病变　　　　　　　E. 局部坏死

19. 判断直肠脱出部分没有坏死的一个重要标准是（　　　）。

    A. 直肠变色　　　　　　　B. 直肠黏膜变硬　　　　　C. 直肠出血

    D. 直肠黏膜清洗按摩后颜色变浅，没有黏膜脱落　　　E. 直肠黏膜完整

20. 因膝关节扭伤而导致的跛行，动物表现为（　　　）。

    A. 敢踏不敢抬　　　　　　B. 敢抬不敢踏　　　　　　C. 既不敢抬也不敢踏

    D. 没影响　　　　　　　　E. 臀升降运动

B 型题

（21～25题共用备选答案）

    A. 患病动物体温明显增高，多呈稽留热，恶寒战栗，四肢发凉

    B. 体温升高达40℃以上，多呈弛张热或间歇热

    C. 外有脓肿膜包裹、内有脓汁潴留的局限性脓腔

    D. 多发生于皮下、筋膜下及肌肉间的疏松结缔组织内

    E. 败血病和脓毒血症同时存

21. 脓肿：（　　　）。

22. 蜂窝织炎：（　　　）。

23. 脓毒血症：（　　　）。

24. 败血症：（　　　）。

25. 脓血症：（　　　）。

（26～30题共用备选答案）

    A. 经穿刺可释放出橙黄色透明而不易凝结的淋巴液，有的内含有少量血液

    B. 可视黏膜苍白，皮温降低，四肢末梢发凉

    C. 皮肤及皮下组织呈弥散性水肿，并扩展到周围组织，有的在患部出现水泡并充
       满乳光带血样液体

    D. 由较强大的钝性外力作用于机体表面所引起的软组织非开放性损伤

    E. 受伤的组织发生断离和收缩，使创口裂开

26. 烧伤：（　　　）。

27. 休克：（　　　）。

28. 创伤：（　　　）。

29. 挫伤：（　　）。

30. 淋巴外渗：（　　）。

（31～33 题共用备选答案）

    A. 左肷部前切口　　　B. 左肷部中切口　　　C. 左肷部后切口　　　D. 右肷部中切口

    E. 右肷部后切口

31. 瘤胃积食的手术通路为（　　）。

32. 对体形较大病牛进行网胃探查及瓣胃梗塞、真胃积食的胃冲洗术时，手术通路为（　　）。

33. 瘤胃积食兼作右侧腹腔探查术时，手术通路为（　　）。

（34～36 题共用备选答案）

    A.0.5%～1%　B.0.9%　C.1%～2%　D.2%～4%　E.9%

34. 以硼酸溶液作为洗眼液时，其浓度为（　　）。

35. 以氯化钠溶液作为洗眼液时，其浓度为（　　）。

36. 以明矾溶液作为洗眼液时，其浓度为（　　）。

（37～39 题共用备选答案）

    A. 端端吻合　　　　B. 侧侧吻合　　　　C. 端侧吻合　　　　D. 荷包缝合　　　　E. 纽扣状缝合

37. 切除病变肠管，两断端管径一致时，适宜采取的吻合方法是（　　）。

38. 切除病变肠管，两断端管径均很细时，适宜采取的吻合方法是（　　）。

39. 切除病变肠管，两断端管径相差悬殊时，适宜采取的吻合方法是（　　）。

（40～42 题共用备选答案）

    A. 左前肢　B. 右前肢　C. 左后肢　D. 右后肢　E. 左膝关节

40. 动物行走时，不断上下点头，左前肢着地时低头，右前肢着地时抬头，患肢是（　　）。

41. 动物行走时，臀部不断进行升降，左后肢着地时，臀部下降，右后肢着地时上升，患肢是（　　）。

42. 动物行走时，左后肢不敢抬，拖步前行，患病部位有可能是在（　　）。

X 型题

43. 下列叙述中符合外科感染特点的包括（　　）。

    A. 一般均有明显的局部症状

    B. 是由外伤所引起

    C. 常为混合感染

    D. 损伤的组织或器官常发生化脓和坏死过程

    E. 治疗后局部常形成瘢痕组织

44. 下列关于外科感染叙述正确的包括（　　）。

    A. 患病动物血液中能培养出细菌

    B. 在局部排脓要避免挤压，防止感染扩散

    C. 如果败血症和脓毒血症同时存在，又称为脓毒败血症

    D. 损伤的组织或器官常发生化脓和坏死过程

E. 如果有脓细胞或脓球进入血液，又称为脓血症

45. 创伤可能出现的症状包括（   ）。

    A. 创口裂开   B. 易感染化脓   C. 休克

    D. 淋巴液流出   E. 局部溢血

46. 肉芽组织包含（   ）。

    A. 毛细血管   B. 干性坏死组织   C. 神经组织

    D. 上皮细胞   E. 中性粒细胞

47. 在眼科临床上，可作为收敛药和腐蚀药的有（   ）。

    A. 0.5%～2%硫酸锌溶液   B. 0.5%～2%硝酸银溶液   C. 2%～10%蛋白银溶液

    D. 1%～2%硫酸铜溶液   E. 1%～2%黄降汞眼膏

48. 在临床上，确定食道梗塞位置可使用的检查方法包括（   ）。

    A. 食道外部触诊   B. 胃管探诊   C. X射线检查

    D. B超检查   E. 造影检查

49. 肠管的活力判定主要根据（   ）。

    A. 颜色   B. 色泽   C. 弹性

    D. 肠系膜血管搏动   E. 肠蠕动

50. 可用于瘤胃固定的方法有（   ）。

    A. 瘤胃浆肌层与皮肤切口缘连续缝合固定法

    B. 瘤胃六针固定和舌钳夹持外翻法

    C. 瘤胃四角吊线固定法

    D. 瘤胃六角吊线固定法

    E. 瘤胃缝合橡胶洞巾固定法

51. 下列选项中构成疝的要素包括（   ）。

    A. 疝轮（孔）   B. 疝囊   C. 疝内容物

    D. 肌肉   E. 疼痛

52. 根据发生部位不同，疝可分为以下几种（   ）。

    A. 腹壁疝   B. 阴囊疝   C. 脐疝

    D. 膈疝   E. 会阴疝

53. 疝的治疗原则是（   ）。

    A. 还纳疝内容物   B. 密闭疝轮   C. 消炎镇痛

    D. 严防腹膜炎和疝轮再次裂开   E. 消除病因

54. 复位脱出的直肠进行清洗时，经常采用的药物是（   ）。

    A. 0.25%高锰酸钾溶液   B. 1%明矾溶液   C. 0.2%新洁尔灭溶液

    D. 3%甲醛溶液   E. 0.9%生理盐水

55. 直肠脱垂部分切除术后，护理方法为（   ）。

    A. 术后喂以缓泻剂，防止便秘   B. 保持圈舍干燥清洁

    C. 喂以麸皮、米粥和柔软饲料   D. 多饮温水，防止卧地

    E. 根据病情给予镇痛、消炎等对症疗法

56. 直肠脱垂时，直肠黏膜可发生的病变包括（   ）。

    A. 严重水肿　　　　　　　　B. 黏膜干裂　　　　　　　　C. 坏死

    D. 血肿　　　　　　　　　　E. 梗死

57. 动物发生关节创伤时，治疗原则是（　　　）。

    A. 防止感染，增强抗病力　　　　　　B. 及时、合理地处理伤口

    C. 争取在伤口未感染前闭合关节囊伤口　　D. 开放伤口　　　E. 止痛，限制运动

58. 根据运动生理，可将跛行分为（　　　）。

    A. 支跛　　　　　　　　　　B. 悬跛　　　　　　　　　　C. 混合跛

    D. 特殊跛行　　　　　　　　E. 轻度跛行

59. 骨折的临床症状主要有（　　　）。

    A. 疼痛　　　　　　　　　　B. 肿胀　　　　　　　　　　C. 异常变形

    D. 功能障碍　　　　　　　　E. 异常活动和骨摩擦音

60. 治疗风湿病常用药物为（　　　）。

    A. 水杨酸钠　　　　　　　　B. 保泰松　　　　　　　　　C. 氢化可的松

    D. 乌洛托品　　　　　　　　E. 地塞米松

61. 肌肉风湿病的临床特征是（　　　）。

    A. 急性经过时发生浆液性或纤维性炎症

    B. 慢性经过时则出现慢性间质性肌炎

    C. 运动不协调，步态强拘不灵活

    D. 1～2肢轻度跛行

    E. 咳嗽

62. 恶性肿瘤切除后容易出现（　　　）。

    A. 不复发　　　　　　　　　B. 容易复发　　　　　　　　C. 转移

    D. 组织病变　　　　　　　　E. 器官功能受限

63. 恶性肿瘤除手术治疗外，多采用的治疗方法有（　　　）。

    A. 放射线疗法　　　　　　　B. 化学疗法　　　　　　　　C. 免疫疗法

    D. 激光疗法　　　　　　　　E. 抗生素疗法

64. 在膀胱肿瘤诊断过程中，采取哪些病料有助于辅助诊断？（　　　）。

    A. 血液　　　　　　　　　　B. 尿液　　　　　　　　　　C. 唾液

    D. 病变组织　　　　　　　　E. 粪便

65. 区分良性肿瘤和恶性肿瘤的主要依据是（　　　）。

    A. 生长速度　　　　　　　　B. 对机体危害程度　　　　　C. 活动度

    D. 血管分布　　　　　　　　E. 有无包膜

项目四
产科疾病的诊断与治疗技术

项目引言

在兽医临床工作中，动物产科不仅涉及动物的产仔及助产方法，也涉及妊娠期、分娩期、产后期发生的疾病，还包括乳腺疾病、不孕症等疾病的诊治。对动物常见产科病的诊断、治疗方案的制定、实施治疗及护理等是兽医人员的必备技能；兽医人员同时还应具备对产科疾病发生经过的判定，分析疾病发生原因的能力，从而指导生产，并对常见产科病进行预防。

学习目标

1. 能对妊娠动物进行妊娠诊断。
2. 能给妊娠动物进行产前检查。
3. 会进行牛及猪的接产。
4. 能对动物妊娠期疾病进行诊断，并实施治疗。
5. 能正确判定难产，并会进行助产。
6. 能进行动物产后疾病的诊断，并实施治疗。
7. 会进行阴道及子宫疾病的诊治。
8. 会进行乳房炎的诊断，并能制定防治措施。
9. 养成关爱动物生命和维护公共卫生的职业素养。

任务一　妊娠诊断

任务分析

妊娠诊断就判断母畜是否妊娠，即配种后，在尽可能短的时间内，通过观察母畜行为表现或用仪器、试剂等对母畜是否妊娠进行诊断。未妊娠母畜若不能及时诊断，就会影响其下一个情期配种任务的安排，导致产仔间隔延长、繁殖率降低、产乳量降低等问题，增加非繁殖期饲养管理时间而增加了饲养管理成本，直接影响养殖经济效益。确定妊娠后，便于加强对妊娠母畜的饲养管理，可以有效地防止流产，减少因误淘、误宰所造成的经济损失。目前兽医临床上重要的妊娠诊断技术概括起来包括三大类，即临床诊断法、实验室诊断法和特殊诊断法。

⊙任务目标

1. 能应用临床诊断技术对不同动物进行妊娠诊断。
2. 能进行实验室妊娠诊断。
3. 会用 B 超进行动物妊娠诊断。

·任务情境·

动物医院或动物外科与产科实训室（动物养殖场），妊娠动物，A 型超声波诊断仪、B 型超声波诊断仪、D 型超声波诊断仪及妊娠诊断试剂和药物等。

·任务实施·

一、临床诊断

临床诊断方法至今仍在兽医临床妊娠诊断方法中占主导地位，包括外部检查和内部检查两种方法。

（一）外部检查

1. 问诊　在妊娠诊断时，问诊应着重询问如下内容：

（1）最后一次配种日期。在不同的妊娠阶段，动物生殖器官及体态的变化各有区别，通过询问最后一次配种时间，可以确定相应的检查项目和检查方法。例如，对牛通过直肠检查进行妊娠诊断时，在妊娠 21d 以内，主要靠检查卵巢上的黄体状态来进行妊娠诊断；21d 以后，可通过检查子宫角形态来确诊妊娠；5 个月以后，可以通过直肠触摸子叶、胎儿及子宫中动脉等进行妊娠诊断。

（2）最后一次配种后是否再发情。如果最后一次配种后再未发情，则说明该动物可能妊娠；如果配种后出现过发情，则没有妊娠。

（3）既往配种、受胎及产后情况。通过询问了解既往配种、受胎及产后情况，尤其注意产后恶露的排出情况，可以对母畜的繁殖器官状况及性能做出评估，为妊娠诊断提供既往的参考资料。

（4）食欲、膘情及行为方面的变化。母畜妊娠后一般变得性情温驯，喜静恶动；食欲显著增加；在妊娠前半期膘情明显好转，被毛变得光亮。这些都是妊娠的一种表现，相反则可能没有妊娠。

2. 视诊　视诊内容也是妊娠诊断的一个重要参考资料，在妊娠诊断时，视诊主要内容如下：

（1）观察动物行为。一般妊娠后的动物性情温驯，不再接受其他动物爬跨。

（2）腹围变化。妊娠母畜早期腹围变化不明显，但后期腹围会有明显变化。

（3）乳房变化。动物妊娠后，随着妊娠时间的延长，其乳房逐渐增大。

3. 触诊　就是用手隔着腹壁去触摸胎儿，能触摸到胎儿则认为妊娠，否则认为未妊娠。触诊一般适用于妊娠中后期的妊娠诊断，其触诊部位和方法也因动物不同而有所区别，牛的触诊部位一般在右侧膝褶前方，马的触诊部位在左腹壁最突出的下方、乳房稍前部，羊的触诊部位在右腹下方，犬、猫的触诊部位在下腹部。对于不肥胖的大动物多用冲击触诊的手法，将漂浮于胎水中的胎儿从体壁推离，之后检查胎儿是否还会弹回，再次碰撞到停留在腹壁的拳头。对于小动物则多用触摸子宫角内胚胎的方式进行触诊。

4. 听诊　就是通过听胎儿心音来判定动物是否妊娠，此方法多用于大动物，听诊时间在妊娠后半期。听诊要耐心认真，否则不易听到。

（二）内部检查

内部检查包括阴道检查和直肠检查。

1. 阴道检查　是通过观察阴道黏膜色泽、阴道黏液性状及子宫颈外口变化来判定动物是否妊娠的一种临床诊断方法，只能作为一种辅助诊断方法。动物妊娠后，由于生殖激素水平的变化导致阴道黏膜苍白、干涩，阴道黏液量少而黏稠；子宫颈口紧闭，子宫颈口内及附近黏液黏稠、量少。当动物子宫颈、阴道存在病理变化及有持久黄体存在时，易导致误诊、误判。阴道检查的操作步骤如下：

（1）保定动物。

（2）固定动物尾巴，对器械、手臂及动物外阴部进行清洗消毒。

（3）将相应型号的消毒过的开膣器涂上润滑剂后，插入动物阴道。

（4）转动开膣器、使开膣器裂和阴门裂吻合，打开开膣器，观察阴道黏膜、阴道黏液及子宫颈变化。

（5）检查完毕，闭合开膣器后将其抽出。

2. 直肠检查　直肠检查是牛和马妊娠诊断常用的一种诊断方法，即隔着动物直肠壁，通过用手触摸动物卵巢上有无黄体、子宫变化、子宫颈变化、有无妊娠动脉、子宫位置、胎儿等情况来判断是否妊娠（图4-1）。牛直肠妊娠检查的方法和步骤如下：

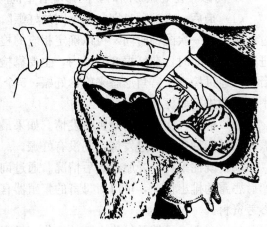

图 4-1　牛直肠检查示意

（1）保定好牛体，固定好尾巴。

（2）术者戴上一次性长臂手套，清理直肠内粪便。

（3）手和手臂涂以润滑剂，手指集拢成圆锥状，缓缓插入牛肛门，牛努责时停止前进不要用力，不努责时徐徐前进。

（4）先摸到子宫颈，再向下滑找到角间沟，然后向前、向下触摸子宫角。

（5）摸到子宫角后，在子宫角尖端外侧下方寻找卵巢，然后触摸卵巢。

牛直肠妊娠检查的内容及判定：

牛妊娠20～25d，排卵侧卵巢上有突出于表面的妊娠黄体、卵巢的体积大于对侧，两侧子宫角无明显变化，触摸时感到子宫壁增厚而有弹性。

牛妊娠30d，两侧子宫角不对称，孕角变粗、松软、有波动感、弯曲度变小，而空角仍维持原有状态。用手轻握孕角，从一端滑向另一端，似有胎泡从指间滑过，若用拇指和食指轻轻提起子宫角，然后放松，可感到子宫壁内似有一层薄膜滑开，这就是尚未附植的胎囊。

牛妊娠60d，孕角明显增粗，相当于空角的2倍。孕角波动明显，子宫角开始垂入腹腔，但仍可摸到整个子宫。

牛妊娠90d，子宫颈被牵拉至耻骨前缘，孕角大如排球，波动感明显，空角也明显增粗，孕侧子宫动脉基部开始出现微弱的特异搏动。

牛妊娠 120d，子宫及胎儿全部沉入腹腔，子宫颈已越过耻骨前缘，一般只能触摸到子宫的局部及该处的子叶，如蚕豆大小，子宫动脉的特异搏动明显。

此后直至分娩，子宫进一步增大，沉入腹腔，子宫动脉变粗，并出现更明显的特异性搏动，用手触及胎儿，有时会出现反射性的胎动。

马的直肠检查方法与牛相似，但对马进行直肠检查时，一般先触摸卵巢，然后再触摸子宫角、子宫体、子宫颈。马在妊娠 5 个月内，卵巢上仍有卵泡发育，并有多个黄体存在。

猪的直肠检查受体形影响，只适用于大白猪、长白猪等大型品种的经产母猪。可以在母猪配种后 25d 进行妊娠诊断，准确率高达 95%～100%。可选择身材娇小的女性操作员，把手伸入母猪直肠，掏出粪便，触摸子宫，妊娠母猪子宫内有羊水，子宫动脉搏动有力，而未妊娠母猪子宫无羊水，弹性差，子宫动脉搏动很弱。

二、实验室诊断

动物妊娠诊断的实验室诊断方法也比较多，在此仅将几种比较实用的实验室诊断方法和具有一定应用前景的诊断方法进行简要介绍。

（一）牛乳孕酮诊断法

牛在妊娠早期（配种后 18～24d）就表现为外周血液和乳中孕酮浓度升高。通过精确定量分析可以确定妊娠早期（配种 21d 后）母牛乳汁中孕酮的临界值，根据此临界值则可对应调节测定系统，使其满足定性测定的要求，再通过显色反应或乳胶凝集特征判定是否妊娠。配种后第 23 天是牛早期妊娠诊断的最佳时间。

1. 孕酮-ELISA（P-ELISA）诊断法　P-ELISA 诊断法利用抗原（孕酮）、酶标抗原（酶标记孕酮）与抗体（孕酮抗体）的饱和竞争性结合反应原理，来监测乳样中孕酮浓度的高低，依据反应系统中所产生的颜色（蓝、黄和粉红）深浅程度，用肉眼定性孕酮在乳样中的浓度范围，从而达到妊娠诊断的目的。国外已有商品性 P-ELISA 诊断试剂盒，用此方法进行早期妊娠诊断的准确率为 84.5%，成本较高。

2. 孕酮乳胶凝集抑制试验　是一种利用孕酮单克隆抗体和由孕酮包被的胶珠进行乳汁孕酮快速定性测定的免疫学方法。其诊断原理是将孕酮包被在特化的乳胶珠上，使乳样中的游离孕酮和胶珠上的孕酮竞争与单克隆抗体上的有限位点相结合，以此来定性显示乳样中孕酮水平高低。此诊断方法操作简便，设备简单，成本也低。

（1）方法。将等量乳样、孕酮单克隆抗体和孕酮包被乳胶珠混合在一起，并涂于反应玻板上，当混合物在 1 狭槽中扩散横过玻片时，乳胶珠与溶液相互作用，形成乳汁薄膜。

（2）结果判定。如果乳样孕酮含量高，游离态孕酮竞争与孕酮抗体非凝集性结合，在玻板小室内形成平滑状乳膜；相反，如果样品中孕酮含量低，胶珠上的孕酮则与孕酮抗体结合的多，造成胶珠凝集，在玻板上形成粒状乳膜。

3. 妊娠相关糖蛋白测定　妊娠相关糖蛋白（PAG），是由妊娠母牛胎盘滋养层双核细胞所表达。母牛妊娠后，外周血液中妊娠相关糖蛋白浓度开始缓慢上升，妊娠 22d 达到 2ng/mL以上，与空怀母牛体内的妊娠相关糖蛋白浓度差异显著。基于母牛妊娠期妊娠相关糖蛋白的特点，目前检测妊娠相关糖蛋白主要采用放免法（RIA）、酶免法（ELISA）。放免法由于存在核污染等问题，在生产上不适合推广应用，目前只是作为实验室的检测手段。而基于此原理检测母牛配种 28d 后妊娠相关糖蛋白浓度的 ELISA 试剂盒已被商业开发，准确率达到93%以上。

（二）母猪孕马血清促性腺激素诊断法

利用孕马血清促性腺激素（PMSG）对配种后的母猪进行妊娠诊断，可将妊娠和未妊娠的母猪准确的诊断出来，此诊断方法安全、简单、诊断时间早，同时还具有诱导发情的功效。用此方法进行妊娠诊断的准确率高达 100%，不引起流产，产仔数及胎儿发育正常。对猪而言，是一种很好的妊娠诊断方法。

1. 方法　给配种 14d 以后的母猪肌内注射孕马血清促性腺激素 700~800IU。

2. 结果判定　在 5d 内未出现正常发情、不接受公猪交配者，则可确诊为妊娠；相反则为未妊娠。

三、特殊诊断法

特殊诊断法是指利用特殊仪器设备或较复杂的技术进行的妊娠诊断方法。特殊诊断法包括阴道活体组织检查法、X 射线诊断法、胎儿心电图诊断法、超声波诊断法等，现将目前应用较多、且有推广应用前景的超声波妊娠诊断方法进行介绍。

超声波诊断仪包括 A 型超声波诊断仪、D 型超声波诊断仪、B 型超声波诊断仪三种类型，其中 B 型超声波诊断仪在兽医临床上应用最为广泛。

（一）A 型超声波诊断仪

A 型超声波诊断仪以一维波的形式显示超声回声信号，波幅的高低代表回声的强弱，无回声信号则出现平段。均匀液体介质不产生反射，显示呈显液体平段；均匀实质器官或肌肉等在仪器增益后，其中组织结构会产生小的反射波幅，显示实性平段；据此可以诊断妊娠、未妊娠和子宫积液等，但不如 B 型超声波诊断仪所显示的图像直观，目前在兽医妊娠诊断上应用较少。

（二）D 型超声波诊断仪

D 型超声波诊断仪即多普勒超声波诊断仪，其原理是当探头和反射界面之间有相对运动时，反射信号的频率会发生变化，即出现多普勒频移，用检波器将此频移检出、处理后，变成音频信号输出，以此来进行妊娠诊断。D 型超声波诊断仪主要用于检测体内的活动器官，可通过监听子宫动脉血流音、胎儿心音、脐带血流音、胎盘血流音等来判断动物是否妊娠。

（三）B 型超声波诊断仪

B 型超声诊断仪采用的是辉度调制，以光点的亮暗反映信号的强弱。应用 B 型超声诊断仪能实时显示被查部位的二维断层图或切面显像，反映该部位的活动状态，所以 B 型超声波诊断仪又称为实时超声断层显像诊断仪，简称 B 超。在兽医临床上，目前利用 B 超对妊娠期动物子宫和胎儿进行监测使用非常广泛。

1. B 型超声诊断仪的原理　B 超是通过脉冲电流引起超声探头晶体振动发射出多束超声波，在一个断面上探测，并利用超声波在各组织中传播时的反射强度差异，将其转换为脉冲信号，在显示屏上以明暗不同的光点显示出被测部位组织断面的图像。例如，当探测到液体时，声波无反射，显示无回声的黑色；当探测到致密组织或空气时，声波反射加强，显示强回声的白色。

2. B 型超声诊断仪的主要组成　B 超主要由带有显示屏的扫描仪和探头组成，扫描仪分为实时线阵扫描仪和实时扇形扫描仪，分别配有线阵扫描探头和扇形扫描探头。前者扫描图像为矩形，后者扫描图像为扇形。

目前，兽医临床上使用的超声扫描探头有体外用超声扫描探头、直肠用超声扫描探头、阴道用超声扫描探头。探头频率多为 3.5MHz、5.0MHz 和 7.5MHz。探头频率越高则分辨率越高，所得图像就越清晰，但探查深度有限，所以探查精细结构时用高频探头，进行较深部探查时用低频探头。

3. 牛 B 超妊娠诊断　常采用 5.0MHz 或 7.5MHz 直肠探头，探查时先掏出直肠中的宿粪，将探头涂上超声耦合剂，然后用手带入直肠中，隔着直肠壁将探头放在牛生殖器官的相应部位，即可看到相应的超声图像。

妊娠 10～17d，在妊娠侧子宫角中开始出现圆形或长形胚泡超声图像，直径大约 2.0mm，长度 4.5mm；妊娠 20d 左右，出现胚体图像，胚体长 3.8mm，并可探测到胚体的心搏动；妊娠 30d 左右，在胚体周围开始出现羊膜回声图像；妊娠 35d 左右，可探查到子宫壁上的子叶；妊娠 42d 左右，可观察到胎动；妊娠 60d 左右，胚体长约 66mm；用 B 超进行牛妊娠早期诊断的最适宜时间为妊娠 28～30d，妊娠诊断准确率 90%～94%。

4. 羊 B 超妊娠诊断　利用 B 超对羊进行妊娠诊断时，一般采用直肠探查和体外探查配合进行的方法，但在实际工作中以直肠探查为主。

直肠探查时，将羊站立保定，用手指排除直肠内的宿粪，将直肠探头涂上超声耦合剂或蘸温水后送入直肠，直肠探头在骨盆腔入口处向下呈 45°～90°移动、探查，然后通过显示屏观察超声图像，判定是否妊娠。

体外探测部位为羊乳房两旁和后肢之间无毛区域。将母羊侧卧保定，在探头上涂上超声耦合剂后，将探头与皮肤垂直压紧，以均匀的速度或适当改变角度紧贴皮肤移动，然后通过显示屏观察超声图像，判定是否妊娠。

用 B 超进行羊妊娠诊断时，所观察的主要内容是胎囊、胎体、胎心搏动、子叶胎盘，一般可在妊娠 20d 后做出确诊。

5. 犬、猫 B 超妊娠诊断　犬、猫的 B 超妊娠诊断常通过体外腹壁探测进行，常用探头为 5.0～7.5MHz 的线阵或扇扫探头，大型犬有时也用直肠探头。犬、猫做妊娠诊断时多采用侧卧或仰卧姿势，也可采用站立姿势。一般在配种 21d 后对犬、猫进行 B 超妊娠诊断，猫最早时间可以在 18d。探测部位为腹底壁或腹侧壁，在耻骨前缘的腹中线及乳腺两侧。探查前必须剪毛，尤其是绒毛较厚者。在探测部位前后做横向、纵向和斜向三个方位的平扫切面观察。

妊娠 20d，胚泡呈壶腹形，内径 10～20mm；妊娠 23～25d，可见胚体（在绒毛膜囊内出现强回声的光亮团块）；妊娠 30d，胎心内可见心跳，能分辨出头和躯干；妊娠 31～35d，能辨认四肢和脑脉络；妊娠 35～40d，开始骨化。

犬早孕阴性判断需慎重，因为犬子宫角在未妊娠和妊娠 20d 之前均很细（一般直径不到 1cm），且几乎看不到管腔，故 B 超难以探查到。当怀疑早孕阴性时，应在配种后 23～25d（甚至更晚）多次细致复查，怀仔数很少时更易误判断为早孕阴性。

┤**技术提示**├

（1）腹壁触诊进行妊娠诊断时，动作要轻柔，尤其是对子宫内胚胎进行触压时，用力一定要适度。

（2）直肠检查时应注意动物的保定及自身防护，检查过程要细致。

（3）阴道内检查时，操作人员及所用器材要注意无菌。

（4）B超妊娠诊断时要熟练掌握卵巢、子宫的超声特点。

（5）实验室妊娠诊断检查时应熟知各种方法的原理，操作要规范。

（6）有少数18月龄以前的妊娠小母猪，在用孕马血清促性腺激素（PMSG）处理后48h左右会出现短时间的微弱发情（外阴稍红肿、黏膜潮红，阴道排出少量黏液，精神稍有不安），但不接受公猪交配。

·知识链接·

一、妊娠生理知识

哺乳动物胎儿的发生、发育和出生，经历了一个复杂、严格的生理调控过程，其中包括受精、妊娠和分娩3个主要环节。

妊娠是哺乳动物的胚胎和胎儿在母体子宫内发育成长的过程。妊娠起始于受精、终止于分娩。妊娠期一般可划分为3个阶段，依次为胚胎早期、胚胎期和胎儿期。胚胎早期从受精开始，到合子的原始胎膜形成为止，牛一般为12～15d。胚胎期也称为器官生成期，在此阶段胚胎细胞迅速分化，形成了主要的组织器官和系统，胚胎初显胎儿的雏形，这一阶在牛则为受精后15～33d。胎儿期是妊娠期的第三阶段，这一阶段主要表现为胎儿大小和外形进一步改变，这一阶段从胚胎期结束一直延续到分娩，几种主要动物的妊娠期见表4-1。

胎儿发育成熟、妊娠期满，母体将胎儿及其附属物从子宫排出体外的生理过程称为分娩。分娩是胎儿离开母体子宫环境、走向大自然，开始独立生存的一个自然过程。

表 4-1　几种主要动物的妊娠期

动物名称	妊娠期范围/d	平均/d
中国荷斯坦牛	250～305	280
黄牛	274～291	285
绵羊	146～157	150
山羊	146～161	152
猪	110～123	115
马	317～369	337
驴	350～396（怀驴）	370
	340～406（怀骡）	364
羊驼	337～345	341
犬	59～63	62
猫	56～65	58
兔	26～36	30
双峰驼	374～419	402

（续）

动物名称	妊娠期范围/d	平均/d
梅花鹿	229~241	
象（印度）	615~650	624
狐狸	51~52	
虎	105~113	
狮	105~112	
水貂	49~51	50

二、胎膜及胎盘

（一）胎膜

胎膜也称为胚胎外膜，俗称胎衣，是哺乳动物胚胎发育必不可少的一个辅助器官，它在母体子宫中包围着整个胎儿，胎儿就是通过胎膜上的胎盘从母体获得营养物质的，并通过胎盘将胎儿的代谢产物转排给母体。胎儿出生后母体随之将胎膜排出体外，所以胎膜也是胎儿发育的一个暂时性器官。胎膜主要由卵黄囊、羊膜、尿膜、绒毛膜构成（图4-2）。

1. 卵黄囊　卵黄囊在胚胎发育的早期起着原始胎盘的作用，卵黄囊表面有稠密的血管网，胚胎依靠此构造从子宫中获取营养物质，暂时满足胚胎发育的物质需求。随着胎盘的形成和发育，卵黄囊则萎缩、退化，最后在脐鞘中只留下了卵黄囊退化后的遗迹。

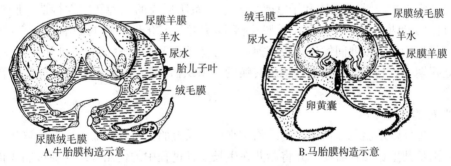

图4-2　胎膜构造模式图

2. 羊膜　羊膜是最靠近胎儿的一层膜，呈半透明状，羊膜与胎儿脐孔的孔缘皮肤相连，并形成了脐鞘外膜。由羊膜所围成的囊腔称为羊膜腔，羊膜腔中有羊水，胎儿就浸浮于羊水之中。

羊水清澈透明、无色、黏稠，在整个妊娠期中羊水的数量因动物不同而有差异，但保持相对恒定，如果羊水的数量显著超量，则会影响胎儿的正常发育，导致胎水过多症发生。

羊水主要由羊膜上皮细胞分泌而来。羊水的主要成分为电解质和盐；还含有胃蛋白酶、淀粉酶、脂肪酶、蛋白质、果糖、脂肪和激素等物质。羊水随着妊娠期的不同阶段而有变化。

羊水的主要作用在于保护胎儿不受外力影响，可防止胚胎干燥、胚胎组织和羊膜发生粘连，分娩时有助于子宫颈扩张并使胎儿体表及产道润滑，有利于胎儿的产出。

3. 尿膜　尿膜是一双层膜结构，内外膜间形成一腔称为尿囊腔，通过脐尿管和胎儿的膀胱相通，尿囊中有尿水，所以尿囊被视为胎儿的体外膀胱。

尿囊位于羊膜囊之外、绒毛膜囊之中，是羊膜和绒毛膜之间的一个囊状构造。尿膜囊的内膜和羊膜粘连形成了羊膜-尿膜；尿膜囊的外膜上有大量血管分布，与绒毛膜融合形成了尿膜-绒毛膜，并使尿膜-绒毛膜血管化。尿囊的形态因动物种类不同而有所差异，有的动物的尿囊包裹羊膜囊的全部（马），有的动物的尿囊只包裹了羊膜囊的大部分（牛、羊），有的动物的尿囊则只包裹了羊膜囊的一小部分（骆驼、人）。

尿水主要是胎儿的尿液和尿囊上皮的分泌物，主要成分是白蛋白、果糖、尿素等。尿水有助于分娩初期扩张子宫颈。子宫收缩时，尿水受压迫即涌向抵抗力小的子宫颈，并带着尿膜楔入子宫颈，使其扩张开放。尿水的量有一定的变动范围，如果尿水过多，也可导致胎水过多症发生。

4. 绒毛膜 绒毛膜是胎膜最外面的一层膜，绒毛膜紧切母体的子宫黏膜，完全包裹了其他胎膜，绒毛膜所围成的腔就是绒毛膜腔，绒毛膜囊腔中有胎儿、羊膜囊、尿囊及卵黄囊。绒毛膜表面有绒毛和血管网，为形成永久胎盘奠定了基础。绒毛膜上面的绒毛分布因动物种类不同而各有特点，由此也导致了不同类型动物胎盘构造上的差异。

（二）胎盘

胎盘是胎儿与母体间进行物质交换的一种高级营养形式，是母体与胎儿实现联系的纽带，它不仅充分满足了胎儿迅速发育所需的营养物质需求和代谢产物的排出，而且还有效地阻止了母体血液成分中有害物质对胎儿发育的不良影响，同时还具有分泌功能，是一个具有多重功能的重要器官。胎盘是胎膜的一个重要组成部分，是胎膜发育到一定阶段所形成的一个构造。

胎盘通常是指尿膜-绒毛膜和子宫黏膜发生联系所形成的一种暂时性构造。胎盘由胎儿胎盘和母体胎盘两部分吻合而成，尿膜-绒毛膜突起、变化形成胎儿胎盘，子宫黏膜增生、变化形成母体胎盘，彼此间发生物质交换，但母体胎盘和胎儿胎盘上的血管并不直接相通。胎盘是妊娠期母体和胎儿直接进行物质交换的"组织器官"，胎盘还是一个重要的暂时性内分泌器官。

1. 胎盘的主要作用

（1）实现妊娠期胎儿和母体之间的物质交换。通过胎盘将母体血液中的营养物质提供给胎儿，以满足其生长发育需要，并将胎儿在生长发育过程中的代谢终产物通过胎盘排到其母体血液循环系统中，从而通过胎盘循环实现了妊娠期胎儿和母体之间的物质交换。

（2）胎盘屏障。胎盘可选择性地阻止或允许母体血液中的物质进入胎儿血液循环，为胎儿安全发育和母体安全妊娠提供了保障。胎盘屏障的作用是可以有效地阻挡母体血液中一些对胎儿有害的物质，当然这种胎盘屏障作用也是有限的，只能防止部分病原体、药物和抗体通过母体血液循环进入到胎儿体内。

（3）分泌功能。胎盘还是妊娠期的一个重要内分泌器官，可合成分泌促乳素、孕激素、雌激素、促性腺激素等激素。

2. 胎盘类型 由于动物的绒毛膜和子宫黏膜构造有一定的多样性，所以动物胎盘的形态和构造成也有所不同。一般根据动物胎盘形态特点将胎盘分为 4 个类型（图 4-3）。

（1）弥散型胎盘。也称为上皮绒毛膜型胎盘，其特点是绒毛较大面积的均匀分布于绒毛膜表面，深入到子宫内膜腺窝内，形成一个胎盘单位，或称为微子叶，母体与胎儿在此发生物质交换。母体胎盘和胎儿胎盘结合较为疏松、较易剥离，相应动物的流产、新生仔畜窒息等发病率高,胎衣不下的发病率则较低。猪、马、骆驼、鼠就属于这种胎盘类型。

(2)子叶型胎盘。也称为上皮结缔绒毛膜型胎盘(或混合型胎盘),其特点是绒毛聚集成子叶(簇),母体子宫上也形成数量相等的子叶,相吻合而成胎盘。此类胎盘母体和胎儿胎盘结合紧密,分娩时二者不易分离,分娩过程较长,产后胎衣排出较慢,易发生胎衣不下。此类胎盘见于反刍动物,牛、羊、鹿等属于此类型胎盘。

(3)带状胎盘。食肉动物的胎盘都是带状胎盘,其特征是绒毛膜的绒毛聚合在一起形成一宽2.5~7.5cm的绒毛带,环绕在卵的尿膜-绒毛膜囊的中部(即赤道区上),子宫内膜也形成相应的母体带状胎盘。带状胎盘分为两种:一种是完全的带状胎盘,如犬和猫;一种是不完全的带状胎盘,如熊、海豹、鼬科中的雪貂和水貂。

(4)盘状胎盘。哺乳动物中的小鼠、大鼠、兔、猴和人类等啮齿类和灵长类均为盘状胎盘。胎盘是由一个圆形或椭圆形盘状的子宫内膜区和尿膜-绒毛膜区相连接构成的。

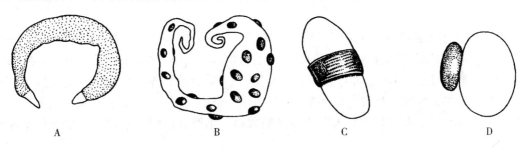

图4-3 胎盘类型模式
A. 弥散型胎盘 B. 子叶型胎盘 C. 带状胎盘 D. 盘状胎盘

(三)脐带

脐带是连接胎盘和胎儿的纽带,脐带的外鞘由羊膜构成,内有脐动脉、脐静脉、脐尿管及卵黄囊遗迹。

脐动脉由胎儿腹主动脉分支而成,胎儿腹主动脉分支后形成两条脐动脉,沿膀胱两侧向下移行,穿过脐孔,经过脐带,沿尿膜绒毛膜而行、并不断分支、最后终止于胎儿胎盘。通过脐动脉可将胎儿代谢产生的废物排出胎儿体外。

胎儿的脐静脉由分布于胎儿胎盘上的毛细血管汇集而成,胎儿胎盘上的毛细血管依次汇聚集成小静脉、静脉干,最后形成脐静脉,经过脐带,穿过脐孔,进入胎儿腹腔,沿胎儿肝镰状韧带游离缘最后进入肝。通过脐静脉将氧气和营养物质运输到胎儿体内,保证了胎儿发育过程的营养物质需要。

脐尿管是尿囊和胎儿膀胱之间的一根管道,上通入膀胱,下端通入尿囊,起导排胎儿尿液的作用。

脐带中的脐动脉、脐静脉互相缠绕,动物不同,脐带的长短也不一样。牛、羊、骆驼、犬、猫的脐带较短,马、猪的脐带较长。牛、羊、猪的脐带多在分娩过程中被自行扯断;犬、猫的脐带则多在胎儿产出后由母体撕断或扯断;当马卧着分娩时,胎儿产出后脐带往往不会被扯断,等母马站起时才能被扯断。

三、实验室妊娠诊断的条件与依据

1. 实验室早期妊娠诊断的条件　动物妊娠后,在胎儿、胎盘等作用下,会导致母体的新陈代谢发生一系列变化，从而导致母体血、尿、乳等成分发生变化，这就是实验室妊娠诊断的理论基础。在早期妊娠诊断方面，目前尚无一种完美的实验室诊断方面，理想的早期妊娠诊断技术应该具备下面几个条件：

(1) 在配种后一个发情周期之内显示出诊断结果。

(2) 妊娠诊断的诊断准确率应在85％以上。

(3) 对母体和胎儿安全无害。

(4) 方法简便、经济实用。

2. 孕马血清促性腺激素　孕马血清促性腺激素（PMSG）可以促使未孕母畜卵巢上的卵泡发育、成熟并排出具有受精能力的卵子，常用于雌性动物的催情和超数排卵处理。妊娠早期母猪的卵巢上有许多功能性黄体，能分泌大量孕酮，抑制其卵巢对外源性孕马血清促性腺激素的生理作用，故母猪不表现发情，这是利用孕马血清促性腺激素进行猪妊娠诊断的诊断原理。

3. 早孕因子检测法　早孕因子（EPF）是妊娠早期母体血清中最早出现的一种免疫抑制因子。它通过抑制母体的细胞免疫使胎儿免受免疫排斥，得以在母体子宫中存活，所以也被称为免疫抑制性早孕因子。早孕因子在交配后6～48h即能在血清中用玫瑰花环抑制试验测出，这给超早期妊娠诊断和受精检查提供了可能。目前，在牛、羊、猪、兔、人类等动物体内均发现早孕因子存在，早孕因子将在胚胎移植、不孕症诊断、家畜育种方面发挥重要作用。

哺乳动物胎儿有1/2遗传信息来源于父亲，这对母体来说是一种外来异物，但在正常情况下，整个妊娠期并不发生母体排斥胎儿的现象，母体妊娠后自体免疫防御功能降低是其中的一个重要因素，早孕因子就是动物在受精后数小时即出现在母体血液中的一种能抑制母体细胞免疫的物质，早期胚胎的发育和存活离不开早孕因子存在。

目前，早孕因子测定只能用玫瑰花环抑制试验，这种方法虽然灵敏度高、所用仪器设备简单，但特异性差、费时费工、变异性较大，所以还不能作为一种常规方法在生产上广泛应用。

4. 牛胶体金法快速诊断试纸　此方法是近年来研究出的另一种牛快速妊娠诊断方法，准确率高、简单、费用低，很适合于临床生产应用。牛胶体金法快速诊断试纸类似于人妊娠诊断上的"早早孕试纸条"，国外已有此类产品上市，但由于牛年复一年的妊娠、泌乳，导致牛乳中总有一定水平的绒毛膜促性腺激素（hCG）存在，所以就难以像人的"早早孕试纸条"一样只考虑定性测定。国外生产的此类试纸条，还不能用肉眼判读，必须借助相应的阅读仪器，将此仪器装在挤乳机上，在挤乳过程中就可完成牛的妊娠诊断。

在所有的妊娠诊断方法中，临床诊断方法最为简便易行，直肠触诊法在牛、马妊娠诊断上仍具有重要意义。实验室诊断比较烦琐，早期诊断的客观性较强，简化实验室妊娠诊断方法、使其满足临床应用需要是实验室妊娠诊断方法上的一个研究重点。特殊诊断法诊断准确率高，但其缺点是对条件设备较高要求。所以，不断完善动物妊娠诊断方法，研究快速方便的妊娠诊断技术，仍然具有重要的现实意义。

·操作训练·

定期到动物医院门诊或者养殖场进行动物的妊娠诊断训练。

任务二 产前检查与接产

任务分析

产前检查是指为妊娠期母畜进行分娩前的检查，可以预防和发现并发症，减少其不良影响，及时选择干预措施，纠正异常胎位，减少分娩过程中母畜与新生畜的死亡率。不同动物分娩预兆、分娩过程都有不同特点，掌握这些知识对判断动物分娩启动的时机、分娩的阶段、分娩的影响因素非常重要，更有助于提早判断动物是否会发生难产，便于及时采取措施。给动物进行正确合理的产前检查和接产可以预防难产，保护母体和胎儿安全。

任务目标

1. 能判断不同动物分娩前表现，会判断分娩启动时间。
2. 识记决定分娩的因素，会分析难产的原因。
3. 能给动物进行产前检查。
4. 会给动物实施接产。

技能 1 产前检查

技能描述

临产检查就是在动物临产前对其进行产道检查，对分娩正常与否做出早期判断，以便及早对各种能引起难产的异常情况及时处理，减少母畜和新生幼畜的死亡率。

技能情境

动物医院诊疗室、产科实训室或者动物养殖场产房，临产母畜。

技能实施

一、牛、马的产前检查

牛、马的产前检查主要是直肠或产道内检查。首先将直肠内粪便清理后，消毒手臂及母畜的外阴部，把手伸入阴门，隔着羊膜（羊膜未破时）或伸入羊膜腔内（羊膜已破时）触摸胎儿。羊膜完整时，不要撕破，以免胎水过早流失，影响胎儿的排出。如果胎儿为正生，前置部分3件（唇及二蹄）俱全，而且姿势位置正常，可暂不做处理。胎儿的姿势位置如有异常，则应立即进行矫正。因为此时胎儿的躯体尚未进入盆腔，异常部分的异常程度不大，胎水尚未流尽，子宫内润滑，而且子宫还没有紧裹住胎儿，进行矫正比较容易。例如，牛、马的头颈侧弯是很常见的，在分娩初，胎儿开始排出时，这种异常一般只是头稍微斜偏，未伸入骨盆入口。这时只要稍加牵引，即可将头拉直，继而把胎儿拉出，避免发生难产，同时还能提高胎儿的存活率。

二、犬、猫的产前检查

犬、猫不适合使用产道内检查法进行产前检查。除了视诊之外，可以用超声波检查胎儿的心率、胎儿体腔横径等生理指标评估胎儿活力，也能通过胎位、胎向等信息初步判断是否难产。犬出现心率低于 180 次/min 可能导致缺氧，进一步造成窒息死亡。

·技术提示·

（1）进行全身状态的观察时，动物应当不予任何保定和限制措施，并让动物适当适应环境，避免人为的干扰，有条件的最好直接进入动物圈舍进行。

（2）对门诊患病动物，应使其适当休息并安静后再行检查，并有畜主或饲养人员在旁协助为好。

·知识链接·

1. 临产前产道检查　除了能查出胎儿的异常情况外，还可查明母畜的骨盆有无异常、阴门、阴道、子宫颈等软产道的松弛、润滑和开放程度，据此判断有无难产的可能性，从而及时做好助产准备工作。

2. 分娩　妊娠期满，胎儿发育成熟，母体将胎儿及其附属物排出体外的生理过程称为分娩。分娩是动物繁育过程中的一个重要环节，充分了解动物正常的分娩过程，科学、及时做好接产工作，不仅可提高动物出生成活率，还可减少母畜分娩期疾病和产后疾病的发生。

3. 分娩预兆　随着分娩日期临近，妊娠动物在生理和形态上会发生一系列的变化，称为分娩预兆。通过观察分娩预兆，可预测分娩时间，做好相应的接产准备。动物的分娩预兆主要表现在乳房、外阴、骨盆韧带和行为 4 个方面。

（1）牛。奶牛的乳房变化较明显，初产牛在妊娠 4 个月时乳房开始变大，经产牛在分娩前 10d 乳房开始肿大。产前 2d 乳房极度肿大，乳房中充满黄色初乳。有的奶牛会出现漏乳现象，如果出现漏乳则一般在漏乳开始后数小时至 1d 内分娩。

从分娩前 1 周开始，阴唇开始肿胀、柔软，色泽变红。分娩前 1~2d，子宫颈开始松弛，子宫颈管中的黏液栓软化、外流。

分娩前 1~2 周，荐坐韧带开始软化，至分娩前 12~26h 荐坐韧带变得非常松软，荐椎两旁组织明显塌陷。

妊娠母牛的体温从产前 1 个月开始发生变化，产前 7~8d 缓慢升到 39~39.5℃，产前 12h（有些为 3d）下降 0.4~1.2℃。

（2）猪。产前 3d 左右乳头向外伸展，中部两对乳头可挤出少量清亮液体。产前 1d 左右可以挤出 1~2 滴白色初乳。随着分娩期临近，母猪前腹部大而下垂。在产前数天（或 6~12h）有衔草做窝现象。产前 3~5d 阴唇开始肿大，有些在产前数小时排出黏液。

（3）马。马在产前数天乳头变粗大、二乳头向外开张呈"八"字形，开始漏乳后往往于当天或次日夜间分娩。产前 10h 左右阴唇肿大、松软、变红。荐坐韧带也变松软，因臀肌肥厚，尾根活动不明显。

（4）犬。犬分娩前 2 周乳房开始变大，分娩前数天乳房分泌乳汁，外阴肿大、充血。子宫颈口流出水样透明黏液，同时伴有少量出血。分娩前 1~1.5d，精神不安，主动寻找黑暗安静的地方开始筑窝。产前 24~36h，食欲大减，行动急躁，不断地用爪刨地，啃咬物品等。临产前 3d 左右体温可下降，临产时体温回升。分娩前 3~10h 开始出现阵痛，不安、起卧不定，频频排尿，常发出怪声呻吟或尖叫。

（5）羊。羊临产前 2 个月乳房开始变大。荐坐韧带软化十分明显，尾根上下可明显活动，尤其是山羊。产前数小时阴唇显著增大，从产道中开始向外排少量黏液。

·操作训练·

利用课余时间或节假日到动物医院门诊或者养殖场产房进行接产实习。

技能2 接 产

·技能描述·

仔细观察母畜的分娩过程，根据分娩过程中母体和胎儿的状况，协助分娩、及时确定是否助产、如何助产，从而保证分娩过程中母子安全的一系列措施就是接产。接产工作要根据分娩的生理特点进行，不可过早干预或盲目助产。接产前必须做好充分准备，给动物进行细致全面的产前检查以判断是否会发生难产等异常情况，接产后能正确处理胎儿，防止窒息造成的死亡。

·技能情境·

动物外产科实训室或在动物养殖场的产房，待产动物，接产相关器材。

·技能实施·

一、接产准备

（1）根据配种日期做好预产期推算工作，分娩前 7～15d 将母畜转入产房，并仔细观察护理，做好观察待产工作。

（2）冬天产房应具有一定的温度，夏季产房要保证通风良好，有专职人员昼夜值班。产房还应该具备一定的助产用具和药品。基本的药械包括消毒液、催产药物、70%酒精、2%～5%碘酊、丝线、助产绳、纱布、剪刀、毛巾、肥皂、水桶或脸盆等。

（3）接产人员应该进行专业培训，熟悉正常分娩过程，严格按接产的操作程序进行接产处理。

二、接产处理

接产应该在严格消毒的情况下进行，在接产过程中防止产道感染是控制生殖系统疾病发生的一个重要环节，接产者应该对其手臂和所用器械进行认真消毒。现以牛为代表介绍接产步骤和方法。

（1）动物开始分娩后，用绷带或细绳系住尾巴，将其拉向一侧，另一端系于颈部。用消毒液清洗外阴周围及乳房，然后将动物置于产房仔细观察，以待接产或助产。

（2）当胎儿的嘴巴露出阴门外时，如果胎膜尚未破裂，应将胎膜人为撕破，并将胎儿鼻孔中的黏液擦干净，以防胎儿在分娩过程中吸入羊水或发生窒息。

（3）掌握产道检查时机，及时助产。根据分娩过程中母子状况，适时进行产道检查，及时进行助产，对保证胎儿成活和防止母畜产后疾病有着重要意义。当母体努责微弱、分娩过程延长、阴门外只有一条腿、大动物阴门外只露嘴巴而不见两前肢或只有两前肢而不露嘴巴、二蹄掌心相反、外露的两肢异常，这时就应该及时进行产道检查确定相应的助产方法。

牛胎膜破裂后 1h 胎儿的前置部分仍未出产道时，应该及时进行产道检查；羊胎膜破裂后 40min 胎儿的前置部分仍未出产道时，应该及时进行产道检查。过早助产易导致人为难产，过早检查易对产道造成感染，但贻误助产时机则会对胎儿的生命安全造成威胁。所以，在进行产道检查及助产时，应该认真观察分娩过程，做到适时检查、适时助产。

附：

母 猪 接 产 技 术

母猪以躺卧方式为主，如果母猪站着产仔，可用手抚摩其腹部，使其躺卧产仔。仔猪产出后，接产人员应用手指将仔猪口鼻的黏液掏出，再迅速用布片或软草擦干净其口鼻的黏液，然后断脐。断脐时，应先将脐带内的血液向仔猪腹部方向挤压，在距胎儿腹部 3～5cm 处用剪刀剪断脐带，用碘酒消毒后放入保温箱中。对没有呼吸、心脏仍在跳动的假死仔猪，应根据不同情况采取不同措施抢救。将仔猪的四肢朝上，一手托着肩部，然后一屈一伸，反复做屈伸运动，直到仔猪叫出声为止；对黏液堵住喉部的要立即掏出口鼻内黏液，并倒提其两后肢轻拍胸部，待仔猪发出叫声再放下。

对于长时间努责，产不出胎儿的难产母猪，应进行人工助产。可注射催产素，注射后一般 30min 可产出仔猪，如注射催产素无效，可采用手术掏出。在进行手术前，应剪磨指甲，用肥皂、来苏儿洗净、消毒手臂后，涂上凡士林。母猪外阴部用来苏尔或高锰酸钾溶液消毒，然后在母猪努责、阴门开启时，将手握成锥形，手心向下，慢慢伸入产道，摸到仔猪后随母猪努责慢慢将仔猪顺势拉出，防止损伤产道。掏出一头仔猪后，如果转为正常分娩，则不再继续掏。接产完毕后，应给母猪注射抗生素或服用抗菌药物，防止感染。母猪产仔时排出的胎盘要即时清除掉，严防母猪吃胎衣，避免养成吃仔猪的恶癖。产仔结束后，用温水擦洗母猪乳房，擦干后换上干净褥草，然后把仔猪放到母猪身边吃乳。

三、新生仔畜处理

1. 擦干羊水　当胎儿产出后要及时擦干其鼻腔及口腔周围的羊水，并观察呼吸是否正常，如果呼吸异常或无呼吸则必须进行相应的救治处理。对吸入少量羊水的胎儿应该将其倒置或采用相应的治疗措施以促进其排出。

要将刚出生的仔畜身上的黏液及时擦干，并注意保温。对于牛、羊，可让母畜舔干仔畜身上的黏液，由于羊水中含有雌激素、前列腺素等物质，因此，这种行为还可促进母体子宫收缩、促进胎衣排出。

2. 处理脐带　为了防止脐带感染、促进脐带干燥，要正确处理脐带。大多数动物出生后脐带会被自行扯断，只有马等少数动物的脐带不易自行扯断。断脐时，脐带不可留得过长或过短，过长易导致脐带感染，过短易导致"漏脐"，一般以 3～6cm 为宜。断脐后将脐带断端外涂碘酊或碘伏，如有出血则应该进行结扎。

3. 假死新生动物的抢救　对于假死犊牛、羔羊和仔猪，先用药棉或纱布拭净口鼻内的黏液和羊水，然后倒提幼畜，使后躯抬高，用手轻轻拍打腰部数次，有节奏地按压胸腹部。配合使用尼可刹米等呼吸中枢兴奋的药进行肌内注射。犊牛也可用缝衣针在牛犊尾部背侧正中线上，从尾尖穴向上，每隔 2cm 刺一针，共刺 7～12 针。生产上可向假死幼畜的一侧耳内灌入少量凉水或酒精，因动物平衡耳内压出现甩头动作而被激活。

另外，在寒冷季节，因对临产母羊观察不细或放牧离舍过远，羔羊可能生产在室外或野外。遇有羔羊因受冻呼吸迫停，周身冰凉，称为"冻僵"羔羊，应立即将其移入暖室进行温水浴。洗浴时将羔羊头部露出水面，以免呛水。水温从38℃逐渐升至42℃，洗浴时间为20～30min。同时结合急救假死羔羊的办法，使其复苏。

4. 辅助哺乳 仔畜初生后，应擦洗分娩母畜的乳头、协助仔畜尽早吃上初乳。对于活力较差无法自行吮食乳汁的仔畜，应该及时进行人工哺乳，尽量保证在出生1h内让仔畜吃上初乳。

对于不足月的仔畜或特别虚弱的仔畜，应该注意保温（有条件者可人工吸氧，新生的犬、猫可以放入急救监护仓），进行人工哺养。当母畜无哺乳能力时，应做好保姆代乳工作。

5. 称重登记 对某些养殖场或某些家畜来说，还应该做好出生仔畜的登记、称重、编号及免疫注射等工作。

6. 观察胎衣排出情况 胎儿出生后，还要仔细观察母体胎衣排出情况，对于胎衣未及时排出或未完全排出者，要进行相应的治疗处理，防止胎衣不下造成的子宫感染。对排出的胎衣要及时处理，牛、羊、兔吃食胎衣后可引起消化不良，猪吃惯了胎衣后易导致食仔癖。

·**技能提示**·

（1）动物检查正常时，尽量不要人为干预分娩过程。

（2）进行接产时，应当给予动物适当的保定和限制措施，防止受到意外伤害。

（3）接产前必须做好各项准备工作，防止出现意外时措手不及。

（4）接产时，接产人员要做好自身防护工作。

·**知识链接**·

一、分娩过程

分娩是指从子宫开始阵缩到胎衣完全排出的整个过程。分娩本身是一个完整复杂的生理过程，可人为地将其分为3个阶段，即开口期、胎儿产出期和胎衣排出期，见表4-2。

表4-2 动物分娩各期时间表

畜 别	开口期	产出期	胎儿产出间隔	胎衣排出期
牛	2～8h （0.5～24h）	3～4h （0.5～6h）	20～120min	4～6h （＜12h）
水牛	19min	4～5h		
绵羊	4～5h （3～7h）	1.5h （0.25～2.5h）	15min （5～60min）	0.5～4h
山羊	6～7h （4～8h）	3h （0.5～4h）	5～15min	0.5～2h
猪	2～12h		2～3min（中国猪种） 11～17min（引进猪种）	30min 10～60min
马	10～30min	10～20h	20～60min	5～90min

（续）

畜别	开口期	产出期	胎儿产出间隔	胎衣排出期
犬	4h（6~12h）	3~4h	10~30min	5~15min/仔
猫		2~6h	5min~1h	
骆驼		8~15min		21~77min

1. 开口期 也称为子宫颈开张期，开口期从子宫出现阵缩开始到子宫颈口充分开张为止。这一时期一般只有阵缩，没有努责。动物寻找安静的地方独处待娩，由于阵缩可导致腹疼，所以动物会表现一定程度的不安，其不安的表现主要为叫、来回走动、时起时卧、前蹄刨地等，初产动物在这一时期的不安尤其明显。另外，动物间也有差别，马最为敏感。开口期的中期其阵缩为1次/15min，每次15~30s；随后阵缩频率加强，可达3min一次。

2. 产出期 从子宫颈口充分开张到将胎儿排出的这一时期为胎儿产出期。努责是这一阶段开始的标志，将胎儿完全排出是这一阶段的终止标志。在这一阶段中，阵缩和努责同时存在。当子宫颈口充分开张后，胎囊及胎儿的前置部分对子宫颈及阴道发生刺激，使垂体后叶素的释放增加，就可引起腹肌和膈肌的强烈收缩，从而导致阵缩出现。

产出期各种动物的主要表现是极度不安，时起时卧，前蹄刨地，后蹄踢腹，拱背努责，哞叫等显著增强。当胎头通过骨盆腔时，分娩的动物一般会侧卧，因为侧卧可增加腹压、加强产出的力量。胎头最宽处通过骨盆腔时，母畜努责表现最为强烈，有的母畜甚至表现张口伸舌、呼吸紧促、眼球转动、四肢痉挛样伸直等。当胎头出了骨盆腔出口后，分娩母畜会稍作休息，然后继续努责，当胎儿胸部出骨盆腔出口后，努责会显著缓和。倒生时，胎儿的最宽处为胎儿臀部，当胎儿臀部通过骨盆腔时会呈现类似于正生的表现。

3. 胎衣排出期 胎膜俗称胎衣，但胎衣不包括母体胎盘。胎衣排出期就是从胎儿产出到胎衣完全排出的这一时期。当母体产出胎儿后，经过几分钟的短暂休息，子宫又开始阵缩，此时一般无努责或只有轻微努责，通过阵缩使子宫和胎膜分离，最后将其排出体外。胎膜是胎儿发育过程中的一个暂时性器官，当胎儿出生后胎衣将被母体视为一种异物，必需将其排出，否则将会导致胎衣不下。牛、羊的胎盘属于上皮结缔绒毛膜胎盘，其母体胎盘和胎儿胎盘结合紧密，所以胎衣排出期所需时间较长。牛和羊虽属同一类型胎盘，但羊的母体胎盘和胎儿胎盘结合不如牛紧密，所以羊的胎衣排出时间要短于牛。由于子宫的阵缩是由子宫角尖端开始的，所以胎衣与子宫黏膜的分离也开始于子宫角尖端，然后外翻而出，从而导致尿膜绒毛膜的内膜翻于外面。牛怀双胎时，胎衣在两个胎儿排出后排出。山羊怀多胎时，胎衣在全部胎儿排出后，分次或一起排出。马的胎盘属于上皮绒毛膜胎盘，母体胎盘和胎儿胎盘结合较为疏松，胎衣排出期较短。猪的胎衣排出期稍长于马，但猪为多胎动物，其胎衣可分两堆或几堆排出。犬有吃胎衣的习惯，如果胎儿数目较多，应该限制这一习性。

二、决定分娩过程的要素

分娩过程能否顺利完成，主要决定于产力、产道和胎儿三个因素。在分娩过程中，如果这三个因素正常，而且三者之间能相互适应，就可保证分娩正常完成，否则就可能导致难产发生。

（一）产力

母体将胎儿从子宫中排出到体外的力量就是产力。产力由阵缩和努责这两种力量构成，阵缩是子宫肌的节律性收缩，努责是腹肌和膈肌的节律性收缩。阵缩和努责对分娩过程中胎儿的顺利产出起着十分重要的作用。

1. 阵缩　阵缩是子宫壁的纵行肌和环形肌发生的蠕动性收缩和分节收缩。动物的分娩过程启动后就开始出现了阵缩，当胎衣排出后阵缩停止。分娩初期动物呈现的腹部阵痛就是阵缩引起的临床表现，阵缩是一阵一阵、有节律的收缩。起初，阵缩短暂而无规律，力量弱，持续时间短，间歇时间长；之后则逐渐变得持久有力，间歇时间变短。每次阵缩都是由弱变强，持续一段时间后又减弱消失，两次阵缩之间有一定的时间间隔。单胎动物的阵缩从孕角尖端开始，向后移行；多胎动物的阵缩先由靠近子宫颈的部分开始，子宫角的其他部分仍呈安静状态。

阵缩对保证分娩过程中胎儿的安全及调整胎位、胎势有着重要意义。子宫收缩时，子宫上的血管受到挤压，胎盘上的血液供给受到限制；子宫收缩间歇时，子宫的挤压解除，血液循环又得以恢复。如果子宫持续收缩，无间歇期，胎儿就会因缺氧而发生窒息。每次的收缩间歇期，子宫肌的收缩虽然暂停，但并不完全迟缓，因此子宫壁逐渐变厚、子宫腔逐渐变小。

2. 努责　努责的力量大于阵缩的力量，伴随着努责动作动物腹部会出现明显的起伏。当子宫颈口开张、胎囊经过子宫颈口后，动物开始努责，胎儿排出后努责停止。

（二）产道

产道是胎儿产出的通路，包括软产道和硬产道两部分。

1. 软产道　由子宫颈、阴道、阴道前庭和阴门组成。妊娠期间，子宫颈质地紧张、子宫颈口紧闭；分娩开始后，子宫颈变得松弛、柔软，子宫颈口开张，以保证胎儿在分娩过程中顺利通过。分娩过程中子宫颈口的开张程度，是动物难产检查中的一个重点内容。阴道、前庭和阴门为了适应分娩过程中胎儿顺利排出的需要，在临分娩前和分娩时也会变得松弛、柔软。

2. 硬产道　就是骨盆，由荐椎、前三个尾椎、髋骨（髂骨、坐骨、耻骨）和荐坐韧带组成。骨盆可分为 4 个部分，即入口、出口、骨盆腔和骨盆轴（图 4-4 至图 4-6，图中虚线代表胎儿通过硬产道的路径）。

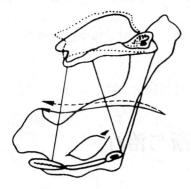

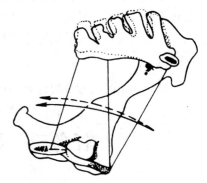

图 4-4　牛的骨盆轴　　　　图 4-5　羊的骨盆轴　　　　图 4-6　马的骨盆轴

（陈北亨等，2001. 兽医产科学）

骨盆轴是由入口荐耻径、骨盆垂直径、出口上下径三条线的中点所连成的一条曲线。骨盆轴是分娩过程中，胎儿在盆腔中运行的轨迹，骨盆轴越短、越直，胎儿就越易顺利通过；骨盆轴还表示了牵引助产过程中不同阶段的牵引用力方向。

（三）分娩时胎儿与产道的关系

用来描述胎儿和母体产道关系的术语有：胎向、胎位、胎势和前置。

1. 胎向 就是胎儿的方向，也就是胎儿纵轴与母体纵轴的关系，胎向有 3 种。

（1）纵向。指胎儿纵轴和母体纵轴平行。纵向包括正生和倒生两种情况。正生是指胎儿纵轴和母体纵轴平行，但方向相反，即头和前肢先进入产道。倒生是指胎儿纵轴和母体纵轴平行，但方向相同，即胎儿后肢或臀部先进入产道。

（2）横向。指胎儿横卧于子宫内，胎儿纵轴和母体纵轴呈水平垂直。背部向着产道的称为背部前置横向（背横向）；腹底面向着产道的（四肢伸入产道）称为腹部前置横向（腹横向）。

（3）竖向。指胎儿纵轴和母体纵轴上下垂直。背部朝向产道的称为背竖向；腹部朝向产道者则称为腹竖向。

纵向是正常的胎向，横向和竖向均属于不正常的胎向。横向和竖向不可能十分严格，不要生硬死板的去理解。

2. 胎位 即胎儿的位置，它描述的是胎儿背部和母体背部或腹部的关系，胎位也有 3 种。

（1）上位（背荐位）。胎儿伏卧在子宫内，背部在上，靠近母体背部。

（2）下位（背耻位）。胎儿仰卧在子宫内，背部朝下，靠近母体腹部。

（3）侧位（背髂位）。胎儿侧卧在子宫内，背部位于一侧，靠近母体腹侧壁及髂骨。

上位属于正常胎位，下位和侧位于均属于不正常的胎位。轻度的侧位可归于上位或下位。

3. 胎势 即胎儿的姿势，描述的是胎儿各局部呈现的屈伸状态。

4. 前置 也称为先露，描述的是胎儿某一部分和产道的关系，哪一部分朝向产道或先露出于产道，就称为哪一部分前置。通常情况下，常用"前置"这一名词来描述胎儿的反常情况。例如，胎儿头颈部向一侧弯曲，颈侧面朝向产道，就可描述为颈部前置。

分娩时胎儿的正常方向应该是纵向，否则难产概率很高；正生和倒生均属于正常，但相对而言倒生的难产率要高一些。

分娩时胎儿的正常胎位应该是上位，但轻度侧位一般也不会引起难产，所以也可以认为是正常的。

一般而言，正常的胎势应该是两前腿及头颈伸直、头颈放在两条腿上或两后腿伸直。

・操作训练・

利用课余时间或节假日到动物医院门诊或者养殖场产房进行动物的接产实习。

任务三　妊娠期疾病的诊断与治疗

任务分析

妊娠期是指母畜从妊娠至分娩的这一段时间。孕畜在妊娠期间易发生一些常见病，统称为妊娠期疾病。在通常需要对就诊动物进行问诊后，还要对其进行临床症状检查，有的还需要进行直肠检查及产道检查。根据检查的实际情况来判断疾病的程度，以便根据病情来制定治疗方案，采取合理的治疗方法，以达到治疗疾病的目的。妊娠期疾病可影响胎儿发育，导致流产，而且还会影响到母体的生产性能和繁殖性能。兽医临床中常见的妊娠期疾病包括流产、浮肿和产前瘫痪等。

任务目标

1. 能对动物流产进行诊断，并根据诊断结果来选择不同的治疗方法。
2. 会对动物妊娠浮肿进行诊断，判断浮肿的程度，并能实施治疗。
3. 会对动物产前瘫痪进行诊断，并实施治疗。

·任务情境·

动物医院门诊室、动物外产科疾病实训室或养殖场，患有相应疾病的动物或相关资料。

·任务实施·

一、流产的诊治

（一）诊断要点

1. 共同症状 妊娠动物未到预产日期，但出现分娩征兆，如出现腹痛不安、拱腰、努责，从阴道中排出多量分泌物或血液或污秽恶臭的液体。

2. 隐性流产 妊娠动物无明显的临诊症状，其典型的表现就是配种后诊断为妊娠，但过一段时间后却再次发情，并从阴门中流出较多数量的分泌物。配种后，下一个发情周期未出现发情表现，可判断为妊娠，但经过一个或数个发情周期后，却再次发情，这是隐性流产的主要临床诊断依据。

3. 早产 孕畜未到预产期，分娩预兆不明显，产出体弱但不足月的活胎儿。孕畜多在流产发生前2~3d，出现乳房突然胀大，阴唇轻度肿胀，乳房内可挤出清亮液体，牛阴门内有清亮黏液排出等类似分娩预兆。早产胎儿若有吮吸反射时，进行人工哺养，可以养活。

4. 小产 孕畜提前产出死亡而尸体未发生变化的胎儿。这是最常见的一种流产类型。妊娠前半期的小产，流产前常无预兆或预兆轻微；妊娠后半期的小产，其流产预兆和早产相同。胎儿未排出前，直肠检查摸不到胎动，妊娠脉搏变弱。阴道检查发现子宫颈口开张，黏液稀薄。小产时如果胎儿排出顺利，预后良好，一般对母体繁殖性能影响不大。如果子宫颈口开张不好，胎儿不能顺利排出时应该及时助产，否则可导致胎儿腐败，引起子宫内膜炎或继发败血症而表现全身症状。

5. 延期流产 延期流产根据子宫颈是否开放，可表现为两种形式，一种是胎儿干尸化，另一种是胎儿浸溶。对延期流产可借助直肠检查、产道检查及B超进行确诊。

（1）胎儿干尸化。胎儿死亡后，胎儿组织中的水分及胎水被母体吸收，胎儿体积变小、变为棕黑色的干尸，这就是干尸化胎儿。干尸化胎儿可在子宫中停留相当长的时间。母牛一般是在妊娠期满后数周，黄体作用消失后，才将胎儿排出。排出胎儿也可发生于妊娠期满以前，个别干尸化胎儿则长久停留于子宫内而不被排出。胎儿干尸化多见于猪，也常见于牛、羊。对胎儿干尸化的牛进行直肠检查，可感到子宫呈圆球状，其大小依胎儿死亡时间不同而异，且较妊娠月份应有的体积小得多。一般大如人头，但也有的较大或较小。内容物很硬，即胎儿，在硬的部分之间较软的地方，是胎体各部分之间的空隙。子宫壁紧包着胎儿，摸不到胎动、胎水及子叶。有时子宫与周围组织发生粘连。卵巢上有黄体。摸不到妊娠脉搏。

（2）胎儿浸溶。胎儿死亡后其软组织被分解、液化，形成暗褐色黏稠的液体流出，而骨骼则滞留于子宫内，这就是胎儿浸溶。胎儿浸溶现象比胎儿干尸化现象要少，有时见于牛、羊，猪也可发生。胎儿浸溶时，阴道检查可发现子宫颈开张，在子宫颈内或阴道中可以摸到胎骨。视诊时还可看到阴道及子宫颈黏膜红肿。直肠检查可以帮助诊断，并和胎儿干尸化进行鉴别。子宫的情况一般和胎儿干尸化时相同，子宫颈粗大，子宫壁增厚，可摸到胎儿的骨片，轻轻捏挤子宫可以感到骨片互相摩擦。如在分解开始后不久检查，则摸不到骨片摩擦；但这时借助阴道检查，仍能和胎儿干尸化及正常妊娠区别开来。

（二）治疗

动物出现流产症状时，经检查发现子宫颈口尚未开张，胎儿仍活着时，应该以安胎、保胎为原则进行治疗。肌内注射盐酸氯丙嗪（以每千克体重计），马、牛 1～2mg，羊、猪 1～3mg，犬、猫 1.1～6.6mg；或肌内注射 1％硫酸阿托品注射液（以每千克体重计），马、牛 1～3mL，犬、猫 0.5mg；或肌内注射黄体酮（以每千克体重计），马、牛 50～100mg，羊、猪 10～30mg，犬、猫 2～5mg，隔日 1 次。

动物出现流产症状，子宫颈口已开张，胎囊或胎儿已进入产道，流产已无法避免时，应该以尽快促进胎儿排出为治疗原则。及时进行引产，可肌内注射催产素以促进胎儿排出，或肌内注射前列腺素类药物以促进子宫颈口进一步开张。

发生延期流产时，如果仍然未启动分娩机制，则要进行人工引产，肌内注射氯前列烯醇，羊为 0.2mg、牛为 0.4～0.8mg、猪为 0.1～0.2mg。也可静脉或肌内注射地塞米松磷酸钠注射液，马为 2.5～5mg，牛为 5～20mg，羊和猪为 4～12mg，犬为 0.25～1.0mg，猫为 0.125～0.5mg，每日 1 次；或肌内注射三合激素（本品为苯甲酸雌二醇、黄体酮、丙酸睾酮的复方制剂，每毫升含苯甲酸雌二醇 1.5mg、黄体酮 12.5mg、丙酸睾酮 25mg），奶牛或黄牛为 1mL（每 100kg 体重）、水牛或骆驼为 2mL（每 100kg 体重）、山羊为 0.5～1.0mL、猪为 1～2mL。上述药物可单独或配合使用用于引产，采取上述措施不见效时，可采用手术取出子宫内的木乃伊胎或胎儿骨骼。

二、妊娠浮肿的诊治

（一）诊断要点

（1）浮肿一般从腹下及乳房开始，严重者可向前后延伸至前胸、后肢（甚至到跗关节或球节）及阴门。浮肿一般呈扁平状，左右对称。指压留痕，触压无痛，皮温稍低，皮肤紧张而光亮。

（2）全身症状不明显，但泌乳性能会明显下降。当浮肿严重时则可出现食欲减退、步态强拘等现象。

（二）治疗

加强血液循环、提高血浆胶体渗透压、促进组织水分排出是治疗本病的基本原则。

浮肿轻者可不必用药，浮肿严重的妊娠动物，可应用强心、利尿剂。如牛、马用 10％葡萄糖酸钙 300mL、25％葡萄糖 1 500mL、10％安钠咖 10mL，一次静脉注射，1 次/d，连用 3～5d；也可配合肌内注射呋塞米，每千克体重 0.5mg，1 次/d，连用 2～4d，治疗时可增加运动，适当限制饮水。还可用中药方剂进行治疗。

方一：当归 50g、熟地 50g、白芍 30g、川芎 25g、枳实 15g、青皮 15g、红花 30g，共为末，开水冲服（马、牛）。

方二：白术 30g、砂仁 20g、当归 30g、川芎 20g、白芍 20g、熟地 20g、党参 20g、陈皮 25g、苏叶 25g、黄芩 25g、阿胶 25g、甘草 15g、生姜 15g，共为末，开水冲服（马、牛）。

三、产前截瘫的诊治

（一）诊断要点

发病初期可见动物站立不稳，两后肢交替负重；行走谨慎，后躯摇摆，步态不稳；后期则不能站立，卧地不起。后躯痛觉反射正常，无导致瘫痪的病理变化；食欲、精神等无明显变化，一般无明显的全身症状；卧地时间较长时会出现肌肉萎缩或褥疮。

（二）治疗

发病时间距预产期较近、且病情较轻，经适当治疗，产后多能很快恢复；否则可能因褥疮继发败血症而死亡。对于由钙缺乏而引起的产前截瘫可用静脉注射钙剂的方法进行治疗。如牛可静脉注 10％氯化钙 100～300mL、5％葡萄糖 500mL，隔日一次。猪可静脉注射 10％氯化钙 20～30mL、5％葡萄糖 200～300mL，隔日一次。也可用钙磷镁注射液进行治疗，还可配合维生素 D、维丁胶性钙注射液进行治疗。对于病情较重，又距分娩日期较近的患病动物，可进行人工引产。对于病因复杂的病例，在进行对症治疗的同时，要耐心做好护理工作，可采用按摩、针灸、电针等中医方法进行治疗。还可选用后躯肌内注射脊髓兴奋药物的方法进行治疗。

·技术提示·

（1）对动物进行诊断之前，一定要通过问诊的方式先了解动物的病史，然后再进行细致的临诊检查。

（2）在诊疗过程中，一定要保定好动物，以防动物和人员发生意外。

（3）在诊疗过程中，要注意检查人员自身的防护，防止人兽共患病的传染，尤其对流产动物检查和治疗时更为重要。

·知识链接·

1. 流产 流产是由于胎儿或母体异常而导致妊娠生理过程发生紊乱，或它们之间的正常关系遭到破坏，导致妊娠中断，胎儿被母体吸收或排出体外的病理现象。流产可分为隐性流产、早产、小产及延期流产。

妊娠初期胚胎在子宫内被母体吸收或受精卵跟随脱落的子宫内膜一起流出体外称为隐性流产。隐性流产发生于妊娠初期的胚胎发育阶段，胚胎死亡后，胚胎组织被子宫内的酶分解、液化而被母体吸收，或在下次发情时以黏液的形式被排出体外。

有与正常分娩类似的预兆和过程，排出不足月的活胎儿，称为早产。

小产又称为死产，是指孕畜妊娠期未满，提前排出已经死亡但尸体没有发生变化的胎儿。

胎儿死亡后由于卵巢上的黄体功能仍然正常，子宫收缩轻微，子宫颈口不开张，胎儿死亡后长期停留于子宫中，这种流产称为延期流产，也称为死胎停滞。

（1）流产的病因分析。流产可以是妊娠动物某些疾病的一个临诊症状，也可以是饲养管理不当的一个结果，还可以是胎盘或胎儿受到损伤而导致的一种直接后果。流产的原因十分复杂，概括起来可分为传染性流产和非传染性流产。

①传染性流产。传染性流产是由病原微生物侵入妊娠动物机体而引起的一种流产，可以是某些传染病发展过程中的一般症状，也可以是某些传染病的一个特征性症状。如布鲁氏杆菌、衣原体、毛滴虫及马媾疫锥虫等病原，可在胎盘、子宫黏膜及产道中造成病理变化，所以流产就成了这些传染性疾病的一个特征性症状。猪瘟病毒、李氏杆菌、沙门氏杆菌、梨形虫、附红细胞体等病原感染妊娠动物时，流产则作为这些传染病发展过程中的一个非特异性临诊症状而表现出来。从某种意义上来说，当某种传染病导致妊娠动物或胎儿的生理功能紊乱到一定程度时，都可以引起流产。

②非传染性流产。非传染性流产是由非传染性因素所引起的一类流产，大致可归纳为如下几种：

胚胎发育停滞：精子（卵子）衰老或有缺陷、染色体异常和近亲繁殖是导致胚胎发育停滞的主要原因，这些因素可降低受精卵的活力，使胚胎在发育途中死亡。胚胎发育停滞所引起的流产多发生于妊娠早期。

胎膜异常：胎膜是维持胎儿正常发育的重要器官，如果胎膜异常，胎儿与母体间的联系及物质交换就会受到限制，胎儿就不能正常发育，从而引起流产。先天性因素可以导致胎膜异常，如子宫发育不全、胎膜绒毛发育不全，这些先天性因素所引起的病理变化，可导致胎盘结构异常或胎盘数量不足。后天性的子宫黏膜发炎变性，也可导致胎盘异常。

饲养不当：饲料严重不足或矿物质、维生素缺乏可引起流产；饲料发霉、变质或饲料中含有有毒物质可引起流产；贪食过多或暴饮冷水也可引起流产。

管理不当：动物妊娠后由于管理不当，可使子宫或胎儿受到直接或间接的物理因素影响，引起子宫反射性收缩而导致流产。地面光滑、急轰急赶、出入圈舍时过分拥挤等所引起的摔跌或冲撞，可使胎儿受到过度振动而发生流产。或妊娠动物和未妊娠动物混群饲养会由于互相争斗而造成流产。妊娠动物在运输及上车或卸车过程中要倍加小心，否则就会造成流产。另外，强烈应激、粗暴对待妊娠动物等不良管理措施也是造成动物流产的一个重要原因。

医疗错误：粗鲁的直肠检查和不正确的产道检查可引起流产；误用促进子宫收缩药物可引起流产（如毛果芸香碱、氨甲酰胆碱、催产素、麦角制剂等）；误用催情或引产药可导致流产（如雌性激素、三合激素、前列腺素类药物、地塞米松等）；大剂量使用泻剂、利尿药、驱虫剂，错误的注射疫苗，不恰当的麻醉也可导致流产。

继发于某些疾病：一些普通疾病发展到一定程度时也可导致流产。例如，子宫内膜炎、宫颈炎、阴道炎、胃肠炎、肺炎、疝痛、代谢病等。

（2）流产的预防。科学的饲养管理是预防流产的基本措施，对于群发性流产要及时进行实验室确诊，预防传染性流产是畜牧生产中的一个重要工作。

2. 妊娠浮肿 妊娠浮肿也称为孕畜浮肿，是妊娠末期孕畜腹下及后肢等处发生的非炎性水肿。轻度的妊娠浮肿属于一种正常生理现象，浮肿面积大，症状严重时才属于病理变化。本病多发生于马和奶牛，一般开始于分娩前 1 个月左右，产前 10d 最为明显，分娩后 2 周左右自行消退。

（1）妊娠浮肿的病因分析。

①妊娠末期动物腹内压增高，乳房肿大，运动量减少，从而导致腹下、乳房及后肢静脉回流缓慢、静脉压增高、静脉管壁通透性增大，使血液中的水分渗入到组织间隙而引起浮肿。

②妊娠动物新陈代谢旺盛、蛋白质需求增加，妊娠阶段如果饲料中蛋白质不足，可导致妊娠动物血浆蛋白含量下降，血浆胶体渗透压降低，这样就阻止了组织中水分进入血液，而引起组织间隙水分滞留。

③妊娠期动物内分泌功能发生变化，加压素、雌激素、醛固酮等分泌增加，影响了肾小管对水钠的调节作用，组织内的钠量增加，引起机体内水的潴留。

（2）妊娠浮肿的预防。保证妊娠动物有足够的活动空间，增加运动，坚持刷拭。饲喂体积小、含蛋白质和矿物质丰富的饲料，限喂多汁饲料，适度限制饮水。

3. 产前瘫痪　产前截瘫是妊娠末期动物既无导致瘫痪的局部病理变化，又无明显的全身症状，却不能站立的一种疾病。牛和猪发病率较高，马也可发生此病。牛多发生于产前1个月左右，猪多在产前几天至数周发病。

（1）产前瘫痪的病因分析。产前截瘫的病因十分复杂，到目前为止尚未研究清楚。初步研究表明，以下因素可导致产前截瘫。

①钙、磷与维生素 D 不足是引起产前截瘫的原因之一。当血钙浓度下降时，为了维持血钙浓度相对恒定，甲状旁腺功能增强，骨钙动用加速，骨的结构因此受到损害，而导致截瘫。

②产前截瘫是妊娠负担过重，年老、瘦弱及某些轻度全身性疾病综合作用的结果，即产前截瘫可能是妊娠末期许多疾病的一个临诊症状。

③营养不良，阳光不足，缺乏运动等因素是引起本病的重要诱因。

（2）产期瘫痪的预防。科学饲养，保证妊娠动物饲料中有足够的钙、磷、维生素及微量元素。科学管理，保证动物有充足的光照和运动量。还可用人为控制分娩季节的方法来预防产前截瘫。

·操作训练·

利用课余时间或节假日参与门诊或到养殖场进行现场实习，进一步体验和实施妊娠期疾病的诊断与治疗技术，为养殖场制定预防措施预防妊娠期疾病。

任务四　难产的检查与助产

任务分析

难产的检查和助产技术是动物产科疾病中必须掌握的内容，救治难产的主要目的是确保母体的健康和以后的繁殖力，而且能够挽救胎儿的生命。难产的检查一定要进行病史调查、全身检查、产道检查和胎儿检查，只有在术前进行详细的检查，确定母体及胎儿的情况，并通过全面的分析和判断，才能正确拟定切实可行的助产方案，采取合适的助产方法，难产的助产技术需要掌握产科常用器械及使用方法、手术助产的原则及助产准备和手术助产的基本方法。需要掌握的助产方法有牵引术、矫正术、截胎术和剖腹取胎术。

任务目标

1. 能对难产的动物进行全面检查，并根据检查结果判断难产种类，选择适宜的助产方法。

2. 识记不同助产方法的适应证和具体实施措施。

任务情境

动物医院、动物外产科实训室或养殖场，患有难产疾病的动物（牛或羊、猪、犬、猫、马）或相关资料。

任务实施

一、难产的检查

1. 病史调查

（1）了解母畜是初产还是经产，妊娠是否足月或超过预产期。一般初产母畜，可考虑产道是否狭窄，胎儿是否过大；是经产母畜考虑是否胎位、胎势不正、胎儿畸形或单胎动物怀双胎等。如果预产期未到，可能早产或流产。

（2）了解分娩开始的时间，努责的强度及频率，胎水是否流出，综合分析判断是否难产。

（3）分娩前是否患过阴道脓肿、阴门裂伤以及骨盆骨折及其他产科疾病，患过上述疾病可引起产道或骨盆狭窄，影响胎儿产出。

（4）分娩开始后是否经过治疗，如何治疗？治疗前胎儿的方向、位置及胎势如何？经过何种处理，胎儿是否死亡，以便在此基础上确定下一步救治措施。

（5）多胎动物还需了解两个胎儿之间娩出相隔的时间、努责强度、产出胎儿的数量与胎衣排出的情况。如果分娩过程中突然停止产出，很可能是发生难产。

2. 全身检查 注意检查母畜的全身状况，作为选择助产方法、确定全身综合治疗及判断预后的依据。首先检查母畜的体温、脉搏、呼吸、可视黏膜、精神状态，以及母畜能否站立，如结膜突然苍白，表明有内出血的可能，预后慎重。其次还要检查阴门及尾根两旁的荐坐韧带是否松软，向上提尾根时荐椎后端的活动程度如何，以便估计骨盆及阴门扩张的程度。

3. 产道检查 产道的检查主要是查明软产道的松软和滑润程度，有无损伤、水肿和狭窄，并要注意产道内液体的颜色和气味，子宫颈松软和开张程度（特别是牛、羊），有无瘢痕、肿瘤及骨盆畸形等。如果难产时间已久，母畜因产程过长，软产道黏膜往往发生水肿，致产道狭窄，妨碍助产。有时虽然难产时间不长，但由于胎水过早流失，造成黏膜表面干燥，亦可导致产道水肿，甚至损伤或出血。产道的损伤一般可以触摸到，流出的血液颜色要比胎膜血管中的血新鲜（鲜红）。产道的水肿或损伤，将给助产工作带来很大困难，有时甚至使检查者手臂无法伸入宫腔（即使是大动物）。强行助产往往会造成产道更大的损伤，应及时调整助产方法。

4. 胎儿检查 胎儿检查应检查胎势、胎向和胎位有无异常，胎儿是否存活、体格大小和进入产道的深浅等；同时应注意胎儿是否畸形，是否发生了气肿或腐败等。检查前，术者手臂及母畜外阴部均需消毒。如果胎膜未破，应隔着胎膜用手触摸胎儿的前置部分；如果胎膜已破，手要伸入胎膜内直接触诊，这样既可检查胎儿在宫腔内的状况，又能感觉出胎儿体表的滑润程度以及胎儿的死活。胎儿检查的内容主要包括：

（1）胎儿是否异常。通过触诊其头、颈、胸、腹、臀或前后肢，清楚胎儿的胎势、胎向和胎位如何，以确定产出时是否会出现异常。

（2）胎儿的大小。检查胎儿的大小时应将其和产道的大小相比较，以确定是否容易矫正和拉出。

（3）胎儿进入产道的程度。如胎儿进入产道很深，不能推回，且胎儿较小，异常不严重，可试行拉出；进入尚浅时，如有异常，则应先矫正后再拉。

（4）胎儿死活的判定。当正生时，术者可将手指伸入胎儿口腔，注意有无吸吮动作。或轻拉舌头，注意是否收缩。或以手指轻压眼球，注意有无反应。或牵拉、刺激前肢，注意有无向相反方向退缩。也可触诊颌外动脉或心区，检查有无搏动；倒生时，最好是触诊脐带是否有动脉搏动。也可牵拉或刺激后肢，注意有无反射活动。或将食指轻轻伸入肛门，检查有无收缩反射。在判定胎儿死活时，只要确实检查到了上述各项中某一项生理性活动，即可确定是活的胎儿。但判断胎儿死亡时，却不能单纯依据某一种生理活动的消失，而必须在可查的各种活动全部消失时，方能最后确定。

二、产科常用器械及使用方法

1. 拉出胎儿的器械

（1）产科绳。一般是由棉线或合成纤维加工制成，质地要求柔软结实，不宜用麻绳或棕绳，以防损伤产道。产科绳的粗细以直径 0.5～0.8cm 为宜，长 2.5～3.0m，绳的两端有耳扣，借助耳扣做成绳圈，以便捆缚胎儿，也可以用活结代替。使用时术者将绳扣套在小拇指与无名指间（图 4-7），慢慢带入产道，然后用拇、中、食指握住欲捆缚部位，将绳套移至被套部位拉紧，切勿将胎膜套上，以免拉出胎儿时损伤子宫或子叶。

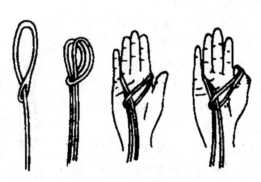

图 4-7　产科绳及使用方法

（2）绳导（导绳器）。在使用产科绳套住胎儿有困难时，可用金属制的绳导，将产科绳或线锯条带入产道，套住胎儿的某一部分。常用的有长柄绳导及环状绳导两种。

（3）产科钩。产科钩有单钩与复钩两种，而单钩又分为锐钩与钝钩。单钩用于钩住眼眶、下颌、耳及皮肤、腱等。复钩用于钩住眼眶、颈部、脊柱等部位。在用手或产科绳拉出胎儿有困难时，可配合使用产科钩。使用时术者应用手保护好，勿损伤子宫及产道。产科钩多用于死胎；钝钩一般不至于损伤子宫及胎儿，所以钝钩必要时也可用于活胎儿，但锐钩严禁用于活胎儿（图4-8）。

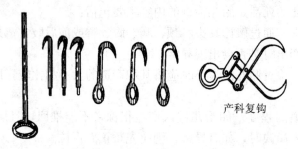

产科复钩

图4-8　产科钩

（4）产科钳。分为有齿钳和无齿钳两种，有齿产科钳多用于大动物，钳住皮肤或其他部位，以便拉出胎儿。无齿产科钳常用于固定仔猪、羔羊、幼犬头部，以拉出胎儿（图4-9）。

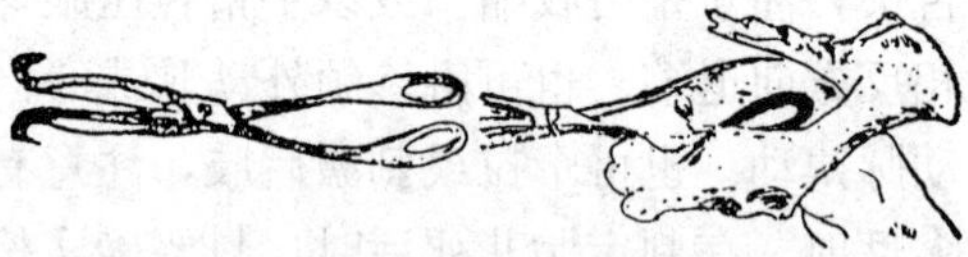

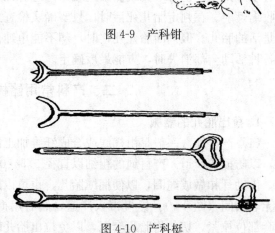

图4-9　产科钳

2. 推胎儿的器械　常用的是产科梃，即直径1～1.5cm，长1m的圆形铁杆，其前端分叉，呈半环形两叉，另一端为一环形把柄。用于推胎儿，将胎儿推入子宫便于整复，或矫正胎儿姿势时，边推边拉。推拉梃可将产科绳带入子宫，捆缚胎儿的头颈或四肢，进行推拉等矫正胎儿姿势（图4-10）。

图4-10　产科梃

3. 截胎器械

（1）隐刃刀。是刀刃出入于刀鞘的小刀，使用时将刀刃推出，不用时又可将刀刃退回刀鞘内，此种刀使用方便，不易损伤产道及术者，刀形各异，有直形、弯形或弓形等形状。刀柄后端有一小孔，用于穿入绳子系在术者手腕上，或由助手牵拉住，以免滑脱而掉入产道或子宫内。隐刃刀（图4-11）多用于切割胎儿皮肤、关节及摘除胎儿内脏。

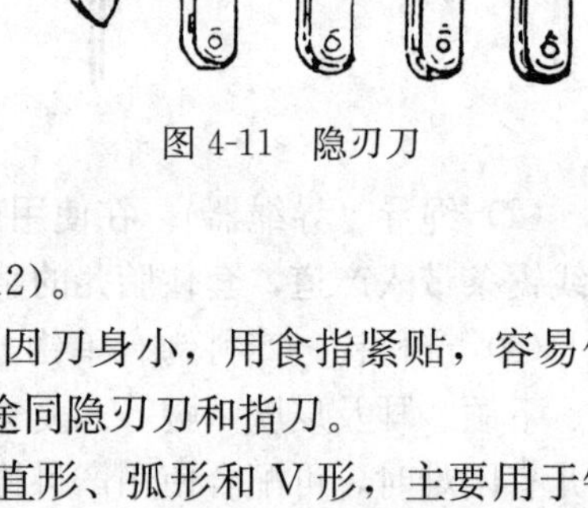

（2）指刀。是一种小的短弯刀，分为有柄和无柄两种，刀背上有1～2个金属环，可以套在食指或中指上操作，当带入产道或拿出时，可用食指、中指和无名指保护刀刃，其用途和用法同隐刃刀。由于指刀小而且刀刃呈不同程度的弯形或钩形，使用起来比较安全可靠（图4-12）。

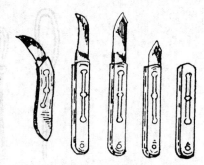

图4-11　隐刃刀

（3）产科刀。是一种短刀，有直形的，也有钩状的。因刀身小，用食指紧贴，容易保护，可自由带入拿出，刀柄也有小孔，可以系绳固定，用途同隐刃刀和指刀。

（4）产科凿（铲）。是一种长柄凿（铲），凿刃形状有直形、弧形和V形，主要用于铲断或凿断胎儿骨骼、关节及韧带。使用时术者用手保护送入到预截断的位置，指示助手敲击或推动凿柄，术者随时控制凿刃部分，有时也经皮肤切口伸入皮下，用于分离皮下组织（图4-13）。

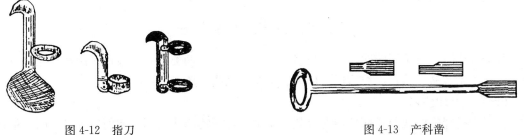

图4-12　指刀　　　　　　　　　　　　　　　　　　图4-13　产科凿

（5）产科线锯。是由两个固定在一起的金属管和一根线锯条构成，还有一条前端带一小孔的通条。使用时事先将锯条穿入管内，然后带入子宫，将锯条套在要截断的部位，拉紧锯条使金属管固定于该部，也可以将锯条一端带入子宫，绕过预备截断的部位后，再穿入金属管拉紧固定，再由助手牵拉锯条，锯断欲切除部分（图4-14）。

（6）胎儿绞断器。是目前较常用且效果好的大动物的截胎器具（图4-15）。

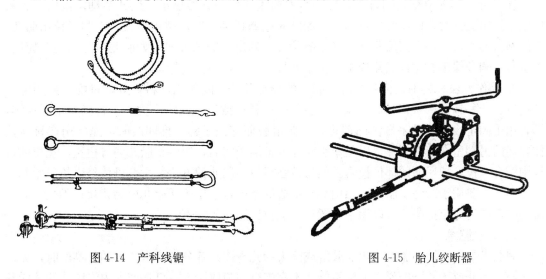

图4-14　产科线锯　　　　　　　　　　　　　　图4-15　胎儿绞断器

三、手术助产前的准备

根据对分娩母畜及胎儿检查的结果，及时制订出助产计划及实施方案，并做好以下准备工作，以确保助产工作的顺利进行。

1. 保定　大动物以站立保定为宜，取前低后高姿势，以便于使胎儿能够向前推入子宫，不致楔入于骨盆腔内，妨碍操作。如果母畜不能站立，则可使其侧卧，至于侧卧于哪一侧，主要以便于操作为原则。如胎儿头颈位于左侧者，母畜必须右侧卧，反之则取左侧卧姿势。侧卧保定时，也应将后躯垫高。

2. 麻醉　为了抑制产畜努责，便于操作，大动物可给予镇静剂或硬膜外腔麻醉。犬、猫则选择全身麻醉。

3. 消毒　助产必须对产房、产畜外阴部、胎儿外露部分，助产所用器械和术者手臂进行严格消毒，消毒按外科手术常规消毒方法进行。

4. 润滑产道 为了便于推回、矫正和拉出胎儿，尤其当胎水流尽、产道干燥、胎衣及子宫壁紧包着胎儿时，必须向产道及子宫内灌注温的肥皂水或润滑油。避免强行推拉、矫正，造成子宫脱出或产道破裂。

四、手术助产的基本方法

救治难产时，可选用的助产方法很多，但大致可分为两类，一类适用于胎儿，主要有牵引术、矫正术和截胎术；一类适用于母体，主要有剖腹取胎术。

(一) 胎儿牵引术

先用产科绳将胎儿前置部分捆缚拉紧。正生时，捆缚胎儿头部或两前肢，倒生时，捆缚两后肢。拉出时要配合母畜阵缩和努责，用力要缓，并上下左右反复活动胎儿。术者保护胎儿及产道，令助手按照骨盆轴方向，强行拉出胎儿，当胎儿胸部通过子宫颈、阴门时，要稍作停留以利于这些地方充分扩张，并用手保护阴门，以防造成阴门裂伤。

本法适用于胎儿过大，母畜努责、阵缩微弱，产道扩张不全等。

(二) 胎儿矫正术

1. 保定 以站立保定为宜，这样子宫向前垂入腹腔，腹压小，胎儿活动范围大，容易矫正。拉出胎儿时，以侧卧保定为好，侧卧时腹壁托起子宫，腹压增大，有利于拉出胎儿。不能站立的产畜，要根据胎儿异常部位的位置，确定侧卧的方向。如胎儿右侧肩关节屈曲，母畜宜左侧卧保定。这样胎儿异常部位不被母体压迫，易于进行矫正。

2. 操作方法 徒手配合器械矫正胎儿的异常部分。除使用产科绳外，可配合使用绳导产科梃、产科钩等。矫正时，首先应将胎儿用产科梃或手推回子宫内，产科梃一定要顶牢，术者用手固定，指令助手慢慢向前推，严防滑脱而穿破子宫；推四肢时，先要用产科绳拴住，绳的另端留在阴门之外，以便牵引胎儿。推回子宫后，用手将胎儿姿势扭正，在扭的过程中配合牵拉，把屈曲的部位拉直。然后按强行拉出胎儿的方法，配合母体努责拉出胎儿。

本法主要用于胎势、胎位、胎向异常造成的难产，适用于活胎儿或胎儿死亡不久，胎水流失少，产道完全扩张，可以用手术矫正并能拉出胎儿的病例。

(三) 截胎术

截胎术是为了缩小胎儿体积而肢解或除去胎儿身体某部分的手术。大动物难产时，如果无法矫正胎儿或胎儿已经死亡，又不能或不宜施行剖腹取胎术，可在产道内将胎儿的某些部分截断，分别取出，或把胎儿的体积缩小后拉出。

1. 截头术 先用产科钩钩住眼眶，将胎头拉至产道，然后经耳前，眼眶后至下颌做一切口，在寰枕关节处切断项韧带，用产科钩钩住枕骨大孔，拉离颈部。同时把连接头颈的皮肤、肌肉用刀切断。切掉头之后，将留下的 3 个皮瓣（两耳及下颌）结扎在一起，形成一个坚固的结，以便推进或拉出胎儿时用。此法无效时，可用线锯绕过颈部将其切断，或用产科铲将颈部铲断。

本法适用于胎头侧转，胎儿发育过大，产道狭窄及胎儿前肢姿势不正等。

2. 前肢截断术 术者用指刀或隐刃刀沿肩胛骨的后角，切开胎儿的皮肤和肌肉，借指刀或隐刃刀反复切割，即可将胎儿肩胛骨与胸廓的联系切断。然后用产科钩或产科绳将前肢扯断拉出。在肘关节或腕关节屈曲时，可用指刀或隐刃刀切断关节周围的皮肤、肌肉及韧带，然后用铲或凿铲断或用线锯锯断。

本法适用于前肢各关节屈曲无法矫正或肩围过大造成的难产。

3. 后肢截断术　首先用产科绳把后肢拴住并拉紧，然后用钩状指刀或隐刃刀沿与荐骨平行的方向，切开胎儿荐部与股骨间的皮肤和肌肉，一直切到髋关节。然后经坐骨结节外侧向后与会阴平行切割，如此反复切割，即将骨盆与大腿之间的软组织完全切断。最后切断髋关节及其周围的韧带，再把后肢扯下。如果扯下有困难时可将股骨用产科凿凿断，或用线锯将其锯断，然后拉出后肢。

本法适用于倒生时，胎儿过大及后肢姿势不正等。

4. 胎儿内脏摘除术　在正生时，可先将一前肢连同肩胛骨一起切除，再切掉若干根肋骨，将手伸入胸腔或腹腔把内脏掏出来。倒生时，必须先截除一后肢，然后将手伸入腹、胸腔掏出全部内脏。

本法适用于胎儿水肿或气肿而造成的难产。

5. 骨盆围缩小术　先将胎儿的头、前肢及内脏截除并取出，再将胸廓截除。借绳导把线锯从两后肢间、尾椎之前伸入，由胎儿腹下往外拉，沿脊柱及骨盆联合锯开胎儿后躯，最后将锯开的两部分分别拉出。

本法适用于正生分娩时胎儿骨盆发育过大或畸形而造成的难产。

6. 胎儿半截术　施术时可用线锯或链锯绕过胎儿躯干，然后锯断并分别拉出。若无线锯、链锯时可用指刀或隐刃切开腹壁，摘除内脏，然后用产科凿或铲将脊柱铲断，再分别取出来。

本法适用于背部前置的横胎向及竖胎向不能整复时。

（四）剖腹取胎术

牛、羊、马的剖腹取胎术方法基本相同，现以牛和猪为例进行介绍。

1. 牛的剖腹取胎术

（1）手术部位。选择切口根据情况而定，一般原则是：胎儿在哪里摸得最清楚，就靠近那里做切口，如两侧触诊的情况相似，可在中线或其左侧施术。牛剖宫产的切口有腹下切口和腹侧切口两种。

①腹下切口。腹下切口可供选择的部位有 5 处：乳房前中线、中线与右乳静脉之间、中线与左乳静脉之间、乳房和右乳静脉右侧 5～8cm 处、乳房与左乳静脉左侧 5～8cm 处。腹下切口的优点是子宫角和胎儿沉于腹底，在侧卧保定的情况下，很容易把子宫壁的一部分拉出到切口之外，子宫内容物不容易流入腹腔，此外，它损伤肌肉很少，出血出很少。缺点是如果缝合不好，可能发生疝或裂开，也容易发生感染

②腹侧切口。在腹胁部髋结节与脐部之间的连线或稍上方。切口可选在左侧或右侧，一般多选择在左侧。整个切口宜稍低些，但必须与乳静脉之间有一定的距离。左腹胁部切口的优点是，瘤胃能够挡住小肠而不至于使其从切口脱出；再者，如果在手术过程中发生瘤胃臌气，切开的左侧腹胁部可以减轻对呼吸的压迫，也可在此处为瘤胃放气。子宫发生破裂时，破裂口多靠近子宫角基部，此时宜施行腹侧切口，以方便缝合。胎儿干尸化时，如果人工引产不成功，则由于子宫壁紧缩，不易从腹下切口取出时也宜采用此切口。

（2）保定。取腹下切口时，使其左侧卧或右侧卧，分别绑住前、后腿，并将头压住。取腹侧切口时，必须站立保定。如果无法使牛站立，可使它伏卧于较高的地方，把左后肢拉向

后下方，以便于将子宫壁拉向腹壁切口，同时也可扩大术部。

（3）术部准备及消毒。对母牛的尾根、外阴部、会阴及产道中露出的胎儿部分，首先应用温肥皂水清洗，然后用消毒液洗涤，并将尾根系于身体一侧。在切口周围铺上消毒巾，腹下部的地面铺以消毒过的塑料布。

（4）麻醉。可行硬膜外麻醉及切口局部浸润麻醉，或盐酸二甲苯胺噻唑肌内注射及切口局部浸润麻醉法，或用电针麻醉，但如果胎儿仍然活着则应尽量少用全身麻醉及深麻醉。

（5）术式。以腹中线与右乳静脉间的切口为例介绍。

①切开腹壁。在腹中线与右乳静脉间，从乳房基部前缘开始，向前做一长 25～35cm 的纵行切口，切透皮肤、腹横筋膜和腹斜肌肌腱、腹直肌，用镊子把腹横肌腱膜和腹膜同时提起，切一小口，然后在食指和中指引导下，将切口扩大。为了操作方便及防止腹腔脏器脱出，可在切开皮肤后使母牛仰卧，再完成其他部分的切开，也可在切开腹膜后由助手用大块纱布防止肠道及大网膜脱出。如果奶牛的乳房很大，为了避免切口过于靠前，难以暴露子宫，可先不把切口的长度切够，切开腹膜后再确定向前或向后延伸。乳腺和腹黄膜的联系很疏松，切口如需向后延长，可将乳房稍向后拉。如果切口已经够大，可将手术巾的两边用连续缝合法缝在切口两边的皮下组织上。

②腹腔探查，拉出子宫。切开腹膜后，常可发现子宫及腹腔脏器上覆盖着大网膜，此时可将双手伸入切口，紧贴下腹壁向下滑，以便绕过它们，或者将大网膜向前推，这样有助于防止小肠从切口脱出，也利于暴露子宫。手伸入腹腔后，可隔着子宫壁握住胎儿的身体某部分（正生时是两后腿跗部，倒生时是头和前腿的掌部），把子宫角大弯的一部分拉出切口之外，这样也就把小肠和大网膜挤开了。在子宫和切口之间塞上一大块纱布，以免肠管脱出及切开子宫后其中的液体流入腹腔。如果发生子宫捻转，则应先把子宫转正。如果胎儿为下位，背部靠近切口，向外拉子宫壁时无处可握，应尽可能先把胎儿转正为上位。如果在切开皮肤之后让牛仰卧，则此时应使其侧卧。有时子宫内胎儿太重，无法取出切口外，也可用大纱布充分填塞在切口和子宫之间，在腹内切开子宫再取胎儿。

③切开子宫壁。沿着子宫角大弯，避开子叶，做一与腹壁切口等长的切口，切透子宫壁及胎膜。切口不可过小，以免拉出胎儿时被扯破而不易缝合。将子宫切口附近的胎膜剥离一部分，拉出切口之外，然后再切开，这样可以防止胎水流入腹腔，尤其在子宫内容物已受污染时更应如此。在胎儿活着或子宫发生捻转时，切口出血一般较多，必须边切边止血，不要一刀把长度切够。

④拉出胎儿。胎儿正生时，经切口在后肢拴上绳子，倒生时在胎头拴上绳套，慢慢拉出胎儿，交助手处理。从后肢拉出胎儿时速度宜快，以防胎儿吸入胎水引起窒息。如果腹壁及子宫壁上的切口较小，可在拉出胎儿之前再行扩大，以免撕裂。拉出胎儿后，首先要清除其口、鼻内的黏液，擦干皮肤。如果发生窒息，先不要断脐带，可一边用手捋脐带，使胎盘上的血液流入胎儿体内，一边按压胎儿胸部，以诱导吸气，待呼吸出现后，拉出胎儿。必要时可给胎儿吸氧气。如果拉出胎儿困难，而且胎儿已经死亡，可先将部分躯体截除。

⑤胎衣处理。拉出胎儿后如有可能，应把胎衣完全剥离取出，子宫颈闭锁时尤应如此，但不要硬剥。如果胎儿活着，则胎儿胎盘和母体胎盘一般都粘连紧密，剥离会引起出血，此时最好不要剥离，可以在子宫腔内注入 10%氯化钠注射液，停留 1～2min，亦有利于胎衣的剥离。如果剥离很困难，可以不剥，在子宫中放入 1～2g 四环素，术后注射催产素，使胎

盘自行排出。但子宫切口两侧边缘附近的胎衣必须剥离完全，否则妨碍子宫缝合。将子宫内液体充分蘸干，均匀撒布四环素类抗生素 2g，或者使用其他抗生素或磺胺类药物。

⑥缝合子宫。用丝线或肠线、圆针连续缝合子宫壁浆膜和肌肉层的切口。经冲洗后再用胃肠缝合法进行第二道内翻缝合（针不可穿透黏膜）。

⑦送回子宫，进行腹腔探查。用加有青霉素的温生理盐水将暴露的子宫表面洗干净（冲洗液不能流入腹腔），蘸干并充分涂布抗生素软膏，然后放回腹腔，并用手作轻微的鱼尾状摆动，以促进子宫复位。缝合好子宫壁后，可使牛仰卧，放回子宫后将大网膜向后拉，使其覆盖在子宫上。

⑧闭合腹腔。用粗丝线、圆针缝合腹膜，再对肌层实行两层结节缝合，最后缝合皮肤。

（6）术后护理。术后应注射催产素，以促进子宫收缩及复旧，并按一般腹腔手术常规进行术后护理。手术中如有胎水流入腹腔，应尽可能地冲洗并蘸干，再在腹腔中放入大剂量的抗生素。如果伤口愈合良好，可在术后 7～10d 拆线。

2. 猪的剖腹取胎术　现将猪与牛实施该术时的不同之处介绍如下，相同之处从略。

（1）手术部位。髋结节之下约 10cm 处，并在膝皱襞之前，向下沿腹内斜肌纤维方向做斜行切口；或在距腰椎横突下方 5～8cm 处，髋结节与最后肋骨中点连线上做垂直切口；或是在乳房基部的背侧 7.5～10cm 处做一与乳房平行的切口，从腹胁部的皮肤褶处之后、之下向前切开，切口长 15～25cm。左、右腹侧均可。

（2）术前准备。取侧卧保定，并限制前、后肢的活动。术部常规处理。行硬膜外麻醉，或用氯丙嗪等进行基础麻醉，并配合切口局部浸润麻醉即可。

（3）术式。依次切开皮肤、皮下组织和腹壁肌层，及时止血，然后小心切开腹膜。术者仔细检查腹腔，确定胎儿的数量及其在子宫中的位置，并隔着子宫壁将最靠近产道的胎儿向软产道捏挤，助手则试着将手伸入阴道，争取取出胎儿。如难产是该胎儿引起的，且能从阴道中取出，即不必再切开子宫，并使用催产药促使胎儿排出。否则就做子宫切开取出胎儿。

切开子宫时，在腹壁切口的下方垫一块消毒过的塑料布。术者隔着子宫壁握住胎儿的某一部分向切口拉，即能将子宫角大弯暴露出来，在其上做切口。由于猪的子宫角游离性较大，子宫上的切口应尽量靠近子宫体，以便从该切口取出两侧子宫的胎儿。取胎儿时，先取后端的，每取出一个，应在子宫外面推挤，使胎儿靠近切口以便取出。切口侧子宫内的胎儿取尽后，再以同样的方法将对侧子宫内胎儿挤至切口取出。如果操作困难，亦可在对侧子宫再做一切口，取出该侧子宫内的胎儿。如果取出胎儿后胎衣已经游离于子宫中，则可将其取出，否则应留在子宫内。取完胎儿后用温生理盐水冲洗子宫，并进一步检查子宫及产道内是否遗留胎儿。

子宫缝合、回送子宫及闭合腹腔的方法同牛剖腹取胎术。

（4）术后护理。术后可注射催产素，以促进子宫收缩，也可用抗生素治疗 3～5d。术后 7～8d 拆线。

| 技术提示 |

（1）在对难产动物进行检查时，一定要全面，包括病史调查、全身检查、产道检查及胎儿检查，并通过全面的分析和判断，拟定切实可行的助产方案。

（2）在对难产动物进行治疗之前，应把检查结果，预定的手术方案以及预后向动物主人说明，争取在手术过程中及术后取得动物主人的积极支持和密切配合。

·知识链接·

一、难产与助产原则

1. 难产　分娩是母畜的一种生理过程，这一过程能否正常进行，取决于产力、产道和胎儿三个因素。正常情况下，三者总是相互协调的，从而使分娩能顺利地进行。如果其中任何一种因素发生异常，不能将胎儿顺利排出，就会使胎儿的产出过程延迟或受阻，造成难产。根据造成难产的原因将难产分为产力性难产、产道性难产和胎儿性难产。前两种是由于母体异常引起的，后一种是由胎儿异常引起的。

2. 手术助产的原则

（1）难产助产应及早进行，否则胎儿楔入产道，子宫壁紧裹胎儿，胎水流失以及产道水肿，将妨碍矫正胎儿姿势及强行拉出胎儿。

（2）手术助产时，将母畜置于前低后高姿势，整复时尽量将胎儿推回子宫内，以便有较大的活动空间。只有在努责间隙期方能进行推进或整复，努责时向外拉出胎儿。

（3）如果产道干燥，应预先向产道内注入灭菌的液体石蜡等滑润剂，便于操作及拉出胎儿。

（4）使用尖锐器械时，必须将尖锐部分用手保护好，以防在操作过程中损伤产道。

（5）为了预防手术后感染，术后应用0.1％高锰酸钾溶液或0.1％雷佛奴尔溶液冲洗产道及子宫，排出冲洗液后放入抗生素或磺胺类药物。

二、常见难产的诊治

1. 产力性难产——阵缩及努责微弱　分娩时子宫及腹肌收缩无力；阵缩及努责时间短、次数少，间隔时间长，以致不能将胎儿排出，称为阵缩及努责微弱。

（1）诊断要点。母畜妊娠期已满，分娩条件具备，分娩预兆已出现，但阵缩力量微弱，努责次数减少，力量不足，长久不能将胎儿排出。产道检查可见子宫颈已松软开大，但还开张不全，胎儿及胎囊进入子宫颈及骨盆腔。在此种情况下，常因胎盘血液循环减弱或停止，引起胎儿死亡。

（2）治疗。大动物原发性阵缩和努责微弱，早期可使用催产药物，如垂体后叶素、麦角制剂等。在产道完全松软、子宫颈已开张的情况下，则实施牵引术即可。胎位、胎向、胎势异常者经整复后强行拉出，否则实行剖腹取胎术。中、小动物可应用垂体后叶素10万～80万IU或己烯雌酚1～2mg，皮下或肌内注射，然后借助产科器械拉出胎儿。拉出胎儿后，注射子宫收缩药，并向子宫内注入抗生素。

（3）病因分析。原发性阵缩微弱的原因包括长期舍饲、缺乏运动，饲料质量差，缺乏青绿饲料及矿物质，老龄、体弱或动物过于肥胖；动物患有全身性疾病，胎儿过大，胎水过多等。继发性阵缩微弱，表现为在分娩开始时阵缩、努责正常，进入产出期后，由于胎儿过大、胎儿异常等原因长时间不能将胎儿产出，腹肌及子宫由于长时间持续收缩，过度疲乏，最后导致阵缩努责微弱或完全停止。

2. 产道性难产　产道性难产主要是产道狭窄，包括硬产道和软产道狭窄。多发生于牛和猪，其他家畜少见。

（1）诊断要点。母畜阵缩及努责正常，但长时间不见胎膜及胎儿的排出，产道检查可发现子宫颈稍开张，松软程度不够或盆腔狭小变形。

（2）治疗。硬产道狭窄及子宫颈有疤痕时，一般不能从产道分娩，只能及早实行剖腹取胎术取出胎儿。轻度的子宫开张不全，可通过慢慢地牵拉胎儿机械地扩张子宫颈，然后拉出胎儿。

（3）病因分析。骨盆骨折及骨质异常增生是常见原因。肉牛与黄牛杂交，胎儿相对过大，母牛产道相对狭窄，造成分娩困难。软产道狭窄主要是子宫颈、阴道前庭和阴门狭窄。多见于牛，尤其是头胎分娩时往往产道开张不全；或由于早产，也可能由于雌激素和松弛素分泌不足，致使软产道松弛不够；此外，牛子宫颈肌肉较发达，分娩时需要较长时间才能充分松弛开张，这些都属于开张不全，临诊上比较多见。而由于以往分娩时或手术助产及其他原因，造成子宫颈和阴道损伤，使子宫颈形成疤痕、阴道发生粘连，以致分娩时产道不能充分开张。

3. 胎儿性难产

（1）胎儿过大。胎儿过大是指母体的骨盆及软产道正常，胎位、胎向及胎势也正常，由于胎儿发育相对过大，不能顺利通过产道。

①助产方法。胎儿过大的助产方法，就是人工强行拉出胎儿，其方法同胎儿牵引术。强行拉出时必须注意，尽可能等到子宫颈完全开张后进行；必须配合母畜努责，用力要缓和，通过边拉边扩张产道，边拉边上下左右摆动或略为旋转胎儿。在助手配合下交替牵拉前肢，使胎儿肩围、骨盆围，呈斜向通过骨盆腔狭窄部。强行拉出确有困难而且胎儿还活着的，应及时实施剖腹取胎术；如果胎儿已死亡，则可施行截胎术。

②病因分析。可能是由于母畜或胎儿的内分泌功能紊乱所致，母畜的妊娠期过长，使胎儿发育过大。多胎动物在怀胎数目过少时，有时也有胎儿发育过大而造成难产的。

（2）双胎难产。双胎难产是指在分娩时两个胎儿同时进入产道，或者同时楔入骨盆腔入口处，都不能产出。

①诊断要点。可能发生在一个正生而另一个倒生的情况，两个胎儿肢体各一部分同时进入产道。仔细检查，可以发现正生胎儿的头和两前肢及另一个胎儿的两后肢，或一个胎头及一前肢和另一胎儿的两后肢同时进入产道等多种情况，但在检查时，必须排除双胎畸形和竖向腹部前置胎儿。

②助产。双胎难产助产时要将后面一个推回子宫，牵拉外面的一个，即可拉出。手伸入产道将一个胎儿推入子宫角，将另一个再导入子宫颈即可拉出。但是在操作过程中要分清胎儿肢体的所属关系，用附有不同标记的产科绳分别捆住两个胎儿的适当部位避免推拉时发生混乱。在拉出胎儿时，应先拉进入产道较深的或在上面的胎儿，然后再拉出另一个胎儿。

（3）胎儿姿势不正。

①胎儿头颈姿势不正。分娩时两前肢虽已进入产道，但是胎儿头发生了异常。如胎头侧转、后仰、下弯及头颈扭转等，其中以胎头侧转、胎头下弯的姿势较为常见。

诊断要点：胎头侧转时，可见由阴门伸出一长一短的两前肢，在骨盆前缘可摸到转向一侧的胎头或颈部，通常头是转向伸出较短前肢的一侧。胎头下弯时，在阴门处可见到两蹄尖，在骨盆前缘胎儿头向下弯于两前肢之间，可摸到胎头下弯的颈部。

助产方法：有徒手矫正法和器械矫正法两种。

徒手矫正法：适用于病程短，侧转程度不大的病例。矫正前先用产科绳拴住两前肢，然后术者将手伸入产道，用拇指和中指握住两眼眶或用手握住鼻端，也可用绳套住下颌将胎儿头拉成鼻端朝向产道，如果是头顶向下或偏向一侧，则把胎头矫正拉入产道即可。

器械矫正法：徒手矫正有困难者，可借助器械来矫正。用绳导把产科绳双股引过胎儿颈部拉出与绳的另端穿成单滑结，将其中一绳环绕过头顶推向鼻梁，另一绳环推到耳后由助手将绳拉紧，术者用手护住胎儿鼻端，助手按术者示意向外拉，术者将胎头拉向产道（图 4-16）。

马、牛等大动物胎头高度侧转时，往往用手摸不到胎头，必须用双孔桄协助，先把产科绳的一端固定在双孔桄的一个孔上，另一端用绳导带入产道。绕过头颈屈曲部带出产道，取下绳导，把绳穿过产科桄的另一孔。术者用手将产科桄带入产道，沿胎儿颈椎推至耳后，助手在外把绳拉紧并固定在桄柄上，术者手握住胎儿鼻端，然后在助手配合下把胎头矫正并强行拉出（图 4-17）。

图 4-16　徒手校正胎头侧弯

无法矫正时，则实施截头术，然后分别取出胎儿头及躯体。

胎头下弯时，先捆住两前肢，然后用手握住胎儿下颌向上提并向后拉。也可用拇指向前顶压胎头，并用其他四指向后拉下颌，最后将胎头拉正。

②胎儿前肢姿势不正。有腕关节屈曲、肩关节屈曲和肘关节屈曲，或两前肢压在胎头之上等。常见一前肢或两前肢腕关节屈曲，其他异常姿势较少见。

图 4-17　用推拉桄矫正胎头侧弯

诊断要点：一侧腕关节屈曲时，从产道伸出一前肢，两侧腕关节屈曲时，则两前肢均不见伸出产道。产道检查，可摸到正常的胎头和弯曲的腕关节。肩关节屈曲时，前肢伸入胎儿腹侧或腹下，检查时，可摸到胎头和屈曲的肩关节。有时，可见胎头进入产道或露出于阴门，而不见前肢或蹄部。

助产方法：腕关节屈曲时，先将胎儿推回子宫，推的同时术者用手握住屈曲肢体的掌部，一面尽力往里推，一面往上抬，再顺势下滑握住蹄部，在顺势上抬的同时，将蹄部拉入产道（图 4-18）。另外，也可用产科绳捆住屈曲前肢的系部，再用手握住掌部，在向内推的同时，由助手牵拉产科绳，拉至一定程度，术者转手拉蹄，协助矫正拉出（图 4-19）。如果胎儿已死亡，可实施腕关节截断术。

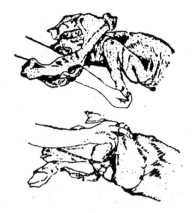

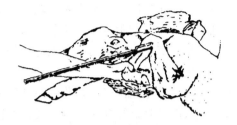

图 4-18　腕关节屈曲徒手矫正法　　　　　图 4-19　用产科绳矫正腕关节屈曲

肩关节屈曲，有时不进行矫正也可以拉出，如果拉出有困难，可先拉前臂下端，尽力上抬，使其变成腕关节屈曲，然后再按腕关节屈曲的方法进行矫正。如仍无法拉出，且胎儿已死亡，可实施一前肢截除术，再拉出胎儿。

③胎儿后肢姿势不正。在倒生时，有跗关节屈曲和髋关节屈曲两种，临床上以一后肢或两后肢的跗关节屈曲较为多见。

诊断要点：两侧跗关节屈曲时，产道检查可摸到屈曲的两个跗关节、尾巴及肛门，其位置可能在耻骨前缘，或与臀部一并挤入产道内。一侧跗关节屈曲时，常由产道伸出一蹄底向上的后肢。产道检查，可摸到另一后肢的跗关节屈曲，并可摸到尾巴及肛门。

助产方法：先用产科绳捆住后肢跗部，然后术者用手压住臀部，同时用产科梃顶在胎儿尾根与坐骨弓之间的凹陷内，往里推，同时助手用力将绳子向上、向后拉，术者顺次握住系部乃至蹄部，尽力向上举，使其伸入产道，最后用力将胎儿后肢拉出。如跗关节挤入骨盆腔较深，无法矫正且胎儿过大时，可以把跗关节推回子宫内，使变为髋关节屈曲（坐骨前置），此时可以用产科绳分别系于两大腿基部，并将绳子扭在一起，并向产道注入大量滑润剂，强行拉出胎儿（图 4-20、图 4-21）。如果前法无效或胎儿已死亡时，则实行截胎术，再拉出胎儿。

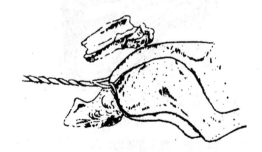

图 4-20　跗关节屈曲矫正法　　　　　　　图 4-21　髋关节屈曲矫正法

（4）胎位不正。

①下位。有正生下位和倒生下位两种。

诊断要点：正生下位时，阴门露出两个蹄底向上的蹄，产道检查可摸到腕关节、口、唇及颈部。倒生下位时，阴门露出两个蹄底向下的蹄。产道检查可摸到跗关节、尾巴，甚至脐带，即可确诊（图 4-22）。

助产方法：上述两种下位，均需将胎儿的纵轴旋转 180°，使其变为上位或轻度侧位，再强行拉出。或由术者先固定胎儿，然后翻转母体，以期达到使下位变为上位的目的，不过这样矫正难度较大。如矫正无效，应及时施行剖宫产术。

②侧位。有正生侧位和倒生侧位两种情况。

诊断要点：正生侧胎位时，两前肢以上下的位置伸出于阴门外，产道检查，可摸到侧位的头和颈。倒生侧位时，则两后肢以上下的位置伸出于阴门外，产道检查，可摸到胎儿的臀部、肛门及尾部。

助产方法：倒生侧位时，胎儿两髋结节之间的距离较母畜骨盆入口的垂直径短，所以胎儿的骨盆进入母畜骨盆腔并无困难，或稍加辅助，即可将侧位胎儿变为上位而拉出。但正生侧位时，常由于胎头的妨碍，而难以通过骨盆腔，所以需要矫正胎头，通常是推回胎儿，握住眼眶，将胎头扭正拉入骨盆入口，然后再拉出胎儿（图 4-23）。

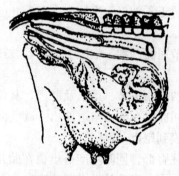 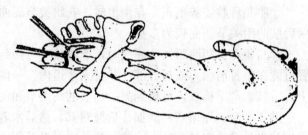

图 4-22　倒生下位　　　　　　　　　　　图 4-23　正生侧位

（5）胎向不正。胎向不正是指胎儿身体的纵轴与母体的纵轴不呈平行状态。

①腹部前置的横向和腹部前置的竖向。即胎儿腹部朝向产道，呈横卧或犬坐姿势。分娩时，两前肢或两后肢伸入产道，或四肢同时进入产道（图 4-24、图 4-25）。

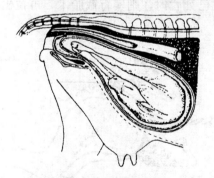 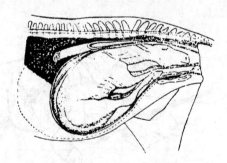

图 4-24　腹部前置的横向　　　　　　　　图 4-25　腹部前置的竖向

助产方法：先用产科绳拴住两前肢往外拉，同时将后肢及后躯推回子宫，使其变为正常胎位，而后强行拉出。

②背部前置横向和背部前置竖向。即胎儿的背部朝向产道，胎儿呈横卧或犬坐姿势，分娩时无任何肢体露出，产道检查，在骨盆入口处可摸到胎儿背部或颈部（图 4-26、图 4-27）。

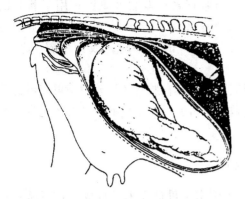

图 4-26 背部前置的横向

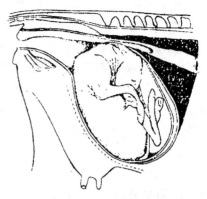

图 4-27 背部前置的竖向

助产方法：将产科绳拴住胎儿头部往外拉，同时将后躯向里推，或将后躯往外拉，将前躯向里推，使其变为正生下位或倒生下位，再行矫正拉出。

胎向不正一般较少发生，一旦发生，矫正和助产也很困难，应尽早实施剖宫产手术。

三、犬难产的助产

犬发生难产也是由于母犬分娩力不足、产道狭窄及胎儿异常等三个方面因素引起的。为此，助产前应详细检查是属于哪种原因。如对阵缩及努责微弱引起的难产，助产原则是促进子宫收缩，应用药物催产。可用垂体后叶素 2～15IU、催产素（缩宫素）5～10IU，皮下或肌内注射。注射后 3～5min 子宫开始收缩，可持续 30min，然后再注射一次，同时配合按压腹壁，以促进胎儿产出。

应用催产药物时，要求子宫颈必须完全扩张；子宫颈扩张不全，可使用己烯雌酚，提高母犬对垂体后叶素的敏感性，促进子宫收缩，而且还能促进子宫颈再扩张。使用催产药物必须剂量适宜，剂量过大往往引起子宫强直性收缩。特别是垂体后叶素剂量大时，还能引起子宫颈收缩，对胎儿排出更不利。

如难产母犬因产程过长而致体质衰弱时，可静脉注射葡萄糖注射液，以增强体力，增加腹壁肌肉的收缩力。

对因产道或胎儿异常引起的难产，可施行牵引术及矫正术。如经一般助产无效时，可施行剖腹取胎术。

四、剖腹取胎术与适应证

剖腹取胎术又称为剖宫产术，也称剖宫术，是指切开母体腹壁及子宫壁取出胎儿的手术。

剖腹取胎术的适应证主要包括：骨盆发育不全（交配过早）或骨盆变形（骨软症、骨折）而使骨盆过小；羊、犬、猫等小动物（动物体格小，术者手不能伸入产道）；阴道极度肿胀或狭窄，手不易伸入；子宫颈狭窄，且胎囊破裂，胎水流失，子宫颈没有继续扩张的迹象，或者子宫颈发生闭锁；子宫捻转，矫正无效；胎儿过大或水肿；胎向、胎位或胎势严重异常，无法矫正；胎儿畸形，难于施行截胎术；子宫破裂；子宫迟缓，催产或助产无效；干尸化胎儿很大，药物不能使其排出；胎儿严重气肿难于矫正或截除；

妊娠期满母畜，因患其他疾病生命垂危，必须剖腹抢救仔畜；双胎性难产；用于胎儿的手术难于救治的任何难产；需要保全胎儿生命而其他手术方法难于达到时；用于研究目的，如在奶山羊需要获得无菌羔羊或无关节炎脑炎（CAE）的羔羊时；或为培养 SPF 仔（幼）畜，直接用剖腹取胎术取得胎儿。

上述情况下，如果无法拉出胎儿或无条件进行截胎，尤其在胎儿还活着时，可以考虑及时施行剖腹取胎术。但如果难产时间已久，胎儿腐败，子宫已经发生炎症以及母体全身状况不佳时，是否施行剖腹取胎术则必须十分谨慎。

五、难产的防制

1. 适龄配种 一般来说，母畜不宜配种过早，否则由于母畜尚未发育成熟，容易发生骨盆狭窄，造成难产。常见雌性动物配种的最早年龄如下：牛 12 月龄，马 3 岁，猪 6~8 月龄，羊 1 岁，犬 12 月龄，猫 16 月龄。

2. 注意母畜的营养 要保证青年母畜生长发育的营养需要，以免其生长发育受阻而引起难产。妊娠期间，由于胎儿的生长发育，母畜所需要的营养物质大大增加。因此，对母畜进行合理的饲养，供给充足的含有维生素、矿物质和蛋白质的青绿饲料，不但可以保证胎儿生长发育的需要，而且能够维持母畜的全身健康和子宫肌的紧张度，减少发生分娩困难的可能性。但不可使母畜过于肥胖，以免影响全身肌肉的紧张性。在妊娠末期，应适当减少蛋白质饲料，以免胎儿过大，尤其是肉牛和猪，更应如此。

3. 妊娠母畜要适当运动 妊娠前半期可正常运动，以后减轻，但要进行牵遛或自由运动。运动可提高母畜对营养物质的利用率，使胎儿活力旺盛，同时也可使全身及子宫的紧张性提高，从而降低难产、胎衣不下及子宫复旧不全等疾病的发病率。分娩时，胎儿活力强和子宫收缩力正常，有利于胎儿转变为正常分娩的胎位、胎势并顺利产出。

4. 适宜的分娩环境 接近预产期的母畜，应在产前 1~2 周转入产房，适应环境，以避免改变环境造成动物惊恐和不适。在分娩过程中，要保持环境安静，并配备专人护理和接产。接产人员不要过多干扰和高声喧哗，对于分娩过程中出现的异常要留心观察，并注意进行临产检查，以免使比较简单的难产变得复杂。

5. 适时干乳 产乳奶牛要在产前一定时间实行干乳措施。

┌─────────┐
│·操作训练·│
└─────────┘

利用课余时间或节假日参与门诊或到养殖场进行现场实习，进一步体验和实施难产检查和助产技术，为养殖场制定预防难产发生的措施。

任务五　产后疾病的诊断与治疗

◤任务分析

产后疾病是动物产科疾病中发生较多的一类疾病。由于动物受妊娠、分娩以及产后泌乳等应激的影响，在分娩后易发生各种产后期疾病，特别容易导致胎衣不下、生产瘫痪和产后感染等。预防和控制产后疾病是动物生产中的重要工作。

任务目标

1. 能对动物的胎衣不下进行诊断，并实施治疗。
2. 会对动物的生产瘫痪进行诊断，并能根据不同类型采取相应的治疗措施。
3. 会对动物的产后感染进行诊断，并实施治疗。

·任务情境·

动物医院、外产科实训室或养殖场，患有相应疾病的动物（牛或羊、猪、犬），乳房送风器及常用药品等。

·任务实施·

一、胎衣不下的诊治

（一）诊断要点

1. 局部症状 动物在产后表现拱背、努责，从阴道中排出污红色恶臭液体，卧下时排出的数量增加，其中含有胎衣碎片，阴门外可见胎衣垂挂。根据胎衣在子宫内滞留的多少，可分为胎衣全部不下和胎衣部分不下。胎衣全部不下是指整个胎衣滞留于子宫内，外观仅有少量胎膜垂于阴门外，或看不见胎衣。胎衣部分不下是指胎衣大部分垂于阴门外，少部分与母体胎盘粘连而未排出；也有大部分脱落，仅有少部分滞留于子宫内者，这只有通过检查脱出的胎衣缺损才能发现。

2. 全身症状 随着胎衣不下时间延长，患病动物可发生急性子宫内膜炎，胎衣腐败产物被机体吸收后会出现体温升高、呼吸加快、食欲减退或废绝。牛、羊出现轻度瘤胃膨气。各种动物对胎衣不下的耐受性各有差异，牛和山羊对胎衣不下不是很敏感，全身反应出现较晚或较轻。马与犬则很敏感，一般产后胎衣不下超过12h则会出现全身症状，而且病程发展很快、临诊症状表现严重。猪的胎衣不下多为部分胎衣不下，发生胎衣不下时表现不安，喜欢喝水，恶露增多。

（二）治疗

胎衣不下的治疗方法很多，概括起来可分为药物疗法（又称为保守疗法）和手术剥离疗法两种。

1. 药物疗法

（1）子宫内投药。为了防止胎衣腐败、延缓腐败物溶解吸收，可向子宫内直接投注抗生素。对于牛或马可取土霉素2g或金霉素1g，溶于250mL生理盐水中，一次灌注，隔日一次；羊和猪药量减半；犬、猫一次可注入相应药物30mL。也可用其他抗生素或选用市售的治疗子宫内膜炎的专用药物进行子宫内投药治疗。为了促进胎盘绒毛脱水收缩、促进母体胎盘和胎儿胎盘分离，还可向子宫中灌注10%氯化钠溶液，牛一次用量为1 000～1 500mL，猪、羊等中小动物酌减。

（2）注射促进子宫收缩药物。为了加强子宫收缩能力，促进母体胎盘和胎儿胎盘分离、促进胎衣排出，可在产后早期注射促进子宫收缩的药物进行治疗。例如，皮下或肌内注射催产素，牛50～100IU，猪、羊5～20IU，马40～50IU，犬、猫5～30IU，2h后重复一次。除此之外还可选用麦角新碱、浓盐水、氯前列烯醇等进行治疗。

（3）注射抗生素。肌内注射抗生素也是胎衣不下时防止子宫感染的一种常用措施。当出现全身症状时，也可将肌内注射改为静脉注射，并配合相应的支持疗法，对于马和小动物来说，这种治疗方法尤为有效。

2. 手术剥离胎衣 主要适用于马和牛，体形较大的羊也可以。手术剥离原则是：易剥离者则剥，不易剥离者不要硬剥；剥离过程中严禁损伤子宫黏膜；对患急性子宫内膜炎和体温升高的患病动物，不要进行剥离；剥离完胎衣后要向子宫内灌注抗生素。

（1）剥离前的准备。保定动物，固定尾巴，对后躯及外露胎衣进行清洗消毒。术者要戴上长臂手套、穿长筒靴及橡皮围裙，做好自身保护。为了便于剥离可向子宫中灌注适量浓盐水，牛为10%浓盐水 1 000～1 500mL。

（2）剥离方法。

牛：将胎衣的外露部分捻转几圈，左手将其拉紧，右手伸入子宫，由浅及深、螺旋式深入，寻找胎盘进行剥离，剥离时不可强行撕扯，应该依其结构特点，用食指和拇指将母体和胎儿胎盘分离，剥离完一侧子宫角再剥离另一侧子宫角。

马：在子宫颈内口，找到尿膜绒毛膜的破口边缘，把手伸入子宫黏膜与绒毛膜之间，轻轻用力向前移行，即可将胎衣从子宫黏膜上分离下来。也可拧紧外露的胎衣，然后另一只手伸入子宫，找到脐带根部，握住后轻轻扭动、拉动，就可使绒毛膜脱离腺窝。

犬：当怀疑犬发生胎衣不下时，可将一手指伸入阴道中进行探查，找到脐带后轻轻向外牵拉；也可用纱布包住镊子在阴道中旋转，将胎衣缠住拉出。小型犬可用正立提起（抱起），按摩腹壁的方法促进胎衣排出，重复几次仍无法排出者，可进行剖腹手术进行治疗。

（3）术后处理。胎衣剥离后，因子宫内可能还存在胎盘碎片及腐败液体，必须用0.1%高锰酸钾、0.1%新洁尔灭或其他刺激性小的消毒液冲洗，清除子宫中的感染源，冲洗后向子宫内投置抗生素（如土霉素片等），隔日1次，连用2～3次，防止子宫感染。

二、生产瘫痪的诊治

（一）诊断要点

动物分娩后不久，出现特征的瘫痪姿势，知觉丧失，血钙降低（一般在0.08mg/mL以下）。如果用钙剂及乳房送风疗法有良好疗效，便可做出诊断。牛发生生产瘫痪时的症状可分为两类，即典型性生产瘫痪和非典型性（轻型）生产瘫痪。

1. 典型性生产瘫痪 发病迅速，从开始发病到出现典型症状，一般不超过12h。病初病牛通常表现为食欲减退，反刍、瘤胃蠕动及排粪、排尿停止，泌乳量降低。精神沉郁，不愿走动，后躯摇摆，后肢交替负重。行走时共济失调，易摔倒。有的病牛敏感性增高，表现短暂的不安，出现摇头、磨牙、伸舌、哞叫、惊慌、四肢肌肉震颤。皮温降低，鼻镜干燥，脉搏无明显变化。在经历数小时（多为1～2h）后，患病动物则瘫痪卧地，不能站立，虽然一再挣扎，但仍站不起来。随之很快转入精神抑制，出现意识抑制和知觉丧失的特征症状。病牛多昏睡，眼睑反射微弱或消失，瞳孔散大，对光线照射无反应，皮肤对疼痛刺激也无反应。肛门松弛，吞咽困难，心音减弱、呼吸变深，体温多降低（37.5～37.8℃）。头颈弯向一侧呈"犬卧状"（图4-28），患病动物俯卧，四肢屈于躯干之下，头向后弯到胸部一侧，即使用力将头颈拉直，松手后仍会恢复原状。随着病情的进一步加重，则精神高度抑制，意识和感觉完全丧失，心音和呼吸极度微弱，而进入昏迷状态，体温可降至36℃以下，多数病例在昏迷中死亡，个别病例死亡前有痉挛和挣扎现象。

2. 非典型性生产瘫痪 有类似于典型性生产瘫痪的基本症状，后期动物反射及知觉下降、但不消失。产前及产后较长时间发生的多为非典型性生产瘫痪，病牛精神沉郁，卧地不起，个别可挣扎着站起，体温一般正常。卧地时头颈姿势不自然，由头部到鬐甲部呈倒S状弯曲（图4-29）。

奶山羊的生产瘫痪多发生于产后1～3d，泌乳早期容易发生本病。其症状基本与牛相似，但多数呈非典型症状。有时昏睡不起，心跳快而弱，呼吸增快，鼻腔内有黏性分泌物积聚，常发生便秘。

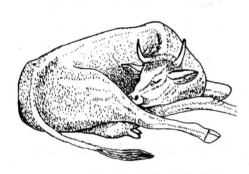

图4-28　牛生产瘫痪时"犬卧状"姿势　　　　图4-29　牛生产瘫痪时头颈S状弯曲姿势

猪发病时，多在产后数小时开始，多发期为产后2～5d。轻者站立困难，行走时后躯摇摆，乳量减少甚至无乳，有时病猪伏卧，拒绝哺乳。随病情加重，精神极度沉郁，食欲废绝，躺卧昏睡，一切反射减弱，便秘，体温正常或稍高。

犬产后低血钙症也称为泌乳期惊厥、产后子痫或产后痫，多发生于分娩后1～4周且产仔多的小型母犬。和牛相比，犬发病后前驱期（兴奋期）症状明显，而且持续时间较长，有些可长达2d。病犬初期站立不稳、运动失调，兴奋、对外界刺激敏感，眼球震颤，结膜潮红。很快全身痉挛，体温升高达40℃以上，呼吸急促，心悸亢进，瞳孔散大，口吐白沫。如不及时治疗，病犬会反复抽搐乃至死亡。

（二）治疗

奶牛的典型性生产瘫痪病例，由于发病迅速，如不及时治疗50％～60％患牛多于发病后12～48h死亡，个别在发病后几小时内可死亡。若及时治疗则90％可痊愈或好转，但有些可复发。奶牛的非典型性病例，大部分经治疗后预后良好，少数严重者若继发其他疾病时预后不良。犬发生本病后，如能及时正确治疗，大部分预后良好。

1. 钙剂疗法 静脉注射钙制剂是治疗本病的基本方法，一次静脉注射后半数病例症状会得到明显改善。最常用的钙剂是硼葡萄糖酸钙溶液（在葡萄糖酸钙溶液中加入4％硼酸，以提高葡萄糖酸钙的溶解度和稳定性）、10％葡萄糖酸钙注射液或5％～10％氯化钙注射液等，同时配合使用维生素D_2胶性钙注射液，效果更好。治疗牛生产瘫痪时，用20％～25％硼葡萄糖酸钙500mL，1/2进行作静脉注射，1/2分点进行皮下注射。或用10％葡萄糖酸钙注射液按每千克体重20mg纯钙的剂量注射。或将5％氯化钙注射液500～1 000mL，5％葡萄糖生理盐水注射液1 500～2 000mL混合后一次静脉注射，为防止复发，可在第一次治疗6h后，用半剂量的钙剂再静脉注射一次。治疗羊（猪）生产瘫痪时，可静脉注射10％葡萄糖酸钙注射液 50～100mL。犬患本病时可静脉注射 10％葡萄糖酸钙注射液 10～30mL，混于 200mL 5％葡萄糖注射液中缓慢静脉注射（速度为 1～3mL/min）。另可配合注射维生素 D₂ 胶性钙注射液进行治疗。

2. 乳房送风法 其目的是使乳房膨胀，内压增高，限制泌乳，减少钙、磷从乳中排出。乳房送风法适用奶牛和奶山羊的生产瘫痪治疗。乳房送风器（图 4-30）的操作步骤如下：将病牛侧卧，挤净乳房中的积乳并将乳头消毒，然后将消毒过而且在尖端涂有少许润滑剂的乳导管插入乳头管内，注入少量抗生素（青霉素 10 万 IU 及链霉素 0.25g，溶解于 20～40mL 生理盐水中）。连接乳

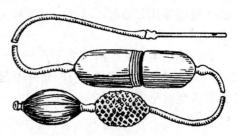

图 4-30 乳房送风器

房送风器，分别将 4 个乳区打满空气，用绷带系住乳头，防止气体逸出。向乳房中打气时，逐一进行，打入的气体量不足，影响疗效，打入的气体过多，易引起乳腺腺泡损伤。打入的气体量以乳房皮肤紧张、乳区界限明显、轻敲乳房呈现鼓音为宜。系乳头的绷带应该在 1h 左右解除。

3. 其他法 治疗本病时可适量补充磷、镁及肾上腺糖皮质激素等，同时配合高渗葡萄糖注射液和 2％～5％碳酸氢钠注射液。

三、产后感染的诊治

（一）诊断要点

马、驴和山羊发生产后感染后多呈急性经过；牛、猪和犬多呈亚急生经过。对于急性病例如不及时治疗，患病动物多在发病后 2～3d 死于败血症、毒血症或脓毒败血症。亚急性病例治愈率较高，但可遗留慢性子宫内膜炎、子宫积脓、子宫积水及慢性子宫颈炎等子宫疾病。

其临诊症状表现为局部症状和全身症状两大部分。患病动物体温升高达 40～41℃，呈稽留热或弛张热。精神沉郁，食欲废绝，但喜饮水，脉搏快而弱，呼吸浅表。后期反应迟钝，卧地不起，呻吟，脱水，结膜发绀，有时可见小出血点，有些动物四肢、乳房可发生脓肿。患病动物常表现腹膜炎的症状，腹壁紧缩，触诊敏感。随病程进一步发展，会出现腹泻，粪便中带血且有腥臭味；有时也有便秘表现。如为产道及子宫内化脓腐败性病变时，患病动物阴道中常会流出少量污秽不洁的污红色或褐色液体，内含组织碎片。阴道检查时，阴道黏膜呈现污红色，母体疼痛敏感。直肠检查时，可发现子宫严重复旧不全。

（二）治疗

治疗原则是及时处理病灶，消除或抑制病原微生物感染，增强机体抵抗力，加强对症治疗。

1. 局部治疗 对生殖道的炎症病灶可按治疗子宫内膜炎、阴道炎、子宫颈炎的方法进行处理，向子宫中投放红霉素、金霉素、氯唑西林、恩诺沙星等抗菌消炎药。在此病的治疗中禁止冲洗子宫，以防止炎症扩散，为了促进子宫内炎性产物的排出，可注射催产素或前列腺素等药物。

2. 全身治疗 为了消灭或抑制病原微生物，应该及时用较大剂量的抗菌药物进行全身治疗，并要连续用药，直到体温降到正常后 2～3d 为止。可注射环丙沙星、青霉素、链霉素、磺胺类药物等进行全身治疗。为了促进体内毒素排出，可静脉注射 10％氯化钙（牛、马 150mL）或 10％葡萄糖酸钙溶液 200～300mL。为了增强机体抵抗力，加强解毒功能，纠正脱水及酸碱平衡失调，可静脉注射高渗葡萄糖或 5％的葡萄糖盐水、5％碳酸氢钠、维生素 C、复合维生素 B 等。另外，也要注意对症治疗。

·技术提示·

（1）在对动物进行检查或治疗时，一定要保定好动物，以防发生意外。

（2）在胎衣不下病史问诊时，主要了解分娩的时间及经过，胎儿是否足月；胎衣排出多少；阴道分泌物的性状及数量；患病动物食欲及产乳量有无改变；是否做过布鲁氏菌病检疫（牛、羊），结果如何。

（3）剥离胎衣之后，都应在子宫内置入抗生素，必要时可隔 1～2d 再用 2～3 次。

（4）乳房送风法治疗生产瘫痪时，为了预防感染，打入空气之前，可将适量的抗生素注入各个乳区内。

（5）产后感染的治疗应该根据感染程度来选择局部疗法和全身疗法。

·知识链接·

1. 胎衣不下 母体产出胎儿后，胎衣在正常的时间范围内未能自行排出就称为胎衣不下（也称为胎衣滞留）。各种动物产后排出胎衣的正常时间为：牛 12h、羊 4h、猪 1h、马 1～1.5h。各种动物均可发生胎衣不下，但牛发病率为最高，高达 20％～50％，马的发病率一般为 4％，猪和犬则很少发生单一的胎衣不下。胎衣不下容易引起子宫内膜炎，导致产后子宫复旧不全、发情延迟及不孕，给养牛业造成的经济损失尤为突出。

（1）胎衣不下的病因分析。引起胎衣不下的原因较为复杂，胎衣不下与季节、营养状态、胎次、遗传因素等均有一定关系，单一因素可引起胎衣不下、多种因素综合作用也可引起胎衣不下，但直接引起胎衣不下的主要原因是产后子宫收缩无力和胎盘炎症。

①产后子宫收缩无力。饲料单一，缺乏维生素、矿物质、过肥、过瘦、老龄均可导致产后子宫收缩无力；分娩时间过长、难产、流产，单胎动物怀双胎时可引起产后子宫收缩无力；缺乏运动也可引起子宫收缩无力。

②胎盘炎症。胎盘炎症可以导致胎盘结缔组织增生，使母体胎盘和胎儿胎盘发生粘连，从而导致胎衣不下。布鲁氏菌、衣原体以及其他一些细菌、病毒等都可引起子宫内膜及胎盘发炎。

（2）胎衣不下的预后。牛和绵羊胎衣不下一般预后良好，但易对繁殖性能造成影响。马胎衣不下预后慎重，如果治疗处理不及时，轻者导致不易妊娠，重者可引起败血症。犬胎衣不下时能引起急性子宫内膜炎，而且子宫和胎衣粘连的部分可发生组织坏死，引起腹膜炎，如不及时治疗易导致死亡。猪胎衣不下一般预后良好，但可引起子宫内膜炎，并影响对仔猪的哺乳。

（3）胎衣不下的预防。产前 7d 注射维生素 AD 注射液，或临产前对体弱或有胎衣不下病史的动物补糖、补钙可起到预防作用。产后注射催产素对胎衣不下亦有一定预防作用。当分娩破水后，可接取羊水 300～500mL 于分娩后立即灌服，可促进子宫收缩，加速胎衣排出。

2. 生产瘫痪 生产瘫痪是母畜分娩后突然发生的一种严重的代谢性疾病，此病多发生于奶牛及犬、猫，猪和奶山羊也可发生。生产瘫痪又称为产后瘫痪、乳热症、产后低血钙症和产后癫痫，本病的特征是低血钙、全身肌肉无力、四肢瘫痪及知觉丧失或抑制。生产瘫痪对奶牛的危害最为突出，个别牧场此病的发病率高达 25%～30%。奶牛生产瘫痪的发病率与其产乳量直接相关，高产奶牛多发，3～7 胎的奶牛多发，治愈的母牛下次分娩后可再次发病，且多发生于产后 3d 以内，少数发生于分娩过程中或产后数小时。

(1) 生产瘫痪的病因分析。生产瘫痪的发病机制目前还不十分清楚，但 50 多年前人们就发现引起本病的主要原因是产后血钙浓度急剧下降，并知道用静脉注射钙剂的方法进行治疗。其次，生产瘫痪的临诊表现与大脑皮质缺氧有极大的相似性，因而有人认为生产瘫痪是由大脑皮质缺氧所致。

①低血钙。母畜产后，其血钙浓度会出现不同程度的下降，但患病动物的血钙下降更为严重，常降到正常水平的 1/2 或更低，产后正常牛的血钙浓度为 0.08～0.12mg/mL，而发病牛的血钙浓度则为 0.03～0.07mg/mL，导致产后血钙浓度急剧下降的主要原因有：产后大量血钙进入初乳，这是引起产后低血钙的一个主要原因。其次，分娩前后从肠道吸收的钙量减少，也是引起血钙降低的一个原因。再者，分娩前后机体动用骨钙的能力下降，进一步加剧了血钙浓度的下降。维生素 D 不足或合成障碍也可导致血钙降低。由此可见，产后低血钙的发生可能是某种因素单独作用的结果，也可能是几种因素综合作用的结果。

②脑皮质缺氧。有人认为，生产瘫痪是由于大脑皮质一时性贫血、缺氧所致的一种神经性疾病，低血钙是大脑皮质缺氧的一个并发症。分娩后腹压突然降低，腹腔器官被动性充血，从而导致大脑皮质贫血、缺氧。分娩后血液大量进入乳腺是引起脑贫血、缺氧的又一重要原因。脑贫血时，一般都有短暂的兴奋、肌肉震颤、搐搦、敏感性增高，随后出现肌肉无力、知觉丧失、瘫痪等，这些症状和生产瘫痪的症状有类似之处。对于补钙无法治愈的病例，用乳房送风法却能治愈，这一点也有力地支持了脑贫血、缺氧机制。利用皮质激素使患病动物血压升高、缓解脑贫血的治疗方法，可提高产后瘫痪的治愈率，这一点也对脑贫血引发产后瘫痪的机制给予了支持。

(2) 生产瘫痪的预防。干乳后给牛用低钙高磷日粮，每头每天的钙量限制在 60g 以下，钙磷比例为 (1～1.5)：1，这样可充分激活甲状旁腺功能，提高机体动用骨钙的能力。分娩后立即将日粮含钙量提高到 125g 以上。还可在分娩后或产前 1～2d 静脉输钙，也能达到预防目的，产后口服钙剂也有一定预防作用。分娩前 7d 还可肌内注射维生素 D，临产时重复一次，或产后 3d 内，不将乳完全挤净，也有一定预防作用。

3. 产后感染 产后感染是动物产后由于生殖器官或产道严重感染而继发的全身性热性疾病。该病病程发展迅速，如不及时治疗，患病动物常在 2～7d 死亡。本病主要由微生物及其毒素进入血液循环而引起，各种家畜均可发生。

胎儿腐败、胎衣不下及产道损伤、感染是引起本病的一个常见原因。阴道炎、子宫颈炎、子宫脱出、子宫复旧不全、恶露滞留、子宫炎和化脓性（坏死性）乳房炎可继发本病。产后机体局部及全身抵抗能力降低是促使本病发生的主要诱因。引发本病的主要病原菌是化脓棒状杆菌、溶血性链球菌、葡萄球菌、大肠杆菌、梭菌及一些腐败菌。其感染途径包括外源性感染和内源性感染两种，即外界环境中的病原菌通过开张的产道、助产器械等途径进入生殖器官后可引发本病；存在于身体其他部位的病原微生物，在产后抵抗力降低的情况下，也可通过淋巴循环或血液循环进入生殖器官而引发本病。

·操作训练·

利用课余时间或节假日参与门诊或到养殖场进行现场实习，进一步体验和实施产后期疾病的诊断与治疗技术，为养殖场制定预防产后期疾病的预防措施。

任务六　阴道及子宫疾病的诊断与治疗

任务分析

阴道及子宫疾病是动物常见的产科疾病，母畜产后阴道和子宫功能迅速恢复是母畜顺利进行下一胎繁殖的关键，但在实际生产中经常因阴道及子宫疾病的影响，而导致母畜繁殖功能下降，造成经济损失，甚至被迫淘汰。因此，应熟练掌握阴道及子宫疾病的诊断及防治技术，这是临床兽医必备的技能。

任务目标

1. 能对常见阴道疾病进行诊断与治疗。
2. 能正确诊断子宫内膜炎，并实施治疗。
3. 能正确诊断阴道脱出与子宫内翻及脱出，并进行整复。
4. 能进行子宫扭转疾病的诊断与治疗。
5. 能鉴别动物常见产后疾病，并实施诊治。

技能1　阴道疾病的诊断与治疗

·技能描述·

兽医临床上常见的阴道疾病有阴门炎、阴道炎、阴道脱出及产道损伤等。当阴门及阴道发生损伤时，防卫功能受到破坏或机体抵抗力降低，细菌侵入，即引起阴门炎或阴道炎。阴道脱出为阴道壁的一部分或全部突出于阴门外，多发生于妊娠末期，但产后亦有发生。产道损伤是指母畜的产道遭受损伤的现象。正确诊断与处理阴道疾病也是临床兽医的基本技能。

·技能情景·

动物医院、外科与产科实训室或养殖场，阴道冲洗器、注射器、开膣器、长臂手套、局部消毒药品、生理盐水，患有相应疾病的动物（牛或羊、猪、犬、猫）。

·技能实施·

一、阴门炎及阴道炎的诊治

（一）诊断要点

病情较轻者，黏膜表层受到损伤而发炎，无全身症状，仅见阴门内流出黏液性或黏液脓性分泌物，尾根及外阴周围常黏附有分泌物的干痂。阴道检查，可见黏膜充血或出血，黏膜表面常有分泌物黏附。

严重者可见黏膜深层受到损伤，患病动物拱背，尾根举起，努责，并常呈现排尿动作，但每次排出的尿量不多。有时在努责之后，从阴门中流出污红色、脓血性腥臭的稀薄液体。阴道检查插入开膣器时，患病动物表现疼痛不安，甚至引起出血；阴道黏膜（特别是阴瓣前后的黏膜）充血、肿胀、上皮缺损，黏膜坏死部分脱落，露出黏膜下层。有时可见到创伤、糜烂和溃疡。阴道壁明显肿胀，质地变硬，压迫直肠、膀胱；子宫角比正常产后增大；子宫收缩反应减弱。阴道前庭发炎者，往往在黏膜上可以见到结节、疱疹或溃疡。有的患病动物体温略有升高，食欲、反刍减少，泌乳量下降，常继发乳房炎及跗、腕、球关节炎症。

（二）治疗

1. 治疗原则　加强护理，抗菌消炎，对症治疗。

2. 治疗措施　炎症轻微时，可用温防腐消毒液冲洗阴道，如温热的 0.1% 高锰酸钾溶液、0.05%～0.1% 新洁尔灭或生理盐水等，1～2 次/d，连续 5d。阴道黏膜剧烈水肿及渗出液多时，可用 1%～2% 明矾或鞣酸溶液冲洗。对阴道深层组织的损伤，冲洗时必须防止感染扩散。冲洗后，可注入防腐抑菌的乳剂或糊剂，连续数天，直至症状消失为止。

如果患病动物出现努责，可用长效麻醉剂进行硬膜外腔麻醉。在局部处理的同时，于阴门两侧注射抗生素，效果更好。

二、阴道脱出的诊治

（一）诊断要点

根据阴道脱出的程度不同，分为部分脱出和全部脱出。

1. 阴道部分脱出　多见于牛，主要发生在产前。病初仅当患病动物卧下时，可见前庭及阴道下壁（有时为上壁），形成拳头大、粉红色瘤样物，露出于阴门外或夹在阴门之中。母牛起立后，脱出部分自行缩回。如病因未除，脱出的阴道壁可逐渐增大，以致患病动物起立后脱出部分缩回时间较长，黏膜红肿、干燥。甚至有部分奶牛在每次妊娠时都会发生，也称为习惯性阴道脱出。

2. 阴道完全脱出　可见阴门中突出一球形的囊状物，表面光滑，呈粉红色。患病动物起立后，脱出的阴道壁不能缩回，可以看到子宫颈口及妊娠的黏液栓；下壁前端有尿道口，排尿不顺利。孕畜产前，膀胱或胎儿前置部分常进入脱出的阴道囊内，有时可以触摸到。产后，有时可以看到子宫颈阴道部肥厚的横皱襞。

阴道脱出部分由于长期不能缩回，黏膜发生淤血、水肿，变为紫红色，表面干裂，流出血样液体。因长时间与地面摩擦及粪土污染，脱出的阴道黏膜上常附有粪土、草屑等污物，甚至发生破裂、发炎、坏死及糜烂，严重时可继发全身感染。

（二）治疗

1. 治疗原则　加强护理，降低腹压，手术整复固定，防止继发疾病。

2. 治疗措施

（1）保守疗法。对阴道部分脱出，站立后能自行缩回的动物，可改善饲养管理，补喂富含矿物质及维生素的饲料，适当运动，加强体质，并使其长时间保持前低后高的姿势站立，一般使其后躯比前躯高出 10～15cm（牛）较适宜。防止卧地过久，以减轻腹内压。内服补中益气散。对便秘、腹泻等原发病应及时治疗。病牛还可肌内注射 250mg 黄体酮，连续使用 7d，能够缓解症状，避免病情进一步恶化，具有一定的防治效果，如有需要可采取手术和全身治疗的方法。

（2）完全脱出。脱出严重不能自行缩回者，必须通过手术整复和固定，防止复发。

①保定。站立保定时，要使动物保持前低后高姿势，不能站立的应将后躯垫高侧卧保定。小动物可提起后肢进行倒提保定。

②麻醉。动物努责强烈时，先在荐尾间隙或第 1、2 尾椎间隙行轻度硬膜外腔麻醉，也可行后海穴注射；中小动物可作全身麻醉；猪可用氯丙嗪镇静。

③脱出部的处理。用温 0.1%高锰酸钾液或 0.05%～0.1%新洁尔灭溶液等，彻底清洗消毒脱出部分，除去坏死组织，伤口大的要适当缝合，并涂以碘甘油或抗生素软膏。若黏膜水肿严重，可先用毛巾或纱布浸以 2%明矾溶液进行冷敷，并适当压迫 15～30min；亦可针刺水肿黏膜，挤压排液，再涂以 3%明矾溶液，使水肿减轻。对有大伤口的部位进行缝合，并涂 2%龙胆紫、碘甘油或抗生素软膏。

④整复。用消毒纱布托起脱出部，趁母畜不努责时，用手掌将脱出部分向阴门内推进，待全部送入阴门后，再用拳头将阴道顶回原位，并轻揉使其充分复位。最后在阴道腔内注入消毒药液，或在阴门两旁注入抗生素，以便消炎，减轻努责；热敷阴门也有抑制努责的作用。如努责强烈，可在阴道内注入 2%盐酸利多卡因，或采用荐尾硬膜外腔麻醉，或注射肌肉松弛剂等。

⑤固定。整复后为防止再次脱出，可采用阴门缝合固定。用粗缝线在距阴门 3～4cm 处进针进行两个间断褥式缝合、圆枕缝合、纽扣缝合或内翻缝合（图 4-31）。阴门下 1/3 不缝合以免影响排尿。缝合局部定期消毒，以防感染，拆线不宜过早，如患病动物不再努责，即可拆除缝线。如患病动物出现分娩预兆应立即拆除缝线。

图 4-31　阴门缝合固定

三、产道损伤的诊治

（一）诊断要点

产道损伤的患病动物表现出极度疼痛的症状，尾根高举，骚动不安，拱背并频频努责。

1. 阴门损伤　主要为撕裂创伤，常发生在阴门上角，可见撕裂的部位边缘不整齐，创口出血。手术助产时间过长及刺激严重时，可使阴门及阴道发生剧烈肿胀，阴道黏膜外翻，阴道腔变狭小。有时阴门黏膜变成紫红色并发生血肿。

2. 阴道创伤　有时可见血水及血凝块从阴道内流出。阴道检查时，可见黏膜充血、肿胀，损伤部位黏膜上有新鲜创口或者溃疡。溃疡面上常附着污黄色坏死组织及脓性分泌物。如阴道壁发生穿透创，根据破口位置不同，症状也有差异。后部阴道壁被穿破时，阴道壁周围脂肪组织或膀胱等可能经破口突入阴道腔内，时间长时也可能发生阴道周围蜂窝织炎或脓肿。如阴道壁与直肠末端或肛门同时破裂，则可见粪便从阴道排出；阴道前端被穿破时，易伴发直肠脱，很快出现腹膜炎症状，如不及时治疗，患病动物预后可疑；如破口发生在阴道前端下壁，肠管及网膜还可能进入阴道腔内，甚至脱出阴门之外。

3. 子宫颈损伤　如创伤不深，可能见不到血液外流，用阴道开膣器观察子宫颈时，才会发现。如子宫颈肌层发生严重撕裂创，能引起大出血，甚至危及生命。有时一部分血液可流入骨盆腔的疏松结缔组织内或子宫内。阴道检查对，可发现子宫颈创伤的部位、大小及出血情况，病程长者可因创伤周围组织发炎肿胀，创口内有黏液性、脓性分泌物。子宫颈环状肌发生严重撕裂时，则使子宫颈管封闭不全。

（二）治疗

应尽早发现，及时治疗。如胎儿及胎衣未排出，必须先将胎儿及胎衣排出，然后再使用子宫收缩药及局部止血药。

（1）阴门及会阴的损伤时，按一般外科方法处理，新鲜撕裂创口可用组织黏合剂将创缘黏接起来，也可用缝合线按褥式缝合法缝合。阴门血肿较大时，可在产后 3～4d 切开血肿，清除血凝块，形成脓肿时，应切开脓肿并做引流。

（2）阴道损伤时，按一般外科方法处理，新鲜撕裂创口，应行缝合。阴道黏膜发生肿胀及创伤时，可在阴道内注入乳剂消炎药，在阴门两侧注射抗生素。若创口生蛆，可滴入 2% 敌百虫，将蛆杀死后取出，再按外科处理。发生蜂窝织炎时，则待脓肿形成后，切开排脓并按外伤处理。

（3）阴道壁发生透创时，应迅速进行硬膜外腔麻醉，将突入阴道内的肠管、网膜或脂肪组织用消毒溶液冲洗干净，涂以抗菌药液，推回原位。膀胱脱出时，应将膀胱表面洗净，用注射针头穿刺膀胱，排出尿液，撒上抗生素粉后，轻推复位。将脱出器官及组织复位处理后，立即缝合创口。缝合的方法是，左手在阴道内固定创口，并尽可能向外拉。右手拿长柄持针器，夹上穿有长线的缝针带入阴道内缝合，并将缝线拉紧，使创口边缘吻合。创口大时，需做几道结节缝合。缝合前不要冲洗阴道，以防药液流入腹腔。缝合后，除按外科方法处理外，还要连续肌内注射大剂量抗生素 4～5d，防止发生腹膜炎。

（4）对阴道与直肠末端的穿透创，必须行全身麻醉或硬膜外腔麻醉。首先进行直肠缝合，可将穿有长线的缝针带入直肠内进行缝合，或试将直肠创口的边缘拉出肛门外进行缝合。然后再进行阴道缝合。

（5）子宫颈损伤的病例可用双爪钳将子宫颈向后拉并靠近阴门，然后进行缝合。如操作有困难，且伤口出血不止，可将浸有防腐消毒液或涂有乳剂消炎药的大块纱布塞在子宫颈管内，压迫止血。纱布块必须用细绳拴好，并将绳的一端拴在尾根上，便于以后取出，或者在其松脱排出时易于发现。肌内注射止血剂（牛、马可注射 20% 止血敏 10～25mL，安特诺新 25～60mg，或催产素 50～100IU），静脉注射含有 10mL 甲醛的生理盐水 500mL，或 10% 葡萄糖酸钙 500mL。止血后创面涂 2% 龙胆紫、碘甘油或抗生素软膏。

·技能提示·

（1）进行局部检查和治疗时，应当对动物采取相应的保定和限制措施，并由畜主或饲养人员在旁协助为好。

（2）阴道冲洗时药液的体积以将阴道充满为宜，不得应用强刺激性或腐蚀性药液冲洗。在配种前 72h 不宜用药。

（3）阴道脱出且阴道黏膜水肿严重时，可行针刺和用 50% 葡萄糖盐水冷敷脱水。如整复困难时，可做阴道分切术。整复缝合后对局部定期冲洗消毒，以防感染。

（4）操作认真，防止粗暴，特别是插入导管时更要谨慎，导管插入端必须磨钝，以防子宫壁穿孔，同时严格遵守消毒程序。

·知识链接·

1. 阴门炎及阴道炎　在正常情况下，母畜阴门闭合，阴道壁黏膜紧贴在一起，将阴道腔封闭，阻止外界微生物侵入，以保持阴道弱酸性环境，抑制细菌的繁殖等。阴道对微生物的侵入和感染具有一定的防卫能力。当阴门及阴道发生损伤时，防卫功能受到破坏或机体抵抗力降低，细菌即侵入阴道组织，引起阴门炎及阴道炎。

微生物通过上述各种途径侵入阴门及阴道组织，是发生本病的常见原因。特别是在初产奶牛和肉牛，因产道狭窄，胎儿通过困难或强行拉出胎儿时，使产道受到过度挤压或裂伤；难产助产时间过长或受到手术助产的刺激，阴门炎及阴道炎更为多见。少数病例是由于用高浓度、强刺激性防腐剂冲洗阴道或是坏死性厌氧丝杆菌感染而引起的坏死性阴道炎。

2. 阴道脱　阴道脱是阴道壁一部分形成皱襞，突出于阴门外，或者整个阴道翻转脱垂于阴门之外。一般见于年龄较大的母畜，有时也发生于产后。本病多发生于牛，其次是羊、猪，绵羊常发生于干乳期和产羔后，主要发生于妊娠最后2周左右，水牛偶见于发情期，短头品种犬发情时也常有发生。

（1）病因分析。阴道脱病因较复杂，主要由于固定阴道的组织弛缓，腹内压增高及强烈努责而引起。经产老龄、衰弱孕畜，饲养不良及运动不足，常引起全身组织紧张性降低，固定阴道的组织松弛而发病。胎儿大、胎水多、双胎妊娠、瘤胃膨胀、便秘、下痢、产前截瘫、严重骨软症、卧地不起或奶牛长期拴于前高后低的厩舍内，以及产后努责过强等，都能使腹压增高，压迫松软的阴道壁，使其一部分（部分脱出）或全部（完全脱出）突出于阴门之外。猪长期饲喂霉变饲料，由于类雌激素和毒素作用而引起阴道韧带松弛。里急后重，致使阴道脱出。牛、山羊、犬在发情前后出现阴道脱出与遗传及雌激素过多有关。

另外，在母犬与公犬配种结束前强行分开公、母犬，母犬也易发生阴道脱。

（2）预防。加强妊娠母畜饲养管理，加强运动，提高全身组织的紧张性，及时治疗便秘、下痢、瘤胃膨胀等疾病。

（3）预后。阴道脱的预后视发生的时期、脱出的程度及时间、致病原因是否除去而定。部分脱出，预后良好。完全脱出时，发生在产前者，距分娩越近，预后越好，不会妨碍胎儿排出，分娩后多能自行恢复。如距分娩尚早，预后则必须十分谨慎，因为整复后不易固定，反复脱出，容易发生阴道炎、子宫颈炎，炎症可能破坏黏液塞，侵入子宫，引起胎儿死亡及流产，产后可能屡配不孕。猪阴道脱出，如不除去原因，可继发直肠脱出，预后也必须谨慎。

3. 产道损伤　分娩和难产时，产道的任何部位都可能发生损伤，但阴道及阴门损伤更易发生。

阴门损伤多发生于初产母牛，分娩时，可能由于阴门松弛不够造成损伤；胎儿过大，强行拉出胎儿时，也可能引起阴门撕裂而发生损伤；阴道损伤多发生在难产中，如胎儿过大，胎位、胎势不正且产道干燥时，未经很好矫正及灌入润滑剂，即强行拉胎儿，以及助产时使用产科器械不慎，都可使阴道损伤；截胎以后，未将胎儿尖锐的骨端保护好即行拉出，胎儿的蹄及鼻端姿势异常，抵于阴道上壁，可能在母畜强烈努责时穿破阴道，甚至使直肠、肛门及会阴发生破裂。难产助产时，术者的手臂对阴门及阴道反复刺激而引起水肿，并使黏膜发生创伤，微生物侵入后，就可引起发炎。使用阴道开张器操作不当，可能夹破阴道黏膜。此外，有时个体大的公牛与老龄体弱的或体形小的母牛进行本交或人工授精技术不良时，也能发生阴道壁透创。

难产助产时，动作粗鲁、操作不慎、技术错误，与助手配合不协调，如推、拉产科器械时失手滑脱；截胎器械触及子宫，截胎后断端未保护好；子宫捻转、子宫颈未开张及胎儿的异常未解除即使用催产素，都可使子宫受到损伤。难产时间较长，子宫壁已变脆弱，若操作不当，更易引起子宫破裂。冲洗子宫时，使用导管不当，插入过深，可造成子宫穿孔。

技能 2　子宫疾病的诊断与治疗

·技能描述·

在兽医临床上常见的子宫疾病主要有子宫内膜炎、子宫脱及子宫扭转等，尤其在奶牛经常发生。轻者影响母畜的繁殖功能，重者危及生命。正确诊断和治疗子宫疾病也是兽医的必备技能。

·技能情景·

动物医院、外科与产科实训室或养殖场，子宫冲洗器、注射器、开膛器、长臂手套、局部消毒药品、生理盐水，患有相应疾病的动物（牛或羊、猪、犬、猫）。

·技能实施·

一、子宫内膜炎的诊治

（一）诊断要点

1. 急性子宫内膜炎　产后发生的子宫内膜炎多为急性，通常发生在产后 21d 内，患病动物可能出现全身症状，如体温升高、精神沉郁、食欲及产乳量明显降低、鼻镜干燥、尿频。反刍动物反刍减弱或停止，并有轻度臌气。常伴有大量恶臭、红棕色、水样液体的子宫分泌物。直肠检查，感到子宫角比正常产后期的大，壁厚，子宫呈面团样感觉，如果渗出物多则有波动感，子宫收缩反应减弱。

2. 慢性子宫内膜炎　一般患病动物的临床症状不是很明显，但发情时可见到排出的黏液中有絮状脓液，黏液呈云雾状或乳白色，而且有大量白细胞。有时并发子宫颈炎。

慢性子宫内膜炎按症状可分为以下 4 种类型：

（1）隐性子宫内膜炎。不表现临床症状，直肠检查及阴道检查也查不出任何异常变化，发情期正常，但屡配不孕。发情时子宫排出的分泌物较多，有时分泌物不清亮透明，略微混浊。

（2）慢性卡他性子宫内膜炎。从子宫及阴道中常排出一些黏稠混浊的黏液，子宫黏膜松软肥厚，有时甚至发生溃疡和结缔组织增生，而且个别子宫腺可形成小的囊肿。患这种子宫内膜炎的动物一般不表现全身症状，有时体温稍升高，食欲及产乳量略降低，患病动物的发情周期正常，有时也发生紊乱。有时发情周期虽然正常，但屡配不孕，或者发生早期胚胎死亡。

（3）慢性卡他性脓性子宫内膜炎。患病动物往往有精神不振、食欲减少、逐渐消瘦、体温略高等轻微的全身症状。发情周期不正常，阴门中经常排出灰白色或黄褐色的稀薄脓液或黏稠脓性分泌物。

（4）慢性化脓性子宫内膜炎。阴门中经常排出脓性分泌物，在卧下时排出较多。排出物污染尾根及后躯，形成干痂。患病动物可能消瘦和贫血。

3. 阴道检查　阴道检查比直肠检查准确，是现在较为常用的诊断方法。轻度子宫内膜炎表现为子宫颈扩大、有脓性液体、伴有絮状物的清亮黏液。重度子宫内膜炎表现为随着子宫颈变大，子宫壁变薄，充满脓性液体，有恶臭。应用此方法需要注意与宫颈炎、阴道炎、脓性肾炎及膀胱炎进行区分。

4. 实验室诊断

（1）子宫回流液检查。冲洗子宫，对回流液用显微镜检查，可见脱落的子宫黏膜上皮细胞、白细胞或脓球。

（2）发情时分泌物化学检查。取4%氢氧化钠2mL置于试管中，加等量的分泌物混合，煮沸冷却后无色为正常，呈微黄或柠檬黄色为阳性。

（3）分泌物生物学检查。在加温的玻片上分别滴2滴精液，一滴加被检分泌物，一滴加生理盐水作为对照，镜检精子活动情况。精子很快死亡或被凝集者为阳性。

（4）尿液化学检查。取5%硝酸银溶液1mL，加被检动物尿液2mL，混匀，煮沸2min。出现黑色沉淀者为阳性，呈褐色或淡褐色为阴性。

（5）细菌学检查。进行细菌分离鉴定，化脓性链球菌和革兰氏阴性厌氧菌的存在与子宫内膜炎的严重程度呈正相关。脓性白带与化脓性链球菌、类杆菌的存在相关，当子宫颈脓液增多时，坏死杆菌、大肠杆菌、链球菌等开始减少。

一般来说，子宫内膜炎临床诊断时可考虑以下特点：母畜发情周期不正常，屡配不孕；从阴门流出黏液性或脓性分泌物；阴道及直肠检查即可临床确诊。慢性子宫内膜炎可以根据临床症状、发情时分泌物的性状、阴道检查、直肠检查和实验室检查的结果进行诊断。

（二）治疗

1. 治疗原则　抗菌消炎，促进炎性产物的排出和子宫功能的恢复。

2. 治疗措施　目前常用的治疗方法主要有激素疗法、抗生素疗法等。如有胎衣没排出，可先行排出胎衣。

（1）子宫冲洗疗法。奶牛子宫冲洗液的种类有1%氯化钠溶液1 000～5 000mL，1%明矾溶液2 000～2 500mL，在1 000mL生理盐水中加入2%碘酊20mL。操作方法为将冲洗液加温后冲洗子宫，1次/d，连用2～4次；较为严重的患牛，可用0.1%～0.3%高锰酸钾溶液1 000～2 000mL加温后冲洗子宫，冲洗后在子宫放入10g磺胺粉，1次/d，连用2～4次；在子宫内有较多分泌物时，可采用0.1%高锰酸钾溶液、0.1%雷佛奴尔溶液等冲洗子宫，全身症状即很快得到改善，但应禁止用刺激性药物冲洗子宫。对伴有严重全身症状的患病动物，为了避免引起扩散使病情加重，应禁止使用冲洗疗法。

（2）子宫内给药。子宫冲洗后，宜选用抗菌范围广的药物直接注入或投放，如青霉素、链霉素、四环素、庆大霉素、卡那霉素、红霉素、金霉素等。如青霉素320万IU/次、链霉素200U/次混合溶于30mL蒸馏水中，用输精管注入子宫内，1次/d，连用3d。也可选用头孢类药物或专用中西药合成制剂注入子宫内，效果更好。

（3）激素疗法。缩宫素、己烯雌酚、雌二醇、前列腺素等可用于奶牛子宫内膜炎的治疗。若患病动物的卵巢中存在黄体，给动物注射前列腺素及其类似物对于治疗子宫内膜炎非常有效。在产后的早期（产后 6d）使用小剂量雌二醇苯甲酸酯（5～6mg）治疗胎衣已排出或胎衣不下的中度子宫炎患牛有很好的效果。

（4）全身治疗。当伴有体温升高，食欲下降等全身症状时，首先要进行全身治疗。以猪为例：一是肌内注射青霉素 320 万 IU/次，链霉素 200 万 U/次、地塞米松 10mL，二是注射缩宫素注射液 40IU/次，2 次/d，连用 3d。一个疗程没有治愈的可增加一个疗程。也可采用运用中药方剂灌服，如生化汤、益母草膏等。

（5）其他疗法。将乳酸杆菌或人的阴道杆菌接种于 1% 的葡萄糖肝汁肉汤培养基上，在 37～38℃培养 72h，使每毫升培养物中含菌 40 亿～50 亿个。给每头病牛子宫注入 4～5mL，经 10～14d 可见临床症状消失，20d 后恢复正常发情和配种。

对患子宫内膜炎而不泌乳的奶牛，人工诱导泌乳可使子宫颈口开张，子宫收缩增强，促进子宫炎症产物的清除和子宫功能的恢复。病程在 1 年以上的慢性子宫内膜炎患畜，在人工诱导泌乳后 2.5～6 个月内，绝大部分可恢复配种受胎能力。

采自体血浆 100mL 注入子宫，1 次/d，连续 4 次，发情后配种，可提高受胎率。

一般情况下，急性子宫内膜炎病程较短（3～5d），故应及时治疗。患病动物体温下降，脉搏减慢，食欲恢复，排出物性状有所改变是病情好转的体征。

二、子宫内翻及脱出的诊治

（一）诊断要点

多发生于分娩后几个小时内，也有少数在产后 2～3d 内发生。部分脱出子宫停留在阴道内，从外表不易被发现。

1. 子宫内翻　子宫轻度内翻，能在子宫复旧过程中自行复原，常无外部症状，从外表不易发现。母畜产后表现不安、努责、举尾等类似腹痛的症状。如母畜产后仍有明显努责时，应及时进行检查。阴道检查可发现子宫角套叠于子宫、子宫颈或阴道内，为圆形柔软瘤状物。直肠检查时可发现，肿大的子宫角似肠套叠，子宫阔韧带紧张。

2. 子宫完全脱出　症状明显，可见长圆形囊状物突出于阴门外，往往下垂至跗关节上方，表面常附着尚未脱落的胎膜，且多被粪土污染和摩擦出血，进而结痂、干裂、糜烂等。牛、羊脱出的子宫表面有许多暗红色或紫红色散在母体胎盘，呈圆形或半圆形的海绵状。马脱出的子宫表面光滑，上有细绒毛。猪脱出的子宫，似两条肠管。

子宫脱出与阴道脱出的区别，应根据两者的发病时期，脱出物的解剖位置，病情的严重程度三方面加以鉴别。子宫脱出发生在产后期，而阴道脱出发生在妊娠期间；子宫脱出是子宫黏膜面翻出阴门外呈带状，可以看到母体胎盘外露，有时上面还有胎衣，而阴道脱出病情较轻缓，有时可拖延数天，严重者可造成母畜流产。

（二）治疗

1. 子宫内翻　必须立即整复。方法是：术者手臂消毒、涂石蜡油后，伸入阴道及子宫内，轻轻地向前推压内翻部分，必要时并拢手指伸入套叠部的凹陷部，左右摇动向前推进，即可使其复原。

2. 子宫脱出　对子宫脱出的病例，必须及早实施手术整复。子宫脱出的时间越长，整复越困难，所受外界刺激越严重，康复后不孕率也越高。根据情况可进行整复法或切除术。

整复法整复脱出的子宫之前必须检查子宫腔中有无肠管和膀胱，如有，应将肠管先压回腹腔并将膀胱中尿液导出，再行整复。整复时助手要密切配合，掌握住子宫，并注意防止已送入的部分再脱出。现以牛为例，将子宫脱出的整复方法阐述于下。

（1）保定。发生子宫脱出的患病动物，常不愿或不能站立，这时可将其后躯尽可能垫高；如站立进行整复，必须使其后肢站于高处。在保定前，应先排空直肠内的粪便，防止整复时排便，污染子宫，并装尾绷带。

（2）清洗。清洗时首先将子宫放在用消毒液浸洗过的塑料布上。用温消毒液将子宫及外阴和尾根区域充分清洗干净，除去其上黏附的污物及坏死组织。黏膜上的小创伤，可涂以抑菌防腐药，大的创伤则要进行缝合。如胎衣尚未脱落，可试行剥离，如剥离困难又易引起母体组织损伤时，可不剥离，整复子宫后按胎衣不下处理。

（3）麻醉。防止母畜努责，可施行荐尾硬膜外腔麻醉。但麻醉不宜过深，以免使患病动物后肢不能站立而卧下，妨碍整复。

（4）整复。将病牛站立保定或侧卧保定于手术台上，由两助手用布将子宫兜起提高，使其与阴门等高，并将子宫摆正，然后整复。

整复时应先从靠近阴门的部分开始。操作方法是将手指并拢，用手掌或者用拳头压迫靠近阴门的子宫壁（切忌用手抓子宫壁），将其向阴道内推送。推进去一部分以后，由助手在阴门外紧紧顶压固定，术者将手抽出来，再以同法将剩余部分逐步向阴门内推送，直至脱出的子宫全部送入阴道内。整复也可以从下部开始，即将拳头伸入子宫角尖端的凹陷中，将其顶住，慢慢推回阴门之内。上述两种方法，都必须在患病动物不努责时进行。而且在努责时要把送回的部分紧紧顶压住，防止再次脱出来。

脱出的子宫全部被推入阴门之后，为保证子宫全部复位，可向子宫内灌注 9～10L 温水，然后导出。在查证子宫角确已恢复正常位置，并无套叠后，向子宫内放入抗生素或其他防腐抑菌药物，并注射促进子宫收缩药物，以免再次脱出。

对犬、猫和猪的子宫脱出病例，必要时可行剖腹术，通过腹腔整复子宫。

3. 预防复发及护理　整复后为防止复发，应皮下或肌内注射 50～100IU 催产素。如采用静脉注射，子宫壁在注射后 30～60s 即开始收缩。整复后，为防止患病动物努责，也可进行荐尾硬膜外腔麻醉，但不宜缝合阴门，以免刺激患病动物发生持续努责，而且缝合后虽能防止子宫脱出，但不能阻止子宫内翻。

术后护理按常规进行。如有内出血，必须给予止血剂并输液。对患病动物要有专人负责观察，如发现母畜努责强烈，必须检查是否有子宫内翻，有则应立即加以整复。

如确定子宫脱出时间已久，无法送回，或者有严重的损伤及坏死，整复后有引起全身感染、导致死亡的危险，可将脱出的子宫切除，以挽救母畜的生命。

三、子宫扭转的诊治

（一）诊断要点

本病诊断要点依妊娠阶段、畜种及扭转部位和程度的不同而异。本病根据临床症状，通过直肠检查及阴道检查较易确诊。

1. 外部视诊表现　产前发生子宫扭转的母畜，如果扭转不超过 90°，可不表现任何症状；超过 180°时，孕畜因子宫阔韧带伸长而有明显的不安和阵发性腹痛表现。

临产时发生子宫扭转的，孕畜可出现正常的分娩预兆，但在分娩的开口期之后由于子宫肌层的收缩可出现腹痛，并可能发生努责，子宫颈开放，但因软产道狭窄或拧闭，胎儿难以进入产道，同时胎膜亦不能露出于阴门之外，腹痛及不安的现象比正常分娩时要严重。

2. 阴道及直肠检查　子宫扭转时，阴道和直肠检查常引起母畜强烈不安，产前发生扭转的阴道壁干涩。

（1）子宫颈前扭转。阴道检查，在临产时发生的扭转，只要不超过 360°，子宫颈口总是稍微开张，并歪向一侧。达 360°时，子宫颈管即闭锁，也不歪向一侧。视诊可见子宫颈膣部呈紫红色，子宫颈塞红染。产前发生的扭转，阴道变化不明显。

直肠检查，在耻骨前缘可摸到子宫体上的扭转处如一堆软而实的物体。阔韧带从两旁向此扭转处交叉。一侧韧带达到此处的前上方，另一侧韧带则达到其后下方。阔韧带及子宫动脉的紧张程度可以帮助判断子宫扭转的严重程度。有时发现粪中带血。

（2）子宫颈后扭转。阴道检查，无论在产前或临产时发生的扭转，都表现为阴道壁紧张，阴道腔越向前越狭窄，阴道壁的前端可见到有或大或小的螺旋状皱襞。

除上述症状外，有些扭转轻的病例可以发现同侧阴唇向阴门外陷入。如果扭转严重，一侧阴唇可肿胀歪斜。一般是阴唇的肿胀与子宫扭转的方向相反，如右侧子宫扭转到 180°时，左侧阴唇表现肿大，在妊娠后期的母畜，由于阴门松弛、水肿，这种表现更为明显。

猪的子宫扭转仅限于一侧或一部分子宫角，除非扭转涉及子宫体，否则诊断较为困难。

（二）治疗

临产时发生的扭转，首先应把子宫转正，然后拉出胎儿，产前发生的扭转，主要应将子宫转正。矫正子宫的方法通常有 4 种：通过产道或直肠矫正胎儿及子宫、翻转母体、剖腹矫正或剖腹取胎。后三种方法主要用于扭转程度较大而产道极度狭窄，手难以进入产道抓住胎儿或子宫颈尚未开放的产前扭转。

1. 产道矫正　扭转程度小于 90°时，用手握或绳系胎儿先露部位向扭转相反方向缓缓牵引，慢慢矫正子宫拉出胎儿。当扭转程度大于 90°且小于 360°时，子宫颈因扭转开张程度小而偏于一侧。术者手从子宫颈口剥开胎膜，对倒生的用产科绳分别系住胎儿两后蹄，正生者分别用产科绳系住两前肢，另用绳套住胎儿下颌，并在助手的配合下，逆着子宫扭转方向，用力缓缓向外牵引。在手可摸到胎儿眼眶时，用产科钩钩住眼眶，待胎儿嘴唇露出子宫颈口，用绳子将两前肢及产科钩捆住。插入短棒在助手牵引时用力与子宫扭转相反方向缓慢扭动，随着胎儿的转动，扭转的子宫被矫正，胎儿娩出。

羊子宫扭转时，对体形较大的可从产道矫正，助手可将母羊的后腿提起，使腹腔内的器官前移，然后手伸入产道抓住胎腿向上向扭转的对侧翻转胎儿。

如果产道干燥，必须先润滑产道。如果胎膜尚未破裂，可先将胎膜撕破，放出胎水，以减轻子宫的重量和大小，但会降低胎儿的活动性。

2. 直肠矫正　如果子宫向右侧扭转，可将手伸至右侧子宫下侧方，向上向左侧翻转，同时一个助手用肩部或背部顶在右侧腹下向上抬，另一助手在左侧肷窝部由上向下施加压力。如果扭转程度较小，可望得到矫正。向左扭转时，操作方向相反。

3. 翻转母体　这是一种间接矫正子宫的简单方法，可用于马、牛、羊。其方法是迅速向子宫扭转方向翻转母畜的身体，此时由于子宫的位置相对不变，可使其位置恢复正常。

翻转前，如果母畜挣扎不安，可行硬膜外腔麻醉，或注射肌肉松弛药物，使腹壁松弛。

马还可以加以镇静。施术场地必须宽敞、平坦，患病动物头下应垫以草袋。泌乳牛必须先将乳挤净，以免转向时损伤乳房。翻转母体的方法有 3 种：

（1）直接翻转法。子宫向哪一侧扭转，使母畜卧于那一侧。把前后肢分别捆住，并设法使后躯高于前躯。两助手站于母畜的背侧，分别牵拉前后肢上的绳子。准备好以后，猛然同时拉前后肢，急剧把母畜仰翻过去。由于转动迅速，子宫因胎儿重量的惯性，不随母体转动，而恢复正常位置。翻转如果成功，可以摸到阴道前端开大，阴道皱襞消失；无效时则无变化；如果翻转方向错误，软产道会更加狭窄。因此，每翻转一次，必须经产道进行一次验证（在子宫颈前扭转，必须进行直肠检查，以确定子宫阔韧带的交叉是否松开），检查是否正确有效，从而确定是否继续翻转。

如果第一次未成功，可将母畜慢慢翻回原位，重新翻转。有时要经过数次，才能使子宫复原。

（2）腹壁加压翻转法。可用于牛、马，操作方法与直接法基本相同，但另用一长约 3m，宽 20～25cm 的木板，将其中部置于施术动物腹胁部最突出的部位上，一端着地，术者站立或蹲于着地的一端上，然后将母畜慢慢向对侧仰翻，同时另一人翻转其头部；翻转时助手尚可从另一端帮助固定木板，防止它滑向腹部后方，防止对胎儿产生压迫。翻转后同样需进行产道或直肠检查。第一次不成功，可重新翻转。腹壁加压可防止子宫及胎儿随母体转动。

（3）产道固定胎儿翻转法。如果分娩时子宫发生扭转，手能伸入子宫颈，最好从产道把胎儿的一条腿抓住，以固定胎儿，再用前述两种翻转方法予以矫正，翻转时子宫不随母体转动，矫正就更加容易。

4. 剖腹矫正或剖腹取胎　利用上述方法达不到目的时，可通过剖腹术在腹腔内矫正，矫正不成功则行剖腹取胎术。

（1）剖腹矫正法。主要用于子宫颈开张前发生的子宫扭转。施术母畜的保定、麻醉及腹壁切开方法同剖腹取胎术。切口部位可根据妊娠时期不同而定，如距分娩尚早，胎儿较小，容易转动，可在母畜站立的情况下于腹胁中部做切口，子宫向哪一侧扭转，切口就在哪一侧。临产时发生的扭转，因为胎儿重量大，为便于转动，可使母畜侧卧，在腹下部做切口。手经切口伸入腹腔后，首先应摸到扭转处，并由此确认扭转方向，然后尽可能隔着子宫壁，把握住胎儿的某一部分，最好是腿部，围绕孕角的纵轴向对侧转动。子宫已经转动的标志是它恢复到正常的位置，扭转处消失。在子宫颈后扭转及临产时发生的扭转，助手还可以把手指伸入阴道，验证产道是否已经松开。

（2）剖腹取胎术。剖腹矫正过程中，常因胎儿很大，子宫壁水肿、粘连等，矫正较为困难，因此不得不把腹壁切口扩大，施行剖腹取胎。

严重的子宫扭转，因子宫高度充血，切开子宫壁时往往导致大量出血。为避免出血过多，应在切开子宫前尽可能先将子宫转正；确实无法转正者，必须随切随止血；对可见的大血管，应先结扎再切断。切开子宫后，还要注意止血，并仔细检查扭转处有无损伤、破口等。

┤技术提示├

（1）对于子宫极度扩张的病例，在治疗时禁止使用子宫收缩药。

（2）发生子宫脱出后应及时整复，无论运用哪种方法，保定要确实，必须在患病动物不怒责时进行，要尽量缩短整复时间并及时应用抗生素控制感染。整复后应及时牵遛，适当运动。

（3）由于胎衣不下导致的子宫脱，整复子宫前先要剥离胎衣，清洗污物。

（4）整复后 4～6h 内，患病动物不要卧地休息时间太长，如需休息应将患病动物置于前高后低的地方，注意看护。

知识链接

一、子宫内膜炎

子宫内膜炎即子宫黏膜的浆液性、黏液性或化脓性炎症。子宫内膜炎在牛、马最常见，羊、猪也有，犬、猫很少发生单纯的子宫内膜炎。

发育正常的生殖器官有一种自我抑制能力，如子宫颈是一有效的预防屏障，它可防止感染的入侵。发情时虽然子宫颈开张，但在雌激素影响下，它对感染不敏感。子宫局部产生的抗体，对大多数子宫内感染有重要的抑制作用。所以，未孕子宫是比较有抵抗力的，只有当配种、妊娠、分娩和产后子宫复旧而抵抗力降低时，子宫才会发生感染，子宫感染大多从子宫内膜开始。本病是引起动物不育的重要原因之一，有急性和慢性之分，根据炎性渗出物的性质又分为卡他性和化脓性等。

1. 病因分析　奶牛子宫内膜炎的发生与难产、双胎、流产、胎衣不下、产后子宫感染、激素水平失调、人为因素、营养不均衡等因素相关。

（1）激素因素。生殖激素与母牛的免疫功能密切相关，影响子宫内感染情况。雌激素可促进子宫收缩，使胎衣、炎性分泌物排出体外，此外还能促进子宫液产生，增强中性粒细胞功能。另外，孕酮会促进感染的发生，而雌二醇能够抑制子宫内感染。

（2）微生物因素。病原微生物是引起奶牛子宫内膜炎的直接原因。迄今分离出的病原微生物主要有以下几种：细菌、真菌、病毒、支原体等。如布鲁氏菌病、沙门氏菌病以及其他许多侵害生殖道的传染病或寄生虫病的母畜也可发生子宫内膜炎。可通过外源性或内源性感染途径导致子宫内膜发生炎症，外源性感染是病原微生物经阴道和子宫颈进入子宫内引起感染，主要是由于在处置胎衣不下、子宫脱出、阴道脱出、子宫颈炎和难产时，消毒不彻底或配种时输精器械、外阴部、手臂等消毒不严，细菌进入子宫内引起炎症；内源性感染主要是由于条件性病原微生物在奶牛分娩时由于产道损伤、产后抵抗力降低等情况，迅速繁殖，导致感染。

（3）饲养管理不当。营养物质不足或缺乏，特别是微量元素铜、硒、铁、钴的缺乏以及糖类、钙磷等的不足，会导致母牛膘情太差，体质变弱，易发生卵泡发育不足、受胎率降低、产后胎衣不下、恶露滞留与子宫炎，引发母牛子宫内膜炎；营养物质长期过剩，易造成母牛产前肥胖综合征，发生难产、胎衣不下、乳房炎、子宫炎及酮病等，诱发子宫内膜炎。

畜舍及产房环境卫生条件差、通风不良、潮湿、长期后躯被粪尿污染等，均会导致病原菌侵入机体引起子宫内膜炎的发生。奶牛过度催乳使子宫内膜炎发病率上升。子宫受到机械性损伤易造成子宫内膜炎。此外，光照和运动不足也易导致子宫内膜炎的发生。

该病常继发于其他疾病，如分娩异常、流产、胎衣不下、早产、双胎、难产、子宫脱出、子宫弛缓等。

2. 预防　本病的发生主要是由于外界环境条件差、人为操作不当、自身代谢紊乱、营养供给缺乏或不平衡造成。当所处环境中微生物大量繁殖，动物自身抵抗力降低常引发子宫内膜炎。因此，一般认为本病是条件性疾病，重点是抓好预防工作。子宫内膜炎的预防应注意以下几点：①严格饲养管理制度，控制环境卫生；②做到营养全面，合理搭配饲料；③严格遵守人工授精和检查生殖道的无菌操作制度，输精和检查器械必须严格消毒；④严格遵守产房制度，防止分娩过程和产后感染；⑤履行细观察、常检查、早发现和早治疗的原则。在动物子宫内膜炎的治疗上，选用不出现药残的中药疗法、生物疗法等，这是今后发展的方向。

二、子宫内翻与脱出

子宫角前端翻入子宫腔或阴道内，称为子宫内翻。子宫的部分或全部翻出于阴门之外，称为子宫脱出。二者为程度不同的同一个病理过程。子宫脱出多见于产程的第三期，有时则在产后数小时之内发生，产后超过1d发病的患病动物极为少见。子宫内翻临床表现不明显，早期仅见母牛的努责等表现，通过阴道检查、阴道镜检查和直肠检查一般可以诊断；子宫脱出的临床症状十分明显，根据脱出的子宫即可诊断。常见于奶牛，羊、猪也可发生，马、犬和猫较少见。

1. 病因分析　子宫脱出的病因不完全清楚，但现在已经知道主要和母畜老龄化、产后强烈努责、外力牵引以及子宫弛缓有关。

（1）产后强烈努责。子宫脱出主要发生在胎儿排出后不久、部分胎儿胎盘已从母体胎盘分离。此时只有腹肌收缩的力量能使沉重的子宫进入骨盆腔，进而脱出。因此，母畜在分娩第三期由于存在某些能刺激母畜发生强烈努责的因素，如产道及阴门的损伤、胎衣不下等，使母畜继续强烈努责，腹压增高，导致子宫内翻及脱出。

（2）外力牵引。在分娩第三期，部分胎儿胎盘与母体胎盘分离后，脱落的部分悬垂于阴门之外，会牵引子宫使之内翻，特别是当脱出的胎衣内存有胎水或尿液时，会增加胎衣对子宫的拉力。此外，难产时，产道干燥，子宫紧包胎儿，如果未经很好处理（如注入润滑剂）即强行拉出胎儿，子宫常随胎儿翻出。

（3）子宫弛缓。可延迟子宫颈闭合时间和子宫角体积缩小速度，更易受腹壁肌收缩和胎衣牵引的影响。临床上也常发现，许多子宫脱出病例都同时伴有低钙血症，而低血钙则是造成子宫弛缓的主要因素。当然，能造成子宫弛缓的因素还有很多，如母畜衰老、经产、营养不良（单纯喂以麸皮，钙盐缺乏等）、运动不足，胎儿过大等。

2. 预防

（1）妊娠母畜要进行合理的饲养管理，增强体质，适当使役。

（2）合理正确地助产，牵拉胎儿时不要用力过急、过猛，防止子宫脱出；分娩后及时进行产道检查，看是否发生产道损伤和子宫内翻现象；及时处理产道损伤，注意观察母畜产后是否出现强力努责，防止发生子宫脱出。

（3）不能用系重物的方法治疗胎衣不下，牵拉胎衣时也不能用力过大，以免将子宫拉成内翻和脱出。

三、子宫扭转

子宫扭转是指整个子宫、一侧子宫角或子宫角的一部分围绕其纵轴发生的扭转。子宫扭转的扭转处多为子宫颈及其前后，涉及阴道前端的称为颈后扭转，位于子宫颈前的称为颈前扭转。伴有子宫颈及前部阴道的扭转，多数扭转 90°～180°，以右方扭转的多见。此病在各种动物均有发生，最常见于奶牛，且多见于分娩时，尤以经产奶牛多发。羊、马和驴也时有发生，猪则少见。本病也是母体性难产的病因之一。引起的原因主要有以下几点：

（1）凡能使母畜绕身体纵轴发生急剧转动的任何动作，都可成为子宫扭转的直接原因。妊娠末期奶牛的起卧特点及母牛子宫解剖结构的特殊性，使奶牛发生子宫扭转的可能性比其他动物大得多；胎儿过大、胎水过少、子宫在网膜外；大多数学者认为，分娩第 1 阶段晚期或第 2 阶段早期，胎儿活动逐渐增多，增加了子宫的不稳定性。

（2）孕畜饲养管理不当、运动不足也是主要的诱因。长期的运动不足，可使子宫阔韧带弛缓，腹壁肌肉松弛，从而诱发子宫扭转。如孕畜滑倒、奔跑、下陡坡及爬跨时，都可能导致本病的发生。

（3）另外，妊娠末期胎水数量减少，分娩前胎动过强也是一个原因；分娩时胎儿体位的转动带动子宫一起发生旋转也可引起子宫发生扭转。

·操作训练·

利用课余时间或节假日参与门诊或到养殖场进行现场实习，进一步练习子宫疾病的诊断与治疗技术。

任务七　乳房炎的诊断与治疗

任务分析

乳房炎不仅影响产乳量和乳的品质，还会影响到母畜产后发情配种时间，严重的可能导致繁殖能力丧失而被淘汰。乳房疾病直接影响母畜泌乳和幼畜哺乳，牛乳房炎是国际性的难题，因此如何防止乳房炎的发生成为奶牛生产的关键措施。在养猪生产中，由于母猪产后缺乳，仔猪出生后因吃不到所需的初乳，继而诱发胃肠等疾病，甚至死亡，这对种畜繁育和基础母猪的生产能力可造成很大的影响，给猪场造成较大的经济损失。

任务目标

1. 能对各种乳房疾病进行诊断与治疗。
2. 能采用恰当措施和方案预防动物乳房疾病。
3. 正确进行母猪产后缺乳的诊断与治疗。

·任务情景·

动物医院、外科与产科实训室或养殖场，注射器、乳导管、局部消毒药品、生理盐水以及患有相应疾病的动物（牛或羊、猪、犬、猫）。健康奶牛或乳房炎患牛的乳样若干份，每份 100mL。10mL 试管、载玻片、2mL 吸管、乳房炎检验盘（深 1.5cm、直径 4～5cm 的白色塑料皿，白色玻璃皿或瓷皿亦可）、生物显微镜、白细胞计数器、玻璃铅笔、姬姆萨染液或瑞氏染液、其他试剂（详见各项检验方法）。

·任务实施·

一、乳房炎的诊治

（一）临床诊断要点

1. 临床型乳房炎　有明显的临床症状，多表现乳房肿胀、增温、疼痛、发红。乳汁稀薄，泌乳减少或停止。有的乳房上淋巴结肿大，并出现全身症状。乳房炎可发生于乳房的一叶、数叶或整个乳房。根据炎症性质不同，乳汁的变化亦有差异，乳汁内含有凝块、絮片或脓汁，有时还带有血液。

（1）浆液性乳房炎。常呈急性经过，多发生于产后1周内，患叶肿大，皮肤紧张、增温、质地坚实、疼痛剧烈，产乳量减少，乳汁稀薄并含有絮状物，患侧乳房淋巴结肿大，有时伴有全身症状。

（2）卡他性乳房炎。患叶乳头壁肿胀变厚，3～4d后在乳头基部和乳房下1/3部位可触感到放射状索状硬结（输乳管发炎），结节如玉米粒至核桃大小，有的有波动感（潴留性囊肿）或感有捻发音（酪蛋白凝块）。乳汁减少，刚挤出的乳汁稀薄如水，并含有絮状物及乳凝块，后来则逐渐变正常。乳腺上皮及其他上皮细胞变性脱落。

（3）纤维素性乳房炎。患叶肿大、坚硬、增温且剧痛，触诊乳池有捻发音，乳房淋巴结肿胀。泌乳显著减少或停止，乳汁含有纤维素凝块、乳凝块及脓汁，有时混有血液及坏死组织碎片。如为重剧炎症时，有明显的全身症状。

（4）化脓性乳房炎。患叶肿大、增温、疼痛、坚实，泌乳减少或停止，乳汁内有多量脓汁，急性病例有全身症状。

（5）出血性乳房炎。输乳管或腺泡组织发生出血，乳汁呈水样淡红色或红色，并混有絮状物及凝血块，全身症状明显。

（6）症候性乳房炎。常见于乳房结核、口蹄疫及乳房放线菌病等疾病过程中。

2. 非临床型（隐性型）乳房炎　此种乳房炎无临床症状，乳汁中亦无肉眼可见变化，又称亚临床型乳房炎。但是实验室检验时，乳汁中的白细胞和病原菌数增加，乳汁pH升高。此型乳房炎表现为产乳量减少，乳品质下降，是乳房炎中发生最多，造成经济损失是严重的类型。

3. 慢性乳房炎　此型乳房炎常由于急性乳房炎没有及时处理或由于持续感染，而使乳腺组织渐进性发炎。一般没有临床症状或临床症状不明显，但产乳量下降。它可发展成临床型乳房炎，有反复发作的病史，也可导致乳腺组织纤维化，乳房萎缩。这类乳房炎治疗价值不大，甚至成为牛群中的感染源，宜及早淘汰。

（二）实验室诊断

1. 乳汁检样采取与眼观检查　先用70%酒精擦净乳头，待干后挤出最初乳汁弃去，再直接挤取乳汁于灭菌的广口瓶内以备检查。对乳汁进行感官检查，如乳汁中发现血液、凝片或凝块、脓汁，乳色及乳汁稀稠度异常，都是乳房炎的表现。乳汁稀薄似水，进而呈污秽黄色，放置后有厚层沉淀物，是结核性乳房炎的特征；以凝片和凝块为特征者，是无乳链球菌感染，是革兰氏阳性菌性乳房炎；以黄色均匀脓汁为特征者，是大肠杆菌感染，是革兰氏阴性菌性乳房炎。

2. 隐性乳房炎的实验室诊断　隐性乳房炎的乳汁多出现体细胞数增加、pH升高和电导率改变。常用的诊断方法包括美国加州乳房炎试验（CMT）及类似方法、乳汁电导率测定、乳汁体细胞计数（SCC）和乳汁微生物鉴定。

（1）烷基硫酸盐检验法（CMT试验法）。是通过检测DNA的量来估测乳中白细胞数的方法，试剂是一种阳离子表面活性剂（烷基硫酸钠）和一种指示剂（溴甲酚紫）。但对初乳和末期的乳不适用。

试剂：氢氧化钠15g，烷基硫酸钠30～50g（烷基硫酸钾、烷基丙烯硫酸钠、烷基丙烯硫酸钾也可），溴甲酚紫0.1g，蒸馏水1 000mL，混合为溶液备用。

方法：先将被检乳2mL置于乳房炎检验盘中（检查时，每个乳房炎检验盘摘纳1个乳区的乳样），再加入试剂2mL，缓慢作同心圆旋转摇动10～15s，使乳汁与试剂充分混合后观察结果。

判定标准：见表4-3。

表4-3　CMT试验法结果判定标准

被检乳	乳 汁 反 应	判定符号
阴　性	液状无变化	—
可　疑	有微量沉淀物，但不久即消失	±
弱阳性	部分形成凝胶状沉淀物	+
阳　性	全部形成凝胶状，回转搅动时向中心集中，停止搅动时则凝块呈凸凹状附着于皿底	++
强阳性	全部形成凝胶状，回转搅动时向中心集中，停止搅动则恢复原状，并附着于皿底	+++ $pH<2.5$
酸性乳	由于乳糖分解，乳汁变为黄色	酸性乳
碱性乳	呈深黄色，为接近于干乳期或感染乳房炎，泌乳量下降	碱性乳

（2）过氧化氢（H_2O_2）玻片法（过氧化氢酶试验法）。大多数活细胞包括白细胞都含有过氧化氢酶，能分解过氧化氢而产生氧。但正常乳中的白细胞很少，过氧化氢酶很少；发生乳房炎时，乳中白细胞增多，过氧化氢酶也增多，放出的氧也多，以此推断白细胞的含量。

试剂：取过氧化氢（30% H_2O_2）按1∶（2.33～4）的比例加入中性蒸馏水，制成6%～9%过氧化氢试剂，待用。

方法：将载玻片置于白色衬垫物上，滴被检乳3滴，再加过氧化氢试剂1滴，混合均匀，静置2min后观察。

判定标准：见表4-4。

表4-4　过氧化氢玻片法结果判定标准

被检乳	反　　应	判定符号
正常乳	液面中心无气泡或有针尖大小的气泡聚积	—
可疑乳	液面中心有少量大如粟粒的气泡聚积	±
感染乳	液面中心布满或有大量粟粒大小的气泡聚积	+

（3）氢氧化钠凝乳检验法。正常乳加入氢氧化钠后无变化，乳房炎乳加入氢氧化钠混合后会变黏稠或有絮片产生。但此法不适用于初乳或末期乳的检验。

试剂：4%氢氧化钠（苛性钠）溶液。

方法：将载玻片置于黑色衬垫物上，先滴加被检乳5滴，再加试剂2滴，用细玻璃棒或火柴杆迅速将其扩展成直径2.5cm的圆形，并继续搅拌20～25s后观察。如乳样事先经过冷藏保存2d以内的，则只加1滴试剂。

判定标准：见表4-5。

表4-5　氢氧化钠凝乳检验法结果判定标准

被检乳	乳 汁 反 应	判定符号	推算细胞总数/（万个/mL）
阴 性	无变化，无凝乳现象	一	<50
可 疑	出现细小凝乳块	±	50～100
弱阳性	有较大凝乳块，乳汁略透明	+	100～200
阳 性	凝乳块较大，搅拌时有丝状凝结物形成，全乳略呈透明	++	200～500
强阳性	大凝乳块，有时全部形成凝块，完全透明	+++	500～600

（4）溴麝香草酚蓝（B. T. B）检验法。是一种较简单常用的方法，测定乳汁的pH变化。健康牛乳呈弱酸性，pH为6.0～6.5；乳房炎乳为碱性，其增高的程度依炎症的轻重而有所不同。

试剂：47.4%酒精500mL加溴麝香草酚蓝1g，再加5%氢氧化钠溶液1.3～1.5mL，三者混合均匀，试剂呈微绿色。用碳酸氢钠和盐酸校正pH为中性。

操作方法：

①试管法：首先在10mL试管中加入溴麝香草酚蓝试剂1mL，再加入被检乳5mL，混合均匀后静置1min后观察。或者首先在试管中加入被检乳5mL，然后用2mL吸管吸取溴麝香草酚蓝试剂1mL，沿试管壁缓慢滴入被检乳中，观察被检乳与试剂接触的液面变化。

②玻片法：将载玻片置于白色衬垫物上，滴被检乳1滴，再加溴麝香草酚蓝试剂1滴，混合后观察。

判定标准：见表4-6。

表4-6　溴麝香草酚蓝检验法结果判定标准

被检乳	颜 色 反 应	pH	判定符号
正常乳	黄绿色	6～6.5	一
可疑乳	绿色	6.6	±
感染乳	蓝至青绿色	>6.6	+

（5）乳中细胞分类计数检查法。镜检乳汁中中性粒细胞、淋巴细胞的数量及其相互间的比例来判定是否为乳房炎乳。

操作方法：取被检乳10～15mL，以2 000r/min，离心分离10min，仔细除去上清液及管壁上的脂肪，将剩余的流量液及沉渣混合，按血片制作方法涂片，自然干燥后，放入二甲苯中脱脂2min，取出水洗，自然干燥，再用甲醇或95%酒精固定2～5min，水洗。用姬姆萨染液或瑞氏染液染色，镜检。

判定标准：中性粒细胞数量在 12％以下为健康乳；在 12％～20％为可疑乳；在 20％以上为乳房炎乳；如乳中中性粒细胞数量与淋巴细胞的比例大于或等于 1 时，也可判定为乳房炎。

（三）治疗

对乳房炎的治疗，应根据炎症类型、性质及病情等，分别采取相应的治疗措施。

1. 隐性型乳房炎的治疗　一般不用抗生素治疗，而是提倡综合预防，降低其阳性率。其主要原因是隐性乳房炎的流行广，发生率高，所需药费开支大。通过加强管理，重视环境卫生和挤乳卫生的情况下，隐形乳房炎尚有自行康复的可能性，除此之外，人们还进行了一些提高机体防御能力，控制其阳性率增加的措施，具体方法有：

（1）加强饲养管理。做好栏舍及环境卫生工作，定期进行消毒。饲料精粗搭配，特别注意蛋白质、维生素、微量元素、钙、磷的补充。加强通风，增加光照，适当运动，合理使役。为了减轻乳房内压，限制泌乳过程，应增加挤乳次数，及时排出乳房内容物。减少多汁饲料及精料的饲喂量，限制饮水量。每次挤乳时按摩乳房 15～20min，根据炎症的不同，分别采用不同的按摩手法，浆液性乳房炎，自下而上按摩；卡他性与化脓性乳房炎则采取自上而下按摩，纤维素性乳房炎、乳房脓肿、乳房蜂窝织炎以及出血性乳房炎等，则禁用按摩方法。

（2）内服左旋咪唑。左旋咪唑是一种免疫调节剂，它能修复细胞的免疫功能，增加机体的抵抗能力。

（3）微生态制剂。内服益生素或益生元（每吨饲料 2～5kg）、免疫多糖（每吨饲料 2～4kg）。益生素和益生元可调节胃肠内环境，增强机体免疫力，免疫多糖可以增强免疫力。

2. 临床型乳房炎的治疗

（1）急性乳房炎的治疗。可采用乳叶局部疗法：每叶用青霉素 80 万 IU、链霉素 0.25～0.5g 溶于 50mL 蒸馏水，再加入 0.25％普鲁卡因溶液 10mL，经乳导管注入，1～2 次/d。给药前将乳汁挤净，给药后用手捏住向乳房轻推数下，以利药物扩散，待下一次给药时再进行挤乳。猪和羊可以将药物注入患部的皮下，即在乳房基部边缘注射普鲁卡因青霉素（青霉素 50 万～100 万 IU 溶于 0.25％普鲁卡因溶液 200～400mL）做环状封闭，每日 1～2 次。

（2）慢性乳房炎的治疗。采用局部刺激疗法，选用樟脑膏、鱼石脂软膏、5％～10％碘酊或碘甘油，待乳房洗净擦干后，将药涂于乳房患叶皮肤上。其中以鱼石脂效果最显著，也可温敷。乳叶局部疗法除急性乳房炎局部疗法外，患叶可用 1∶5 000 呋喃西林溶液 50～80mL 或 10％林可霉素 20mL，经乳导管注入，每日 1～2 次。消毒药物一般停留 20～30min，抗生素可停留 4～6h，然后挤出药液。

3. 乳房基部封闭　为封闭前 1/4 乳区，可在乳房间沟侧方，沿腹壁向前、向对侧膝关节刺入 8～10cm；为封闭后 1/4 乳区，可在距乳房中线与乳房基部后缘相距 2cm 处刺入，沿腹壁向前，对着同侧腕关节进针 8～15cm。每个乳叶注入 0.25％～0.5％盐酸普鲁卡因溶液 100～200mL，加入 40 万～80 万 IU 青霉素则可提高疗效。

4. 冷敷、热敷疗法　炎症初期进行冷敷，制止渗出。2～3d 后可行热敷，促进吸收，消散炎症。

5. 全身应用抗生素疗法　如青霉素、链霉素混合肌内注射，磺胺类药物及其他抗菌药物静脉注射等。

二、母猪产后缺乳的诊治

(一) 诊断要点

患病母猪从产后 1～2d 泌乳开始逐渐减少，乳量减少，每次的排乳时间不足 12s，乳房皮肤松弛、质地松软，有的甚至完全停止泌乳。病猪表现为精神沉郁，食欲不振或废绝，体温 39.5～41.5℃，心跳正常。个别病猪乳腺缩小干瘪，充乳不足，拒绝仔猪吸吮。有的母猪阴门排出恶露或有乳腺炎，时间长达 3～5d，乳汁停止分泌形成干乳，继而形成慢性病理过程，此时体温升高到 41.5℃，鼻盘干燥，喜躺卧，粪便干燥，尿量减少且色深，迅速消瘦，机体衰竭，个别病猪因严重衰竭而死亡。仔猪也因吃不到乳汁而消瘦，发育不良，机体抵抗力下降，可诱发各种疾病，严重者死亡。

(二) 防治

首先要选留好后备母猪，选择乳腺发育良好，其母乳汁分泌旺盛的小母猪留作后备母猪。母猪妊娠后应加强饲养管理，给予充足的蛋白质、维生素、矿物质及青绿多汁饲料。妊娠母猪要适当增加运动量。

(1) 如果产后无乳，可增加青绿、多汁、富含蛋白质、易消化的饲料，改善圈养环境，温敷和按摩乳房。可取催产素 40IU，亚硒酸钠维生素 E 注射液 10mL，混合后一次肌内注射（适于体重 120kg 以上母猪）。在注射后 20min 可下乳。

(2) 如果产后缺乳，营养较差或营养一般的母猪可喂豆浆 5kg，鸡蛋 3 枚，每周 1 次，调制方法是把豆浆煮沸，边煮边兑入鸡蛋汁，此方为 1d 用量。也可采用花生米 250g，鸡蛋 5 枚，先将花生米煮熟，并打入鸡蛋花，兑入母猪饲料中喂给，1 剂/d，连用 3 剂。

营养良好，体质肥胖的母猪，对乳房肿胀乳汁不能排出者，可用下方治疗：王不留行 30g、路路通 40g、通草 10g、坤草 20g，共为细末或水煎 3 遍去渣拌入饲料中饲喂，1 剂/d，分 3 次喂给，连用 3～5d。

(3) 对呈慢性病理过程的母猪，可用复方氯化钠 500mL、5% 葡萄糖 500mL、维生素 C 10mL、20% 安钠咖 5～10mL，混合后静脉滴注；肌内注射维生素 B_1 10～20mL，1 次/d，连用 3d。

(4) 药物治疗的同时，可用温肥皂水湿毛巾按摩乳房，3 次/d，10min/次，可促进泌乳。

┌─ **技术提示** ─

(1) 乳房炎检测的乳样应保持新鲜，如采集时间已久，即使冷藏也可能变质而影响检验结果；特别是溴麝香草酚蓝检验法，对乳样的新鲜要求更加严格。乳汁 pH 发生变化，判定的结果可能不准确。

(2) 配制试剂的各种药品均应为化学纯，所用的各种器皿（试管、吸管、塑料皿等）用前均必须用中性蒸馏水冲洗干净，否则会影响检测结果的准确性。

(3) 为了增加学生实践机会及熟悉不同乳样（正常乳和感染乳）反应现象，应尽可能收集足够数量和质量的乳样，进行对照检验。

·知识链接·

一、乳房炎

乳房炎是乳房受到各种致病因素作用而引起的炎症，其主要特点是乳汁发生理化性质及细菌学变化，乳腺组织发生病理学变化。乳汁中最主要的变化是颜色发生改变，乳汁中有凝块及大量白细胞。

乳房炎是奶牛的常见病和多发病。乳房炎造成的经济损失是巨大的。一般认为，在乳房炎引起的经济损失中，由于产乳量降低引起的损失占 70%，由于患病而使奶牛提早淘汰的占 14%，废弃乳汁占 7%，治疗及兽医费用占 8%。在一个牛群中，大多数乳房炎（约90%）是隐性型的，其损失占每头泌乳母牛每年总生产能力的 10%～11%。隐性乳房炎不仅使乳产量减少，而且使乳的品质大大下降，而且还危害人类健康。如果能及早发现，控制病情发展，将会使损失减少到最低。因此，应加强综合防治措施，有效地预防并治疗奶牛乳房炎。

1. 分类

（1）国际乳业联盟（IDF）（1985）根据乳汁能否分离出病原微生物将乳房炎分为感染性临床型乳房炎、感染性亚临床型乳房炎、非特异性临床型乳房炎和非特异性亚临床型乳房炎 4 种。

（2）根据炎症性质分为卡他性乳房炎、浆液性乳房炎、纤维蛋白性乳房炎、化脓性乳房炎和出血性乳房炎 5 种。

（3）根据乳房和乳汁有无肉眼变化，分为临床型乳房炎、非临床型（亚临床型）乳房炎和慢性乳房炎 3 种。目前一般都采用这种有无临床可见症状分类法。

2. 病因分析

（1）病原微生物的感染。引起乳房炎的主要病原是链球菌、葡萄球菌、大肠杆菌、化脓放线菌、结核分枝杆菌等，通过乳头管侵入乳房，而发生感染。

（2）饲养管理不当。如挤乳技术不够熟练，造成乳头管黏膜损伤，垫草不及时更换，挤乳前未清洗乳房或挤乳员手不干净以及其他污物污染乳头等。

（3）机械损伤。乳房遭受打击、冲撞、挤压、踢蹴等机械的作用，或幼畜咬伤乳头等，也是引起本病的诱因。

（4）继发于某些疾病。继发于子宫内膜炎、布鲁氏菌病、结核病、口蹄疫等，以及生殖器官炎症的蔓延。

3. 乳房炎检测仪 利用乳房炎乳中氯化物含量增加、乳电导率上升的变化特点已研制出乳房炎检测仪，实质是一种物理学检验。目前临床常用的有下列几种：

（1）AHI乳房炎检测仪。形如手电筒，内装 9V 电池，碗形一端或乳血中有 2 个电极，检验结果由灯光指示。将鲜乳挤入乳房炎检验盘后接通电源，指示灯显示结果，绿灯亮为阴性，红灯亮为阳性，红灯、绿灯同时亮为可疑。

（2）SX-Ⅰ乳房炎诊断仪。简称 SX-Ⅰ型诊断仪，属于国内首创诊断乳房炎仪器。该仪器以数字显示，有 540 个阈值，可检测乳温在 4～39℃ 范围内乳样，检查时间为 10s 以下，能区分健康乳、疑似乳、隐性型乳房炎（轻度、中度、重度）乳。能早期发现乳房炎及区分乳房炎患病程度。

（3）XND-A 型检乳仪。是一种以电导电极为传感器的便携式检乳仪，能准确、综合地检测出掺假加水乳、酸败乳、乳房炎乳，检测准确率达 92.5％～100％。

4. 预防

（1）保持畜舍、用具及牛体卫生，定期消毒。

（2）按正确方法挤乳，避免损伤乳头。

（3）挤乳前用温水清洗按摩乳房，挤净乳汁。

（4）干乳期在乳房内注入抗生素 1～2 次，可降低发病率。

（5）保护乳房，避免受挤压、冲撞等机械性损伤。

二、母猪产后缺乳

猪产仔后由于乳腺功能紊乱而致的乳汁分泌过少或没有乳汁称为产后缺乳。散养母猪一般很少发生，而规模化猪场初产及老龄母猪较为常见。该病主要发生于产后，尤其是初产母猪，也有的发生于泌乳期间。本病主要危害初产母猪，但对仔猪危害性更大，常因不能及时哺乳而导致全窝死亡，因此必须以预防为主，尽量避免本病的发生。如发生本病，应及时对症治疗，减少不必要的经济损失。

1. 病因分析　引起本病的确切原因尚不十分清楚，一般认为应激和激素水平不平衡是主要原因。可以总结为以下几点病因：

（1）饲养管理不善，各种营养物质及微量元素比例失调。

（2）养殖户为追求经济效益，导致后备母猪早配，而此时母猪乳腺尚未发育完全。

（3）不规范的人工助产及护理，造成母猪生殖道炎症及乳腺炎，从而引起无乳或干乳。

（4）母猪缺乏运动，分娩时间过长或胎衣不下，继发子宫感染。

（5）一些隐性乳腺炎。

（6）某些疾病的影响。

（7）其他应激反应等。

2. 预防

（1）加强饲养管理，后备母猪不应早配。

（2）将母猪产前和产后的饲料及时调整，应提前 15d 逐渐过渡，并补充多汁饲料。

（3）在孕期应适当促进母猪运动，以保持健康。

（4）分娩前 7d 左右转到产床，以便适应周围的环境，减少应激。

（5）分娩过程中助产要规范，并且要用 0.1％高锰酸钾溶液浸湿的毛巾多次擦洗并按摩乳房，保持乳房清洁并促进其血液循环。

· 操作训练·

利用课余时间或节假日参与门诊或到养殖场进行现场实习，进一步练习乳房疾病的诊断与治疗技术。

· 项目测试·

项目测试题题型有 A 型题、B 型题和 X 型题。A 型题也称为单选题，每一道题干后面列有 A、B、C、D、E 5 个备选答案，请从中选择 1 个最佳答案；B 型题又称为配伍题，是提供若干组考题，每组考题共用在考题前列出的题干或 A、B、C、D、E 5 个备选答案，从备选答案中选择 1 个与问题关系最密切的答案；X 型题又称为多选题，每道题干后列出 A、B、C、D、E 5 个备选答案，请按试题要求在 5 个备选答案中选出 2～5 个正确答案。

A 型题

1. 妊娠后及时分群或转群，加强对妊娠母畜饲养管理，下列叙述错误的是（　　）。
  A. 可以有效地防止流产　　　　　　B. 可增加妊娠期的饲料报酬
  C. 可减少产后疾病发生　　　　　　D. 可减少误淘造成的经济损失
  E. 可减少误宰所造成的经济损失

2. 在下列牛的妊娠诊断方法中，最为简便易行诊断方法是（　　）。
  A. 孕酮含量测定　　　　　B. 相关糖蛋白测定　　　　　C. 超声波检查
  D. 直肠检查　　　　　　　E. 早孕因子探查

3. 关于胎盘的阐述错误的是（　　）。
  A. 实现妊娠期胎儿和母体之间的物质交换　　　　　B. 分泌羊水
  C. 胎盘屏障　　　　　D. 分泌功能　　　　　E. 临时器官

4. 脐带是连接胎盘和胎儿的纽带，脐带的外鞘由羊膜构成，不包括（　　）。
  A. 脐动脉　　　　　　B. 脐静脉　　　　　C. 脐尿管
  D. 尿囊遗迹　　　　　E. 卵黄囊遗迹

5. 胎盘是妊娠期的一个重要内分泌器官，不可合成分泌（　　）。
  A. 促乳素　　　　　　B. 孕激素　　　　　C. 雌激素
  D. 促性腺激素　　　　E. 缩宫素

6. 一母犬分娩期临近，从阴道内排出暗褐色液体，经检查发现胎儿心率为 130 次/min，首选治疗措施不包括（　　）。
  A. 应用抗生素治疗　　　B. 注射催产素　　　　C. 剖腹取胎
  D. 激素引产　　　　　　E. 安胎

7. 分娩产出期各种动物的主要表现错误的是（　　）。
  A. 极度不安，时起时卧　　B. 前蹄刨地，后蹄踢腹　　C. 拱背努责
  D. 哞叫　　　　　　　　　E. 暴饮暴食

8. 动物的分娩预兆主要表现不包括（　　）。
  A. 乳房肿胀　　　　　　B. 外阴扩张　　　　　C. 骨盆韧带软化
  D. 表现兴奋或安静　　　E. 外阴流黑红色液体

9. 治疗产前瘫痪不起作用的药物是（　　）。
  A. 氯化钙　　　　　　　B. 维丁胶性钙　　　　　C. 维生素 D
  D. 钙磷镁注射液　　　　E. 地塞米松

10. 一奶牛妊娠 4 个月，运动时不慎跌跤，随后出现腹痛、起卧不安、呼吸和脉搏加快，阴道流出淡粉红色分泌物。该牛最可能患（　　）。
  A. 早产　　　　　　　　B. 胎儿浸溶　　　　　C. 胎儿干尸化
  D. 先兆性流产　　　　　E. 隐性流产

11. 牵引术的适应证包括（　　）。
  A. 骨盆绝对狭小　　　　B. 子宫颈开张不全　　　　C. 胎儿早产

D. 子宫弛缓　　　　　　　　E. 胎儿畸形

12. 矫正术施行的部位应在（　　　）。

  A. 腹腔　　　　　　　　B. 盆腔　　　　　　　　C. 子宫颈处

  D. 阴道内　　　　　　　E. 前庭处

13. 对预防难产有积极意义的措施是（　　　）。

  A. 减少环境改变，生产应在原厩舍内进行　　B. 防止胎儿过大，减少母畜营养

  C. 防止骨盆狭窄，避免过早配种　　　　　　D. 防止母畜劳累，禁止使役和运动

  E. 做好育种工作，选大体格种畜配种

14. 剥离牛胎衣时，错误的操作是（　　　）。

  A. 先消毒　　　　　　　B. 在胎膜和子宫黏膜之间剥离

  C. 动作要轻　　　　　　D. 剥离要完整　　　　　E. 应将子宫阜一起剥离

15. 治疗牛胎衣不下，子宫内给药位置应在（　　　）。

  A. 子宫腔内　　　　　　B. 子叶内　　　　　　　C. 子宫黏膜与胎膜之间

  D. 子宫阜内　　　　　　E. 子宫黏膜内

16. 高产奶牛顺产后出现知觉丧失、不能站立，首先应考虑（　　　）。

  A. 酮病　　　　　　　　B. 产道损伤　　　　　　C. 产后截瘫

  D. 生产瘫痪　　　　　　E. 母牛卧地不起综合征

17. 断乳母猪出现阴唇肿胀，黏膜充血，阴道内流出透明黏液，可考虑进行的检查是（　　　）。

  A. B超检查　　　　　　B. 阴道检查　　　　　　C. 血常规检查

  D. 静立反射检查　　　　E. 孕激素水平检查

18. 牛子宫全脱整复过程中不合理的方法是（　　　）。

  A. 荐尾间硬膜外腔麻醉　　B. 子宫腔内放置抗生素　　C. 牛体位保持前高后低

  D. 皮下或肌内注射催产素　E. 对脱出子宫进行清洗，消毒，复位

B 型题

（19～20 题共用题干）

一头妊娠 240d 的奶牛，下腹及乳房皮下出现水肿，后逐渐向前蔓延至前胸，触诊肿胀部位皮温较低，指压留痕；病牛无全身症状，食欲正常，步态强拘。

19. 该病最可能是（　　　）。

  A. 蜂窝织炎　　　　　　B. 腹部脓肿　　　　　　C. 腹壁疝

  D. 孕畜浮肿　　　　　　E. 腹部挫伤

20. 该病病因错误的是（　　　）。

  A. 静脉回流阻滞　　　　B. 血浆蛋白浓度降低

  C. 后腔静脉血栓　　　　D. 加压素分泌增多　　　E. 腹部皮下感染

（21～22 题共用备选答案）

  A. 牵引术　　B. 矫正术　　C. 截胎术　　D. 剖腹取胎术　　E. 注射镇痛药物

21. 适用于胎儿的是（　　　）。

22. 适用于母体的是（　　　）。

（23～24 题共用题干）

雌性腊肠犬，6岁，一个月来精神沉郁，时有发热，抗生素治疗后，病情好转，停药后复发。现病情加重，阴部流红褐色分泌物，B超探查见双侧子宫角增粗，内有液性暗区。

23. 该病例错误的治疗方法是（　　）。

  A. 孕酮治疗   B. 氧氟沙星治疗   C. 氯前列醇治疗

  D. 阿莫西林治疗   E. 卵巢子宫切除术

24. 该病例手术时，如牵引卵巢困难，应先撕断卵巢系膜上的（　　）。

  A. 阔韧带   B. 圆韧带   C. 悬韧带

  D. 固有韧带   E. 悬韧带和固有韧带

（25～26题共用备选答案）

  A. 手术疗法   B. 抗菌疗法   C. 激素疗法

  D. 输液疗法   E. 营养（维持）疗法

25. 犬严重的子宫脱出最适治疗方案是（　　）。

26. 促进犬开放型子宫蓄脓脓液排出的最适治疗方案是（　　）。

X型题

（27～29题共用备选答案）

  A. 黄体酮   B. 硫酸阿托品   C. 10％葡萄糖酸钙   D. 速尿

  E. 维丁胶性钙

27. 以安胎、保胎、治疗流产时可选用（　　）。

28. 治疗孕畜浮肿时可选用（　　）。

29. 治疗产前瘫痪时可选用（　　）。

（30～32题共用备选答案）

  A. 金霉素   B. 催产素   C. 乳房送风法

  D. 10％葡萄糖酸钙   E. 注射抗生素

30. 治疗胎衣不下可能用到的有（　　）。

31. 治疗产后感染可能用到的有（　　）。

32. 治疗生产瘫痪可能用到的有（　　）。

（33～34题共用备选答案）

  A. 止血敏   B. 整复术   C. 0.1％高锰酸钾

  D. 10％葡萄糖酸钙   E. 注射抗生素

33. 治疗子宫内膜炎可能用到的有（　　）。

34. 治疗阴道脱出可能用到的有（　　）。

35. 奶牛乳腺炎病原主要是（　　）。

  A. 链球菌   B. 真菌   C. 化脓性棒状杆菌

  D. 乳房链球菌   E. 大肠杆菌

36. 常见奶牛乳房炎的分类有（　　）。

  A. 隐性型乳房炎   B. 临床型乳房炎   C. 慢性乳房炎

  D. 继发性乳房炎   E. 重度乳房炎

附　　录

项目测试参考答案

项目一

1. C　2. C　3. C　4. D　5. D　6. D　7. A　8. E　9. B　10. D　11. A　12. B
13. C　14. A　15. A　16. ABE　17. ABCE　18. AE　19. BDE　20. ABCE
21. ABC　22. ABCD

项目二

1. B　2. C　3. E　4. A　5. C　6. A　7. E　8. E　9. D　10. B　11. A　12. C
13. A　14. C　15. A　16. ACD　17. ABDE　18. ABCDE　19. ABCDE
20. ABCD

项目三

1. C　2. B　3. B　4. E　5. C　6. A　7. A　8. A　9. A　10. A　11. B　12. E
13. E　14. A　15. D　16. A　17. A　18. A　19. D　20. A　21. C　22. D
23. E　24. A　25. B　26. C　27. B　28. E　29. D　30. A　31. B　32. A　33. C
34. D　35. B　36. A　37. A　38. B　39. C　40. B　41. D　42. E　43. ABCDE
44. BCDE　45. ABCD　46. AE　47. ABCDE　48. ABCE　49. ABCDE
50. ABCE　51. AB　52. ABCDE　53. ABCDE　54. ABD　55. ABCDE
56. ABCD　57. ABCE　58. ABCD　59. ABCDE　60. ABCDE　61. ABCD
62. BCDE　63. ABCD　64. ABD　65. ABCDE

项目四

1. B　2. D　3. B　4. D　5. E　6. E　7. E　8. E　9. E　10. D　11. D　12. A
13. C　14. E　15. C　16. D　17. D　18. C　19. D　20. E　21. B　22. D
23. A　24. C　25. A　26. C　27. AB　28. CD　29. CE　30. ABE　31. ABE
32. CD　33. ACE　34. BC　35. ACDE　36. ABC

参 考 文 献

操继跃，吴君，2000. 猪产科疾病与繁殖障碍的病因与防治［J］. 湖北畜牧兽医，3：8-12.

常颖，2012. 奶牛修蹄的方法及注意事项［J］. 中国奶牛，12：59-60.

陈北亨，王建辰等，2001. 兽医产科学［M］. 北京：中国农业出版社.

成勇，2000. 家畜外产科学［M］. 南京：东南大学出版社.

刁显辉，孟详人，何海娟，等，2011. 羊超声波早期妊娠诊断技术的研究［J］. 黑龙江农业科学，5：
55-56.

丁明星，2009. 兽医外科学［M］. 北京：科学出版社.

董悦农，2002. 犬的驯养及疾病防治全解［M］. 北京：中国林业出版社.

付龙，王树茂，丁得利，2012. 怎样给奶牛修蹄［J］. 新农业，6：20-21.

何德肆，扶庆，2007. 动物外科与产科疾病［M］. 重庆：重庆大学出版社.

侯加法，2002. 小动物疾病学［M］. 北京：中国农业出版社.

侯引绪，2004. 新编奶牛疾病诊断与治疗［M］. 赤峰：内蒙古科学技术出版社.

解放军农牧大学，1999. 兽医外科学［M］. 长春：解放军农牧大学出版社.

金尔光，曾新华，周木清，等，2008. 奶牛乳房炎研究概况［J］. 养殖与饲料，6：69-72.

李彩虹，2015. 动物外科学［M］. 西安：西安交通大学出版社.

林德贵，2011. 兽医外科手术［M］. 5版. 北京：中国农业出版社.

吕凤英，2016. 母牛妊娠诊断法［J］. 黑龙江动物繁殖，24（1）：36-37.

吕俊波，2016. 奶牛阴道脱出的原因、症状及治疗方法［J］. 现代畜牧科技，5：136.

彭广能，2009. 兽医外科与外科手术学［M］. 北京：中国农业大学出版社.

彭津津，雍康，张传师，2016. 奶牛子宫内膜炎诊疗研究进展［J］. 黑龙江畜牧兽医，2：73-75.

彭远梅，2010. 浅谈母畜子宫内翻和脱出的治疗［J］. 山东畜牧兽医，31（12）：94-95.

钱存忠，张永旺，2002. 乳牛子宫扭转治疗与体会［J］. 畜牧与兽医，34（11）：28-29.

山东农学院畜牧兽医系外产科教研室，1982. 家畜外科手术学［M］. 济南：山东科学技术出版社.

施鑫，2012. 骨肉瘤诊断和治疗的现状及进展［J］. 医学研究生学报，25（5）：449-452.

王强华，1997. 动物外科手术图解［M］. 3版. 北京：中国农业出版社.

王孝武，王旭荣，杨志强，等，2014. 奶牛子宫内膜炎研究进展［J］. 动物医学进展，35（7）：98-102.

吴敏秋，沈永恕，2016. 兽医临床诊疗技术［M］. 4版. 北京：中国农业出版社.

吴日峰，2008. 动物产科疾病诊疗技术［M］. 北京：中国农业出版社.

魏红芳，权凯，聂芙蓉，等，2014. 羊妊娠诊断的研究进展［J］. 黑龙江动物繁殖，22（5）：3-5.

肖定汉，2002. 奶牛病学［M］. 北京：中国农业大学出版社.

闫宝琪，董书伟，王东升，等，2016. 奶牛隐性子宫内膜炎诊断技术研究进展［J］. 中国畜牧兽医，43
（3）：683-688.

岳春旺，齐长明，陈华林，等，2007. 奶牛子宫内膜炎发病相关因素的研究［J］. 中国兽医杂志，43（1）：
27-27.

岳春旺，孙茂红，段刚，等，2004. 奶牛子宫内膜炎综述［J］. 中国草食动物科学，24（2）：44-46.

张乃生，李毓义，2011. 动物普通病学［M］. 2版. 北京：中国农业出版社.

赵树臣，王玉洁，2010. 奶牛产科疾病防治技术［M］. 哈尔滨：哈尔滨工程大学出版社.

赵兴绪，2014. 兽医产科学［M］.9 版. 北京：中国农业出版社.

郑毛亮，李广，陶大勇，等，2011. 用血清酸滴定法对 3 个品种绵羊进行早期妊娠诊断的研究［J］. 安徽农业科学，39（8）：4708-4709.

中国农业大学，1999. 家畜外科手术学［M］.3 版. 北京：中国农业出版社.

中国兽医协会组，2011. 全国执业兽医资格考试真题解析［M］. 北京：中国农业出版社.

周荣祥，孟庆海，等，2006. 外科学总论实习指导［M］.2 版. 北京：人民卫生出版社.

左海洋，陈晓丽，蔡勇，等，2014. 奶牛早期妊娠诊断技术研究进展［J］. 畜牧兽医学报，45（10）：1584-1591.

图书在版编目（CIP）数据

动物外科与产科/吴敏秋主编 . —2 版 . —北京：
中国农业出版社，2018.6（2023.6 重印）
高等职业教育农业部"十三五"规划教材
ISBN 978-7-109-23928-9

Ⅰ.①动… Ⅱ.①吴… Ⅲ.①家畜外科—高等职业教
育—教材②家畜产科—高等职业教育—教材 Ⅳ.
①S857.1②S857.2

中国版本图书馆 CIP 数据核字（2018）第 033939 号

中国农业出版社出版
（北京市朝阳区麦子店街 18 号楼）
（邮政编码 100125）
责任编辑 徐 芳 王宏宇

中农印务有限公司印刷 新华书店北京发行所发行
2006 年 1 月第 1 版 2018 年 6 月第 2 版
2023 年 6 月第 2 版北京第 8 次印刷

开本：787mm×1092mm 1/16 印张：17.75
字数：425 千字
定价：45.00 元
（凡本版图书出现印刷、装订错误，请向出版社发行部调换）